《非线性动力学丛书》编委会

主　编　胡海岩

编　委　(以汉语拼音为序)

　　　　陈立群　冯再春　何国威

　　　　金栋平　马兴瑞　孟　光

　　　　佘振苏　徐　鉴　张　伟

　　　　周又和

非线性动力学丛书 9

生物系统的随机动力学

周天寿 著

科学出版社
北京

内 容 简 介

本书从动力学的角度简要地阐述近年来发展迅速的系统生物学，聚焦于生物网络的随机动力学，包括它们的设计和构造、数学建模、数值模拟和理论分析. 我们以若干典型生物模块为基础，以阐明和理解细胞内部过程为目的，以描述生化分子运动的主方程为工具，从单细胞到多细胞，从确定性方程到随机方程，系统而全面地介绍了生物系统在分子水平上的随机动力学.

本书可供大学和科研院所的数学、物理、生物力学、生物物理学、生物化学等方面的大学生、研究生、教师及有关的科研人员参考.

图书在版编目(CIP)数据

生物系统的随机动力学/周天寿著. ——北京：科学出版社，2009
ISBN 978-7-03-025055-1

I. 生… II. 周… III. 生物学-动力学 IV. Q66

中国版本图书馆 CIP 数据核字(2009)第 121413 号

责任编辑：赵彦超/责任校对：刘亚琦
责任印制：张 伟/封面设计：耕者设计工作室

科 学 出 版 社 出版
北京东黄城根北街 16 号
邮政编码：100717
http://www.sciencep.com

北京凌奇印刷有限责任公司 印刷
科学出版社编务公司排版制作
科学出版社发行 各地新华书店经销

*

2009 年 8 月第 一 版　　开本：B5（720×1000）
2018 年 5 月第二次印刷　　印张：21 1/4
　　　　　　　　　　　　　字数：413 000
POD定价：149.00元
（如有印装质量问题，我社负责调换）

《非线性动力学丛书》序

真实的动力系统几乎都含有各种各样的非线性因素,诸如机械系统中的间隙、干摩擦,结构系统中的材料弹塑性、构件大变形,控制系统中的元器件饱和特性、变结构控制策略等等.实践中,人们经常试图用线性模型来替代实际的非线性系统,以求方便地获得其动力学行为的某种逼近.然而,被忽略的非线性因素常常会在分析和计算中引起无法接受的误差,使得线性逼近成为一场徒劳.特别对于系统的长时间历程动力学问题,有时即使略去很微弱的非线性因素,也会在分析和计算中出现本质性的错误.

因此,人们很早就开始关注非线性系统的动力学问题.早期研究可追溯到 1673 年 Huygens 对单摆大幅摆动非等时性的观察.从 19 世纪末起,Poincaré、Lyapunov、Birkhoff、Andronov、Arnold 和 Smale 等数学家和力学家相继对非线性动力系统的理论进行了奠基性研究,Duffing、van der Pol、Lorenz、Ueda 等物理学家和工程师则在实验和数值模拟中获得了许多启示性发现.他们的杰出贡献相辅相成,形成了分岔、混沌、分形的理论框架,使非线性动力学在 20 世纪 70 年代成为一门重要的前沿学科,并促进了非线性科学的形成和发展.

近 20 年来,非线性动力学在理论和应用两个方面均取得了很大进展.这促使越来越多的学者基于非线性动力学观点来思考问题,采用非线性动力学理论和方法,对工程科学、生命科学、社会科学等领域中的非线性系统建立数学模型,预测其长期的动力学行为,揭示内在的规律性,提出改善系统品质的控制策略.一系列成功的实践使人们认识到:许多过去无法解决的难题源于系统的非线性,而解决难题的关键在于对问题所呈现的分岔、混沌、分形、弧立子等复杂非线性动力学现象具有正确的认识和理解.

近年来,非线性动力学理论和方法正从低维向高维乃至无穷维发展.伴随着计算机代数、数值模拟和图形技术的进步,非线性动力学所处理的问题规模和难度不断提高.已逐步接近一些实际系统.在工程科学界,以往研究人员对于非线性问题绕道而行的现象正在发生变化.人们不仅力求深入分析非线性对系统动力学的影响,使系统和产品的动态设计、加工、运行与控制满足日益提高的运行速度和精度需求;而且开始探索利用分岔、混沌等非线性现象造福人类.

在这样的背景下,有必要组织在工程科学、生命科学、社会科学等领域中从事非线性动力学研究的学者撰写一套非线性动力学丛书,着重介绍近几年来非线性动力学理论和方法在上述领域的一些研究进展,特别是我国学者的研究成果,为从事非线性动力学理论及应用研究的人员,包括硕士研究生和博士研究生等,提供最新的理论、方法及应用范例.在科学出版社的大力支持下,组织了这套《非线性动力学丛书》.

本套丛书在选题和内容上有别于郝柏林先生主编的《非线性科学丛书》(上海教育出版社出版),它更加侧重于对工程科学、生命科学、社会科学等领域中的非线性动力学问题进行建模、理论分析、计算和实验.与国外的同类丛书相比,它更具有整体的出版思想,每分册阐述一个主题,互不重复等特点.丛书的选题主要来自我国学者在国家自然科学基金等资助下取得的研究成果,有些研究成果已被国内外学者广泛引用或应用于工程和社会实践,还有一些选题取自作者多年的教学成果.

希望作者、读者、丛书编委会和科学出版社共同努力,使这套丛书取得成功.

胡海岩
2001年8月

前　　言

  生命科学是研究生命现象及其活动规律的科学，广义的生命科学还包括生物技术、生物与环境以及生物学与其他学科交叉的领域．生命科学所研究的范围极其广泛而复杂，因此，生物学在其发展过程中形成了许多分支学科．生命科学是21世纪最重要的研究领域之一，从研究生物的结构和功能、系统和演化，再深入到研究生命的现象和本质，体现了多学科的交叉和综合，涉及生物、工程、农林、医学、环境、海洋、物理、化学、数学等许多领域．生命科学体现了各学科的同一性，都是以基因理论为指导，应用分子生物技术，以序列语言来描述生命的本质，以蛋白质行为来解释生命的过程，以细胞活动来演绎生命现象．

  生物实验海量数据的积聚为系统地研究生物系统的运动规律奠定了基础，由此也诞生了一门新兴的交叉学科——系统生物学(systems biology)．这个学科已越来越受到包括生物、物理、化学、数学等领域工作者的高度重视．系统生物学不同于生物信息学，它是研究生物系统中所有组成成分(基因、mRNA、蛋白质、小分子等)的构成，以及在特定条件下这些组分间相互关系的学科．系统生物学也不同于以往的实验生物学(仅关心个别的基因和蛋白质)，它要研究所有的基因、蛋白质和组分间的所有相互关系．系统生物学的研究目标是对某一生物系统建立一个理想的模型，使其理论预测能够反映出生物系统的真实性．

  从基因调控的观点来看，生物系统是相互作用的网络，这里，基因调控网中的蛋白质常常调控它们自己的生成或调控相互作用网络里其他蛋白质的生成．后基因组学的研究很可能将集中于对这种复杂网络的剖析．尽管我们对蛋白-DNA反馈环路、网络复杂性等概念并不陌生，但生物实验方面的最新进展再次激发人们对基因调控的定量和定性分析的研究兴趣，并使人们开始进入强调基本细胞功能的基因调控过程的模型描述阶段．依据近三十年非线性理论和随机过程等领域的研究成果，目前开展基因调控网的定量和定性研究是适时的．在国家自然科学基金"十一五"发展规划里也明确提到开展生物网络动力学和系统生物学的研究．

  基因调控网是系统生物学的重要研究内容．目前，关于基因调控网的研究主要有两种不同的研究方法：一是逆向工程技术法，它依据模式生物的基因芯片数据，通过数值建模的方法来构建基因调控网．这种方法的优点是能基本确定模式生物所有基因之间的调控关系，并能建立其初步模型．缺点是由于实验成本的考虑和实验条件的限制，导致基因芯片数据的时间序列一般很短(在目前能查到的数据库里，只发现最多二、三十个时间点列数据)，且噪声大，导致由数值算法所建立的数学模型往往失真. 二是正向工程技术法，它主要是基于数学模型，采用生物工程的办法来构建具有一定生物功能的基因调控网. 正向工程技术法已被证实是一种成功且有效研究基因调控的方法，并且已被国内外广泛采用. 例如，已成功地构造和设计出以下基因调控网：①单基因自调控系统；②基因开关系统；③逻辑门；④压制振动子；⑤简化的细胞通信系统；⑥模拟噪声源的工程环路，等等. 这些人造的基因调控网对人们理解自然发生的基因调控网的调控机制奠定了良好的基础.

基因调控过程必然涉及随机噪声. 事实上，基因调控是一个固有的噪声过程，从转录控制、选择粘接、翻译和扩散，到转录因子的生物修正反应等，所有这些过程均涉及随机噪声. 这些噪声不仅有意义地影响生物系统的动力学，而且可以被生物组织利用来积极地行使某些细胞功能，如细胞通信和同步等. 本书主要是基于工程基因调控网来介绍生物系统中与噪声(或随机波动)有关的随机动力学，包括常用的理论分析方法和数值算法等，取材于近几年发表在 *Nature, Science, PNAS, Physical Review Letters, Biophysics Journal* 等国际重要刊物上的研究结果，以及作者及其学生在这方面的最新研究成果. 本书的定位是为过去从事动力系统研究，现转向系统生物学研究的学生、教师和科研人员提供一本深入浅出的读本.

在此，特别感谢我的几位博士生张家军、王军威、苑占江、陈爱敏、张彦斌等的大力协助，他们在绘图、数值计算、数学公式的推导和文献整理等方面给了我很多帮助. 最后，感谢我爱人的大力支持.

作者

2008 年 12 月

目　录

《非线性动力学丛书》序
前言
第1章　生物网络的基础知识 ·· 1
  1.1　基本概念 ·· 1
      1.1.1　基因与基因表达 ·· 1
      1.1.2　蛋白质 ·· 3
      1.1.3　细胞 ·· 4
      1.1.4　简单基因调控网的调控机制 ·· 5
  1.2　转录调控网络简介 ·· 8
  1.3　顺式输入函数：MM方程和Hill方程 ·· 11
      1.3.1　一个压制子与一个启动子的结合 ·· 11
      1.3.2　一个压制蛋白和一个诱导子的结合：MM方程 ······························· 13
      1.3.3　诱导子的结合和Hill方程的协作性 ··· 14
      1.3.4　Monod模型、Changeux模型和Wymann模型 ································· 15
      1.3.5　由一个压制子调控的基因的输入函数 ·· 16
      1.3.6　一个激活子对它的DNA位点的结合 ·· 16
      1.3.7　Michaelis-Menten酶动力学 ·· 17
      1.3.8　多维输入函数 ·· 18
  1.4　转录调控网络的典型模块 ·· 19
      1.4.1　自调控网络模块 ·· 20
      1.4.2　前馈环网络模块 ·· 23
  1.5　基因表达水平上的细胞多样性 ·· 25
  参考文献 ·· 28
第2章　主方程及线性噪声逼近 ··· 30
  2.1　主方程 ·· 30
      2.1.1　主方程的导出 ·· 30
      2.1.2　生化反应的动力学方程 ·· 31
  2.2　F-P方程与Langevin方程 ·· 33
      2.2.1　F-P方程 ··· 33
      2.2.2　F-P方程与Langevin方程之间的关系 ·· 34

2.3 线性噪声逼近 35
2.3.1 静态线性噪声逼近 35
2.3.2 动态线性噪声逼近 39
2.4 有效稳定性逼近 43
2.4.1 一般结果 43
2.4.2 算法 45
2.4.3 应用实例 46
2.5 基因调控中的波动关系 51
2.5.1 一般理论 51
2.5.2 两个例子 53
参考文献 59

第 3 章 随机模拟方法 60
3.1 Gillespie 算法 60
3.1.1 问题的描述 60
3.1.2 数学格式 62
3.1.3 算法步骤 64
3.2 化学 Langevin 方程 66
3.2.1 化学主方程 66
3.2.2 化学 Langevin 方程及其算法 67
3.3 τ 跳跃算法 71
3.3.1 基本算法 71
3.3.2 中点 τ 跳跃方法 73
3.3.3 改进的 τ 跳跃算法 75
3.3.4 一般格式 77
3.4 快反应的拟平衡近似法 77
3.4.1 快慢反应的分离 77
3.4.2 应用实例 80
3.5 精确的混杂随机模拟法 83
3.5.1 快反应的 Langevin 方程 84
3.5.2 算法步骤 86
3.6 延迟情形的 Gillespie 算法 88
参考文献 89

第 4 章 基因切换系统的随机动力学 90
4.1 单基因双稳系统 90
4.1.1 模型及其动力学分析 90

4.1.2　加性噪声的效果 ·················· 93
　　　4.1.3　乘性噪声的效果 ·················· 95
　4.2　双基因双稳系统 ·························· 96
　　　4.2.1　协作结合的基因开关: toggle switch ·········· 97
　　　4.2.2　非协作结合的基因开关 ················ 99
　4.3　连贯切换 ······························ 108
　　　4.3.1　随机模型 ······················ 108
　　　4.3.2　内部噪声的效果 ·················· 110
　　　4.3.3　外部噪声的效果 ·················· 111
　　　4.3.4　输入弱信号的扩大 ················· 114
　4.4　噪声诱导的同步切换 ······················ 116
　　　4.4.1　基因调控网与数学模型 ··············· 116
　　　4.4.2　细胞内噪声的效果 ················· 118
　　　4.4.3　细胞外噪声的效果 ················· 120
　　　4.4.4　内外噪声相互作用的效果 ·············· 121
　　　4.4.5　耦合强度的效果 ·················· 123
　4.5　公共噪声的效果 ·························· 125
　　　4.5.1　基因调控网与数学模型 ··············· 126
　　　4.5.2　同质情形 ······················ 127
　　　4.5.3　异质情形 ······················ 129
　参考文献 ·································· 132

第 5 章　基因振子的分类及生物节律 ············· 134
　5.1　从切换到振动 ··························· 134
　　　5.1.1　单基因自调控模型 ················· 134
　　　5.1.2　振动的产生 ···················· 136
　5.2　光滑振子 ····························· 140
　　　5.2.1　压制振动子: repressilator ·············· 140
　　　5.2.2　简化的压制振动子 ················· 145
　5.3　松弛振子 ····························· 147
　5.4　随机振子 ····························· 149
　5.5　果蝇和脉孢菌中的节律振子 ··················· 150
　5.6　分组的果蝇节律钟中神经传递元调庭的节律行为 ········· 155
　　　5.6.1　模型 ························· 156
　　　5.6.2　结果 ························· 158
　参考文献 ·································· 165

第6章 基因振子的同步与聚类 ... 168
6.1 模拟生物钟 ... 168
6.1.1 模型 ... 169
6.1.2 数值结果 ... 171
6.2 快速阈值调幅机制 ... 173
6.2.1 模型 ... 173
6.2.2 数值结果和理论分析 ... 176
6.3 光滑振子的同步、聚类 ... 181
6.3.1 吸引耦合的效果 ... 181
6.3.2 抑制耦合的效果 ... 184
6.3.3 公共噪声的效果 ... 185
6.4 松弛振子的同步、聚类 ... 187
6.4.1 吸引耦合的效果 ... 187
6.4.2 抑制耦合的效果 ... 189
6.4.3 公共噪声的效果 ... 190
6.5 随机振子的同步、聚类 ... 191
6.5.1 吸引耦合情形 ... 193
6.5.2 抑制耦合情形 ... 201
6.6 顺式调控构件驱动多细胞图案 ... 206
6.6.1 设计和模型 ... 206
6.6.2 结果与分析 ... 211
6.7 暂态重设机制 ... 214
6.7.1 机制的刻画 ... 214
6.7.2 数值模拟 ... 214
6.8 生物节律的人工控制 ... 215
6.8.1 细胞间没有细胞通信情形的控制 ... 216
6.8.2 细胞间有细胞通信情形的控制 ... 220
参考文献 ... 224

第7章 噪声信号的传播 ... 227
7.1 信号传送过程中的功率谱和噪声 ... 227
7.1.1 单信号情形 ... 227
7.1.2 耦合信号情形 ... 229
7.1.3 一般情形 ... 231
7.2 典型生化模块中的噪声传播 ... 232
7.2.1 三种典型生化反应模块 ... 232

	7.2.2 推拉网络模块	235
	7.2.3 MAPK 级联和模块性	239
7.3	代谢网络中的噪声传播	244
	7.3.1 单节点情形	244
	7.3.2 线性通路	247
	7.3.3 相互作用的通路	253
7.4	基因调控过程中的噪声传播	258
7.5	关于噪声传播的进一步讨论	260
	7.5.1 格式化模块	260
	7.5.2 信号转导网中波动的关联性	262
	7.5.3 代谢网中波动的独立性	265
	7.5.4 超敏感效果的分析	269
	7.5.5 反馈噪声压制的物理限制	275
参考文献		282
第 8 章 其他典型动力模型分析		**283**
8.1	模拟趋化现象的一般模型	283
	8.1.1 理论分析	283
	8.1.2 相的特征	287
8.2	延迟诱导的振动	288
	8.2.1 情形 1：延迟退化的蛋白质	289
	8.2.2 情形 2：具有延迟产物的负反馈	293
	8.2.3 情形 3：具有聚合物的负反馈	298
8.3	公共噪声诱导的同步与聚类	300
	8.3.1 理论分析	300
	8.3.2 聚类的控制	304
	8.3.3 数值例子	307
8.4	组合调控的模式	309
	8.4.1 数学模型	310
	8.4.2 理论分析	312
	8.4.3 数值结果	323
参考文献		325

第 1 章　生物网络的基础知识

本章主要介绍与生物网络(重点是转录调控网络)有关的基础知识. 首先, 介绍几个重要概念, 包括基因、蛋白质、细胞、基因调控网及简单基因调控网的调控机制或过程. 其次, 简要地介绍转录调控网络, 包括它的构成元素. 第三, 重点介绍顺式输入函数, 对此, 我们考虑了几种典型情形, 导出相应的输入函数的分析表达. 这方面的知识是本书建立简化的确定性方程的基础. 第四, 介绍转录网络的若干典型网络模块, 包括自调控模块和前馈环模块等. 最后, 介绍细胞多样性方面的知识, 细胞多样性是多细胞系统建模应考虑的一个因素.

1.1　基 本 概 念[1,2]

生物体是一个复杂的多分子体系, 它的基本单位是细胞 (1 立方毫米可有几百万个细胞), 一个细胞内可有数万个基因, 它们
(1) 分别控制不同的生化反应;
(2) 产生无数种类的生命物质;
(3) 保持物质、能量、信息流动的有条不紊.

核酸是最重要的一类生物大分子, 是遗传信息的携带者. 根据组成核酸的核苷酸中戊糖种类的不同(核酸是由核苷酸作为基本单位组成的线性聚合物), 可将核酸分成两大类: 核糖核酸(deoxyribonucleic acid, DNA)和脱氧核糖核酸(ribonucleic acid, RNA). DNA 位于细胞核的染色体中, 且具有双螺旋结构; RNA 也具有双螺旋结构, 但与 DNA 的结构有所不同; DNA 分子首先通过转录, 把遗传信息记录在 RNA 分子上, 然后通过 RNA 模板直接控制蛋白质的合成. DNA 在细胞核内转录产生 RNA, 后者从细胞核进入细胞质. DNA 序列中的脱氧核糖核酸一共只有 4 种: A, T, C, G, 它们之间只有碱基的差别. 在 DNA 序列中常将一个核酸称为一个碱基. 在双螺旋的两股中, 对应的核酸(碱基)是配对的, 即 A 和 T, C 和 G 分别配对, 并由氢键来连接.

1.1.1　基因与基因表达

基因(gene): 遗传信息的基本单位, 是染色体 DNA 序列中的一段. 大部分生物体都以 DNA 为遗传物质. DNA 含有细胞进行生命活动所需的全部信息, 这种信息被安排在许许多多称作基因的单位中. 基因控制着生物可辨别的特征, 决定

蛋白质结构的遗传信息,支配编码细胞生长和分裂的指令,从而形成完整的个体.

基因表达(gene expression):一个基因产生它编码的蛋白质过程称为基因表达. 基因序列给出了它编码的蛋白的编码:在基因的编码区,每 3 个相邻碱基组成一个氨基酸的编码,例如,ATG 是蛋白 M 的编码,CUA,CUT,CUC,CUG 都是蛋白 L 的编码等. 基因序列中还包含了这些蛋白表达的数量、时间以及表达的组织等信息. 一个基因序列上不同的子段和不同蛋白质的组合得到基因表达的效果.

基因的结构很复杂,这里给出它的一个示意图(图 1.1.1). 通常,一个基因包含一个 3′端和 5′端,以及若干个内含子(intron)和外显子(extron). 每个基因均对应一个特定的启动子区域,负责 RNA 聚合酶分子的结合.

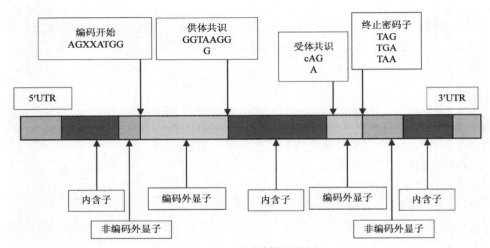

图 1.1.1 基因结构示意图

基因组学(genomics):人类基因组计划(HGP)于 1990 年 10 月 1 日启动,2001 年完成全部测序. 共有六国参加:美国(54%)、英国(33%)、日本(7%)、法国(2.8%)、德国(2.2%)、中国(1%)(1999 年加入). 已取得的成果包括:人类基因总数在 3 万~3.5 万个之间,低于原来估计数目的一半;基因组中存在基因密度较高的"热点"区域和大片不携带人类基因的"荒漠"区域;大约有 1/3 以上基因组包含重复序列,其作用有待于进一步研究;所有人都有 99.99%的相同基因,任何两个不同个体之间大约 1000 个核苷酸序列中会有一个不同,这称为单核苷酸多态性(SNP);每个人都有自己的一套 SNP,它对"个性"起着决定性作用. 继"人类基因组计划"之后,最大的国际合作计划之一——"DNA 元件百科全书"计划(ENCODE)在 2007 年 6 月 14 日的 *Nature* 和同年 6 月的《基因组研究》发表了一系列重要文章(共 28 篇),挑战关于人类基因组的传统理论,即人类基因蓝图不是由孤立的基因和大量"垃圾 DNA 片段"组成的,而是一个复杂的网络系统,单个基因、调控元件以及与编码蛋白无关的其他类型的 DNA 序列一道，以交叠的方式相互作用，共同控制着人类的生理活动.

1.1.2 蛋白质

蛋白质(protein)：一类复杂的含氮高分子有机化合物，是通常讲到的生物大分子之一. 蛋白质是生命现象的物质基础，它的基本组成单位是氨基酸；所有蛋白质都含有碳、氢、氧、硫等元素；蛋白质一般由 20 余种 α-氨基酸组成.

蛋白质的化学结构：组成蛋白质分子的各种氨基酸(大约 100~5000 个氨基酸)通过肽键(CO—NH)连接在一起. 肽键是由一个氨基酸中的 α-氨基与另一个氨基酸中的 α-羧基通过脱水缩合而成；在多肽链一端含有一个尚未反应的游离氨基(—NH$_2$)，称为肽链的 N 末端，而在肽链另一端含有一个尚未反应的游离羧基(—COOH)，称为肽链的 C 末端；一般地，表示多肽链时，N 末端放在左边，C 末端放在右边.

基因和蛋白质有着密切的关系. 在一组特定的蛋白质作用下，一个基因被转录为初级信使 RNA(preliminary messenger RNA，Pre-mRNA). 进一步，在蛋白质的作用下，Pre-mRNA 被剪切为 mRNA，它是蛋白的编码序列. mRNA 又在核糖体的作用下，被翻译成相应的氨基酸序列，并折叠成蛋白(图 1.1.2).

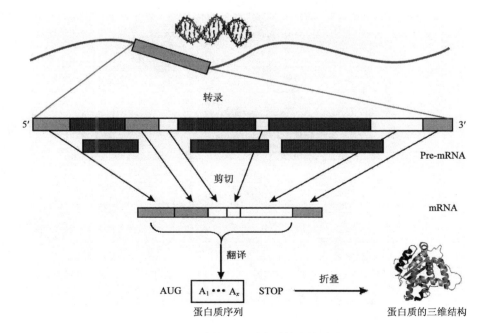

图 1.1.2　从基因到蛋白质的表达过程

蛋白质组学：一个基因的表达与否、表达量，均受到细胞中各种蛋白质的调控. 所以基因调控可以看作是细胞中各基因对应的 mRNA 与各种蛋白质相互作用所组成的网络. 信号转导是指当细胞受到某种影响时，其中某些蛋白质的含量及活性发生变化，从而引起一系列蛋白质的表达及活性变化的过程和路径. 信号转导对于研究药理、病理、细胞的分化、发育、进化等问题都十分重要. 蛋白质的功能、相互作用、信号转导、基因网络与基因表达的数据分析是紧密相关的.

1.1.3 细胞

细胞(cell)由膜包围着含有细胞核(或拟核)的原生质组成，是生物体结构和功能的基本单位，也是生命活动的基本单位；细胞能够通过分裂而增殖，是生物体发育和系统发育的基础；细胞是遗传的基本单位，具有遗传的全能性；对一个生物组织，各种细胞中的染色体是相同的. 图 1.1.3 显示出真核细胞结构的某些方面，以及从 DNA 到 mRNA 再到蛋白质的合成过程.

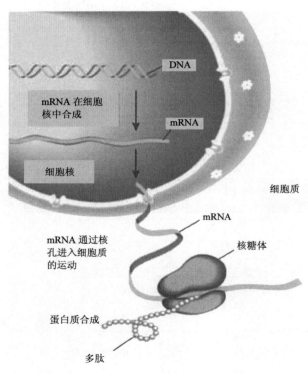

图 1.1.3　DNA、mRNA 和蛋白质是细胞(包括细胞核和细胞质)的三大分子

除病毒、类病毒等非细胞生命体以外，绝大多数生命有机体的结构和功能单

位都是细胞. 细菌、酵母等微生物以单细胞的形式存在, 而高等动植物则由多细胞构成, 如人大约有 30 万亿个细胞, 这些细胞组成不同的组织和器官. 细胞与细胞之间通过信号通路连接. 细胞外的信号先穿过细胞膜进入细胞质, 然后通过细胞受体进入细胞核来调控目标基因的表达. 基因调控在细胞核内进行.

细胞学说始于 1665 年初. 英国物理学家 Hooke 用自己设计的显微镜第一次观察到了细胞. 1838—1839 年间, 德国植物学家 Scheiden 和动物学家 Schwann 的研究报告宣告了细胞学说基本原则的创立. 直到 1858 年, 细胞学说才得以完善.

细胞学说的主要内容包括:
(1) 细胞是有机体, 一切动植物都是由细胞发育而来;
(2) 所有的细胞在结构和组成上基本相似;
(3) 生物体通过其细胞的活动反映其功能;
(4) 新细胞由已存在的细胞分裂而来;
(5) 生物的疾病是因为其细胞功能失常.

1.1.4 简单基因调控网的调控机制[3-7]

基因之间的调控关系构成基因调控网, 图 1.1.4 显示出单基因调控网的调控过程, 涉及转录、降解、翻译、传输和结合等. 基因调控关系主要有两种: 促进和抑制. 为理解方便起见, 这里解释启动子和调控环路的概念. 启动子区域(简称为启动子)是 DNA 的一个片段, 是 RNA 聚合酶分子结合的地方, 结合之后转录特定基因为 mRNA 分子. 因此, 可以说一个启动子即驱动一个特定基因的转录. 转录开始于启动子的下游(它是被聚合酶识别为转录的起始位点的特别一段 DNA). DNA 的化学一段(已知为起始密码子)编码基因的区域, 并被转化成氨基酸, 即蛋白质的构建块. 当到被翻译的蛋白能够和启动子(它驱动自己的产物或其他基因的产物)相互作用时, 反馈产生. 这种转录调控是一种被细胞用来控制表达的典型方法, 可以是正或负的反馈形式. 当蛋白质通过生化反应网来增强启动子区域里聚合酶的结合时, 即增强转录时, 正调控或激活发生(图 1.1.5(a)). 另一方面, 负调控或抑制涉及结合在启动子区域里酶的成块(图 1.1.5(b)). 蛋白质普遍以多聚体(遍及细胞表达调控功能的各个阶段)的形式存在, 并服务于 DNA 结合蛋白质. 典型地, 蛋白质以同质聚合体或异质聚合体来调控转录, 这一事实导致基因调控网络表现出高度非线性.

为了理解噪声的起源, 就必须了解基因调控过程, 进一步, 就必须了解基因表达. 一般来说, 基因表达是一个复杂的两阶段过程. 首先, 基因的 DNA 被 RNA 聚合酶转录成信使 RNA(即 mRNA): 储存在 DNA 的核苷序列中的信息被复制成储存为 mRNA 的核苷序列中的信息. 一个已表达的基因能够引出几个 mRNA 的抄本. 其次, mRNA 被称作核糖体的酶翻译成蛋白质, 而储存在 mRNA

的核苷序列中的信息被翻译成蛋白质的氨基酸. 几个核糖体能够同时结合并翻译单个的 mRNA. 对于细菌, 因为它没有核, 所以只要 mRNA 的部分被转录, 翻译就会发生.

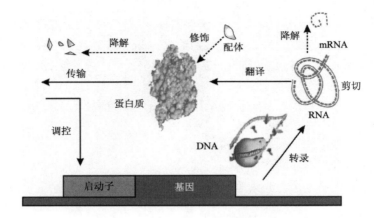

图 1.1.4　单基因调控网络示意图

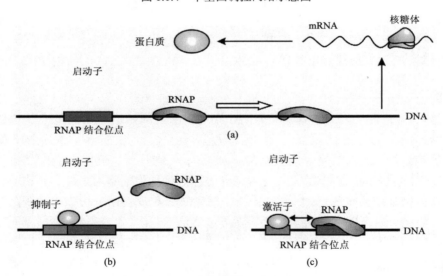

图 1.1.5　细菌中的基因表达

(a)RNA 聚合酶结合到启动子里的自由结合位点; (b)负调控; (c)正调控.

DNA 的区域控制着转录及基因表达. 细菌里一个未调控的基因如图 1.1.5(a)所示, 这里启动子仅包含 RNA 聚合酶(RNAP)的一个结合位点. 然而, 活性有机体内的几乎所有基因均被调控. 转录因子蛋白质是能够结合到启动子区域里 DNA 的操作位点的. 一旦结合, 这些蛋白质或是妨碍(或抑制)启动子的 RNA 聚合酶的结合(图

1.1.5(b))从而抑制基因的表达(这时,这种转录因子蛋白被称为压制子或抑制子),或是促进启动子的 RNA 聚合酶的结合(图 1.1.5(c)),从而促进基因的表达(这时,这种转录因子蛋白被称为激活子). 任何启动子都能够被抑制子和激活子所结合,从而导致基因表达. 因此,基因表达是转录因子浓度的高度非线性函数.

更进一步的 RNAP 控制水平是调控因子结合到 DNA 的能力,它可能是另一个分子(叫做诱导子)浓度的非线性函数. 例如,Escherichia coli(E.coli, 大肠杆菌)里的 lac 操纵子破译酶来输入乳糖并消化它(因为操纵子是基因的集合(collection),这些基因在 DNA 里被首尾相连地破译,其结果都被翻译成单个的 mRNA). 在细胞内乳糖缺乏的情况下,操纵子被 lac 抑制子的转录因子所压制. 假如没有乳糖出现,基因表达非常低. 假如某些乳糖进入细胞,它会结合到 lac 抑制子,因此会减低 lac 抑制子结合到 DNA 的能力. 对于细胞内高量的乳糖,所有的 lac 抑制子都被乳糖所结合,不存在结合到 DNA 的部分,lac 操纵子然后被表达. 细胞合成能够消化乳糖的酶,乳糖的水平最终控制表达水平,但此时诱导子的乳糖需要是高量的.

为了理解原核蛋白产物的形成机制,我们再给出某些细化的过程[10]. 图 1.1.6 是一种典型的模型. 图 1.1.6(a)表示单基因 p 及其相应的启动子 PR_p 的生化过程,这里基因 p 产生蛋白质 P,而此蛋白质被迅速地二聚化,形成二聚物 P-P. 一方面,它会降解,另一方面,它会作用于 P 的位点. 同时,外部控制信号会作用或调控基因 p 的启动子(区域). 在图 1.1.6(b)中,第一个基因产物的多聚体(这里假定为二聚合物),一方面会抑制另一个基因的产物,另一方面会激活或促进第三个基因的产物,同时通过作用于它自己的启动子区域,也会抑制自己的产物,从而形成负反馈.

大多数细菌里的转录因子是由两个相同但结合在一起的蛋白质(如二聚体)所组成,有时是四个结合在一起. 这些多聚体帮助 DNA 结合位点的识别,并贡献于基因表达的非线性性. 在多聚体中的每个蛋白能够潜在地结合到诱导子,并且通过已知为变构相互作用机制,使得多聚体诱导子对某一蛋白的结合来增加多聚体诱导子对另一个蛋白结合的概率. 这样一来,实现从能够结合到 DNA 到不能够结合 DNA 的转移,此时,转录因子可能是诱导子浓度非常陡的 S 形函数. 这种非线性被参考为协作性,这是因为一个蛋白和另一个蛋白相互协作地帮助它结合到诱导子.

所有上述过程均是生化反应的,因此具有潜在的随机性. 反应分子通过扩散汇集在一起,且它们的运动被随机碰撞所驱动. 一旦碰撞,将随机地改变反应物的内部能量,因此它们具有反应的偏好性(即倾向性). 然而,这种随机效果仅当分子的平均数低时才显现出来. 单个反应大都是改变 1 或 2 个分子数,从而导致噪声,因此,任何生化系统都固有地存在噪声.

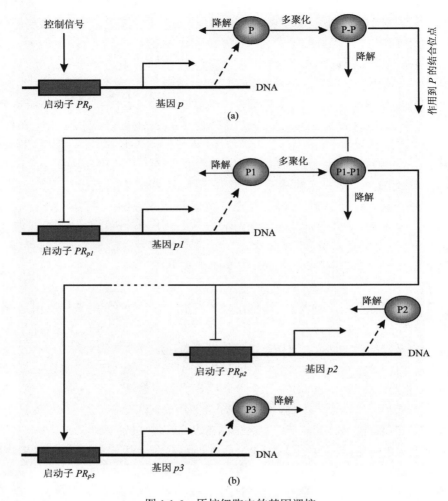

图 1.1.6　原核细胞中的基因调控

(a) 在基因耦合调控级联(cascade)中, 每个连接里关于信息传送或控制的一个通用耦合反应模型, 这里 P 和 P_i 表示蛋白质; PR_X 表示蛋白质 X 的启动子; P-P 等表示二聚体; (b) 一个具有代表性的自调控原核基因环路

1.2　转录调控网络简介[8,26-28]

细胞是一个综合装置, 由数千种类型的相互作用蛋白质所组成. 每个蛋白是一个纳米大小的分子机器, 精确地执行特定的任务. 例如, 微米长的细菌 E.coli 是一个细胞, 含有几百万个、大约有 4000 种不同类型的蛋白质. 对遭遇到的不同情形, 细胞需要不同的蛋白, 例如, 当细胞感应到糖时, 它开始传输糖到细胞内并利用糖蛋白; 当细胞遭遇伤害时, 它会产生修补蛋白. 因此, 细胞连续地监测

它的环境,并计划每种类型的蛋白所需要的量. 这种信息处理功能(它决定每个蛋白的生成速率)大都是由转录网络来执行的,参考图 1.2.1.

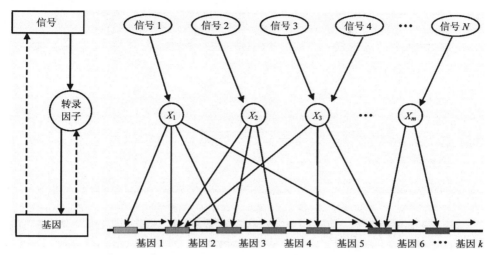

图 1.2.1 环境信号、细胞内转录因子和被调控的基因之间的映像

环境信号激活特定的转录因子蛋白. 当处于活性状态时,转录因子结合 DNA 来改变特定靶基因的转录速率(mRNA 以这种速率产生),然后 mRNA 被翻译成蛋白质, 因此转录因子调控由基因编码蛋白质所产生的速率. 这些蛋白质影响环境状态(内部的或外部的). 某些蛋白质本身也是转录因子,它们能够激活或压制其他基因

细胞生存在复杂的环境中,能够监测许多不同的信号(包括物理参数,如温度和渗透压力)和来自其他细胞的生物信号、有益的营养和有害的化学品等. 细胞内部状态的信息,如关键代谢物的水平和内部损害(如对 DNA、细胞膜和蛋白质的损害等)也是重要的. 细胞通过产生作用于内部或外部环境的适当蛋白来响应这些信号. 为了表示环境状态,细胞利用特别的蛋白质(叫做转录因子)作为符号. 转录因子通常以一个被特定的环境信号(即输入)所调幅的速率指派在活性和非活性分子状态之间,并实现迅速转移. 每个活性转录因子能够通过结合 DNA 来调控特定目标基因的表达(如图 1.2.2),然后,这些基因被转录成 mRNA, 而 mRNA 进一步翻译成作用于环境的蛋白质. 因此,细胞内转录因子的活性能够被考虑为环境的内部表示,例如,细菌 E.coli 大约有 300 个自由度的内部表示(转录因子),这些转录因子调控 E.coli 的 4000 种蛋白质的生成速率.

转录网络描述转录因子和基因之间的相互作用. 下面简单地描述这种网络的基本元素:基因和转录因子. 每个基因是 DNA(它的序列编码蛋白质产生所需要的信息)的一段. 基因转录是一个过程,通过此过程, RNA 聚合酶(RNAP)产生相应于基因编码序列的 mRNA, 然后 mRNA 翻译成蛋白质(也叫做基因产物).

基因转录的速率,即单位时间内酶产生 mRNA 的数目,由启动子(即 DNA 的调控区域)来控制. RNAP 结合启动子中的某一操作位点(即一个特定的 DNA 序列). 这种位点的特性决定基因的转录速率(图 1.2.2(a)).

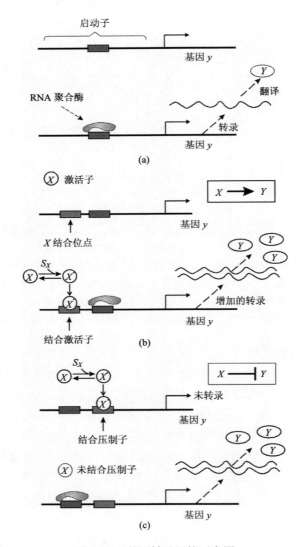

图 1.2.2　基因转录调控示意图

(a)每个基因通常包含一个调控 DNA 区域(叫做启动子); (b)激活子 X 是一个转录因子蛋白, 当结合到启动子时, 它增加 mRNA 转录速率; (c)压制子 X 是转录因子蛋白, 当结合到启动子时, 它减少 mRNA 转录速率

特定基因表达的改变是由于转录因子, 然而, 因为 RNA 聚合酶实际上可作用于所有的基因, 所以每种转录因子可调节一批目标基因的转录速率. 转录因子通过结合被调控基因的启动子里的特定位点来影响转录速率(图 1.2.2(b)和(c)). 当

结合时，转录因子改变单位时间内聚合酶的结合和产生 mRNA 分子的概率，即 RNAP 结合启动子并产生 mRNA 分子的概率，这样，转录因子影响 RNAP 起始基因转录的速率. 转录因子可以作为激活子，增加基因的转录速率，或作为压制子，减低转录速率(图 1.2.2(b)和(c)).

转录因子蛋白本身被其他转录因子调控的基因所编码，而那些转录因子本身又可以依次被其他转录因子所调控，等等，这一整套相互作用形成转录网络. 转录网络描述细胞内调控转录的所有相互作用. 在这种网络中，节点是基因，边代表一个基因被另一个基因的蛋白产物所调控的转录率. 一个定向边 x 到 y 表示基因 x 的产物是转录因子蛋白质，它结合基因 y 的启动子来控制基因 y 被转录的速率.

网络的输入表示携带环境信息的信号. 每个信号分子或是一种小分子，或是一种蛋白质修饰，或是一种分子伴侣，直接影响某种转录因子的活性. 外部刺激信号常常激活信号传导通路并最终对特定的转录因子进行化学修饰. 在其他系统中，信号能够像糖分子那样简单，进入细胞，并直接结合转录因子. 信号通常引起转录因子蛋白质形状的物理变化，从而引起它呈现活性分子状态. 例如，信号 S_X 能够引起 X 迅速地转移到活性状态 X^*，结合基因 y 的启动子，增加转录速率，导致蛋白 Y 产物增加(图 1.2.2(b)). 因此，转录网络代表动力系统：在一个输入信号到达后，转录因子的活性改变，导致蛋白的生成速率也改变. 某些蛋白也是转录因子，它激活额外的基因等. 其他蛋白可以不是转录因子，但执行活性细胞的各种功能，如构建结构、催化反应等.

1.3 顺式输入函数：MM 方程和 Hill 方程

1.3.1 一个压制子与一个启动子的结合

首先，理解一个压制蛋白和 DNA 及 DNA 的诱导子之间的相互作用，然后，转向一个激活蛋白的情况. 压制子 X 识别并结合于启动子里一个特定的 DNA 位点 D：X 和 D 结合形成一个复合物$[XD]$. 仅当压制子并不结合时(即当 D 是自由时)，基因的转录才发生. 这样，DNA 或是自由的 D，或是结合的$[XD]$，导致保守方程

$$D + [XD] = D_T \tag{1.3.1}$$

这里 D_T 是位点的总浓度. 例如，每个细菌型细胞中单个的 DNA 结合位点意味着 $D_T = 1/$细胞体积$\sim 1/\mu m^3 \sim 1nM$. 在真核细胞中，核的体积大约为 $10\sim 100\mu m^3$.

压制子 X 和它的目标 D 在细胞内扩散，偶然地碰撞形成一个复合物$[XD]$(以下方括号表示复合物). 这一过程能够用质量作用动力学来描述：X 和 D 以速率 k_{on} 碰撞和相互结合. 因此，这种复杂物的形成比例于碰撞率，及 X 和 D 的浓度，即

$$\text{复合物生成速率} = k_{on} XD$$

复合物[XD]又以速率 k_{off} 来解离(dissociate). 基于这些碰撞和解离过程, [XD] 变化的速率由

$$d[XD]/dt = k_{on} XD - k_{off}[XD] \tag{1.3.2}$$

描述. 碰撞的速率参数(k_{on})描述给定 D 的浓度时, 每个蛋白每秒有多少碰撞事件发生, 因此 k_{on} 的单位是1/(时间·浓度). 在生化反应中, k_{on} 常常被一个扩散分子(它和蛋白大小的目标相碰撞)的碰撞速率所限制, 因此 k_{on} 扩散限制的值为 $10^8 \sim 10^9 M^{-1} sec^{-1}$, 且独立于反应的细节. 对于转录因子和 DNA 情形, 一维扩散效果(由于转录因子沿 DNA 的滑动)导致扩散限制值通常是高的, 即 $10^{10} \sim 10^{11} M^{-1} sec^{-1}$. 另一方面, k_{off} 以时间的倒数为单位, 其大小对不同的反应差别很大(可差几个数量级), 这是因为 k_{off} 是由化学结合(结合 X 和 D)的强度所决定.

方程(1.3.2)最终接近于不依赖时间的静态, 即满足化学平衡方程

$$K_d[XD] = XD \tag{1.3.3}$$

这里 $K_d = k_{off}/k_{on}$ 称为解离常数. K_d 以浓度为单位, 且有性质: 解离常数越大, 复合物的解离速率越高, 即 X 和 D 的结合越弱.

结合(1.3.3)和(1.3.1), 求解自由 DNA 位点的浓度 D, 得到

$$\frac{D}{D_T} = \frac{1}{1 + X/K_d} \tag{1.3.4}$$

对于多个压制子, [XD]复合物在不到 1 秒(即 $k_{off} > 1 sec^{-1}$)内解离. 因此, 我们能够在大于 1 秒时间内做平均, 并考虑 D/D_T 作为位点 D 是自由的概率(即对多个结合和未结合事件做平均). 位点的自由概率 D/D_T 是压制子 X 浓度的递减函数. 当没有压制子时, 即 $X = 0$, 位点总是自由的, 即 $D/D_T = 1$. 当 $X = K_d$ 时, 位点有自由的 50%的变化, 此时 $D/D_T = 1/2$.

当位点 D 是自由时, RNA 聚合酶能够结合到启动子, 并转录基因. 来自自由位点的转录速率(即每秒 mRNA 的数目)由最大转录速率 β 给出. β 依赖于 DNA 序列和 RNA 聚合, 结合位置, 以及其他因素. 这种转录速率能够由进化选择来调整, 例如, 利用改变 RNAP 结合位点的 DNA 序列的变异方法. 对不同的基因, β 可以在 $10^{-4} \sim 1 mRNA/sec$ 范围内取值. mRNA 的产生速率, 也叫做启动子的活性(promoter activity), 是 β 乘以位点自由的概率, 即

$$\text{启动子活性} = \frac{\beta}{1 + X/K_d} \tag{1.3.5}$$

当 $X = K_d$ 时,转录从它的最大值减少一半. 50%最大压制所需要的 X 的值叫做压制系数.

对有效压制,充分浓度的压制子是需要的,以便位点 D 总是由压制子占据. 由 (1.3.4)知,当压制子大大超过解离常数,即 $X/K_d \gg 1$ 时,这将发生. 许多压制子(包括 *lac* 压制子)就发生在这种情形.

1.3.2 一个压制蛋白和一个诱导子的结合:MM 方程

上节讨论了压制子如何结合启动子和如何抑制转录. 为了开启基因系统(即系统处在 on 的状态),一个信号必须引起 X 对 DNA 的非结合. 这一节处理这种情形,这里一个小分子(即诱导子)是信号. 诱导子直接结合蛋白 X,并引起它呈现一个分子构象,这里,它并不以高度亲和力来结合 D. 典型地, X 对它的 DNA 位点的亲和力被减低 10 到 100 倍. 这样,诱导子释放启动子,允许基因转录. 下面考虑诱导子对 X 的结合.

假定压制蛋白 X 被指派结合一个小的诱导子 S_X,此时 X 可以被认为是一个输入信号. 这些分子能够相互碰撞,形成一个复合物 $[XS_X]$. 因此,压制子或以自由形式(X)表示,或以结合形式 $[XS_X]$ 表示. 相应的保守律陈述为压制蛋白的总浓度 X_T,即

$$X_T = X + [XS_X] \tag{1.3.6}$$

X 和 S_X 以速率 k_{on} 碰撞形成复合物 $[XS_X]$,反过来,复合物 $[XS_X]$ 以 k_{off} 解离. 这样,质量作用运动学方程为

$$d[XS_X]/dt = k_{on} X S_X - k_{off} [XS_X] \tag{1.3.7}$$

在静态 $d[XS_X]/dt = 0$ 处,化学平衡关系为

$$XS_X = K_X [XS_X] \tag{1.3.8}$$

这里 K_X 是解离常数(对 *lac* 压制子, $K_X \sim 1\mu M$ 到 1000 诱导子(IPTG)分子/细胞). 利用保守方程(1.3.6)可得生物学中以酶运动学含义的一个常用方程(叫做 Michaelis-Menten 方程. 不过这里是以诱导子结合的含义,我们也用相同的名字),即 MM 方程

$$[XS_X] = \frac{X_T S_X}{S_X + K_X} \tag{1.3.9}$$

MM 函数(即(1.3.9)的右边)具有下列突出的特征:

(1) 在高的 S_X 处达到饱和;

(2) 存在一个区域, 当 $S_X \ll K_X$ 时, $[XS_X]$ 线性地随 S_X 增加;

(3) 当 $S_X = K_X$ 时, 结合蛋白的分数达到 50%.

这样, 解离常数对 S_X 检测提供了一种度量: 低于 K_X 的 S_X 浓度不能被检测到; 远超过 K_X 的 S_X 浓度使得抑制子饱和并以最大速率结合. 饱和区域(即 $S_X \gg K_X$)认为是零阶(因为 $[XS_X] \sim S_X^0$); 线性区域(即 $S_X \ll K_X$)已知为一阶(因为 $[XS_X] \sim S_X^1$).

回忆 lac 压制子的情形, 仅有未结合 S_X 的 X 是活性的, 其含义是 X 能够结合启动子 D 来阻碍转录. 当自由 X 是活性时, 记为 X^*. 活性压制子, 即 $X^* = X_T - [XS_X]$, 随诱导子水平的增加而减少,

$$X^* = \frac{X_T}{1 + S_X/K_X} \qquad \text{未结合到 } S_X \text{ 的 } X \text{ 浓度} \tag{1.3.10}$$

1.3.3 诱导子的结合和 Hill 方程的协作性

在阐述输入函数之前, 我们对诱导子结合给出一个更切合实际的描述. 大多数转录因子是由若干个反复出现的蛋白亚基所组成, 例如, 二聚体或四聚体. 每个蛋白亚基能够结合诱导子. 常常是当多个亚组结合到诱导子时, 高活性才能达到. 对这一过程, 一个有用的、现象性的方程能够通过假定 S_X 的 n 个分子结合到 X 来导出.

为了描述上述结合过程, 我们需要描述 n 个 S_X 分子对 X 的结合. 蛋白质(或蛋白质多聚体) X 或能够结合 n 个 S_X 分子(用复合物 $[nS_X X]$ 来描述), 或未被结合, 记为 X_0(忽视中间产物). 结合和未结合 X 的总浓度, 记为 X_T, 满足保守律

$$[nS_X X] + X_0 = X_T \tag{1.3.11}$$

复合物 $[nS_X X]$ 是由 X 和 n 个 S_X 分子相碰撞形成. 这样, 需要形成复合物的分子的碰撞速率由自由 X 的浓度 X_0 和 S_X 的 n 次幂(相同时间相同地方找 S_X 的 n 个拷贝的概率)的乘积来给出

$$\text{碰撞率} = k_{\text{on}} X_0 S_X^n \tag{1.3.12}$$

这里参数 k_{on} 描述复合物形成的开率(on-rate). 另一方面, 复合物 $[nS_X X]$ 以速率

k_off 来解离

$$\text{解分离率} = k_\text{off}\left[nS_X X\right] \tag{1.3.13}$$

参数 k_off 相应于 S_X 和它在 X 处的结合位点之间化学结合的强度. 复合物浓度总变化速率是碰撞率和解离率之间的差

$$\mathrm{d}\left[nS_X X\right]/\mathrm{d}t = k_\text{on} X_0 S_X^n - k_\text{off}\left[nS_X X\right] \tag{1.3.14}$$

结合保守率(1.3.11), 有

$$\left(k_\text{off}/k_\text{on}\right)\left[nS_X X\right] = \left(X_T - \left[nS_X X\right]\right) S_X^n \tag{1.3.15}$$

通过求解结合 X 的分数, 我们找到一个结合方程, 即 Hill 方程

$$\frac{\left[nS_X X\right]}{X_T} = \frac{S_X^n}{K_X^n + S_X^n} \tag{1.3.16}$$

这里常数 $K_X^n = k_\text{off}/k_\text{on}$. 方程(1.3.16)被认为是平均许多 S_X 结合和未结合事件后得到的结合概率. 参数 n 叫做 Hill 系数. 当 $n = 1$ 时, 有 MM 方程. 当 $S_X = K_X$ 时, MM 方程和 Hill 方程达到半最大结合.

Hill 曲线的陡性越大, Hill 系数 n 也越大. 在 *lac* 系统中, $n = 2$ 对应于 IPTG. 由 Hill 系数 $n>1$ 所描述的反应常常叫做协作反应. 未结合压制子 X 的浓度为

$$\frac{X^*}{X_T} = \frac{1}{1+\left(S_X/K_X\right)^n} \tag{1.3.17}$$

1.3.4 Monod 模型、Changeux 模型和 Wymann 模型

注意到 Monod, Changeux 和 Wymann 在一篇十分值得阅读的文章中利用对称性原理, 对协作结合给出更严格和更精细的分析, 许多生物化学课本中也常常描述该分析[9]. 在相应的模型中, X 切换到它的活性态 X^* 并返回. 信号 S_X 不是结合到具有解离常数 K_X 的 X^*, 而是结合到具有更低解离常数 K_X^* 的 X^*. S_X 达到 n 个分子后才能够结合到 X. 两个状态 X 和 X^* 自发地切换, 以便在 S_X 缺少的情况下, X 以比 X^* 更大的概率 L 出现. 结果导致

$$\frac{X^*}{X_T} = \frac{\left(1+S_X/K_X^*\right)^n}{L\left(1+S_X/K_X\right)^n + \left(1+S_X/K_X^*\right)^n} \tag{1.3.18}$$

对这一模型有趣的扩张可对物理学中的 Ising 模型做类比[10]. 严格模型间主要差别在于: Hill 曲线是以 S_X 的低浓度来结合的, 且关于 S_X 是线性的, 并不具有指数 n 的幂律, 如(1.3.16). 这种线性是由于单个位点在 X 上的结合, 而不是立刻对所有位点的结合.

1.3.5 由一个压制子调控的基因的输入函数

现在, 我们结合配体(ligand)对压制子的结合(方程(1.3.10))和压制子对 DNA 的结合(方程(1.3.4))来给出基因输入函数. 此时, 输入函数描述转录速率作为输入配体 S_X 浓度的函数

$$f(S_X) = \frac{\beta}{1 + X^*/K_d} = \frac{\beta}{1 + X_T/K_d \big/ \left(1 + (S_X/K_X)^n\right)} \quad (1.3.19)$$

注意到, 当没有诱导子出现的情形, 则存在一个泄露转录速率 $f(S_X = 0) = \beta/(1 + X_T/K_d)$, 也叫做基本启动子活性. 当到更强的 X 结合到它的启动子位点时, 这种泄露更小.

输入函数在诱导子浓度 $S_X = S_{1/2}$ 处达到半最大值. 这种浓度半最大的诱导点可近似为(当 $X_T \gg K_d$)

$$S_{1/2} \sim (X_T/K_d)^{1/n} K_X \quad (1.3.20)$$

半诱导浓度 $S_{1/2}$ 能够比 K_X 大很多, 例如, 对 lac 压制子, $X_T/K_d \sim 100$, $n = 2$, 因此 $S_{1/2} \sim 10 K_X$.

1.3.6 一个激活子对它的 DNA 位点的结合

在 lac 压制子发现的十几年里, 也发现其他基因系统具有行为相同原理的压制子. 有趣的是, 科研人员花了多年时间才接受存在转录激活子的事实. 当激活子蛋白结合到启动子里的 DNA 位点时, 它增加转录速率. 这样, 转录速率正比于激活子 X 结合到 D 的概率. 类似于前面的讨论, X 对 D 的结合可由下列 MM 函数来描述

$$启动子活性 = \frac{\beta X^*}{X^* + K_d} \quad (1.3.21)$$

许多激活子有特定的诱导子 S_X, 以便当 X 结合到 S_X 时, 能够结合 DNA 并激活转录. 于是得

$$X^* = [XS_X] = \frac{X_T S_X^n}{K_X^n + S_X^n} \tag{1.3.22}$$

相应的基因输入函数为

$$f(S_X) = \beta X^* / (K_d + X^*) \tag{1.3.23}$$

这一函数是 X^* 的单调增加函数. 当调控函数 $f(S_X=0)=0$ 时, 基本的转录水平是零. 这样, 简单的激活子比压制子具有更低的泄露. 然而, 假如需要, 通过允许 RNAP 的结合并激活启动子到某一程度, 非零基本水平也可取得(甚至在激活子缺失的情况下).

激活子的半最大诱导所需要的诱导子水平能够比 K_X 要小,

$$S_{1/2} \sim (K_d/X_T)^{1/n} K_X \tag{1.3.24}$$

这种情形类似于压制子情形(比较方程(1.3.20)). 然而, 总的来说, 激活子或压制子可以得到类似形状的 S 形函数.

上面描述了简单基因调控系统(这里, 蛋白质以随诱导子 S_X 的量增加而增加的速率来转录)的本质行为的简化模型. 许多真实系统有另外的重要细节, 这些细节使得系统具有更为明显的切换. 然而, 上面的描述对理解转录网络中的基本环路成分是充分的.

1.3.7 Michaelis-Menten 酶动力学

这一小节简单地描述一个有用模型, 这里酶 X 作用于底物 S, 来催化产物 P 的形成. 酶 X 和底物 S 以速率 k_{on} 结合形成一个复合物 $[XS]$, 反过来, $[XS]$ 以速率 k_{off} 来解离, 并以一个小的速率 v 来形成产物 P. 相应的反应方程为

$$X + S \underset{k_{off}}{\overset{k_{on}}{\rightleftharpoons}} [XS] \overset{v}{\longrightarrow} X + P \tag{1.3.25}$$

考虑 $[XS]$ 解离成 $X+S$, 以及解离成 $X+P$, 其速率方程为

$$d[XS]/dt = k_{on} XS - k_{off}[XS] - v[XS] \tag{1.3.26}$$

在静态处, 有

$$[XS] = \left[k_{on}/(v + k_{off}) \right] XS \tag{1.3.27}$$

假如发现底物 S 是超量的, 那仅需要考虑酶 X 的保守性

$$X + [XS] = X_T \tag{1.3.28}$$

结合(1.3.28)和(1.3.27), 则 MM 酶动力学方程为

$$产物速率 = v[XS] = vX_T S/(K_m + S) \tag{1.3.29}$$

这里酶的 MM 系数为

$$K_m = (v + k_{\text{off}})/k_{\text{on}} \tag{1.3.30}$$

它以浓度为单位, 等于产物速率是半最大时底物的浓度. 当底物饱和时, 即 $S \gg K_m$, 产物以最大速率(等于 vX_T)来产生. 这样, 产物速率并不依赖于 S 但依赖于 S 的零次幂, 已知为零阶动力学: 产物速率 $= vX_T$. 当 $S \ll K_m$ 时, 产物速率变成 S 的线性函数, 即得一阶动力学方程: 产物速率 $= vS/K_m$.

1.3.8 多维输入函数

考虑简单情形: 一个激活子和一个压制子. 我们想知道: 如何导出相应的输入函数, 它综合启动子里的一个激活子和一个压制子的信息, 以及激活子和压制子是如何在一起工作的?

普通情形是激活子和压制子相互独立地结合到两个不同位点的启动子. 此时, 启动子 D 有四种状态: D, DX, DY 和 DXY. DXY 意味着 X 和 Y 同时结合到 D. 转录发生主要来自状态 DX, 这里, 激活子 X 不与压制子 Y 相结合. 以下用 X^* 和 Y^* 分别表示 X 和 Y 的活性形式.

X 结合的概率由熟悉的 MM 函数给出

$$P_{X\text{bond}} = \frac{X}{K_1 + X} = \frac{X/K_1}{1 + X/K_1} \tag{1.3.31}$$

Y 未结合的概率用 MM 函数给出, 等于 1 减去结合的概率

$$P_{Y\text{notbond}} = 1 - \frac{Y}{K_2 + Y} = \frac{1}{1 + Y/K_2} \tag{1.3.32}$$

因为两个结合事件是独立的, 因此, 启动子 D 与 X 结合而不与 Y 结合的概率由两个概率之积来给出

$$P_{X\text{bondAND}Y\text{notbond}} = P_{X\text{bond}} \cdot P_{Y\text{notbond}} = \frac{X/K_1}{1 + X/K_1 + Y/K_2 + XY/(K_1 K_2)}$$

输出启动子活性由产物速率 β_z 乘以概率来给出

$$P_z = \beta_z(X/K_1)\big/(1+X/K_1+Y/K_2+XY/(K_1K_2)) \qquad (1.3.33)$$

这导致 X AND NOT Y(即 X 和 Y^* 的逻辑和)的输入函数.

对于多个启动子,当压制子结合时,压制仅是部分的,且有一个基本转录(即泄露).此时,X 和 Y 一起结合到 DNA (即生成 DXY) 的状态也对启动子活性贡献一个转录速率,$\beta_z' < \beta_z$,

$$P_z = \left[\beta_z(X/K_1) + \beta_z(XY/(K_1K_2))\right]\big/(1+X/K_1+Y/K_2+XY/(K_1K_2)) \qquad (1.3.34)$$

因此,输入函数有三个稳定水平:当 $X=0$ 时,为零;当 X 是高但 Y 是低时,为 β_z;当 X 和 Y 是高时,为 β_z'.这种连续输入函数能够由逻辑函数近似为

$$P_z = \theta(X>K_1)\left[\beta_z(1-\theta(Y<K_2)) + \beta_z'\theta(Y>K_2)\right] \qquad (1.3.35)$$

这里 θ 是阶梯函数,等于 0 或 1.

上面的结果具有一般性.输入函数常常能够用输入转录因子 $X_i, i=1,2,\cdots,n$ 的活性浓度的多项式的速率来描述,例如

$$f(X_1,\cdots,X_n) = \frac{\sum_i \beta_i (X_i/K_i)^{n_i}}{1+\sum_i (X_i/K_i)^{m_i}} \qquad (1.3.36)$$

这里,K_i 是转录因子 X_i 的激活或抑制系数;β_i 是对表达的最大贡献.对激活子,Hill 系数为 $n=m$;对压制子,$n=0$,$m>0$.这些类型的函数已经被证实能够描述实验决定的输入函数[11].假如不同的转录因子在蛋白质水平上相互作用,那么更复杂的输入函数表达是可能的.

1.4 转录调控网络的典型模块[8]

真实的转录网络非常复杂,例如,在模式生物 E.coli 的转录网络中,有节点 $N \approx 420$ (基因数目),边 $E \approx 520$ (基因之间的相互作用),自调控边 $N_{\text{self}} \approx 40$ (注:E.coli 的转录作用网络大约包含该生物组织 20% 的基因).这一节的目的是定义可理解的网络模块,它们作为复杂网络的构建子块.理想地,基于网络模块的动力学来达到对整个网络动力学的理解.

要定义有意义的网络模块,就必须了解随机网络.随机网络是指具有与真实网络相同特征(例如具有与真实网络相同的节点和边)的网络,但节点与边之间的连接是随机的.假如发生在真实网络中的模式远比发生在随机网络中的模式要频繁,那么这种模式叫做网络模块.网络模块必须在抵抗随机改变边的变异从而在

进化时间过程中保持不变. 注意到边在转录网络中容易消失, 这是因为启动子里单个 DNA 信息的变异能够破坏转录因子的结合, 从而引起网络中边的消失. 类似地, 新的边能够通过对转录因子 X 产生基因 y 的启动子区域里的一个结合位点的变异来加入到网络中. 这些位点能够通过变异来产生, 也能够通过复制或基因组的片段重组, 或插入来自其他细胞的 DNA 基因组片段来产生. 因此, 网络模块中的边必须选取为常数, 以便抵抗随机力而幸存.

为了勘察真实复制网络中的网络模块, 需要比较真实网络和一组随机网络. 仅考虑由 Erdos 和 Renyi(ER)引入的随机网络, 一方面是为了简单, 另一方面也不失比较的定性结果. 为了做有意义的比较, 随机网络应该具有真实网络的基本特征. 假定真实转录网络有 N 个节点, E 条边. 为了比较这种网络和 ER 模型, 相应的随机网络也应有相同数目的节点和边. 在 ER 模型所定义的随机网络中, 定向边是在一双节点间随机指派的. 对 N 个节点, 共有 $N(N-1)/2$ 种可能组成边的一双节点. 每条边能有两个方向的指向, 总共有 $N(N-1)$ 可能的有向边. 此外, 边也可是自边(即起点和终点于相同的节点), 形成 N 条可能的自边. 因此, 整个可能的边数为 $N(N-1)+N=N^2$. 在 ER 模型中, E 条边被随机地放在 N^2 个可能的位置上, 因此每条边以概率 $p=E/N^2$ 占据这些位置. N 条自边的占有概率为 $p_{\text{self}}=1/N$. 那么, k 条自边的概率为 $p(k)\sim \binom{E}{k} p_{\text{self}}^k (1-p_{\text{self}})^{E-k}$ (这是一个二项分布). 自边的平均数目等于 E 乘以概率, 得 $\langle N_{\text{self}} \rangle_{\text{rand}} \sim E p_{\text{self}} \sim E/N$, 其方差近似为平均的平方根(近似为 Poisson 过程), 即 $\sigma_{\text{rand}} \sim \sqrt{E/N}$.

1.4.1 自调控网络模块

自调控网络是指边开始和结束于相同节点. 在 E.coli 网络中, 大约有 40 个这种自调控网络. 这些自调控边对应于调控它们自己基因转录的转录因子. 首先说明这些(负)自调控模式是网络模块. 事实上, 因为 $N=424$, $E=519$, 因此 $\langle N_{\text{self}} \rangle_{\text{rand}} \sim E/N \sim 1.2$, $\sigma_{\text{rand}} \sim \sqrt{E/N} \sim 1.1$. 此外, $\langle N_{\text{self}} \rangle_{\text{real}}=40$. 公式 $Z=(\langle N_{\text{self}} \rangle_{\text{real}} - \langle N_{\text{self}} \rangle_{\text{rand}})/\sigma_{\text{rand}}$ 给出 $Z\sim 35$. 这意味着在 E.coli 网络中, 40 个自调控网络比 ER 模型中的随机网络更频繁地发生, 说明它们是网络模块.

若一个基因由它自己产物所调控, 则称为自治控制或自调控. 自调控蛋白也可以是压制子, 它压制自己的转录, 即负自调控. 当一个转录因子 X 抑制它自己转录时, 负自调控发生. 当 X 结合它自己的启动子以便抑制 mRNA 生成时, 自抑制发生. 其结果, X 的浓度越高, 产物速率越低. X 的动力学由它自己的生成速率 $f(X)$ 和降解/稀释速率来描述

$$dX/dt = f(X) - \alpha X \tag{1.4.1}$$

这里 $f(X)$ 是 X 的递减函数. 对多个启动子, 一个好的近似是递减的 Hill 函数

$$f(X) = \beta \Big/ \left[1 + (X/K)^n\right] \tag{1.4.2}$$

在这种输入函数中, 当 X 比抑制系数 K 小很多时, 启动子是自由的, 产物速率达到最大值 β. 另一方面, 当压制子 X 处在高浓度时, 没有转录发生, 即 $f(X) \sim 0$. 回忆起抑制系数 K 以浓度单位, 因而定义为减低 50% 启动子活性为 X 的浓度.

为了以最直接的方式求解(1.4.1), 我们用逻辑近似, 这里假设 $X > K$, 那么产物为零; 当 X 比 K 小时, 产物最大, 即 $f(X) = \beta$. 这能够用阶梯函数 θ 来描述

$$f(X) = \beta\theta, \quad X < K \tag{1.4.3}$$

为了研究时间响应, 考虑 X 最初缺少而它的生成开始在 $t = 0$ 的情形. 在初始阶段, 当 X 是低时, 启动子未被压制, 生成以全速率 β 进行, 导致生成降解方程

$$dX/dt = \beta - \alpha X, \quad X < K \tag{1.4.4}$$

其结果是 X 接近一个高静态值. 事实上, 在初始阶段, 可以忽视降解($\alpha X \ll \beta$)来找出 X 随时间变化的线性聚集

$$X(t) \sim \beta t, \quad X < K, \quad X \ll \beta/\alpha \tag{1.4.5}$$

然而, 当 X 的水平达到自抑制的阈值时, 即 $X = K$, 生成停止. 假如有小的延迟, 环绕 $X = K$ 的小振动将发生. 小的延迟可以引起 X 超过 K, 但生成停止, X 水平减少, 直到它们低于 K, 此时生成又开始, 等等. 假如 $f(X)$ 并不是严格逻辑函数, 相反地, 像 Hill 函数那样是光滑函数, 那么这些振动一般是减幅的. 这样, X 有效地锁住到一个等于启动子的压制系数的静态水平

$$X_{st} = K \tag{1.4.6}$$

结果的动力学显示出一个迅速的上升和一个突然的饱和.

响应时间记为 $T_{1/2}$, 能够通过问什么时候 X 达到半静态, 即 $X(T_{1/2}) = X_{st}/2$ 来找出. 为简单起见, 我们利用 X 的线性聚集(即满足方程(1.4.4))来计算响应时间. 对负自调控(简记为 n.a.r.), 响应时间 $T_{1/2}^{(\text{n.a.r.})}$ 通过找 X 达到静态水平的一半, 即 $\beta T_{1/2}^{(\text{n.a.r.})} = X_{st}/2 = K/2$ 给出

$$T_{1/2}^{(\text{n.a.r.})} = K/(2\beta) \tag{1.4.7}$$

最大未压制启动子活性 β 越强, 响应时间越短. 因此, 负自调控能够用一个强启

动子来给出最初的快速生成，然后用自抑制来停止生成在理想的平衡态处.

注意到进化选择能够容易独立地调试参数 β 和 K，也能够修正抑制阈值 K，例如，通过启动子里 X 的结合位点的变异；而 β 可通过启动子里 **RNAP** 结合位点的变异来调整. 这样，静态($X_{st}=K$)和响应时间在原理上能够分别决定.

对于更一般形式的自压制方程(1.4.1)和(1.4.2)，在强自压制的极限，即 $(X/K)^n \gg 1$ 下，也可分析地给出响应时间的表达. 事实上，此时有

$$dX/dt = \beta K^n/X^n - \alpha X \tag{1.4.8}$$

做变量替换 $u = X^{n+1}$，则有

$$du/dt = (n+1)\beta K^n - (n+1)\alpha u \tag{1.4.9}$$

因此求得

$$u = u_{st}\left(1 - e^{-(n+1)\alpha t}\right) \tag{1.4.10}$$

或

$$X = X_{st}\left(1 - e^{-(n+1)\alpha t}\right)^{1/(n+1)} \tag{1.4.11}$$

响应时间由 $X(T_{1/2}) = X_{st}/2$ 决定，即

$$T_{1/2} = [(n+)\alpha]^{-1}\log\left(2^{n+1}/\left[2^{n+1}-1\right]\right) \tag{1.4.12}$$

下面比较上述设计和一个简单的基因调控. 假定基因没有负调控，以速率 β_{simple} 产生，以速率 α_{simple} 降解. 为了做有意义的比较，必须比较具有相同静态水平的设计，这是因为蛋白质的静态水平对最优功能通常是重要的. 此外，两种设计应该有尽可能多的相同的生化参数. 以下假定两种设计具有相同的蛋白质降解/稀释速率 $\alpha = \alpha_{\text{simple}}$. 在简单基因调控中，静态是生成和降解的平衡，即 $X_{st} = \beta_{\text{simple}}/\alpha_{\text{simple}}$. 相对地，在负自调控中，静态等于抑制阈值，$X_{st} = K$. 调整 K 使两种设计达到相同的静态水平

$$K = \beta_{\text{simple}}/\alpha_{\text{simple}} \tag{1.4.13}$$

下一步问：什么是两种设计的响应时间？简单调控的响应时间由降解/稀释速率确定，因此 $T_{1/2}^{\text{simple}} = \log 2/\alpha_{\text{simple}}$. 一个更快的响应能够由相应的负调控环路使得 β 更大来取得，这是因为 $T_{1/2}^{\text{(n.a.r.)}} = K/(2\beta)$ 反比例于 β. 利用方程(1.4.13)可知，在两种设计中，响应的速率通过使 β 更大而变得更小，即

$$T_{1/2}^{\text{(n.a.r.)}} \big/ T_{1/2}^{\text{simple}} = \left(\beta_{\text{simple}}/\beta\right) \big/ (2\log 2) \qquad (1.4.14)$$

定性地, 当用 Hill 输入函数时, 我们能够发现相同类型的加速. 相比于简单调控, 负调控环路的加速响应已经通过用高清晰度动力基因表达测量来实验地展示.

总之, 负调控有两个特点: 一个强的启动子能够给出迅速的生成; 一个适当的抑制系数提供理想的静态. 对简单调控, 相同强度的启动子可能达到非常高的静态, 导致基因产物有违愿望的过度表达.

1.4.2 前馈环网络模块

这一小节给出另一种转录调控模块, 即前馈环网络模块(feed-forward loop network motif), 并阐明其生物功能. 我们主要考虑三个节点的网络模块. 理论上, 这三个节点共可组成 13 种不同的网络模式. 然而, 这些模式中, 可以证明: 仅有一种, 即前馈环是网络模块[8].

前馈环是由转录因子 X 所组成, 这里 X 调控第二个转录因子 Y, 且 X 和 Y 调控基因 Z. 这样, 前馈环有两个平行的调控道路, 一是从 X 到 Z 的直接道路, 另一个是从 X 经过 Y 到 Z 的间接道路. 直接道路由单边组成, 而间接道路由两条边组成. 三条边中每一条可对应于激活(加号)或抑制(减号), 因此有 8 种可能的前馈环, 如表 1.4.1. 八种前馈环可分为两类: 一致和非一致. 这种分类是基于从 X 到 Z 的直接道路的符号和间接道路的符号的比较(对间接道路, 其符号为乘积). 在一致前馈环中, 两种道路的符号相同; 而在非一致前馈环中, 两者的符号相反.

表 1.4.1 前馈环的 8 种组合(箭头表示促进关系, ⊥ 表示抑制关系)

	一致类型 1	一致类型 2	一致类型 3	一致类型 4
一致前馈环	X ↓ Y ↓ Z	X ⊥ Y ⊥ Z	X ↓ Y ⊥ Z	X ⊥ Y ↓ Z
	非一致类型 1	非一致类型 2	非一致类型 3	非一致类型 4
非一致前馈环	X ↓ Y ⊥ Z	X ⊥ Y ↓ Z	X ↓ Y ↓ Z	X ⊥ Y ⊥ Z

除了边的符号外, 为了理解前馈环的动力学, 还必须知道来自两个调控子 X 和 Y 的输入是如何在基因 Z 启动子里整合的, 即需要知道基因 Z 的输入函数. 我

们将考虑两种生物合理的逻辑函数：AND 逻辑(X 和 Y 两者的活性均需要是高的以便启动 Z 的表达)和 OR 逻辑(X 或 Y 是充分的). 这样,对前馈环,有 8 种不同的类型,每种类型至少有两种类型的输入函数. 以下仅考虑三种类型的前馈环的相互作用是正的(图 1.4.1). 而对 Z 启动子的输入函数,仅考虑 AND 逻辑操作,即激活子 X 和 Y 需要结合到 Z 的启动子,以便引起蛋白 Z 的生成.

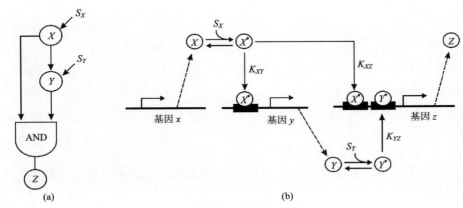

图 1.4.1 前馈环路中的基因调控

(a)具有 AND 输入函数的一致类型 1 前馈环; (b)(a)中一致前馈环中的分子相互作用

假定细胞表达大量的蛋白 X,即前馈环中的顶层转录因子. 若 X 的输入信号是 S_X,没有这个信号,X 处在非活性状态. 现在,在时间 $t=0$ 处,一个强的信号 S_X 激活 X,这就是著名的阶梯刺激. 其结果,转录因子 X 迅速地转变到它的活性态 X^*. 活性蛋白 X^* 结合基因 y 的启动子,初始化蛋白 Y 的产物,即前馈环的第二个转录因子. 平行地,X^* 也结合基因 z 的启动子. 然而,由于 z 启动子里的输入函数是 AND 逻辑,因此 X^* 不能激活 z 的生成.

Z 的产物需要 X^* 和 Y^* 两者同时结合. 这意味着 Y 的浓度必须达到充分的水平以便跨过基因 z 的激活阈值,记为 K_{YZ}. 此外,Z 激活需要第二个输入信号 S_Y 出现,以便 Y 处在活性状态 Y^*. 这样,一旦信号 S_X 出现,Y 需要聚集以便激活 Z,这导致 Z 产物的一个延迟.

下面用数学描述前馈环的动力学,以便看清一个简单的数学模型是如何用来获得对一个基因环路的功能的直观理解的. 为了描述前馈环,我们使用逻辑输入函数. 当 X^* 超过激活阈值 K_{XY} 时,Y 的产物以速率 β_Y 发生,这可描述为

$$Y \text{ 的产物} = \beta_Y \theta\left(X^* > K_{XY}\right) \tag{1.4.15}$$

这里 θ 是阶梯函数. 当信号 S_X 出现时,X 迅速地转变到它的活性状态 X^*. 假定这

个信号很强，X^* 超过激活阈值 K_{XY}，迅速地结合 Y 启动子来激活转录. 这样，Y 生成即刻在 S_X 输入后开始. Y 的聚集由熟识的动力学方程(激活和降解两部分)来描述

$$\frac{dy}{dt}=\beta_Z\theta\left(X^*>K_{XY}\right)-\alpha_Y Y \tag{1.4.16}$$

在上述例子中，Z 的启动子由 AND 门输入函数来决定. 这样，Z 的产物能够由两个阶梯函数的积来描述，每个阶梯函数表明适当的调控子是否超过激活阈值：

$$Z \text{ 的生成}=\beta_Z\theta\left(X^*>K_{XZ}\right)\theta\left(Y^*>K_{YZ}\right) \tag{1.4.17}$$

至此，连贯类型 1 的前馈环有三个激活阈值(图 1.4.1 中的三个箭头). 在强的阶梯刺激情形，X^* 迅速地跨过两个阈值 K_{XY} 和 K_{YZ}. Z 产物的延迟是由于它花在 Y^* 聚集及跨过阈值 K_{YZ} 的时间. 仅在 Y^* 跨过这个阈值后，Z 产物才以速率 β_Z 进行. 因此 Z 的动力学由降解/稀释项和具有 AND 输入函数的产生项决定，即

$$\frac{dZ}{dt}=\beta_Z\theta\left(X^*>K_{XY}\right)\theta\left(X^*>K_{YZ}\right)-\alpha_Z Z \tag{1.4.18}$$

在某些情况下，阶梯函数能够用连续函数代替.

1.5　基因表达水平上的细胞多样性[8,26—28]

在基因完全相同的细胞群体里，蛋白质 X 的浓度由于随机过程而在细胞与细胞间存在差异[12,13]. 给定蛋白的浓度具有在 CV = 0.1~1 的方差系数(标准差除以均值)，即细胞间的多样性以均值的 10%为阶. 这样，蛋白质水平的动力学有一个随机成分.

噪声的一个重要成分是外部噪声(图 1.5.1)，这里产生蛋白质的细胞能力和调控基因的系统在整个时间内是波动的. 例如，转录因子浓度的波动能够影响目标基因的表达速率. 产物产生速率的这些变化的关联时间常常为细胞产生的尺度，即具有高生成水平的细胞在一个细胞周期内或多个细胞周期内常常倾向于保持高水平[14].

除了外部噪声外，还存在内部噪声，它是由于基因转录和翻译事件的随机波动. 关于此，一个漂亮的实验是由 Elowitz 和他的同事做的[15]，此实验通过测量用相同的启动子表达的两个荧光蛋白的水平来测量内部噪声和外部噪声的相对水平(图 1.5.2). 细菌的内部噪声以分钟为时间尺度表现波动[14].

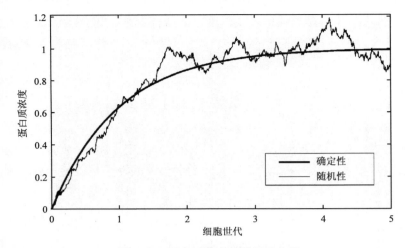

图 1.5.1 蛋白质浓度的随机动力学

稳定的蛋白以随机波动的产生速率来产生. 结果的动力学显示关于快慢时间尺度的随机波动. 实线显示出确定性方程 $\mathrm{d}Y/\mathrm{d}t = \beta - \alpha Y$ 的动力学

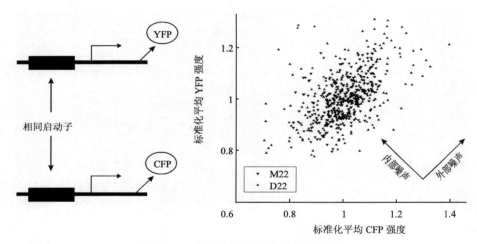

图 1.5.2 外部和内部噪声的实验测量

两个几乎相同的基因以不同的荧光蛋白来编码蛋白质. 两个基因在相同的细胞内以相同的启动子来表达. 外部噪声是基因公共噪声的成分, 由上游因子如调控子的变化和细胞代谢能力所决定. 内部噪声由每个基因的转录和翻译的随机步所决定. 这里考虑的是 E.coli, 每个点代表一个细胞

  蛋白质数目在细胞间的分布常常相似于变量 $\log(X)$ 的 Gauss 分布, 而 Gauss 分布描述具有有限平均和方差的随机变量的过程, 对数正态分布特征化具有多重随机步骤的随机过程(因为对数 $\log(X)$ 是随机变量的和). 蛋白质生成的多步例子包括转录和翻译.

  调控环路常常影响细胞间的变化, 例如蛋白质水平通过负反馈圈来减少波动;

相反地，正的自调控能够增加细胞间的变化. 强的正反馈甚至能够导致双稳性(图 1.5.3). 双稳性常常导致双峰分布，即一个高表达，一个低表达[16-20]. 噪声也能够由调控级联来扩大[21-23]：级联里每步接受来自上游调控子的变化(图 1.5.4). 迅速降解的蛋白比稳定的蛋白有更狭窄的分布，这是因为在长的时间内稳定的蛋白质综合生成速率的噪声. 系统的响应时间越快，波动越小.

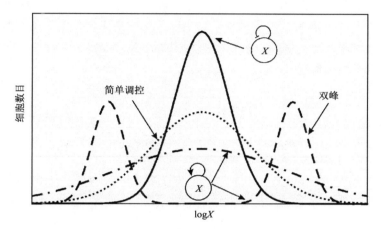

图 1.5.3　细胞蛋白质数目的分布

负自调控一般地减少分布的宽度，而正自调控一般地加宽分布，导致双峰分布

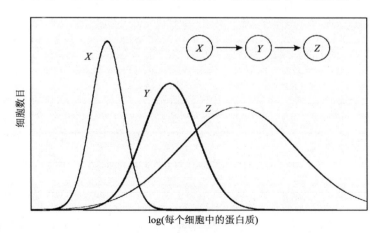

图 1.5.4　调控级联里蛋白质浓度的示意分布. 变化随着级联的步数而增加

一个有趣的观察是信号通路中最小噪声步的位置能够影响整个噪声[12,20]. 这是因为通路中的每步扩大前一步中的噪声. 例如，考虑每小时产生 100 个蛋白质的两种机制：在机制 A 中，平均每小时产生 1 个 mRNA 分子，并平均翻译成 100 个蛋白质；在机制 B 中，每小时产生 100 个 mRNA，每个 mRNA 翻译成 1

个蛋白质. 那么, 机制 A 中蛋白质产物的波动更大, 这是因为 1 个 mRNA 的平均通常意味着在某些细胞中, 在给定的 1 小时内生产 0 或 2 个 mRNA, 导致 0 或大约 200 个蛋白质. 在机制 B 中, 没有多少机会在 1 小时内产生 0 个 mRNA, 因此波动更小.

基因染色体的位置也影响噪声[21,24], 主要是由于染色质调控上的局部差异. 一般地, 噪声水平在进化阶段通过改变每个基因表达中噪声源的参数, 从而能够被调整[25], 表现出重要蛋白质和复合物蛋白质比其他蛋白质具有更少噪声. 生物系统中的噪声能够通过用随机数学方程来模拟. 本书就是通过这种办法来研究生物系统中的随机效果.

参 考 文 献

[1] 陈启民, 王金忠, 耿运琪. 分子生物学. 天津: 南开大学出版社, 2003.
[2] 杨歧生. 分子生物学. 杭州: 浙江大学出版社, 2005.
[3] Scott M, Ingalls B and Karm M. Estimations of intrinsic and extrinsic noise in models of nonlinear genetic networks. *Chaos*, 2006, 16: 026107.
[4] Hasty J, Isaacs F, Dolnik M, McMillen D and Collins J J. Designer gene networks: towards fundamental cellular control. *Chaos*, 2001, 11: 207–220.
[5] Ackers G K, Johson A D and Shea M A. Quantitative model for gene regulation by λ phage repressor. *PNAS*, 1982, 79: 1129–1134.
[6] Reinitz J and Vaisnys J R. Theoretical and experimental analysis of the phase lambda genetic switch implies missing levels of co-operativity. *J. Theor. Biol.*, 1990, 145: 295–308.
[7] Shea M A and Akers G K. The O_R control system of bacteriophage lambda: a physical-chemical model for gene regulation. *J. Mol. Biol.*, 1985, 181: 211–218.
[8] Alon U. *An Introduction to Systems Biology: Design Principles of Biological Circuits*.Taylor & Francis Group, LLC, 2007.
[9] Monod J, Wymann J and Changeux J P. On the nature of allosteric transitions: a plausible model. *J. Mol. Biol.*, 1965, 12: 88–118.
[10] Duke T A, Le Novere N and Bray D. Conformational spread in a ring of proteins: a stochastic approach to allostery. *Curr. Biol.*, 2001, 308: 541–553.
[11] Setty Y, Mayo A E, Surette M G and Alon U. Detailed map of a cis-regulatory input function. *PNAS*, 2003, 100: 7702–7707.
[12] McAdams H H and Arkin A. It's a noisy business! Genetic regulation at the nanomolar scale. *Trens. Gene.t*, 1999, 15: 65–69.
[13] Kaern M, Blston T C, Blake W J and Collins J J. Stochasticity in gene expression: from theories to phenotypes. *Nat. Rev. Genet.*, 2005, 6: 451–464.
[14] Rosenfeld N, Young J W, Alon U, Swain P S and Elowitz M B. Gene expression at the single-cell level. *Science*, 2005, 307: 1962–1965.
[15] Elowitz M B, Levine A J, Siggia E D and Swain P S. Stochastic gene expression in a single cell. *Science*, 2002, 297: 1183–1186.
[16] Novick A and Weiner M. Enzyme induction as an all-or-non phenomenon. *PNAS*, 1957, 43: 553–566.
[17] Siegele D A and Hu J C. Gene expression from plasmids containing the araBAD promoter at subsaturating inducer

concentrations represents mixed populations. *PNAS*, 1997, 94: 8168–8172.
[18] Ferrell J E and Machleder E M. The biochemical basis of an all-or-non cell fate switch in Xenopus oocytes. *Science*, 1998, 280: 895–898.
[19] Isaacs F J, Hasty J and Collins J J. Prediction and measurement of an antiregulatory genetic module. *PNAS*, 2003, 100: 7714–7719.
[20] Ozbudak E M, Thattai M, Kurtser I, Grossman A D and van Oudenaarden A. Regulation of noise in the expression of a single gene. *Nature Genet.*, 2002, 31: 69–73.
[21] Blake W J, Kaern M, Cantor C R and Collins J J. Noise in eukaryotic gene expression. *Nature*, 2003, 422: 633–637.
[22] Hooshangi S, Thiberge S and Weriss R. Ultrasensitivity and noise propagation in a synthetic transcriptional cascade. *PNAS*, 2005, 102: 3581–3586.
[23] Pedraza J M and van Oudenaarden A. Noise propagation in genetic networks. *Science*, 2005, 307: 1965–1969.
[24] Besckei A, Boselli M G and van Oudenaarden A. Amplitude control of cell-cycle waves by nuclear import. *Nat. Cell Biol.*, 2004, 6: 451–457.
[25] Fraser H B, Hirsh A E, Giaever G, Kumm J and Bisen M B. Noise minimization in eukaryotic gene expression. *PLoS Biol.*, 2004, 2(e): 137.
[26] Dekel E, Mangan S and Alon U. Environmental selection of the feed-forward loop circuit in gene-regulation networks. *Phys. Biol.*, 2005, 2: 81–88.
[27] Milo R, Shen-Orr S, Itzkovitz S, Kashtan N, Chklovskii and Alon U. Network motifs: simple building blocks of complex networks. *Science*, 2002, 298: 824–827.
[28] Shinar G, Milo R, Martinez M R and Alon U. Input-output robustness in simple bacterial signaling systems. *PNAS*, 2007, 104: 19991–19995.

第2章 主方程及线性噪声逼近

首先，简要地导出主方程，并显示其在生化反应中的表现形式. 然后，基于主方程，介绍如何导出 Fokker-Planck 和 Langevin 方程，并说明它们之间的关系. 这些方程是本书研究生物系统中随机动力学的基础. 此外，重点介绍线性噪声逼近方法(包括静态线性噪声逼近和动态线性噪声逼近)，这种方法是从主方程出发研究随机问题的重要分析工具. 最后，介绍线性噪声逼近方法的几个应用：(1)导出一种有效稳定性逼近方法(实际是线性噪声逼近方法的应用)及其算法，这种逼近方法显示出噪声与特征值之间的关系；(2)导出基因调控过程中总噪声的分析表达.

2.1 主 方 程[1]

尽管主方程是 Chapman-Kolmogorov 方程在 Markov 过程时的等价形式，但它更容易处理，更直接相关于物理概念. 主方程将是本书的理论基石.

2.1.1 主方程的导出

考虑一个同质的 Markov 过程. 记 w 是单分子在时刻 t_1 存活的概率. 那么，n_1 个分子存活的概率为

$$P_1(n_1, t_1) = \binom{n_0}{n_1} w^{n_1} (1-w)^{n_0 - n_1}$$

一般地，w 服从分布 $w(t) = e^{-\gamma t}$ (这里 γ 为一个正常数). 在这种情形下，有

$$P_1(n_1, t_1) = \binom{n_0}{n_1} e^{-\gamma t_1 n_1} \left(1 - e^{-\gamma t_1}\right)^{n_0 - n_1}$$

相应地，$t_2 > t_1$ 的转移概率为

$$T(n_2, t_2 | n_1, t_1) = \binom{n_1}{n_2} e^{-\gamma(t_2 - t_1) n_2} \left(1 - e^{-\gamma(t_2 - t_1)}\right)^{n_1 - n_2}$$

现在，用 $T_{\tau'}$ 表示转移概率，τ' 表示时间差. 我们想知道当 τ' 趋于零时 $T_{\tau'}$ 是如何

变化的. 对于小的 τ'，有展开[3]

$$T_{\tau'}(y_2|y_1) = (1-a_0\tau')\delta(y_2-y_1) + \tau'W(y_2|y_1) + O(\tau'^2) \tag{2.1.1}$$

这里，$W(y_2|y_1)$ 表示每单位时间内从 y_1 到 y_2 的转移概率，系数 $1-a_0\tau'$ 表示在间隔 τ' 内没有转移发生的概率. 注意到 $a_0(y_1) = \int W(y_2|y_1)\mathrm{d}y_2$. 由 Chapman-Kolmogorov 方程可得

$$T_{\tau+\tau'}(y_3|y_1) = [1-a_0(y_3)\tau']T_\tau(y_3|y_1) + \tau'\int W(y_3|y_2)T_\tau(y_2|y_1)\mathrm{d}y_2$$

两边除以 τ'，令 $\tau' \to 0$，并利用 $a_0(y_1) = \int W(y_2|y_1)\mathrm{d}y_2$，则得 Chapman-Kolmogorov 方程的微分形式

$$\frac{\partial}{\partial t}T_\tau(y_3|y_1) = \int\{W(y_3|y_2)T_\tau(y_2|y_1) - W(y_2|y_3)T_\tau(y_3|y_1)\}\mathrm{d}y_2 \tag{2.1.2}$$

由于 $T_\tau(y_2|y_1)$ 相同于由初始为 y_1 所决定的子集的分布函数 $P(y_2)$，由此可将(2.1.2)改写为下列连续型的主方程

$$\frac{\partial P(y,t)}{\partial t} = \int\{W(y|y')P(y',t) - W(y'|y)P(y,t)\}\mathrm{d}y' \tag{2.1.3}$$

而它的离散形式可写成

$$\frac{\mathrm{d}p_n(t)}{\mathrm{d}t} = \sum_{n'}\{W_{nn'}p_{n'}(t) - W_{n'n}p_n(t)\} \tag{2.1.4}$$

这里 $W_{nn'}$ 表示每单位时间内从状态 n' 到 n 的转移率.

2.1.2 生化反应的动力学方程

考虑一个封闭的体积 Ω，它包含混合的化学成分或物种 $X_j(j=1,2,\cdots,J)$. 令 n_j 是物种 X_j 的分子数. 一个典型的生化反应是由一套化学计量系数 s_j, r_j 所决定的，其一般形式为

$$\sum_{j=1}^{J}s_jX_j \underset{k_-}{\overset{k_+}{\rightleftharpoons}} \sum_{j=1}^{J}r_jX_j \tag{2.1.5}$$

在化学动力学中，习惯于以密度或浓度的形式表示比率 $c_j = n_j/\Omega$. 对于(2.1.5)的正向反应，其比率服从 Van't Hoff 规则 $k_+\sum_{j=1}^{J}c_j^{s_j}$，更精确地，它是单位体积单位

时间内的分子碰撞数目. 对于上述情形, 有 $\{n_j\} \to \{n_j + r_j - s_j\}$, 因此(2.1.5)的正向比率方程为

$$\frac{dn_j}{dt} = \Omega k_+ (r_j - s_j) \prod_{j=1}^{J} \left(\frac{n_j}{\Omega}\right)^{s_j} \tag{2.1.6}$$

类似地, 可给出反向反应的比率方程.

下一步给出相应于反应(2.1.5)的主方程. 假定 $P(n,t)$ 表示联合概率. 注意到在 $k_+ \sum_{j=1}^{J} c_j^{s_j}$ 中, 对于一个涉及物种 X_j 的 s_j 个分子的碰撞, 其概率正比于因子

$$n_j(n_j - 1)(n_j - 2) \cdots (n_j - s_j + 1) = \frac{n_j!}{(n_j - s_j)!} \triangleq ((n_j))^{s_j}$$

此时, 相应于整个反应(2.1.5)的主方程为

$$\dot{P}(n,t) = k_+ \Omega \left(\prod_{i=1}^{J} E_i^{s_i - r_i} - 1\right) \prod_{j=1}^{J} \left\{\frac{((n_j))^{s_j}}{\Omega^{s_j}}\right\} P$$

$$+ k_- \Omega \left(\prod_{i=1}^{J} E_i^{r_i - s_i} - 1\right) \prod_{j=1}^{J} \left\{\frac{((n_j))^{r_j}}{\Omega^{r_j}}\right\} P \tag{2.1.7}$$

这里 E 是平移算子, 其操作规则是 $Ef(n) = f(n+1), E^{-1}f(n) = f(n-1)$. 方程(2.1.7)对于依据生化反应写出其相应的主方程时极为有用, 它将在本书中反复应用.

例如, 对生化反应

$$A \xrightarrow{k} X, \quad 2X \xrightarrow{k'} B \tag{2.1.8}$$

其相应的主方程为

$$\dot{p}_n = k\varphi_A \Omega (E^{-1} - 1) p_n + (k'/\Omega)(E^2 - 1) n(n-1) p_n \tag{2.1.9}$$

这里 φ_A 表示 A 的浓度.

2.2 F-P 方程与 Langevin 方程[1]

Fokker-Planck(F-P)方程是一种特殊类型的主方程, 实际是主方程的一种近似. 另一方面, Langevin 方程是 F-P 方程的一种不同但数学上等价的形式. 两者仅在处理线性问题时有效, 但在处理非线性问题时会遇到困难, 需要使用其他技术.

2.2.1 F-P 方程

这里仅导出一维情形时的 F-P 方程. 连续型的主方程的一般形式可表为(2.1.3)的形式. 注意到, 转移率 W 可表示为跳跃大小 r 和开始点 y' 的函数

$$W(y|y') = W(y';r), \quad r = y - y' \tag{2.2.1}$$

假定 $W(y';r)$ 是 r 的尖峰函数(但随 y' 缓慢变化, 即仅有小的跳跃发生). 更精确地, 存在一个小的 δ, 满足若 $|r| > \delta$, 则 $W(y';r) \approx 0$; 若 $|\Delta y| < \delta$, 则 $W(y' + \Delta y;r) \approx W(y';r)$. 那么, 主方程(1.2.3)可表示为

$$\frac{\partial P(y,t)}{\partial t} = \int W(y-r;r) P(y-r,t) \mathrm{d}r - P(y,t) \int W(y;-r) \mathrm{d}r \tag{2.2.2}$$

进一步, 假如 $P(y,t)$ 也随 y 缓慢地变化, 那么由 Taylor 展开到二阶, 有

$$\frac{\partial P(y,t)}{\partial t} = \int W(y;r) P(y,t) \mathrm{d}r - \int r \frac{\partial}{\partial y} \{W(y;r) P(y,t)\} \mathrm{d}r$$

$$+ \frac{1}{2} \int r^2 \frac{\partial^2}{\partial y^2} \{W(y;r) P(y,t)\} \mathrm{d}r - P(y,t) \int W(y;-r) \mathrm{d}r \tag{2.2.3}$$

注意到上述第一项和第四项相抵消, 第二项和第三项可借助于跳跃矩来表示. 引进跳跃矩

$$a_\nu = \int_{-\infty}^{\infty} r^\nu W(y;r) \mathrm{d}r, \quad \nu = 1, 2, \cdots$$

则得 F-P 方程

$$\frac{\partial P(y,t)}{\partial t} = -\frac{\partial}{\partial y} \{a_1(y) P\} + \frac{1}{2} \frac{\partial^2}{\partial y^2} \{a_2(y) P\} \tag{2.2.4}$$

注 更一般地, 有

$$\frac{\partial P(y,t)}{\partial t} = \sum_{\nu=1}^{\infty} \frac{(-1)^{\nu}}{\nu!} \left(\frac{\partial}{\partial y}\right)^{\nu} \{a_{\nu}(y)P\} \qquad (2.2.5)$$

(2.2.5)常被称为 Kramers-Moyal 展开.

2.2.2　F-P 方程与 Langevin 方程之间的关系[1]

这一小节仅考虑一维情形,并说明 F-P 方程与 Langevin 方程是等价的. 考虑 Langevin 方程

$$\frac{dy}{dt} = A(y) + L(t) \qquad (2.2.6)$$

这里函数 $L(t)$ 是 Gauss 白色噪声,满足 $\langle L(t)\rangle = 0, \langle L(t)L(t') = \Gamma\delta(t-t')\rangle$(即 δ 关系). 很清楚,当 $y(0)$ 给定时,对每个样本函数 $L(t)$,方程(2.2.6)唯一地决定 $y(t)$. 因为 $L(t)$ 的值在不同时刻是随机独立的,所以 $y(t)$ 是一个 Markov 过程,并且满足 Kramers-Moyal 类型的方程(2.2.5). 现在计算其中的各个系数 a_{ν}.

注意到,方程(2.2.6)可精确地表示为

$$\Delta y = \int_{t}^{t+\Delta t} A(y(t'))dt' + \int_{t}^{t+\Delta t} L(t')dt'$$

当固定 $y(t)$ 时做平均,有 $\langle \Delta y \rangle = A(y(t))\Delta t + \mathcal{O}(\Delta t)^2$. 进一步,

$$\langle (\Delta y)^2 \rangle = \left\langle \left\{\int_{t}^{t+\Delta t} A(y(t'))dt'\right\}^2 \right\rangle + 2\int_{t}^{t+\Delta t} dt' \int_{t}^{t+\Delta t} dt'' \langle A(y(t'))L(t'')\rangle$$

$$+ \int_{t}^{t+\Delta t} dt' \int_{t}^{t+\Delta t} dt'' \langle L(t')L(t'')\rangle$$

第一项属于 $(\Delta t)^2$,因此对 a_2 没有贡献;第三项等于 $\Gamma\Delta t$;对第二项中的 $A(y(t'))$ 进行展开,有

$$2A(y(t))\Delta t \int_{t}^{t+\Delta t} dt'' \langle L(t'')\rangle + 2A'(y(t)) \int_{t}^{t+\Delta t} dt' \int_{t}^{t+\Delta t} dt'' \langle \{y(t')-y(t)\}L(t'')\rangle + \cdots$$

这里第一项消失,第二项为 $\mathcal{O}(\Delta t)$,这是因为双重积分和 $\{y(t')-y(t)\}$ 并不包含 δ 函数. 类似地,上式展开中的高阶项为 $\mathcal{O}(\Delta t)$,因此 $\langle (\Delta y)^{\nu} \rangle = \mathcal{O}(\Delta t)$. 这意味着在 Kramers-Moyal 展开中,只有系数 a_1 和 a_2 可能不为零,其他系数均为零. 这样一来,我们获得了对应于 Langevin 方程(2.2.6)的 F-P 方程

$$\frac{\partial P(y,t)}{\partial t} = -\frac{\partial}{\partial y}(A(y)P) + \frac{\Gamma}{2}\frac{\partial^2 P}{\partial y^2} \qquad (2.2.7)$$

完全类似地,Langevin 方程

$$\frac{\mathrm{d}y}{\mathrm{d}t} = A(y) + C(y)L(t) \qquad (2.2.8)$$

等同于下列 F-P 方程

$$\frac{\partial P(y,t)}{\partial t} = -\frac{\partial}{\partial y}(A(y)P) + \frac{1}{2}\frac{\partial^2}{\partial y^2}\left[C^2(y)P\right] \qquad (2.2.9)$$

2.3 线性噪声逼近[2−17]

线性噪声逼近在处理许多与生化分子运动有关问题中发挥了重要作用,它几乎是从主方程出发处理由于生化分子的离散性质所导致噪声的随机问题的所有相关文章的理论工具. 事实上,也只有用线性噪声逼近才能给出某些理论结果.

由于处理问题的出发点不同,我们把线性噪声逼近分为静态线性噪声逼近和动态线性噪声逼近. 静态线性噪声逼近是经典方法,是对主方程的一种较为粗糙的近似. 当确定性系统远离临界情形时,这种方法比较有效. 否则的话,动态线性噪声逼近将可能是需要的. 对主方程采用 Ω 展开技术可导出动态线性噪声逼近. 这种线性噪声逼近方法能处理某些临界情形,常常能给出噪声诱导新的动力学的理论解释. 静态线性噪声逼近是动态线性噪声逼近的某种近似或是动态线性噪声逼近的特殊情况.

2.3.1 静态线性噪声逼近

考虑由 N 个物种 $\{\bar{X}_1, \bar{X}_2, \cdots, \bar{X}_N\}$ 所组成的网络,网络的状态记为 $X = \{X_1, X_2, \cdots, X_N\}^\mathrm{T}$,这里 X_i 表示物种 $\bar{X}_i$ 的拷贝数. 构成网络的 M 个反应由倾向函数 $a = (a_1(X), a_2(X), \cdots, a_M(X))^\mathrm{T}$ 和化学计量 $S = [S_{ij}]$ 来描述,这里 S_{ij} 表示物种 $\bar{X}_j$ 参加第 i 个反应的拷贝数的变化. 用 $P(X,t)$ 表示物种 $\bar{X}_i$ 在时刻 t 有 X_i 个分子的概率. 记 $S^j = (S_{1j}, \cdots, S_{Nj})^\mathrm{T}$,那么相应的主方程为

$$\frac{\mathrm{d}P(X;t)}{\mathrm{d}t} = \sum_{j=1}^{M}\left[a_j(X-S^j)P(X-S^j;t) - a_j(X)P(X;t)\right] \qquad (2.3.1)$$

假如 S_{ij} 相对于 X_j 很小，那么对(2.3.1)进行 Taylor 展开到二阶，可得 F-P 方程

$$\frac{\partial P(X;t)}{\partial t} = \sum_{j=1}^{M} \left[-\sum_{k=1}^{N} S_{kj} \frac{\partial}{\partial X_k} + \sum_{k,l=1}^{N} \frac{S_{kj}S_{lj}}{2} \frac{\partial^2}{\partial X_k \partial X_l} \right] a_j(X) P(X;t) \quad (2.3.2)$$

(2.3.2)的两边乘以 X_i 并积分，注意到 $\langle X_i \rangle = \int X_i P(X;t) \mathrm{d}X$，则得平均方程

$$\frac{\mathrm{d}\langle X_i \rangle}{\mathrm{d}t} = \sum_{j=1}^{M} S_{ij} \langle a_j(X) \rangle \quad (2.3.3)$$

此外，从(2.3.1)出发亦可直接导出(2.3.3)，因此(2.3.3)在平均意义下是精确的。对这种方程的一个纠正，其向量形式的方程为

$$\frac{\mathrm{d}X}{\mathrm{d}t} = \sum_{k=1}^{M} S^k a_k(X) + \xi \quad (2.3.4)$$

这里 ξ 是向量形式的 Gauss 白色噪声，其各个分量 $\xi_i(t)$ 的平均为零，且满足 δ 关联 $\langle \xi_i(t)\xi_j(t') \rangle = \gamma_{ij}\delta(t-t') = \left[\sum_{k=1}^{M} S_{ik}S_{jk} a_k(X) \right] \delta(t-t')$。这种噪声应理解为内部噪声，因为它是由于生化分子的离散性质所导致。设噪声项为零，那么可获得确定性方程，其定态满足

$$\sum_{k=1}^{M} S^k a_k(X) = 0 \quad (2.3.5)$$

记相应的解为 X_s。假如体积充分大，通常这种静态解是平均 $\langle X \rangle$ (注意它满足(2.3.3))的一个好近似。通过在静态处作线性化可简化(2.3.4)。事实上，令 $x = X - X_s$，可获得一套随机微分方程，它代表古典的线性噪声逼近

$$\frac{\mathrm{d}x_i}{\mathrm{d}t} = \sum_{j=1}^{N} F_{ij} x_j + \xi_i, \quad 0 < i \leq N \quad (2.3.6)$$

这里

$$F_{ij} = \sum_{k=1}^{M} S_{ik} \frac{\partial a_k(X_s)}{\partial X_j} \quad (2.3.7)$$

且 $\gamma_{ij} = \sum_{k=1}^{M} S_{ik} S_{jk} a_k(X_s)$。反过来，(2.3.6)所对应的 F-P 方程为

$$\frac{\partial P(x;t)}{\partial t} = -\sum_{k,l=1}^{N} F_{k,l}(X_s) \frac{\partial (x_k P(x;t))}{\partial x_k} + \sum_{k,l=1}^{N} \frac{\gamma_{k,l}(X_s)}{2} \frac{\partial^2 P(x;t)}{\partial x_k \partial x_l} \qquad (2.3.8)$$

(2.3.8)的两边乘以 x_i，积分得

$$\frac{d\langle x_i \rangle}{dt} = \sum_{j=1}^{N} F_{ij}(X_s) \langle x_j \rangle, \quad 0 < i \leq N \qquad (2.3.9)$$

(2.3.8)的两边乘以 $x_i x_j$，积分得

$$\frac{d\langle x_i x_j \rangle}{dt} = \sum_{k=1}^{N} F_{ik}(X_s) \langle x_k x_j \rangle + \sum_{k=1}^{N} F_{jk}(X_s) \langle x_i x_k \rangle + \gamma_{ij} \qquad (2.3.10)$$

写成矩阵形式为

$$\frac{dC}{dt} = FC + CF^T + \Xi \qquad (2.3.11)$$

即为 Lyapunov 矩阵方程，其中 $\Xi = (\gamma_{ij})$ 是特征化噪声的关联矩阵(是对称矩阵)，并不依赖于动力变量 x；变量 X_i 的波动由另一个关联矩阵 C 给出，这里 $C_{ij} = \langle x_i x_j \rangle = \langle X_i X_j \rangle - \langle X_i \rangle \langle X_j \rangle$. (2.3.11)的静态解满足矩阵方程

$$FC + CF^T + \Xi = 0 \qquad (2.3.12)$$

由此可得变量 X_i 波动的静态关联矩阵 C. 进一步，假如引进规范化的静态协方差 $\eta_{ij} = \dfrac{C_{ij}}{\langle X_i \rangle \langle X_j \rangle}$，那么由(1.4.12)有

$$M\eta + \eta M^T + D = 0 \qquad (2.3.13)$$

这里 $M_{ij} = F_{ij} \langle X_j \rangle / \langle X_i \rangle$，$D_{ij} = \gamma_{ij} / (\langle X_i \rangle \langle X_j \rangle)$. 在(2.3.13)的 M 和 D 中，$X_k (1 \leq k \leq N)$ 应理解为静态 X_s 的分量，而 η 是未知的. 因此，由(2.3.13)可求出 η. 注意 η 的主对角元素是我们感兴趣的，这是因为它们代表各个成分 X_k 的规范化噪声强度.

现在，我们利用上面的分析结果到一个具体的生物例子[14,15]. 考虑由两个化学物种 $\bar{X}_1, \bar{X}_2$（例如信使 RNA 和蛋白质）所组成的细胞，它们的分子数分别为 n_1 和 n_2. 相应的反应事件可看成是 Markov 过程，由下列生化反应

$$X_1 \xrightarrow{\lambda_1} X_1 + 1, \quad X_2 \xrightarrow{\lambda_2 X_1} X_2 + 1,$$
$$X_1 \xrightarrow{X_1/\tau_1} X_1 - 1, \quad X_2 \xrightarrow{X_2/\tau_2} X_2 - 1 \tag{2.3.14}$$

来描述,这里 X_i 一般为浓度, τ_i 表示平均寿命, λ_1, X_1/τ_1 等为转移函数(率). 注意这是一个动态无序的例子,这里 X_1 对 X_2 提供了随机波动的环境(因为 mRNA 会随机化蛋白质的合成).

相应于(2.3.14)的确定性方程为

$$\frac{\mathrm{d}X_1}{\mathrm{d}t} = \lambda_1 - \frac{X_1}{\tau_1}, \quad \frac{\mathrm{d}X_2}{\mathrm{d}t} = \lambda_2 X_1 - \frac{X_2}{\tau_2} \tag{2.3.15}$$

因此,静态解满足

$$X_1^s = \lambda_1 \tau_1, \quad X_2^s = \lambda_2 \tau_2 X_1^s \tag{2.3.16}$$

记 $X_s = \left(X_1^s, X_2^s\right)^{\mathrm{T}}$. 进一步,在静态处估值的 Jacobi 矩阵为

$$F = \begin{pmatrix} F_{11} & F_{12} \\ F_{21} & F_{22} \end{pmatrix} = \begin{pmatrix} -\dfrac{1}{\tau_1} & 0 \\ \dfrac{1}{\tau_2}\dfrac{X_2^s}{X_1^s} & -\dfrac{1}{\tau_2} \end{pmatrix} \tag{2.3.17}$$

于是有

$$M = \begin{pmatrix} M_{11} & M_{12} \\ M_{21} & M_{22} \end{pmatrix} = \begin{pmatrix} -\dfrac{1}{\tau_1} & 0 \\ \dfrac{1}{\tau_2} & -\dfrac{1}{\tau_2} \end{pmatrix} \tag{2.3.18}$$

又因为 $\gamma_{ij} = \sum_{K=1}^{M} S_{ik} S_{jk} a_k(X_s)$,因此计算求得 $\gamma_{11} = \lambda_1 + (1/\tau_1)X_1^s$,$\gamma_{12} = \gamma_{21} = 0$,$\gamma_{22} = \lambda_2 X_1^s + (1/\tau_2)X_2^s$. 这样

$$D = \begin{pmatrix} D_{11} & D_{12} \\ D_{21} & D_{22} \end{pmatrix} = \begin{pmatrix} \dfrac{2}{\tau_1}\dfrac{1}{X_1^s} & 0 \\ 0 & \dfrac{2}{\tau_2}\dfrac{1}{X_2^s} \end{pmatrix} \tag{2.3.19}$$

把 (2.3.18) 和 (2.3.19) 代入 (2.3.13) 得

$$\begin{pmatrix} \dfrac{\lambda_1}{\left(X_1^s\right)^2} + \dfrac{1}{\tau_1 X_1^s} & 0 \\ 0 & \dfrac{\lambda_2 X_1^s}{\left(X_2^s\right)^2} + \dfrac{1}{\tau_2 X_2^s} \end{pmatrix} = \begin{pmatrix} \dfrac{2\eta_{11}}{\tau_1} & \dfrac{\eta_{12}-\eta_{11}}{\tau_2} + \dfrac{\eta_{12}}{\tau_1} \\ \dfrac{\eta_{12}-\eta_{11}}{\tau_2} + \dfrac{\eta_{12}}{\tau_1} & \dfrac{2(\eta_{22}-\eta_{12})}{\tau_2} \end{pmatrix} \quad (2.3.20)$$

由此求得

$$\eta_{11} = \frac{1}{2}\left[\frac{\lambda_1 \tau_1}{\left(X_1^s\right)^2} + \frac{1}{X_1^s}\right], \quad \eta_{22} = \frac{1}{2}\left[\frac{\lambda_2 \tau_2 X_1^s}{\left(X_2^s\right)^2} + \frac{1}{X_2^s}\right] + \frac{\tau_1}{\tau_1+\tau_2}\eta_{11}$$

$$\eta_{12} = \eta_{21} = \frac{\tau_1}{\tau_1+\tau_2}\eta_{11}$$

最后得噪声强度的计算公式

$$\frac{\sigma_2^2}{X_2^2} = \eta_{22} = \frac{1}{X_2^s} + \frac{\tau_1}{\tau_1+\tau_2} \times \frac{1}{X_1^s} \quad (2.3.21)$$

由于当系统的体积充分大时，我们能够用 $\langle X \rangle$ 来近似 X_s，因此(2.3.21)可改写为

$$\frac{\sigma_2^2}{X_2^2} = \eta_{22} = \frac{1}{\langle X_2 \rangle} + \frac{\tau_1}{\tau_1+\tau_2} \times \frac{1}{\langle X_1 \rangle} \quad (2.3.22)$$

2.3.2 动态线性噪声逼近

静态线性噪声逼近是考虑系统在静态处的情形，而动态线性噪声逼近是考虑系统沿确定性系统轨线展开的情形，其细化的分析如下. 设 Ω 为系统的体积，考虑系统有 N 个物种 $\{\overline{X}_1, \overline{X}_2, \cdots, \overline{X}_N\}$，$M$ 个反应 R_k $(1 \leqslant k \leqslant M)$，$X = (X_1, \cdots, X_N)^\mathrm{T} \equiv \Omega x$ 表示系统的状态向量，这里 X_i 表示物种 $\overline{X}_i$ 的拷贝数. 第 j 个反应在 δt 时间间隔内发生的概率为 $\Omega \tilde{f}_j(x,\Omega)\delta t$，这里 $\tilde{f}_j(x,\Omega)$ 为转移率. 对于这种反应，物种 $\overline{X}_i$ 的拷贝数 X_i 有变化 $X_i \to X_i + S_{ij}$. 整数 S_{ij} $(1 \leqslant i \leqslant N, 1 \leqslant j \leqslant M)$ 组成 $N \times M$ 阶化学计量矩阵 S. 若 $\Omega \to \infty$，则随机浓度 x 将变成确定性的，转移率 $\tilde{f}_j(x,\Omega)$ 将简化成宏观比率 $f_j(\varphi)$，这里定义 $\varphi = \lim\limits_{\Omega \to \infty} x$，$\lim\limits_{\Omega \to \infty} \tilde{f}_j(x,\Omega) = f_j(\varphi)$. 注意 $\varphi = (\varphi_1, \varphi_2, \cdots, \varphi_N)^\mathrm{T}$ 是时间 t 的函数，且满足比率方程(或宏观方程)

$$\frac{\mathrm{d}\varphi_i}{\mathrm{d}t} = \sum_{j=1}^{M} S_{ij} f_j(\varphi), 1 \leqslant i \leqslant N \Leftrightarrow \frac{\mathrm{d}\varphi}{\mathrm{d}t} = Sf(\varphi) \tag{2.3.23}$$

这里 $f(\varphi) = (f_1(\varphi), f_2(\varphi), \cdots, f_N(\varphi))^\mathrm{T}$. 设(2.3.23)的静态解为 φ_s.

另一方面，考虑相应的主方程

$$\begin{aligned}\frac{\mathrm{d}P(X;t)}{\mathrm{d}t} &= \sum_{i=1}^{M}\left[a_i(X-S^i)P(X-S^i) - a_i(X)P(X;t)\right] \\ &= \Omega \sum_{i=1}^{M}\left[\left(\prod_{j=1}^{N} E^{-S_{ij}} - 1\right)\tilde{f}_j(x,\Omega)P(x;t)\right]\end{aligned} \tag{2.3.24}$$

这里 $a_j(X) = \Omega g_j(x)$，$a_j(X-S^j) = \Omega g_j\left(x - \frac{S^j}{\Omega}\right) = \Omega \tilde{f}_j(x,\Omega)$. 此外，定义平移算子 E_i 为

$$E^{-S_{ij}} h(x_1, \cdots, x_N) = h(x_1, \cdots, x_{i-1}, x_i - S_{ij}, x_{i+1}, \cdots, x_N)$$

$$E^{-S_{ij}} E^{-S_{kj}} h(x) = h(x_1, \cdots, x_{i-1}, x_i - S_{ij}, x_{i+1}, \cdots, x_{k-1}, x_k - S_{kj}, x_{k+1}, \cdots, x_N)$$

若引进新变量

$$X_i = \Omega \varphi_i + \sqrt{\Omega} \xi_i \tag{2.3.25}$$

那么与 $P(X;t)$ 相关的概率分布 $\Pi(\xi;t)$ 为

$$P(X;t) = P(\Omega\varphi + \sqrt{\Omega}\xi;t) \equiv \Pi(\xi;t) \tag{2.3.26}$$

这里 $\xi = (\xi_1, \xi_2, \cdots, \xi_N)^\mathrm{T}$. 对于常数目的分子，即 $\frac{\mathrm{d}X_i}{\mathrm{d}t} = 0 \Rightarrow \frac{\mathrm{d}\xi_i}{\mathrm{d}t} = -\sqrt{\Omega}\frac{\mathrm{d}\varphi_i}{\mathrm{d}t}$，有

$$\frac{\partial P(X;t)}{\partial t} = \frac{\partial \Pi(\xi;t)}{\partial t} + \sum_{i=1}^{N}\frac{\mathrm{d}\xi_i}{\mathrm{d}t}\frac{\partial \Pi(\xi;t)}{\partial \xi_i} = \frac{\partial \Pi(\xi;t)}{\partial t} - \sqrt{\Omega}\sum_{i=1}^{N}\frac{\mathrm{d}\varphi_i}{\mathrm{d}t}\frac{\partial \Pi(\xi;t)}{\partial \xi_i} \tag{2.3.27}$$

考虑转移率 $\tilde{f}_j(x)$ 在宏观值 $f_j(\varphi)$ 处的 Taylor 展开，并注意到 $x = \varphi + \left(1/\sqrt{\Omega}\right)\xi$，有

$$\tilde{f}_j(x) = \tilde{f}_j\left(\varphi + \left(1/\sqrt{\Omega}\right)\xi\right) = f_j(\varphi) + \Omega^{-1/2}\sum_{i=1}^{N}\frac{\partial f_i(\varphi)}{\partial \varphi_i}\xi_i + O(\Omega^{-1}) \tag{2.3.28}$$

对平移算子，注意到有展开

$$E^k = 1 + \Omega^{-1/2} k \frac{\partial}{\partial \xi} + \frac{\Omega^{-1} k^2}{2} \frac{\partial^2}{\partial \xi \partial \xi} + O(\Omega^{-3/2}) \qquad (2.3.29)$$

因此

$$\prod_{i=1}^{N} E^{-S_{ij}} = 1 - \Omega^{-1/2} \sum_{i=1}^{N} S_{ij} \frac{\partial}{\partial \xi_i} + \frac{\Omega^{-1}}{2} \sum_{i,k=1}^{N} S_{ij} S_{kj} \frac{\partial^2}{\partial \xi_i \partial \xi_k} + O(\Omega^{-3/2}) \qquad (2.3.30)$$

把 (2.3.27)，(2.3.28) 和 (2.3.30) 代入 (2.3.24) 得

$$\begin{aligned}
&\frac{\partial \Pi(\xi;t)}{\partial t} - \sqrt{\Omega} \sum_{i=1}^{N} \frac{\mathrm{d}\varphi_i}{\mathrm{d}t} \frac{\partial \Pi(\xi;t)}{\partial \xi_i} \\
&= \Omega \sum_{j=1}^{M} \left(-\Omega^{-1/2} \sum_{i=1}^{N} S_{ij} \frac{\partial}{\partial \xi_i} + \frac{\Omega^{-1}}{2} \sum_{i,k=1}^{N} S_{ij} S_{kj} \frac{\partial^2}{\partial \xi_i \partial \xi_k} + O(\Omega^{-3/2}) \right) \\
&\quad \times \left(f_j(\varphi) + \Omega^{-1/2} \sum_{l=1}^{N} \frac{\partial f_j(\varphi)}{\partial \varphi_l} \xi_l + O(\Omega^{-1}) \right) \Pi(\xi;t) \\
&= -\Omega^{1/2} \sum_{j=1}^{M} \sum_{i=1}^{N} S_{ij} \frac{\partial}{\partial \xi_i} \left(f_j(\varphi) + \Omega^{-1/2} \sum_{l=1}^{N} \frac{\partial f_j(\varphi)}{\partial \varphi_l} \xi_l + O(\Omega^{-1}) \right) \Pi(\xi;t) \\
&\quad + \frac{1}{2} \sum_{j=1}^{M} \sum_{i,k=1}^{N} S_{ij} S_{kj} \frac{\partial^2}{\partial \xi_i \partial \xi_k} \left(f_j(\varphi) + \Omega^{-1/2} \sum_{l=1}^{N} \frac{\partial f_j(\varphi)}{\partial \varphi_l} \xi_l + O(\Omega^{-1}) \right) \Pi(\xi;t) + O(\Omega^{-1/2}) \\
&= -\Omega^{1/2} \sum_{j=1}^{M} \sum_{i=1}^{N} S_{ij} \frac{\partial}{\partial \xi_i} \left(f_j(\varphi) \Pi(\xi;t) \right) - \sum_{j=1}^{M} \sum_{i=1}^{N} S_{ij} \frac{\partial}{\partial \xi_i} \left(\sum_{l=1}^{N} \frac{\partial f_j(\varphi)}{\partial \varphi_l} \xi_l \Pi(\xi;t) \right) \\
&\quad + \frac{1}{2} \sum_{j=1}^{M} \sum_{i,k=1}^{N} S_{ij} S_{kj} \frac{\partial^2}{\partial \xi_i \partial \xi_k} \left(f_j(\varphi) \Pi(\xi;t) \right) \\
&\quad + \frac{\Omega^{-1/2}}{2} \sum_{j=1}^{M} \sum_{i,k=1}^{N} S_{ij} S_{kj} \frac{\partial^2}{\partial \xi_i \partial \xi_k} \left(\sum_{l=1}^{N} \frac{\partial f_j(\varphi)}{\partial \varphi_l} \xi_l \Pi(\xi;t) \right) + O(\Omega^{-1/2})
\end{aligned}$$

对于 $\Omega^{1/2}$ 的项，有

$$\sum_{i=1}^{N} \frac{\mathrm{d}\varphi_i}{\mathrm{d}t} \frac{\partial \Pi(\xi;t)}{\partial \xi_i} = \sum_{j=1}^{M} \sum_{i=1}^{N} S_{ij} f_j(\varphi) \frac{\partial \Pi(\xi;t)}{\partial \xi_i} \qquad (2.3.31)$$

这自然成立，因为有宏观方程(2.3.23)．对于 Ω^0 的项，有

$$\frac{\partial \Pi(\xi;t)}{\partial t} = \sum_{j=1}^{M} \left[-\sum_{i,k=1}^{N} S_{ij} \frac{\partial f_j(\varphi)}{\partial \varphi_k} \frac{\partial (\xi_k \Pi(\xi;t))}{\partial \xi_i} + \frac{f_j(\varphi)}{2} \sum_{i,k=1}^{N} S_{ij} S_{kj} \frac{\partial^2 \Pi(\xi;t)}{\partial \xi_i \partial \xi_k} \right] \qquad (2.3.32)$$

或改写为

$$\frac{\partial \Pi(\xi;t)}{\partial t} = -\sum_{i,k=1}^{N} \Gamma_{ik} \frac{\partial(\xi_k \Pi(\xi;t))}{\partial \xi_i} + \frac{1}{2}\sum_{i,k=1}^{N}\left[BB^{\mathrm{T}}\right]_{ik}\frac{\partial^2 \Pi(\xi;t)}{\partial \xi_i \partial \xi_k} \quad (2.3.33)$$

这里

$$\Gamma_{ik} = \sum_{j=1}^{M} S_{ij}\frac{\partial f_j}{\partial \varphi_k} = \frac{\partial(S_i \cdot f)}{\partial \varphi_k}, \quad \left[BB^{\mathrm{T}}\right]_{ik} = \sum_{j=1}^{M} S_{ij}S_{kj}f_j(\varphi) = \left[S\cdot \mathrm{diag}(f(\varphi))\cdot S^{\mathrm{T}}\right]_{ik}$$

(2.3.33)和静态线性噪声逼近的(2.3.8)是不同的，这是因为(2.3.33)中的系数是 φ 的函数，从而是时间 t 的函数. (2.3.33)的静态分布 $P(\xi) = \Pi(\xi)$ 满足

$$-\sum_{i,k=1}^{N}\Gamma_{ik}\frac{\partial(\xi_k P(\xi))}{\partial \xi_i} + \frac{1}{2}\sum_{i,k=1}^{N}\left[BB^{\mathrm{T}}\right]_{ik}\frac{\partial^2 P(\xi)}{\partial \xi_i \partial \xi_k} = 0 \quad (2.3.34)$$

是一种偏微分方程(PDE)，且有下列形式的规范化解

$$P(\xi) = \frac{1}{\sqrt{(2\pi)^N \det(\Xi_s)}}\exp\left(-\frac{\xi^{\mathrm{T}}\Xi_s^{-1}\xi}{2}\right) \quad (2.3.35)$$

这里矩阵 $\Xi_s = \left\langle \xi\xi^{\mathrm{T}}\right\rangle_s$ 满足 Lyapunov 矩阵方程

$$\Gamma_s \Xi_s + \Xi_s \Gamma_s^{\mathrm{T}} + D_s = 0 \quad (2.3.36)$$

其中 $\Gamma_s = \Gamma(\varphi_s)$，$D_s = BB^{\mathrm{T}}(\varphi_s)$. 事实上，对 $N=1$，可直接验证满足(2.3.36)的(2.3.35)是(2.3.34)的解. 此时，静态时间关联矩阵为

$$\left\langle \xi(t)\xi^{\mathrm{T}}(t-\tau)\right\rangle_s = \exp(\Gamma_s \tau)\cdot \Xi_s \quad (2.3.37)$$

这是因为在静态处，有

$$\frac{\mathrm{d}\langle \xi(t)\rangle}{\mathrm{d}t} = \Gamma_s \langle \xi(t)\rangle = \langle \Gamma_s \xi(t)\rangle \quad (2.3.38)$$

这里 $\Gamma_s = \left[\Gamma_{ik}(\varphi_s)\right]$. 因此

$$\frac{\mathrm{d}\langle \xi(0)\xi^{\mathrm{T}}(t)\rangle}{\mathrm{d}t} = \left\langle \xi(0)\frac{\mathrm{d}\xi^{\mathrm{T}}(t)}{\mathrm{d}t}\right\rangle = \left\langle \xi(0)\xi^{\mathrm{T}}(t)\Gamma_s^{\mathrm{T}}\right\rangle = \left\langle \xi(0)\xi^{\mathrm{T}}(t)\right\rangle\Gamma_s^{\mathrm{T}} \quad (2.3.39)$$

由此求解得

$$\left\langle \xi(0)\xi^{\mathrm{T}}(t)\right\rangle = \left\langle \xi(0)\xi^{\mathrm{T}}(0)\right\rangle \exp\left(t\Gamma_s^{\mathrm{T}}\right) \tag{2.3.40}$$

取初值 $\left\langle \xi(0)\xi^{\mathrm{T}}(0)\right\rangle = \left\langle \xi\xi^{\mathrm{T}}\right\rangle_s = \Xi_s$. 这样就可导出(2.3.37).

此外, 可以验证(2.3.33)沿确定性系统轨线的解为

$$\Pi(\xi;t) \equiv P(\xi(t)) = \frac{1}{\sqrt{(2\pi)^N \det(\Xi_s)}} \exp\left(-\frac{\left(\xi^{\mathrm{T}} - \left\langle \xi^{\mathrm{T}}\right\rangle\right)\Xi_s^{-1}\left(\xi - \left\langle \xi\right\rangle\right)}{2}\right) \tag{2.3.41}$$

这里 Ξ_s 满足(1.4.36). 详细推导过程, 可参阅文献[1].

在静态附近, 相应的过程可看成是静止的, 意味着关联矩阵仅依赖于时间差, 而且特征时间为

$$\tau_c = \frac{1}{\|\Gamma_s\|} \tag{2.3.42}$$

它关联于确定性系统的 Jacobi, 因此不能脱离确定性的松弛时间. 这样一来, 把波动 $\xi(t)$ 作为 Gauss 白色噪声来对待是不合理的(但为 Gauss 有色噪声, 因为从(2.3.33)知道它的平均为零). 在这一点上, 动态线性噪声逼近与静态线性噪声逼近是不同的. 更确切地说, 静态线性噪声逼近刻画噪声对静态的偏离规律, 而在动态线性噪声逼近中, 由于噪声的关联矩阵依赖于时间差, 因此可能对确定性的轨迹产生有意义的偏离(特别是在临界情形), 甚至会改变确定轨迹的动力学性质, 导致噪声诱导新的动力学. 正是由于动态线性噪声逼近的这种特性, 因此它可解释某些确定性生物系统所没有的现象, 例如噪声能诱导振动、改变双稳性的范围等, 看下节内容.

注 $\xi(t)$ 一般为 Gauss 有色噪声.

2.4 有效稳定性逼近[6]

噪声如何影响特征值(从而可能改变动力学的性质)是一个有趣的问题. 本节将说明 Gauss 有色噪声与特征值之间的关系.

2.4.1 一般结果

为符号的习惯起见, 我们把确定性方程(2.3.23)改写为

$$\frac{\mathrm{d}x}{\mathrm{d}t} = f(x) \tag{2.4.1}$$

这里 $x \in \mathbf{R}^n$. 记(2.4.1)的静态解为 x_s, 在 x_s 处的扰动记为 x_p. 那么 x_p 满足线性化方程

$$\frac{\mathrm{d}x_p}{\mathrm{d}t} = J^{(0)} \cdot x_p \tag{2.4.2}$$

这里 $J^{(0)} = \partial f/\partial x$ 在 $x = x_s$ 处取值. 类比于 $x = \varphi + (1/\sqrt{\Omega})\xi$, 为了看清在扰动处的累积波动, 设

$$x = x_s + x_p + \omega\xi = (x_s + \omega\xi) + x_p \tag{2.4.3}$$

这里 $\omega^{-2} = \Omega$. 此时, Jacobi $J = \partial f/\partial x$ (在 $x = x_s + \omega\xi$ 处取值)一般是关于静态 ξ 波动的非线性函数. 为了讨论的方便, 假定

$$\left\langle \frac{\mathrm{d}\xi}{\mathrm{d}t} \right\rangle = \frac{\mathrm{d}\langle\xi\rangle}{\mathrm{d}t} = 0 \tag{2.4.4}$$

当 $\omega \to 0$(或系统充分大)时, 利用近似

$$J \approx J\big|_{\omega\to 0} + \omega\left(\frac{\partial J}{\partial \omega}\bigg|_{\omega\to 0}\right) \equiv J^{(0)} + \omega J^{(1)}(t) \tag{2.4.5}$$

因此, 为了获得 x_s 的真实稳定性条件, 可考虑线性方程

$$\frac{\mathrm{d}x_p}{\mathrm{d}t} = \left[J^{(0)} + \omega J^{(1)}\right] \cdot x_p \tag{2.4.6}$$

这里 $J^{(1)}(t)$ 一般依赖于静态处的关联矩阵 $\left\langle \xi(0)\xi^T(\tau) \right\rangle_s$, 且关联由(2.3.37)给出. 我们感兴趣的是平均稳定性, 即平均方程

$$\frac{\mathrm{d}\langle x_p \rangle}{\mathrm{d}t} = J^{(0)}\langle x_p \rangle + \omega\langle J^{(1)} \cdot x_p \rangle \tag{2.4.7}$$

的零解稳定性. 关于 $J^{(1)}(t)$, 在研究时可以假定各种模式. 注意到 $J^{(0)} \gg \omega J^{(1)}$ 一般地成立. 在此情况下, 采用 Bourret 模式逼近[5]

$$\frac{\mathrm{d}\langle x_p(t) \rangle}{\mathrm{d}t} = J^{(0)}\langle x_p(t) \rangle + \omega^{-2}\int_0^t J_c(t-\tau)\langle x_p(\tau) \rangle \mathrm{d}\tau \tag{2.4.8}$$

这里 $J_c(t-\tau) = \left\langle J^{(1)}(t)\exp\left(J^{(0)}(t-\tau)\right)J^{(1)}(\tau) \right\rangle$ 是波动的自关联矩阵. (2.4.8)的解可

通过 Laplace 变换给出. 事实上, 有

$$\langle \hat{x}_p(s) \rangle = \left[sI - J^{(0)} - \omega^2 \hat{J}_c(s) \right]^{-1} \langle x_p(0) \rangle \tag{2.4.9}$$

这里 $\hat{J}_c(s) = \int_0^\infty J_c(t) \mathrm{e}^{-st} \mathrm{d}t$. 通过 Laplace 逆变换, 可给出 $x_p(t)$. 扰动模式 $\langle x_p(t) \rangle$ 是渐近稳定的充分且必要条件是代数方程

$$\det \left[\lambda' I - J^{(0)} - \omega^2 \hat{J}_c(\lambda') \right] = 0 \tag{2.4.10}$$

的根 λ' 都是负实部的. 进一步, 假定 $\mathrm{diag}[\lambda_i] = Q^{-1} J^{(0)} Q$, 即 $J^{(0)}$ 可对角化, 这里 λ_i 是未扰动系统的特征值. 那么, 有

$$\lambda_i' = \lambda_i + \omega^2 \left[Q^{-1} \hat{J}_c(\lambda_i) Q \right]_{ii} \tag{2.4.11}$$

此时, 有短时间的 Lyapunov 指数 $\langle \lambda \rangle$:

$$\lim_{t \to 0} \ln \left| \langle x(t) \rangle - x_s \right| \approx \langle \lambda \rangle t + \mathrm{const.} \tag{2.4.12}$$

2.4.2 算法

有效稳定性逼近(ESA)的算法大致分下列八步:

第一步. 根据生化反应, 记录倾向函数 a 和化学计量 S, 计算 $S \cdot a$;

第二步. 计算静态 x_s, $S \cdot a = 0$;

第三步. 在静态处, 计算 $\Gamma_{ij}(x) = \dfrac{\partial [S \cdot a]_i}{\partial x_j}$, $D(x) = S \cdot \mathrm{diag}(a) \cdot S^\mathrm{T}$, 获得 Γ_s 和 D_s;

第四步. 从 $\Gamma_s \Xi + \Xi \Gamma_s^\mathrm{T} + D_s = 0$ 求解得 $\Xi_s = \langle \xi \cdot \xi^\mathrm{T} \rangle_s$, 即求解 $\dfrac{N(N+1)}{2}$ 个代数方程(N 为系统的维数);

第五步. 计算 $J^{(0)}$ 和 $J^{(1)}(t)$, $J^{(0)} = \Gamma_s$, $J^{(1)}(t) = \dfrac{\partial \Gamma(x_s + \omega \xi(t))}{\partial \omega} \bigg|_{\omega=0}$;

第六步. 计算 $J_c(t) = \langle J^{(1)}(t) \cdot \exp(J^{(0)}(t)) \cdot J^{(1)}(\tau) \rangle$, 注意 $J_c(t)$ 是 $\langle \xi_i(t) \xi_j(0) \rangle$ 的线性组合, 而 $\langle \xi_i(t) \xi_j(0) \rangle = \left[\Xi_s \cdot \exp(t J^{(0)}) \right]_{ij}$;

第七步. 利用 Laplace 变换 $\hat{J}_c(\lambda')$ 的计算结果可知, 关联矩阵 $J_c(t)$ 是由形式

e^{at} 的指数项组成，因此，可简单地用 $(\lambda'-a)^{-1}$ 代替 e^{at}，即

$$\langle \xi_i(t)\xi_j(0) \rangle = J_c(t)|_{e^{at} \to (\lambda'-a)^{-1}};$$

第八步. 从 $\det\left[\lambda'I - J^{(0)} - \dfrac{1}{\Omega}\hat{J}_c(\lambda')\right] = 0$ 求解出 λ'.

2.4.3 应用实例

例 A 双稳系统. 考虑如下模型：激活子 mRNA(其浓度为 m_a)的转录和激活子蛋白质(其浓度为 A)的翻译，激活函数为 $g(A)$. 相应的确定性方程为

$$\frac{dm_a}{dt} = \gamma_m g(A) - \delta_m m_a \quad \frac{dA}{dt} = \gamma_p m_a - \delta_p A \tag{A.1}$$

这里 γ_m 是转录率，γ_p 是翻译率，δ_m, δ_p 分别是 mRNA 和蛋白质的降解率. 一般地，$\delta_m \gg \delta_p$，因此可认为 mRNA 很快达到平衡. 此时，有

$$\frac{dA}{dt} = \gamma g(A) - \delta A \tag{A.2}$$

这里 γ 是蛋白质合成的完全激活率，δ 是蛋白质的降解率.

转录和翻译的合并是以 mRNA 的翻译扩大的消失为代价的. 翻译爆发大小近似地等于在 mRNA 寿命期间合成蛋白质分子的数目，即 $b = \gamma_p/\gamma_m$. 因此，实际产物的宏观方程为

$$\frac{dA}{dt} = b\gamma_m g(A) - \delta A \tag{A.3}$$

另一方面，考虑生化反应

爆发合成：$A \xrightarrow{a_1} A + b, a_1 = \dfrac{\gamma}{b}g(A)$；

线性降解：$A \xrightarrow{a_2} A - 1, a_2 = \delta A$.

因此，倾向向量为 $a = \left[(\gamma/b)g(A), \delta A\right]$，化学计量为 $S = [b, -1]$，相应的确定性方程为(A.2). 计算得

$$\Gamma = \gamma g'(A) - \delta, \quad D = BB^T = b\gamma g(A) + \delta A \tag{A.4}$$

此时，波动的静态关联为

$$\Xi = -\frac{D}{2\Gamma} = -\frac{1}{2}\frac{b\gamma g(A_s) + \delta A_s}{\gamma g'(A_s) - \delta} \tag{A.5}$$

这里 A_s 满足 $\gamma g(A_s) - \delta A_s = 0$. 若 $\lambda = \gamma g'(A_s) - \delta < 0$, 则静态是稳定的. 作时间尺度变换 $t \to t\delta^{-1}$, 那么(A.2)变成

$$\frac{\mathrm{d}A}{\mathrm{d}t} = A_0 g(A) - A \tag{A.6}$$

这里 $A_0 = \gamma/\delta$. 进一步计算得

$$J^{(0)} = A_0 g'_A(A_s) - 1, \quad \omega J^{(1)} = \left[A_0 g''_A(A_s)\right]\omega\xi(t) \tag{A.7}$$

此时, 由

$$\omega^2 \hat{J}_c(s) = \omega^2 \left[A_0 g''\right]^2 \int_0^\infty \langle \xi(t)\xi(0)\rangle \exp\left[(A_0 g' - 1)t\right] \exp(-st)\mathrm{d}t$$

有

$$\omega^2 \hat{J}_c(s) = -\frac{b+1}{2}\frac{\omega^2}{K_A}\frac{A_0^2 g\left[A_0 g''\right]^2}{A_0 g' - 1}\frac{K_A}{A_0}\frac{1}{s - 2\left[A_0 g' - 1\right]} \tag{A.8}$$

这里 K_A 激活子解离常数(dissociation constant). 于是可得

$$\lambda' = \left[A_0 g' - 1\right] + \frac{\omega^2}{K_A}\frac{b+1}{2}\frac{K_A}{A_0}\frac{A_0^4 \left[g''\right]^2 g}{\left[A_0 g' - 1\right]^2} \tag{A.9}$$

最后, 可以近似地表达真实的特征值, 即

$$\lambda' = \lambda + \frac{1}{\Omega}\lambda_{\mathrm{corr}} \approx \lambda\left\{1 - \Delta_b \cdot h\left(\frac{A_0}{K_A}, g(A_s)\right)\right\} \tag{A.10}$$

这里参数 Δ_b 被定义为

$$\Delta_b = \frac{b+1}{2}\frac{1}{K_A V_{\mathrm{cell}}} = \frac{b+1}{2}\frac{1}{N_A} \tag{A.11}$$

它刻画反应物分子数目的离散变化.

$$h\left(\frac{A_0}{K_A}, g(A_s)\right) = \frac{K_A}{A_0} \cdot \frac{A_0^4 (g'')^2 g}{|\lambda|^3}$$

刻画调控机制, A_s 是确定性系统不动点的成分, N_A 表示蛋白最初的数目.

注 一般地,

$$g\left(\frac{A}{K_A}, f\right) = \frac{f^{-1} + (A/K_A)^n}{1 + (A/K_A)^n}$$

这里 f 为倍激活(fold activation)参数.

下面给出数值结果. 参数取值如下: $n=2$, $\delta^{-1}=30\,\mathrm{min}$, $b=9$, $\gamma=2$, 此时系统有两个稳定的不动点. 此外, 令 $\Omega=1\mu m^3$, $\tau=6/\delta$ (逃避时间, 被尺度化). 数值结果显示在图 2.4.1 中. 实线对应于 $\langle\lambda'\rangle$, 虚线对应于 $\langle\lambda\rangle$. 我们看到 $\langle\lambda'\rangle$ 一般地不同于 $\langle\lambda\rangle$. 对于小的体积 Ω, $\langle\lambda'\rangle$ 的值一般地大于的增加(从而导致噪声水平的增加), 双稳性区域会减少. 在图 2.4.1(a)中, 黑实线对应于 $\Delta_b=0.1$, 黑灰色的线对应于 $\Delta_b=0.2$, 淡灰色的线对应于 $\Delta_b=0.3$.

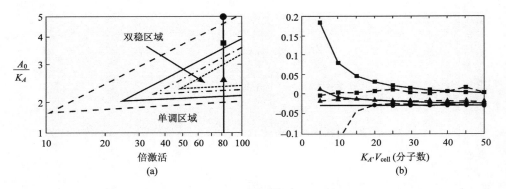

图 2.4.1 噪声对特征值的影响: 双稳系统

(a)内一实线三角: $A_0/K_A=2.5$, $f=80$ (不动点位于双稳区域); 内二虚线三角: $A_0/K_A=3.5$, $f=80$ (不动点位于边界); 内三虚线三角: $A_0/K_A=5.0$, $f=80$ (不动点位于单稳区域); (b)实线对应于 $\langle\lambda'\rangle$, 虚线对应于 $\langle\lambda\rangle$. 计算采用 10^5 个点的轨迹, 这里 $\Omega=V_{\mathrm{cell}}$

例 B 振动系统. 考虑如表 2.4.1 所示的生化反应. 参数值为 $\gamma_A=25\,\mathrm{nMh}^{-1}$, $K_A=0.5\,\mathrm{nM}$, $f_A=10$, $\gamma_R=5\,\mathrm{nMh}^{-1}$, $K_{AR}=1.0\,\mathrm{nM}$, $f_R=0$, $\gamma_C=200\,\mathrm{nM}^{-1}\mathrm{h}^{-1}$, $\delta_A=1\,\mathrm{h}^{-1}$, $b_A=5$ (激活子爆发的大小), $b_R=10$ (压制子爆发的大小). 采用近似 1分子/$1\mu m^3 \approx 1\,\mathrm{nM}$, 设细胞的体积 $\Omega=V_{\mathrm{cell}}=100\,\mu m^3$, $n=2$.

确定性系统的微分方程为

表 2.4.1 一个振动系统的生化反应式及转移函数

生化反应	转移率
$A \to A + b_A$	$a_1 = \dfrac{\gamma_A}{b_A} \cdot g\left(\dfrac{A}{K_A}, f_A\right)$
$A \to A - 1$	$a_2 = \delta_A \cdot A$
$(A, R, C) \to (A-1, R-1, C+1)$	$a_3 = K_C \cdot A \cdot R$
$R \to R + b_R$	$a_4 = \dfrac{\gamma_R}{b_R} \cdot g\left(\dfrac{A}{K_R}, f_R\right)$
$R \to R - 1$	$a_5 = \delta_R \cdot R$
$(R, C) \to (R+1, C-1)$	$a_6 = \delta_A \cdot C$

$$\frac{\mathrm{d}}{\mathrm{d}t}\begin{bmatrix} A \\ R \\ C \end{bmatrix} = S \cdot v = \begin{bmatrix} \gamma_A \cdot g\left(\dfrac{A}{K_A}, f_A\right) - \delta_A A - K_C AR \\ \gamma_R \cdot g\left(\dfrac{A}{K_R}, f_R\right) - \delta_R R - K_C AR + \delta_A C \\ K_C AR - \delta_A C \end{bmatrix} \tag{B.1}$$

这里，化学计量矩阵 S 和反应倾向函数分别为

$$S = \begin{bmatrix} b_A & -1 & -1 & 0 & 0 & 0 \\ 0 & 0 & -1 & b_R & -1 & 1 \\ 0 & 0 & 1 & 0 & 0 & -1 \end{bmatrix}$$

$$a = \left[\dfrac{\gamma_A}{b_A} \cdot g\left(\dfrac{A}{K_A}, f_A\right), \delta_A A, K_C AR, \dfrac{\gamma_R}{b_R} \cdot g\left(\dfrac{A}{K_R}, f_R\right), \delta_R R, \delta_A C\right]^\mathrm{T}$$

作变换 $A \to A \cdot A_0$，$t \to t \cdot \delta_A$，这里 $A_0 = \gamma_A / \delta_A$，则(B.1)变成

$$\frac{\mathrm{d}}{\mathrm{d}t}\begin{bmatrix} A \\ R \\ C \end{bmatrix} = S \cdot v = \begin{bmatrix} g\left(A \cdot \dfrac{A_0}{K_A}, f_A\right) - A - \kappa AR \\ \gamma \cdot g\left(A \cdot \dfrac{A_0}{K_R}, f_R\right) - \varepsilon R - \kappa AR + C \\ \kappa AR - C \end{bmatrix} \tag{B.2}$$

这里 $\kappa = \dfrac{K_C \cdot A_0}{\delta_A}$ (描述二聚化比率)，$\varepsilon = \dfrac{\delta_R}{\delta_A}$ (压制子与激活子降肌肉率之间的比

率),它们被作为可调参数. (B.2)的静态满足

$$\begin{cases} g_A = A_s + \kappa A_s R_s \\ \gamma \cdot g_R + C_s = \varepsilon R_s + \kappa A_s R_s \\ \kappa A_s R_s = C_s \end{cases} \tag{B.3}$$

这里 $g_i = g\left(\dfrac{A}{K_i}, f_i\right)$. 经过计算,(2.3.36)中的 $D_s = S_s \cdot \text{diag}[a] \cdot S_s^{\text{T}}$ 为

$$\dfrac{D_s}{\gamma \cdot A_0} = \begin{bmatrix} 2\left[\dfrac{b_A+1}{2}\right]\dfrac{g_A}{\gamma} & C_s & -C_s \\ C_s & 2\left[\dfrac{b_R+1}{2}\right]g_R + 2C_s & -2C_s \\ -C_s & -2C_s & 2C_s \end{bmatrix} \tag{B.4}$$

这里

$$\Delta_{b_i} = \dfrac{b_i+1}{2}\dfrac{1}{K_A V_{\text{cell}}} = \dfrac{b_i+1}{2}\dfrac{1}{N_i}, \quad 其中 i = A, R.$$

注意 Δ_b 决定内部噪声的水平. 此外,(2.3.36)中的 Γ_s 即为(B.2)在静态处的 Jacobi,据此可计算出(2.3.36)中的 Ξ_s. 因而可获得真实特征值的估计,结果仍然如(A.10)所示. 数值结果如图 2.4.2 所示.

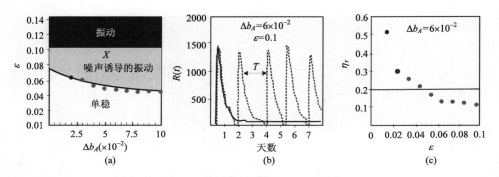

图 2.4.2 噪声对特征值的影响:振动系统

(a)内部噪声扩大不稳定性的区域(灰色部分)及扩大振动的范围,确定性系统的振动边界为 $\varepsilon \approx 0.12$,实线表示由(2.4.11)所预测的边界,黑点是由随机模拟所获得的边界;(b)噪声诱导的振动(点线),实线是确定性系统的轨迹;(c)信噪比 $\eta_\tau = \sqrt{\left\langle(\langle T\rangle - T)^2\right\rangle}\Big/\langle T\rangle$ 作为 ε 的函数,灰色部分是由理论预测所给出的噪声诱导的振动,当 η_τ 小时,振动是规则的

2.5 基因调控中的波动关系[14-16]

2.5.1 一般理论

考虑一般的基因调控网络，它由 N 个节点(每个节点对应一个基因)组成，这些节点响应上游输入信号 n_0. 描述这种网络的动力学方程为

$$\frac{\mathrm{d}n_i}{\mathrm{d}t} = J_i^+(n_0, n_1, \cdots, n_N) - J_i^-(n_0, n_1, \cdots, n_N) \tag{2.5.1}$$

这里 J_i^+ 和 J_i^- 分别表示 n_i 的产生和消除的总流量. 在静态处，有

$$\langle J_i^+ \rangle = \langle J_i^- \rangle \equiv \langle J_i \rangle \tag{2.5.2}$$

这里三角括号表示静态平均.

成分 j 对输入 n_0 的变化的易感性定义为

$$s_j = \frac{\langle n_0 \rangle}{\langle n_j \rangle} \frac{\mathrm{d}\langle n_i \rangle}{\mathrm{d}\langle n_0 \rangle} = \frac{\mathrm{d}\ln\langle n_j \rangle}{\mathrm{d}\ln\langle n_0 \rangle} \tag{2.5.3}$$

注意到, 在易感性的定义中, 导数是全导数, 描述 $\langle n_j \rangle$ 在所有成分已被调整为新的静态后的变化. 在(2.5.1)中, 利用链式法则来求关于 n_0 的导数(因为每个 n_j 均是 n_0 的函数), 且乘以因子 $\langle n_0 \rangle / \langle J_i \rangle$, 则得

$$\frac{\langle n_0 \rangle}{\langle J_i \rangle}\left(\frac{\partial\langle J_i^+ \rangle}{\partial\langle n_0 \rangle} - \frac{\partial\langle J_i^- \rangle}{\partial\langle n_0 \rangle}\right) + \frac{\langle n_1 \rangle}{\langle J_i \rangle}\left(\frac{\partial\langle J_i^+ \rangle}{\partial\langle n_1 \rangle} - \frac{\partial\langle J_i^- \rangle}{\partial\langle n_1 \rangle}\right)\frac{\langle n_0 \rangle}{\langle n_1 \rangle}\frac{\mathrm{d}\langle n_1 \rangle}{\mathrm{d}\langle n_0 \rangle}$$

$$+ \cdots + \frac{\langle n_N \rangle}{\langle J_i \rangle}\left(\frac{\partial\langle J_i^+ \rangle}{\partial\langle n_N \rangle} - \frac{\partial\langle J_i^- \rangle}{\partial\langle n_N \rangle}\right)\frac{\langle n_0 \rangle}{\langle n_N \rangle}\frac{\mathrm{d}\langle n_N \rangle}{\mathrm{d}\langle n_0 \rangle} = 0 \tag{2.5.4}$$

(2.5.4)两边乘以负号并结合(2.5.3), 有

$$H_{i0} + H_{i1}s_1 + \cdots + H_{iN}s_N = 0 \tag{2.5.5}$$

这里 s_j 是网络里每个成分的易感性, H_{ij} 是反应流量弹性, 定义为

$$H_{ij} = -\frac{\langle n_j \rangle}{\langle J_j \rangle}\left(\frac{\partial\langle J_i^+ \rangle}{\partial\langle n_j \rangle} - \frac{\partial\langle J_i^- \rangle}{\partial\langle n_j \rangle}\right) = \frac{\partial\ln\left(\langle J_i^- \rangle / \langle J_i^+ \rangle\right)}{\partial\ln\langle n_j \rangle} \tag{2.5.6}$$

写成矩阵形式，(2.5.5)变成

$$Hs = -k \tag{2.5.7}$$

这里 $H = (H_{ij})$，$s = (s_1, \cdots, s_N)^T$，$k = (H_{10}, \cdots, H_{N0})^T$.

另一方面，由波动–耗散定理，有

$$\frac{d\sigma}{dt} = A\sigma + \sigma A^T + B \tag{2.5.8}$$

这里 σ 是协方差矩阵($\sigma_{ii} = \sigma_i^2$)，A 是平均动力学的 Jacobi 矩阵，B 是依赖于随机事件大小的扩散矩阵. 矩阵 A 为

$$A_{ij} = \frac{\partial}{\partial \langle n_j \rangle} \frac{\partial \langle n_j \rangle}{\partial t} = \frac{\partial J_i^+}{\partial \langle n_j \rangle} - \frac{\partial J_i^-}{\partial \langle n_j \rangle} \tag{2.5.9}$$

这里 J_i^+ 和 J_i^- 表示物种 i 的产生和消除的总流量. 扩散矩阵 B 为

$$B_{ij} = \sum v_{jk} v_{ki} R_k \tag{2.5.10}$$

这里反应 k 以比率 R_k 发生，并产生物种 i 的 v_{ik} 个分子. 这样，流量为 $J_{ik} = |v_{ik} R_k|$. (2.5.8)的静态满足

$$A\sigma + \sigma A^T = -B \tag{2.5.11}$$

在求解(2.5.11)之前，作规范化变换，这样可极大地减低计算. 此时有

$$M\eta + \eta M^T + D = 0 \tag{2.5.12}$$

这里

$$\eta_{ij} = \frac{\sigma_{ij}}{\langle n_i \rangle \langle n_j \rangle}, \quad M_{ij} = \frac{\langle n_i \rangle}{\langle n_j \rangle} A_{ij}, \quad D_{ij} = \frac{B_{ij}}{\langle n_i \rangle \langle n_j \rangle}$$

以更直观的形式来重写动力矩阵 M 是有用的，例如

$$A_{ij} = \frac{\partial J_i^+}{\partial \langle n_j \rangle} - \frac{\partial J_i^-}{\partial \langle n_j \rangle} = \frac{\langle J_i \rangle}{\langle n_j \rangle} \left(\frac{\partial \ln J_i^+}{\partial \ln \langle n_j \rangle} - \frac{\partial \ln J_i^-}{\partial \ln \langle n_j \rangle} \right) = -\frac{\langle J_i \rangle}{\langle n_j \rangle} \frac{\partial \ln (J_i^- / J_i^+)}{\partial \ln \langle n_j \rangle}$$

这里第一个等式利用了事实：在静态处，有 $\langle J_i^+ \rangle = \langle J_i^- \rangle = \langle J_i \rangle$. 动态矩阵 M 为

$$M_{ij} = -\frac{\langle J_i \rangle}{\langle n_i \rangle} \frac{\partial \ln(J_i^- / J_i^+)}{\partial \ln \langle n_j \rangle} \equiv -\frac{H_{ij}}{\tau_i}$$

这里 $H_{ij} = \partial \ln(J_i^- / J_i^+) / \partial \ln \langle n_j \rangle$ 称为对数增益或弹性. 右边的第一个因子能够被简化: 在静态处, 每个分子的平均流量能够近似地等于平均寿命的倒数

$$\frac{\langle J_i \rangle}{\langle n_i \rangle} = \frac{\langle J_i^+ \rangle}{\langle n_i \rangle} = \frac{\langle J_i^- \rangle}{\langle n_i \rangle} \approx \frac{1}{\tau_i} \tag{2.5.13}$$

矩阵 D 也可类似计算, 此时, $D_{ii} = \frac{\langle J_i^+ \rangle + \langle J_i^- \rangle}{\langle n_i \rangle \langle n_i \rangle} = \frac{2\langle J_i \rangle}{\langle n_i \rangle \langle n_i \rangle}$; 当 $i \neq j$ 时, $D_{ij} = 0$. 利用(1.5.13), 有 $D_{ii} = \frac{2}{\langle n_i \rangle} \cdot \frac{1}{\tau_i}$. 关于 H_{ij} 的计算, 这里给出两个简单的例子. 例如

$$\begin{cases} \dfrac{\mathrm{d}\langle n_1 \rangle}{\mathrm{d}t} = \lambda_1^+ - \langle n_1 \rangle / \tau_1 \\ \dfrac{\mathrm{d}\langle n_2 \rangle}{\mathrm{d}t} = \lambda_1^+ \langle n_1 \rangle - \langle n_2 \rangle / \tau_2 \end{cases} \Rightarrow H = \begin{bmatrix} 1 & 0 \\ -1 & 1 \end{bmatrix}$$

$$\begin{cases} \dfrac{\mathrm{d}\langle n_1 \rangle}{\mathrm{d}t} = \lambda_1^+ - \langle n_1 \rangle / \tau_1 \\ \dfrac{\mathrm{d}\langle n_2 \rangle}{\mathrm{d}t} = \lambda_2^+ / \langle n_1 \rangle - \lambda_2^- \langle n_1 \rangle \langle n_2 \rangle \end{cases} \Rightarrow H = \begin{bmatrix} 1 & 0 \\ 1 & 2 \end{bmatrix}$$

2.5.2 两个例子

下面看两个例子. 第一个例子是用以分析两个成分的基因调控网中的噪声, 并导出其分析表示. 考虑由两个化学样品: X_1, X_2 (例如信使 RNA 和蛋白质) 所组成的细胞. 它们的分子数分别为 n_1 和 n_2. 相应的反应事件可看成是 Markov 过程, 由下列生化反应

$$n_1 \xrightarrow{R_1^\pm(n_1)} n_1 \pm 1, \quad n_2 \xrightarrow{R_2^\pm(n_1, n_2)} n_2 \pm 1 \tag{2.5.14}$$

来描述. 由于 n_1 影响比率 R_2, 但 n_2 不影响比率 R_1, 因此这是一个动态无序的例子, 这里 X_1 为 X_2 提供了随机波动的环境(因为 mRNA 会随机化蛋白质的合成). 当生灭过程处在 n_1 和 n_2 状态时, 可能的转移可用下列过程来表示

$$\begin{array}{c} \{n_1, n_2+1\} \\ \uparrow R_2^+ \\ \{n_1-1, n_2\} \xleftarrow{R_1^-} \{n_1, n_2\} \xrightarrow{R_1^+} \{n_1+1, n_2\} \\ \downarrow R_2^- \\ \{n_1, n_2-1\} \end{array} \quad (2.5.15)$$

这里 $R_1^\pm$ 依赖于 n_1, 而 $R_2^\pm$ 依赖于 n_1 和 n_2. 相应的 Markov 过程可由下列主方程来描述:

$$\begin{aligned} \frac{\partial}{\partial t} p_{n_1 n_2} &= R_1^+(n_1-1) p_{n_1-1 n_2} + R_1^-(n_1+1) p_{n_1+1 n_2} \\ &\quad + R_2^+(n_1, n_2-1) p_{n_1 n_2 -1} + R_2^-(n_1, n_2+1) p_{n_1 n_2+1} \\ &\quad - \left[R_1^+(n_1) + R_1^-(n_1) + R_2^+(n_1, n_2) + R_2^-(n_1, n_2) \right] p_{n_1 n_2} \end{aligned} \quad (2.5.16)$$

这里 $p_{n_1 n_2}$ 是 n_1 和 n_2 的联合概率. 当 R_1 或 R_2 关于 n_1 或 n_2 是非线性时, 上述方程必须采用其他方法来近似, 如采用 van Kampen 的 Ω 展开技术[1]. 在这种展开中, 关于 Ω 最低阶的项给出宏观比率方程

$$\frac{\mathrm{d} x_1}{\mathrm{d} t} = r_1^+(x_1) - r_1^-(x_1), \quad \frac{\mathrm{d} x_2}{\mathrm{d} t} = r_2^+(x_1, x_2) - r_2^-(x_1, x_2) \quad (2.5.17)$$

其中 $x_i = n_i/\Omega$ (即平均浓度), $r_i = R_i/\Omega$ (平均变化率, 假定 Ω 充分大). 注意, 大写表示分子的组分, 小写表示宏观浓度, 整数 n 表示分子的数目. 关于 Ω 次最低阶的项重现波动–耗散定理(FDT)[12,14,15], 它的静态波动满足关系:

$$A\sigma + \sigma A^{\mathrm{T}} + \Omega B = 0 \quad (2.5.18)$$

其中 σ 是协方差矩阵, A 是宏观系统的 Jacobi, ΩB 是扩散矩阵(依赖于系统的大小、化学计量及宏观反应比率). 注意所有的量均在静态处估计值. 由于 x_1, x_2, r_1 和 r_2 可分析地给出, 因此可计算对数形式的获益: $H_{ij} = \partial \ln(R_i^- / R_i^+) / \partial \ln(n_j)$ 或 $H_{ij} = \partial \ln(r_i^- / r_i^+) / \partial \ln(n_j)$. H_{ij} 刻画 x_j 的变化如何影响 x_i 的合成和降解之间的平衡, 能够通过反应比率来直接估计, 例如, 若 R_i^+ 和 R_i^- 关于 n_j 分别是一阶和二阶动力的(例如 $R_i^+ = n_j$, $R_i^- = n_j^2$), 那么 $H_{ij} = 2-1 = 1$. 以下用 σ_i 表示标准差, $\langle n_i \rangle$ 表示平均, τ_i 表示平均寿命.

下一步, 计算(2.5.18)中在静态处的各个量. 注意到

$$A_{ij} = \frac{\partial}{\partial x_j}\left(\frac{\partial x_i}{\partial t}\right) = \frac{r_i^+}{x_j}\frac{\partial \ln r_i^+}{\partial \ln x_j} - \frac{r_i^-}{x_j}\frac{\partial \ln r_i^-}{\partial \ln x_j} = -\frac{r_i}{x_j}\frac{\partial \ln(r_i^-/r_i^+)}{\partial \ln x_j} \equiv -\frac{r_i}{x_j}H_{ij} \quad (2.5.19)$$

此外, 对非线性系统, 分子的平均数目能够任意偏离生成和灭亡率相互平衡的点. 尽管这样, 在(2.5.12)中, 仍然有 $\langle n_i \rangle = \Omega x_i$. 反过来, 平均寿命能够通过浓度除以形成或消除的总速率来计算, 即 $\tau_i = x_i/r_i$. 对于指数衰减, $r_i^- = d_i x_i$, 那么 $\tau_i = 1/d_i$. 然而, 对于非线性消除机制, 平均寿命一般依赖于浓度. 假如浓度由于波动或调整而改变, 那么由于降解率的变化会导致很难计算真实的平均寿命. 若 A 和 ΩB 在渐近稳定的静态处估值(此时所有的 x_i/r_i 是常数), 这不成问题. 这时, 每个分子被其他分子的不变环境所包围, 寿命的含义是精确和普适的, 导致 $\Omega r_i = \langle n_i \rangle / \tau_i$. 注意到(2.5.19)可改写为

$$A_{ij} = -\frac{x_i}{x_j}\frac{r_i}{x_i}H_{ij} = -\frac{\langle n_i \rangle}{\langle n_j \rangle}\frac{H_{ij}}{\tau_i} \quad (2.5.20)$$

由于这里考虑过程的特殊性, 扩散矩阵 B 可由

$$\Omega B_{ii} = 2\Omega r_i = 2\langle n_i \rangle / \tau_i, \quad \Omega B_{ij} = 0, \text{ 若 } i \neq j \quad (2.5.21)$$

来给出, 这里常数因子 2 反映出生成和灭亡各增加和消除一个分子, 0 反映出 n_1 和 n_2 在不同的反应中的产生和消耗.

为了求解方程(2.5.18), 作变换(规范化变换)

$$V_{ij} = \sigma_{ij}/(\langle n_i \rangle \langle n_j \rangle) = V_{ji}, \quad M_{ij} = A_{ij}\langle n_j \rangle / \langle n_i \rangle, \quad D_{ij} = \Omega B_{ij}/(\langle n_i \rangle \langle n_j \rangle) = D_{ji}$$

那么(2.5.18)变成

$$MV + (MV)^T + D = 0 \quad (2.5.22)$$

注意到, 由(2.5.20)~(2.5.22)可得

$$M = -\begin{bmatrix} \dfrac{H_{11}}{\tau_1} & 0 \\ \dfrac{H_{21}}{\tau_2} & \dfrac{H_{22}}{\tau_2} \end{bmatrix}, \quad D = \begin{bmatrix} \dfrac{2}{\tau_1 \langle n_1 \rangle} & 0 \\ 0 & \dfrac{2}{\tau_2 \langle n_2 \rangle} \end{bmatrix} \quad (2.5.23)$$

$$V_{11} = \frac{1}{\langle n_1 \rangle H_{11}}, \quad V_{12} = -V_{11}\frac{H_{21}}{H_{22}}\frac{H_{22}/\tau_2}{H_{11}/\tau_1 + H_{22}/\tau_2} = V_{21}$$

$$V_{22} = \frac{1}{\langle n_2 \rangle H_{22}} + V_{11} \frac{H_{21}^2}{H_{22}^2} \frac{H_{22}/\tau_2}{H_{11}/\tau_1 + H_{22}/\tau_2} \qquad (2.5.24)$$

最后，在不动点附近得静态波动的关系(主要是求解方程(2.5.18))

$$\frac{\sigma_2^2}{\langle n_2 \rangle^2} \approx \sigma_{2,\text{intrinsic}}^2 + \sigma_{2,\text{extrinsic}}^2 \left(= \sigma_{1,\text{noise}}^2 \cdot \text{gain}^2 \cdot \text{time}_{\text{average}} \right) \qquad (2.5.25)$$

这里第一项和第二项分别表示内部的和外部的 n_2 噪声，其中 $\sigma_{2,\text{intrinsic}}^2 = 1/(\langle n_2 \rangle H_{22})$ 表示 n_2 噪声，$\sigma_{1,\text{noise}}^2 = \sigma_1^2/\langle n_1 \rangle^2$ 表示 n_1 的噪声，$\text{gain}^2 = H_{21}^2/H_{22}^2$ 刻画易感性，$\text{time}_{\text{average}} = (H_{22}/\tau_2)/(H_{11}/\tau_1 + H_{22}/\tau)$ 表示时间平均. 此外，根据 (2.5.24)，有近似 $\sigma_1^2/\langle n_1 \rangle^2 \approx (\langle n_1 \rangle H_{11})^{-1}$. 内部噪声依赖于分子的平均数，以及系统的调整(比率为 H_{22}/τ_2)是如何消灭自发的波动(比率为 $1/\tau_2$). 规范化调节率 H_{22} 能够解释为返回到平均而不是进一步偏离的统计偏差：一个 n_2 的 1%增加给出 R_2^-/R_2^+ 的 H_{22} 百分比增加. 外部噪声依赖于 n_1 波动的大小以及 n_1 影响 n_2 的强度. 规范化易感性因子 H_{21}/H_{22} 反映出一个 n_1 的 1%增加给出 R_2^-/R_2^+ 的 H_{21} 百分比增加，它使得 n_2 调整到低 H_{21}/H_{22} 百分比的平均拟静态. 当 n_1 迅速地改变(即高的 H_{11}/τ_1)或 n_2 缓慢地调整(即低的 H_{22}/τ_2)时，n_2 在 n_1 重新改变之前并没有时间达到它的拟静态. 然后，n_1 连续波动被抵消掉了，而 n_2 时间平均于 n_1 波动的最新历史. 细胞增长和分裂的效果能够定量地增加一阶消除项到 R_1^- 或 R_2^-. 方程 (2.5.25)后面的方法能够扩充到任意化学系统(例如，基因调控系统、信号转导系统、代谢网络)，对随机生化系统理论提供基础.

基因调控网络中噪声的基本原理能够应用(2.5.25)到分子生物学的中心法则来理解. 当 DNA 作为模板合成自身时，伴有一阶衰减的未调控复制是动力不稳定的：假如每个分子在一个细胞周期内平均地复制大致一次，那么平均浓度增加直到资源变得有限，或是少到所有模板都用完. 在中等的复制频率(这里有意地平衡合成和消除)，随机波动仍然以一种未拘束的方式聚集. X_2 作自复制子的情形已经被建模，其类似于具有 $H_{22} \ll 1$ 的方程(5.2.25)来模拟，相同的原理应用到微管和其他细胞过程的动力不稳定性. 当结合一阶消除，未调控的转录和翻译并不是稳定的，像 mRNA 和蛋白质并不是自身合成的模板的情形. 相反地，在过去 35 年里，随机基因表达的模型关注动态无序线性过程，即在(2.5.25)中，有 $H_{11} = H_{22} = -H_{21} = 1$，且 X_2 作为蛋白质，而 X_1 作为基因、mRNA 或其他细胞内环境. 为了压制这种系统中的噪声，细胞通常利用自压制(它在低和高的浓度分别增加和减少合成). 这已经用宏观模型广泛地研究了，且随机原理是密切相关的.

自压制能够提升有效的 H_{22}，这样，(1)增加调整率 H_{22}/τ_2 (相对于自发随机化的比率 $1/\tau_2$)，以达到压制在给定分子平均数附近的内部噪声；(2)增加调整率 H_{22}/τ_2 (相对于环境改变的比率 H_{11}/τ_1)，以达到通过阻止时间平均以便扩大外部噪声；(3)减少拟静态的易感性 H_{21}/H_{22}，它典型地过高补偿被消弱的时间平均，产生外部噪声的净减少(net decrease). 这可以解释在转录网里和在染色体及质粒的复制里(已被类似地描述)自压制的普遍存在性. 这样，方程(2.5.25)统一了在所有物序环境里自复制模型构成的转录和翻译模型及自抑制的稳定效果. 这使得它也理想地用于统一化的 GFP 的研究(它能够被实验地检查这些方面).

现在，分析地解释上面的结论. 为简单，考虑 X_2 的自反馈

$$\frac{dX_2}{dt} = f(X_2) - \frac{1}{\tau_2} X_2 \tag{2.5.26}$$

对于自促进反馈，假定 $f(X_2) = X_2^n/(1+X_2^n)$，$n>0$；对于自抑制反馈，假定 $f(X_2) = 1/(1+X_2^n)$，$n>0$. 因此，对于自促进反馈，有 $J_2^+ = X_2^n/(1+X_2^n)$，$J_2^- = -(1/\tau_2)X_2$，此时 $H_{22} = d\ln(J_2^-/J_2^+)/d\ln X_2 = 1 - n/(1+X_2^n) < 1$；而对自抑制反馈，有 $J_2^+ = 1/(1+X_2^n)$，$J_2^- = -(1/\tau_2)X_2$，此时 $H_{22} = 1 + (nX_2^n)/(1+X_2^n) > 1$. 这样，在其他条件不变的情况下(如 X_1 以相同的方式影响 X_2)，根据(2.5.25)知，自促进反馈加大噪声，而自抑制反馈减少噪声.

第二个例子是用以分析三个成分的基因调控网中的噪声[15]，并导出其分析表示. mRNA 水平决定蛋白质的合成率，每个细胞的蛋白质数目(n_3)追踪 mRNA 的数目(n_2)，反过来 mRNA 追踪活性基因的数目(n_1)，如图 2.5.1 所示. 相应的反应事件可看成是 Markov 过程，由下列生化反应

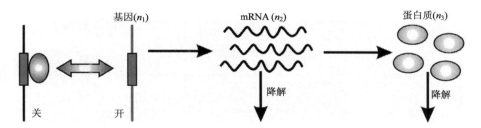

图 2.5.1 基因激活、转录、翻译、mRNA 降解和蛋白质水解的示意图

基因活性：$n_1 \xrightarrow{\lambda_1^+(n_1^{\max}-n_1)} n_1 + 1$

$$\frac{d\langle n_1 \rangle}{dt} = \lambda_1^+\left(n_1^{\max} - \langle n_1 \rangle\right) - \lambda_1^- \langle n_1 \rangle = \lambda_1^+ n_1^{\max} - \langle n_1 \rangle/\tau_1;$$

基因非活性：$n_1 \xrightarrow{\lambda_1^- n_1} n_1 - 1$;

转录：$n_2 \xrightarrow{\lambda_2 n_1} n_2 + 1$;

mRNA 降解：$n_2 \xrightarrow{n_2/\tau_2} n_2 - 1$, $\quad \dfrac{d\langle n_2\rangle}{dt} = \lambda_2 \langle n_1\rangle - \langle n_2\rangle/\tau_2$;

翻译：$n_3 \xrightarrow{\lambda_3 n_2} n_3 + 1$;

蛋白质水解：$n_3 \xrightarrow{n_3/\tau_3} n_3 - 1$, $\quad \dfrac{d\langle n_3\rangle}{dt} = \lambda_3 \langle n_2\rangle - \langle n_3\rangle/\tau_3$

来描述,这里常数 $n_1^{\max}$ 独立地拷贝基因的开与关,忽视细胞的生长与基因复制. 活性基因的数目的静态分布是二项分布的(相当于 $n_1^{\max}$ 个硬币的投掷事件),处在开的概率是 $P_{\text{on}} = \lambda_1^+/\left(\lambda_1^+ + \lambda_1^-\right)$. 参数 $\tau_1 = \left(\lambda_1^+ + \lambda_1^-\right)^{-1}$ 是基因活性变化的一个特征时间尺度, τ_2 和 τ_3 分别是 mRNA 和蛋白质的平均寿命.

对于上面的基因-mRA-蛋白质系统,直接计算得

$$A = \begin{bmatrix} -1/\tau_1 & 0 & 0 \\ \lambda_2 & -1/\tau_2 & 0 \\ 0 & \lambda_2 & -1/\tau_3 \end{bmatrix} \tag{2.5.27}$$

扩散矩阵 B 也可同样简单地计算. 事实上,有 6 个反应和三个物种($k=1,2,\cdots,6$, $[i,j]=1,2,3$),但每个物种仅受两个反应影响. 因为没有反应事件同时改变两个不同的物种,因此所有非对角元素为零. 最后,每个反应仅增加或铲除一个分子,这意味着产物 $\upsilon_{jk}\upsilon_{ki}$ 仅取零或 1. 这样

$$B = \begin{bmatrix} \lambda_1^+\left(n_1^{\max} - \langle n_1\rangle\right) + \lambda_1^-\langle n_1\rangle & 0 & 0 \\ 0 & \lambda_2\langle n_1\rangle + \langle n_2\rangle/\tau_2 & 0 \\ 0 & 0 & \lambda_3\langle n_2\rangle + \langle n_3\rangle/\tau_3 \end{bmatrix}$$

$$= \begin{bmatrix} 2\lambda_1^-\langle n_1\rangle & 0 & 0 \\ 0 & 2\langle n_2\rangle/\tau_2 & 0 \\ 0 & 0 & 2\langle n_3\rangle/\tau_3 \end{bmatrix}$$

第二个等式是由于在静态处总平均合成率的流量等于总平均降解率的流量. 元素 B_{11} 能够进一步改写为

$$\lambda_1^- = \left(1 - \frac{\lambda_1^+}{\lambda_1^- + \lambda_1^+}\right)\left(\lambda_1^- + \lambda_1^+\right) = \frac{1 - P_{\text{on}}}{\tau_1} \tag{2.5.28}$$

最后，得 X_3 的总噪声

$$\frac{\sigma_3^2}{\langle n_3\rangle^2}=\frac{1}{\langle n_3\rangle}+\frac{1}{\langle n_2\rangle}\cdot\frac{\tau_2}{\tau_3+\tau_2}+\frac{1-P_{\text{on}}}{\langle n_1\rangle}\cdot\frac{\tau_2}{\tau_2+\tau_3}\cdot\frac{\tau_1}{\tau_1+\tau_3}\cdot\frac{\tau_1+\tau_3+\tau_1\tau_3/\tau_2}{\tau_1+\tau_2} \quad (2.5.29)$$

右边的第一项来自 X_3 的各个分子的出生和死亡(服从 Poisson 分布)的噪声；第二项来自 mRNA 的噪声(其中第一项服从 Poisson 分布，第二项是一步时间平均)；第三项来自强迫的 mRNA 噪声，起源于基因的激活/不激活(第一项服从二项分布，后面三项的积表示两步时间平均).

参 考 文 献

[1] van Kapmen N G. *Stochastic process in physics and chemistry*. North-Holland, 1992.
[2] Elf J and Ehrenberg M. Fast evaluation of fluctuations in biochemical networks with the linear noise approximation. *Genome Research*, 2003, 13: 2475–2484.
[3] Tomioka K, Kimura H, Kobayashi T J and Aihara K. Multivariate analysis of noise in genetic regulatory networks. *J. Theor. Biol.*, 2004, 229: 501–521.
[4] Kepler T B and Elston T C. Stochasticity in transcriptional regulation: Origins, consequences and mathematical representations. *Biophys. J.*, 2001, 81: 3116–3136.
[5] Poulin F J and Scott M. Stochastic parametric resonance in shear flows. *Nonlinear Processes in Geophys.*, 2005, 12: 871–876
[6] Scott M, Hwa T and Ingalls B. Deterministic characterization of stochastic genetic circuits. *PNAS*, 2007, 104: 7402–7407.
[7] Guptasarma P. Does replication-induced transcription regulate synthesis of the myriad low copy number proteins of Escherichia coli? *BioEssays*, 1995, 17: 987–997.
[8] Stupdich J L and Jr. Koshland D E. Non-genetic individuality: chance in the single cell. *Nature* (London), 1976, 262: 467–471.
[9] McAdams H H and Arkin A. It's a noisy business! Genetic regulation at the nanomolar scale. *Trends Genet*, 1999, 15: 65–69.
[10] Arkin A, Ross J and McAdams H H. Stochastic kinetic analysis of developmental pathway bifurcation in phage λ-infected E. coli cells. *Genetics*, 1998, 149: 1633–1648.
[11] Swain P S, Elowitz M B and Siggia E D. Intrinsic and extrinsic contributions to stochasticity in gene expression. *PNAS*, 2002, 99: 12795–12800.
[12] Paulsson J. Summing up the noise in gene networks. *Nature*, 2004, 427: 415–418.
[13] McAdams H H and Arkin A. Stochastic mechanisms in gene expression. *PNAS*, 1997, 94: 814–819.
[14] Paulsson J, Berg O G and Ehrenberg M. Near-critical phenomena in intracellular metabolite pools. *Biophys. J.*, 84: 154–170.
[15] Paulsson J. Models of stochastic gene expression. *Phys. Life Rev.*, 2005, 2: 157–175.
[16] Hornung G and Barkai N. Noise propagation and signaling sensitivity in biological networks: A role for positive feedback. *PLoS Computational Biology*, 2007, 4(1): e8.
[17] Ziv E, Nemenman and Wiggins C H. Optimal signal processing in small stochastic biochemical networks. *PLoS one*, 2007, 2(10): e1077.

第 3 章 随机模拟方法

生物系统非常复杂，涉及的因素很多，如随机因素、时间延迟、高度非线性等，难以进行有效的理论分析，因此，数值模拟是揭示生物系统中分子运动规律的重要手段．本章依据刻画生化分子运动的主方程，介绍几种随机模拟方法，特别是介绍 Gillespie 算法．Gillespie 算法发展到目前已有多个版本，本章将介绍它的几个主要版本．此外，还将介绍几类常见随机微分方程的数值模拟方法．在介绍算法过程中，某些分析技术或分析方法本身也是从微观角度研究生物系统中分子运动规律常用的动力学分析技巧．

3.1 Gillespie 算法[1]

有两种途经来数学地描述空间同质化学系统的时间行为：一种是确定性方法，它把事件的时间变化看成是连续的、完全可预测的过程，可用一套耦合的常微分方程(即反应速率方程)来描述；另一种是随机方法，它把事件的时间变化看成是一种随机行走过程，因此可用单个的微分–差分方程(即主方程)来描述．尽管化学运动学的随机格式比确定论的格式有更坚实的物理基础，但不幸的是随机主方程在数学上常常难以研究．然而，有一种方法，能够在随机格式的框架下做精确的数值模拟，但并不需要直接处理主方程．这种方法就是本章介绍的 Gillespie 算法，它是利用严格的 Monte Carlo 方法来数值地模拟给定的化学系统的时间演化，已被证实是一种相当简单的数字化计算机算法．像主方程一样，这种随机模拟算法能够正确地解释在确定论格式中常常忽视的固有波动(或涨落)和关联．此外，不同于数值地求解确定性的反应速率方程的大多数方法，这种算法绝不近似有限步长内的无穷小增量，因此是一种精确的算法．

3.1.1 问题的描述

现在介绍 Gillespie 算法．假定一个固定体积 V 包含空间一致混合的 N 个化学物种(species)，它们通过 M 个确定的化学反应(或反应隧道)来相互作用．数学问题是：给定每个物种的分子在初始时刻的数目，那么在以后的任何时刻，各个物种分子的数目是多少？为理解起见，考虑一个系统，它在体积 V 内由两个物种(每种物种有若干个分子)组成：S_1 和 S_2．为简单，假定 S_1 型和 S_2 型的分子分别都是半径为 r_1 和 r_2 的实球．很显然，当 S_1 型分子和 S_2 型分子之间的距离小于 $r_{12} = r_1 + r_2$

时，分子碰撞发生. 我们想要计算在 V 内发生碰撞的速率. 考虑一双分子(简记为 1 和 2)，记 v_{12} 为分子 1 相对于分子 2 的速度. 我们观察到，在小的时间 δt 内，碰撞的体积为 $\delta V_{\text{coll}} = \pi r_{12}^2 v_{12} \delta t$，即在时刻 t，假如分子 2 的中心碰巧位于 δV_{coll} 内，那么这两个分子在时间区间 $(t, t + \delta t)$ 内将会碰撞. 由于系统处在热平衡态，因此分子在 V 内是随机的和一致分布的. 这样，任意 S_2 分子的中心在时刻 t 位于 δV_{coll} 内的概率为 $\delta V_{\text{coll}}/V$. 假如用 S_1 型和 S_2 型分子的速度分布来平均这种速率，那么可知，$\overline{\delta V_{\text{coll}}/V} = V^{-1} \pi r_{12}^2 \overline{v_{12}} \delta t$ 等于某一双 $S_1 - S_2$ 分子在下一小的时间段 δt 内将碰撞的平均概率. 对于 Maxwell 速度分布，平均相对速度为 $\overline{v_{12}} = \sqrt{8kT/\pi m_{12}}$，这里 k 是 Boltzmann 常数，T 是绝对温度，约化质量 $m_{12} = m_1 m_2/(m_1 + m_2)$. 现在，假如在体积 V 内，S_1 型分子有 X_1 个，S_2 型分子有 X_2 个，那么

$X_1 X_2 V^{-1} \pi r_{12}^2 \overline{v_{12}} \delta t = S_1 - S_2$ 分子在下一小的时间段 δt 内将碰撞的概率

这意味着，尽管不能精确地计算在无穷小的时间段内和体积 V 内 $S_1 - S_2$ 分子碰撞的发生数目，但是能够精确地计算它们发生的概率.

现在回到化学反应. 假如体积 V 内包含化学物种 S_i 的 X_i ($i = 1, 2, \cdots, N$) 个分子的空间同质混合，这 N 个物种通过 M 个确定的化学反应通道 R_μ ($\mu = 1, 2, \cdots, M$) 来相互作用. 那么可以断言，存在 M 个仅依赖这些类型分子的物理性质和系统温度的常数 c_μ ($\mu = 1, 2, \cdots, M$)，以便 $c_\mu dt \equiv R_\mu$ 反应物分子的某一组合将在下个无穷小的时间间隔 dt 内反应的平均概率. 这里，平均的含义是：假如在时刻 t 体积 V 内，对 R_μ 反应物分子的不同结合的总数乘以 $c_\mu dt$，就能够获得一个 R_μ 反应在无穷小时间区间 $(t, t + dt)$ 体积 V 内某处发生的概率. 这蕴涵着：假如知道平均概率，那么就可以给出随机反应常数 c_μ.

这种随机反应常数 c_μ 和确定性的反应速率常数 k_μ 有密切关系. 例如，对于 S_1 型分子和 S_2 型分子，假定它们经历反应

$$R_1: \quad S_1 + S_2 \to 2S_1 \tag{3.1.1}$$

那么，这个特定反应 R_1 的速率为

$$k_1 = V c_1 \langle X_1 X_2 \rangle / (\langle X_1 \rangle \langle X_2 \rangle) \tag{3.1.2}$$

这里角括号表示对相同系统集合的平均. 在确定性格式是充分时，有 $\langle X_1 X_2 \rangle \approx \langle X_1 \rangle \langle X_2 \rangle$，因此 $k_1 \approx V c_1$，这里出现一个因子 V 是由于反应速率方程是用分子浓度(即每单位体积的分子数目，不是分子的总数目)，而随机反应速率采是用分子数目. 又例如，考虑反应

$$R_2: \quad 2S_1 \to S_1 + S_2 \tag{3.1.3}$$

类似地,可用一个常数 c_2 来特征化这个反应,以便 $c_2\mathrm{d}t$ 是 S_1 型分子的特定对(或双)在下一个时间段 $\mathrm{d}t$ 内根据 R_2 来反应的平均概率. 然而,在体积 V 内 S_1 型分子的不同对的数目现在不是 $X_1 X_1$ 而是 $X_1(X_1-1)/2!$. 因此,在时间间隔 $\mathrm{d}t$ 内体积 V 内 R_2 反应将发生的概率为 $(X_1(X_1-1)/2)c_2\mathrm{d}t$,这将导致

$$k_1 = Vc_2 \left\langle \frac{1}{2} X_1(X_1-1) \right\rangle \Big/ (\langle X_1 \rangle \langle X_2 \rangle) \approx \frac{1}{2} Vc_2 \tag{3.1.4}$$

假如 R_μ 有 m 个相同的反应物分子,那么 k_μ 将出现因子 $m!$.

3.1.2 数学格式

有了上面的知识之后,现在刻画主方程中的关键成分. 注意到
$P(X_1, X_2, \cdots, X_N; t) =$ 在时刻 t 体积 V 内,物种 S_k 有 X_k 个分子的概率

$$k = 1, 2, \cdots, N \tag{3.1.5}$$

由此可计算出 X_i 的第 k 阶矩

$$X_i^{(k)}(t) = \sum_{X_1=0}^{\infty} \cdots \sum_{X_N=0}^{\infty} X_i^k P(X_1, X_2, \cdots, X_N; t), \quad i = 1, 2, \cdots, N; k = 0, 1, 2, \cdots \tag{3.1.6}$$

特别有用的是 $k=1$ 和 $k=2$ 的情形,这是因为 $X_i^{(1)}$ 测量 S_i 型分子在时刻 t 体积 V 内的平均数目,而量

$$\Delta_i(t) = \left\{ X_i^{(2)} - (X_i^{(1)})^2 \right\}^{1/2} \tag{3.1.7}$$

测量发生在这一平均数目的平方根波动的幅度(相当于方差的平方根),换句话说,我们能够合理地指望找出在时刻 t 体积 V 内介于 $\left[X_i^{(1)}(t) - \Delta_i(t) \right]$ 和 $\left[X_i^{(1)}(t) + \Delta_i(t) \right]$ 之间 S_i 型分子数目. 出现在确定性反应速率方程中的函数 $X_i(t)$ 通常很好地逼近一阶矩 $X_i^{(1)}$.

再来看主方程. 主方程仅是函数 $P(X_1, X_2, \cdots, X_N; t)$ 的时间演化方程或形式,它可以通过应用概率理论的加法和乘法法则来给出 $P(X_1, X_2, \cdots, X_N; t+\mathrm{d}t)$ 为系统在时刻 $t+\mathrm{d}t$ 到达状态 $(X_1, X_2, \cdots, X_N)$ 的 $1+M$ 个不同方式的概率的和. 这可从方程(3.1.5)来导出,即

$$P(X_1, X_2, \cdots, X_N; t+\mathrm{d}t) = P(X_1, X_2, \cdots, X_N; t)\left(1 - \sum_{\mu=1}^{M} a_\mu \mathrm{d}t \right) + \sum_{\mu=1}^{M} B_\mu \mathrm{d}t \tag{3.1.8}$$

这里

$$a_\mu dt = c_\mu dt \times \{在状态(X_1, X_2, \cdots, X_N)处不同R_\mu分子组合的数目\}$$
$$= 给定系统在时刻t处在状态(X_1, X_2, \cdots, X_N),R_\mu反应$$
$$在(t, t+dt)体积V内发生的概率. \qquad (3.1.9)$$

因此，(3.1.8)中的第一项是系统在t时刻处在$(X_1, X_2, \cdots, X_N)$状态，然后在$(t, t+dt)$内仍然保持处在这一状态(即不经历反应)的概率。而量$B_\mu dt$给出这样一个概率：系统在时刻t从状态$(X_1, X_2, \cdots, X_N)$离开的一个R_μ反应，然后在$t+dt$内经历一个R_μ反应。从(3.1.8)得主方程

$$\frac{\partial}{\partial t} P(X_1, X_2, \cdots, X_N; t) = \sum_{\mu=1}^{M} \left[B_\mu - a_\mu P(X_1, X_2, \cdots, X_N; t) \right] \qquad (3.1.10)$$

尽管这种主方程是精确的描述，但一般很难求解。下面讨论它的数值模拟问题。假定在时刻t系统处在状态$(X_1, X_2, \cdots, X_N)$。我们特别需要知道两个问题：一是下一个反应将在什么时候发生；二是什么种类的反应将会发生。由于反应的随机性，我们只能指望这两个问题在概率意义下才有答案。为此，引入函数

$$P(\tau, \mu)d\tau = 在时刻t给定状态(X_1, X_2, \cdots, X_N),在(t+\tau, t+\tau+d\tau)$$
$$体积V内，下一个反应将是R_\mu的概率 \qquad (3.1.11)$$

称$P(\tau, \mu)$为反应概率密度函数，它实际是连续变量τ($0 \leq \tau < \infty$)和离散变量μ($\mu = 1, 2, \cdots, M$)的联合概率密度函数。现在，对每个反应R_μ，定义一个函数h_μ：

$$h_\mu = 在状态(X_1, X_2, \cdots, X_N)处不同R_\mu分子反应物$$
$$组合的数目，\quad \mu = 1, 2, \cdots, M \qquad (3.1.12)$$

例如，假如R_μ有形式：$S_1 + S_2 \rightarrow Y$，那么$h_\mu = X_1 X_2$；假如R_μ有形式$2S_1 \rightarrow Y$，那么$h_\mu = X_1(X_1-1)/2!$。一般地，h_μ是变量$X_1, X_2, \cdots, X_N$的某些组合函数。由(3.1.9)知

$$a_\mu dt = h_\mu c_\mu dt = 给定系统在时刻t处在状态(X_1, X_2, \cdots, X_N)一个R_\mu反应$$
$$将在(t, t+dt)体积V内发生的概率，\quad \mu = 1, 2, \cdots, M$$

注意到$P(\tau, \mu)d\tau$可以看成以下两项的乘积

$$P(\tau,\mu)\mathrm{d}\tau = P_0(\tau) \cdot a_\mu \mathrm{d}\tau \tag{3.1.13}$$

这里 $P_0(\tau)$ 表示在时刻 t 处给定状态 $(X_1,\cdots,X_N)$ 在时间区间 $(t,t+\tau)$ 内没有反应发生的概率；$a_\mu \mathrm{d}\tau$ 表示一个 R_μ 反应将在 $(t+\tau,t+\tau+\mathrm{d}\tau)$ 内发生的概率。为了找出 $P_0(\tau)$ 的表达，假如注意到 $\left[1-\sum_\nu a_\nu \mathrm{d}\tau'\right]$ 表示在时间 $\mathrm{d}\tau'$ 内没有反应发生的概率，那么有

$$P_0(\tau'+\mathrm{d}\tau') = P_0(\tau') \cdot \left(1-\sum_{\nu=1}^M a_\nu \mathrm{d}\tau'\right) \tag{3.1.14}$$

从(3.1.14)式易得

$$P_0(\tau) = \exp\left(-\sum_{\nu=1}^M a_\nu \tau\right) \tag{3.1.15}$$

进一步，从(3.1.13)~(3.1.15)知

$$P(\tau,\mu) = \begin{cases} a_\mu \exp(-a_0 \tau), & 0 \leqslant \tau < \infty, \mu=1,\cdots,M \\ 0, & \text{否则} \end{cases} \tag{3.1.16}$$

这里

$$a_\mu = h_\mu c_\mu, \quad \mu=1,2,\cdots,M, \quad a_0 = \sum_{\nu=1}^M a_\nu = \sum_{\nu=1}^M h_\nu c_\nu$$

3.1.3 算法步骤

至此，我们可以叙述初版的 Gillespie 算法了。通过前面的分析知道，为了模拟化学反应的时间演化，本质上所需要的是采用某种方法来细化下一步反应何时发生以及何种反应发生。从数学的观点来看，相应地可表述成如何产生(3.1.16)里概率密度函数 $P(\tau,\mu)$ 中的一双 (τ,μ)？这容易实现。事实上，令 r_1 和 r_2 是单位区间内通过均匀分布产生的两个随机数，取

$$\tau = \frac{1}{a_0} \ln\left(\frac{1}{r_1}\right) \tag{3.1.17}$$

取整数的 μ，使它满足

$$\sum_{\nu=1}^{\mu-1} a_\nu < r_2 a_0 \leqslant \sum_{\nu=1}^{\mu} a_\nu \tag{3.1.18}$$

粗略地，通过(3.1.17)获得的随机数 τ 实际是根据概率密度函数 $P_1(\tau) = a_0 \exp(-a_0\tau)$ 产生的，而通过(3.1.18)获得的随机数 μ 实际是根据概率密度函数 $P_2(\mu) = a_\mu/a_0$ 产生的，而且 $P_1(\tau) \cdot P_2(\mu) = P(\tau, \mu)$.

总结起来，Gillespie 算法分以下几步来完成：

(1) 初始化. 输入 M 个反应常数 $c_1, c_2, \cdots, c_M$ 和 N 个初始分子数目 $X_1, X_2, \cdots, X_N$；设时间变量 t 和反应计数 n 为零；初始化单位区间均匀分布随机数发生器 (URN).

(2) 根据当前的分子数目，计算并储存 M 个量：$a_1 = h_1 c_1$, $a_2 = h_2 c_2$, $\cdots$, $a_M = h_M c_M$，这里 h_ν 是由(3.1.12)所定义的，且为 $X_1, X_2, \cdots, X_N$ 的函数. 此外，计算并储存 a_0 (它是 M 个 a_ν 的和).

(3) 利用单位区间均匀分布随机数发生器(URN)产生两个随机数 r_1 和 r_2，并根据(3.1.17)和(3.1.18)分别计算 τ 和 μ.

(4) 利用第三步获得的 τ 和 μ，把 t 增加为 $t+\tau$，并调整分子总体水平，以便体现一个 R_μ 反应的发生，例如，假如 R_μ 是(3.1.1)形式的反应，那么令 X_1 增加 1，而 X_2 减少 1，此外，设 $n \to n+1$，并转到第二步.

在上面的算法中，关键是如何计算第(2)步中的 h_ν，具体计算可参考(3.1.12)后面的说明. 现在看一个简单例子. 考虑化学反应 $X \xrightarrow{c} Z$，反应速率方程为 $dX/dt = -cX$. 对于初始条件 $X(0) = X_0$，相应的解为 $X(t) = X_0 \exp(-ct)$. 以随机格式，容易写出相应的主方程

$$\frac{\partial}{\partial t} P(X;t) = c\left[(X+1)\varepsilon_{X,X_0} P(X+1;t) - XP(X;t)\right] \tag{3.1.19}$$

这里 $\varepsilon_{i,j}$ 是 "Kronecker-ε"：若 $i = j$，则它为零；否则的话，它为 1. 对于初值 $P(X;0) = \delta_{X,X_0}$，可求得解

$$P(X;t) = \frac{X_0!}{X!(X_0-X)!} e^{-cXt} \left(1-e^{-ct}\right)^{X_0-X}, \quad X = 0,1,2,\cdots,X_0 \tag{3.1.20}$$

这是标准的二项分布或 Bernoulli 概率函数. 由此很容易计算均值和方差 $X^{(1)}(t) = X_0 e^{-ct}$，$\Delta(t) = \sqrt{X_0 e^{-ct}(1-e^{-ct})}$. 在应用上面的算法时，取 $M = N = 1$ $c_1 = c$，$X_1 = X$，$h_1 = X$. 特别地，当取 $c = 0.5, X_0 = 1000$ 时，可给出数值结果，如图 3.1.1.

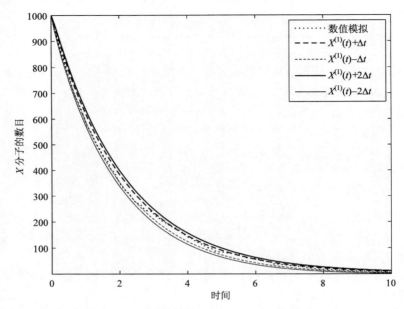

图 3.1.1 随机模拟结果与主方程的预测结果的比较

(内)两条虚线表示 $X^{(1)}(t) \pm \Delta t$ (单标准差的包迹), (外)两条实线表示 $X^{(1)}(t) \pm 2\Delta t$ (单标准差的包迹), 点表示随机模拟的轨迹

3.2 化学 Langevin 方程[2]

3.2.1 化学主方程

考虑一个恒温、固定体积 Ω 的系统,包含空间均匀混合的 $N \geqslant 1$ 个分子物种 $\{S_1, S_2, \cdots, S_N\}$, 通过 $M \geqslant 1$ 个确定的反应 $\{R_1, R_2, \cdots, R_M\}$ 来化学相互作用. 用 $X(t) = (X_1(t), X_2(t), \cdots, X_N(t))$ 来描述这一系统的动力状态, 这里

$$X_i(t) = 系统在时刻 t, S_i 分子的数目, \quad i = 1, 2, \cdots, M \quad (3.2.1)$$

我们的目标是给定初始条件 $X(t_0) = x_0$, 刻画 $X(t)$ 的时间演化. 注意到分子数目 $X_i(t)$ 一般是随机变量, 这是因为我们并不能追踪这个系统所有分子的位置和速度, 而只能依靠许多未反应分子碰撞的出现来"搅拌"这一系统, 使它发生一连串的反应碰撞. 因此, 对每个反应 R_j, 有一个倾向函数(propensity function) a_j, 这里

$a_j(x)\mathrm{d}t \equiv$ 给定 $X(t) = x$, 一个 R_j 反应将在 Ω 内某处在无穷小的时间间隔

$$(t, t+dt) \text{ 内发生的概率}, \quad j=1,2,\cdots,M \tag{3.2.2}$$

此外，引进状态改变向量 v_j(化学计量)，它的第 i 个分量为

$$v_{ji} = \text{由 } R_j \text{ 反应所引起 } S_i \text{ 分子在数目上的变化}, \quad j=1,2,\cdots,M; i=1,2,\cdots,N \tag{3.2.3}$$

(3.2.2)和(3.2.3)一起完整地确定了第 j 个反应 R_j. 一般地，$a_j(x) = c_j h_j(x)$，这里 c_j 表示第 R_j 个反应的概率速率常数；$h_j(x)$ 表示在状态 x 可利用的 R_j 反应物分子不同组合的数目. 例如，假定 R_1 和 R_2 分别表示化学反应 $X_1 + X_2 \leftrightarrow 2X_1$ 的正反应和逆反应(速率常数分别为 c_1 和 c_2)，那么有

$$a_1(x) = c_1 x_1 x_2, \quad a_2(x) = c_2 x_1 (x_1-1)/2, \quad v_1 = (1,-1,0,\cdots,0), \quad v_2 = -v_1$$

(3.2.2)是建立算法的基础. 它蕴涵着状态向量 $X(t)$ 是在非负 N 维整数网格上的一个跳跃型 Markov 过程. 对它传统的分析是研究条件概率

$$P(x,t|x_0,t_0) \equiv \text{Prob}\{X(t) = x, \text{ 给定 } X(t_0) = x_0\} \tag{3.2.4}$$

为了导出这个函数的时间演化方程，考虑一个时间增量 dt，它是如此小，以致在 dt 内两个或多个反应发生的概率可以忽略不计. 再基于(3.2.2)，以及利用概率的加法和乘法法则，可以把系统在时刻 $t+dt$ 和状态 x 处的概率分解为在 $(t,t+dt)$ 内或者没有反应发生或者有一个反应发生，各种可能情形时的概率之和

$$P(x,t+dt|x_0,t_0) = P(x,t|x_0,t_0) \times \left[1 - \sum_{j=1}^{M} a_j(x) dt\right] + \sum_{j=1}^{M} \left[P(x-v_j,t|x_0,t_0) a_j(x-v_j) dt\right]$$

令 $dt \to 0$，那么得化学主方程

$$\frac{\partial}{\partial t} P(x,t|x_0,t_0) = \sum_{j=1}^{M} \left[a_j(x-v_j) P(x-v_j,t|x_0,t_0) - a_j(x) P(x,t|x_0,t_0)\right] \tag{3.2.5}$$

这一方程是(3.2.2)的一种精确结果.

3.2.2 化学 Langevin 方程及其算法

对(3.2.5)，我们将导出相应的 Langevin 方程，以便于计算. 注意到(3.2.2)的另一种精确结果是下一反应密度函数 $P(\tau,j|x,t)$ 的存在性和形式，这里

$$P(\tau,j|x,t) = \text{给定 } X(t) = x, \text{ 在 } \Omega \text{ 内下一反应将在 } (t+\tau, t+\tau+dt) \text{ 内发生,}$$

且所发生的反应是 R_j 的概率 (3.2.6)

因为 $\sum_j a_j(x)\mathrm{d}t$ 是某些反应将在下个时间间隔 $\mathrm{d}t$ 内发生的概率,因此 $\exp\left(\sum_j a_j(x)\tau\right)$ 将是在时间 τ 内没有任何反应发生的概率. 于是有

$$P(\tau,j|x,t) = a_j(x)\exp\left(\sum_{k=1}^M a_k(x)\tau\right), \quad 0\leqslant \tau<\infty; j=1,2,\cdots,M \quad (3.2.7)$$

这种格式为随机模拟算法奠定了基础.

现在作两个假设: (1) $X(t)$ 的个数成分是实数而不是整数; (2) 函数 $f_j(x) \equiv a_j(x) P(x,t+\mathrm{d}t|x_0,t_0)$ 是解析的. 由于 v_j 的个数成分相对于 x 的个数成分很小, 因此有 Taylor 展开

$$f_j(x-v_j) = f_j(x) + \sum_{n=1}^\infty \sum_{\substack{m_1,\cdots,m_N=0 \\ [m_1+\cdots+m_N=n]}} \frac{1}{m_1!\cdots m_N!} \times (-v_{j1})^{m_1}\cdots(-v_{jN})^{m_N} \frac{\partial^n f_j(x)}{\partial x_1^{m_1}\cdots\partial x_N^{m_N}}$$

替代它到主方程(2.2.5), 可得化学 Kramers-Moyal 方程

$$\frac{\partial P(x,t|x_0,t_0)}{\partial t} = \sum_{n=1}^\infty (-1)^n \sum_{\substack{m_1,\cdots,m_N=0 \\ [m_1+\cdots+m_N=n]}} \frac{1}{m_1!\cdots m_N!} \frac{\partial^n}{\partial x_1^{m_1}\cdots\partial x_N^{m_N}}$$
$$\times \left\{\left[\sum_{j=1}^M \left(v_{j1}^{m_1}\cdots v_{jN}^{m_N}\right) a_j(x)\right] P(x,t|x_0,t_0)\right\} \quad (3.2.8)$$

此外, 从(3.2.5)可得平均

$$\frac{\mathrm{d}\langle X_i(t)\rangle}{\mathrm{d}t} = \sum_{j=1}^M v_{ji}\langle a_j(X(t))\rangle, \quad i=1,2,\cdots,N \quad (3.2.9)$$

常常采用浓度形式来描述随机变量, 此时, Kramers-Moyal 方程变为

$$\frac{\partial \tilde{P}(z,t|z_0,t_0)}{\partial t} = \sum_{n=1}^\infty (-1)^n \left(\frac{1}{\Omega}\right)^{n-1} \sum_{\substack{m_1,\cdots,m_N=0 \\ [m_1+\cdots+m_N=n]}} \frac{1}{m_1!\cdots m_N!} \frac{\partial^n}{\partial z_1^{m_1}\cdots\partial z_N^{m_N}}$$
$$\times \left\{\left[\sum_{j=1}^M \left(v_{j1}^{m_1}\cdots v_{jN}^{m_N}\right) \tilde{a}_j(z)\right] P(x,t|x_0,t_0)\right\} \quad (3.2.10)$$

这里 $\tilde{a}_j(z) = a_j(x)/\Omega$, $z_i = x_i/\Omega$, $\tilde{P}(z) = \Omega^N P(x)$.

假定在时刻 t 系统的状态 $X(t)$ 已知为 x_t. 对任意的 $\tau > 0$, 令 $K_j(x_t, \tau)$ 是在时间区间 $[t, t+\tau]$ 内 R_j 反应发生的数目. 因为这些反应中的每一个使 S_i 的分子数目增加 v_{ji}, 因此 S_i 分子在时刻 $t+\tau$ 的数目为

$$X_i(t+\tau) = x_{ti} + \sum_{j=1}^{M} K_j(x_t, \tau) v_{ji}, \qquad i = 1, 2, \cdots, N \qquad (3.2.11)$$

$K_j(x_t, \tau)$ 当然是随机变量, 一般很难计算它. 然而, 在下列两个假设条件下, 我们能够很好地计算它.

条件 1. 若 τ 很小, 以便在 $[t, t+\tau]$ 内, 状态改变如此微小使得倾向函数没有改变自己的值, 即

$$a_j(X(t')) \cong a_j(x_t), \qquad \forall t' \in [t, t+\tau], \forall j \in \{1, 2, \cdots, M\} \qquad (3.2.12)$$

由于这种假定条件, 基于(3.2.2)可知, $K_j(x_t, \tau)$ 是统计独立的 Poisson 随机变量, 记为 $\Re_j(a_j(x_t), \tau)$. 此时有

$$X_i(t+\tau) = x_{ti} + \sum_{j=1}^{M} v_{ji} \Re_j(a_j(x_t), \tau), \qquad i = 1, 2, \cdots, N \qquad (3.2.13)$$

条件 2. 若 τ 足够大, 以便在 $[t, t+\tau]$ 内, 每个反应 R_j 发生的数目远大于 1, 即

$$\langle \Re_j(a_j(x_t), \tau) \rangle = a_j(x_t) \tau \gg 1, \qquad \forall j \in \{1, 2, \cdots, M\} \qquad (3.2.14)$$

在条件 2 下, 我们来说明 Poisson 随机变量可用正态随机变量来近似. 事实上, Poisson 随机变量的含义是: 给定一个事件在时间间隔 dt 内发生的概率为 adt, 那么可知在时间间隔 t 内发生事件的数目. 令 $Q(n; a, t)$ 表示 Poisson 随机变量 $\Re(a, t)$ 有整数 n 的概率, 那么易知 $Q(0; a, t) = \exp(-at)$. 应用概率法则知, 对任意的 $n \geq 1$, 有

$$Q(n; a, t) = \int_{t'=0}^{t} Q(n-1; a, t') \times adt' \times Q(0; a, t-t')$$

根据此迭代得

$$Q(n; a, t) = \frac{\exp(-at)(at)^n}{n!}, \qquad n = 0, 1, 2, \cdots \qquad (3.2.15)$$

由此计算出 $\Re(a,t)$ 的平均和方差 $\langle\Re(a,t)\rangle = \text{var}\{\Re(a,t)\} = at$. 利用 Stirling 的阶乘近似和函数 $\ln(1+\varepsilon)$ 的小 ε 近似, 有 $\dfrac{e^{-at}(at)^n}{n!} \approx (2\pi at)^{-1/2} \exp\left(-\dfrac{(n-at)^2}{2at}\right)$, 假如 $at \gg 1$. 这蕴涵着: 假如 $at \gg 1$, 那么 $\Re(a,t) \approx N(at,at)$ (正态分布).

这样, 在条件 1 和条件 2 下, (3.2.13)可表示成

$$X_i(t+\tau) = x_{ti} + \sum_{j=1}^{M} v_{ji} N_j\left(a_j(x_t), a_j(x_t)\tau\right), \quad i=1,2,\cdots,N \tag{3.2.16}$$

又由于 $N(m,\sigma^2) = m + \sigma N(0,1)$, 因此得

$$X_i(t+\tau) = x_{ti} + \sum_{j=1}^{M} v_{ji} a_j(x_t)\tau + \sum_{j=1}^{M} v_{ji}\sqrt{a_j(x_t)\tau} N_j(0,1), \quad i=1,2,\cdots,N \tag{3.2.17}$$

由此容易写出"白色噪声"形式的 Langevin 方程

$$\dfrac{\mathrm{d}X_i(t)}{\mathrm{d}t} = \sum_{j=1}^{M} v_{ji} a_j(X(t)) + \sum_{j=1}^{M} v_{ji}\sqrt{a_j(X(t))}\Gamma_j(t) \tag{3.2.18}$$

这里 $\Gamma_j(t)$ 是暂态无关的、统计独立的 Gauss 白色噪声. 相应的 Fokker-Planck 方程为

$$\begin{aligned}\dfrac{\partial}{\partial t}P(x,t|x_0,t_0) = &-\sum_{i=1}^{N}\dfrac{\partial}{\partial x_i}\left[\sum_{j=1}^{M} v_{ji} a_j(x) P(x,t|x_0,t_0)\right] \\ &+ \dfrac{1}{2}\sum_{i=1}^{N}\dfrac{\partial^2}{\partial x_i^2}\left[v_{ji}^2 a_j(x) P(x,t|x_0,t_0)\right] \\ &+ \sum_{\substack{i,i'=1\\i<i'}}^{N}\dfrac{\partial^2}{\partial x_i^2}\left[\sum_{j=1}^{M} v_{ji} v_{ji'} a_j(x) P(x,t|x_0,t_0)\right]\end{aligned} \tag{3.2.19}$$

最后给出一种算法, 叫做 Langevin 算法, 其大致步骤是:

第一步. 选取适当的 τ, 使它满足跳跃条件, 即 τ 足够小, 以便在 $[t,t+\tau]$ 内的状态变化是如此的微不足道, 以致没有倾向函数的值发生显著变化(宏观上并不很小), 且满足 $\tau \gg \max_j\{1/a_j(x)\}$;

第二步. 对每个 $j=1,2,\cdots,M$, 通过 $N(0,1)$ 来产生 n_j, 并计算 $k_j = a_j(x)\tau + \sqrt{a_j(x)\tau}n_j$;

第三步. 计算 $\lambda = \sum_j k_j v_j$, 并对已知的 τ, 作替换 $t \to t+\tau$ 和 $x \to x+\lambda$, 有

效地更新 τ (看下一节的内容)，从而获得新的 τ.

由上面的讨论可知，这是一种近似方法.

3.3 τ 跳跃算法[3]

由 3.2 节知道，对于一个由 $N \geqslant 1$ 个分子物种：$\{S_1, S_2, \cdots, S_N\}$，通过 $M \geqslant 1$ 个确定的反应 $\{R_1, R_2, \cdots, R_M\}$ 来化学地相互作用的系统(其体积 Ω 是固定的)，并用 $X(t) = (X_1(t), X_2(t), \cdots, X_N(t))$ 来描述系统的动力状态，其中 $X(t)$ 的每个分量表示在时刻 t 的分子数目，那么相应的化学主方程(3.2.5)和化学 Langevin 方程(3.2.18)成立.

3.3.1 基本算法

注意到，有下面反应的密度函数

$$P(\tau, j | x, t) = a_j(x) \exp\left(\sum_{k=1}^{M} a_k(x) \tau\right), \quad 0 \leqslant \tau < \infty; j = 1, 2, \cdots, M \quad (3.3.1)$$

为方便，记 $a_0(x) = \sum_{k=1}^{M} a_k(x)$. 由(3.3.1)，可产生一双随机数 (τ, j) (这种方法亦叫做"直接方法"). 事实上，能够给出一双函数

$$p_1(\tau | x, t) = a_0 \exp(-a_0(x) \tau), \quad \tau \geqslant 0 \quad (3.3.2)$$

$$p_2(j | \tau, x, t) = \frac{a_j(x)}{a_0(x)}, \quad j = 1, 2, \cdots, M \quad (3.3.3)$$

由此知道 τ 是 $\Im(a_0(x))$ 的一个采样，即以 $a_0(x)$ 为退化率的指数随机变量；而 j 具有联合概率 $a_j(x)/a_0(x)$，在区间 $[1, M]$ 上的整数随机变量的独立采样. 标准的 Monte Carlo 倒置产生规则来产生随机一双 (τ, j)，即用单位区间均匀分布随机变量(它服从 $U(0,1)$ 分布)来产生两个独立的随机数 r_1 和 r_2，然后取

$$\tau = \frac{1}{a_0(x)} \ln\left(\frac{1}{r_1}\right) \quad (3.3.4)$$

而对于 j，我们这样来选取

$$j \text{ 是满足 } \sum_{j'=1}^{j} a_{j'}(x) > r_2 a_0(x) \text{ 的最小整数} \quad (3.3.5)$$

为了产生随机一双 (τ, j)，另一种方法是"首次反应法"，即对于每个反应 R_l，根据

$$\tau_l = \frac{1}{a_l(x)} \ln\left(\frac{1}{r_l}\right), \qquad l = 1, 2, \cdots, M \tag{3.3.6}$$

来产生一个"试验"反应，这里 $r_1, r_2, \cdots, r_M$ 是 M 个由分布 $U(0,1)$ 产生的相互独立的随机数. 然后，取

$$\tau = \{\tau_1, \tau_2, \cdots, \tau_M\} \text{ 中的最小者} \tag{3.3.7}$$

$$j = \{\tau_1, \tau_2, \cdots, \tau_M\} \text{ 中的最小指标} \tag{3.3.8}$$

现在叙述基本的 τ 跳跃方法:

(1) 对 τ 选取一个适当的值，满足 τ 条件：一个暂态跳跃(τ)导致每个反应 R_j 的状态变化(λ)满足：$|a_j(x+\lambda) - a_j(x)|$ 有效地小；

(2) 对每个 $j = 1, 2, \cdots, M$，依据 Poisson 随机变量 $\Re(a_j(x), \tau)$ 产生一个采样值 k_j，并计算 $\lambda = \sum_j k_j v_j$；

(3) 对已知的 τ，作替换：$t \to t + \tau$ 和 $x \to x + \lambda$，有效地更新 τ，从而获得新的 τ.

在这种算法中，关键是如何选取合适的 τ. 为此，需要确定能和 τ 条件相媲美的最大的 τ. 一种方法是：对每个 $j \in \{1, 2, \cdots, M\}$，对差 $|a_j(x+\lambda) - a_j(x)|$ 进行后验跳跃检查，即假如这个差很大，取更小的 τ；假如这个差在可允许的范围内，选取更大的 τ. 然而，这一过程是十分耗时的.

对可接受的 τ，下面提出一种预先跳跃检查法：因为 k_j 的均值或期望值是 $\langle \Re(a_j(x), \tau) \rangle = a_j(x)\tau$，因此，在 $[t, t+\tau]$ 内所期望的状态变化(向量)将是

$$\bar{\lambda} \equiv \bar{\lambda}(x, \tau) = \sum_{j=1}^{M} [a_j(x)\tau] v_j \stackrel{\Delta}{=} \tau \xi(x) \tag{3.3.9}$$

这里 $\xi(x)$ 能够解释为在单位时间内状态变化的平均或期望. 我们观察到，对任意的 τ，很容易计算 $\bar{\lambda}$. 现在，对于给定的小的正数 ε，假如倾向函数的差满足

$$|a_j(x+\bar{\lambda}) - a_j(x)| \leq \varepsilon a_0(x), \qquad j = 1, 2, \cdots, M \tag{3.3.10}$$

其左边采用一阶 Taylor 展开

$$a_j(x+\bar{\lambda}) - a_j(x) \approx \sum_{i=1}^{N} \tau \xi_i(x) \frac{\partial}{\partial x_i} a_j(x)$$

并定义

$$b_{ji}(x) = \frac{\partial}{\partial x_i} a_j(x), \qquad j=1,2,\cdots,M; i=1,2,\cdots,N \qquad (3.3.11)$$

那么，满足 τ 条件的最优选择为

$$\tau = \min_{j \in [1,M]} \left\{ \varepsilon a_0(x) \middle/ \left| \sum_{i=1}^{N} \xi_i(x) b_{ji}(x) \right| \right\} \qquad (3.3.12)$$

3.3.2 中点 τ 跳跃方法

中点 τ 跳跃方法可以看成基本 τ 跳跃方法的改进版本．其基本思想如下：对于已选择的跳跃时间 τ（即满足跳跃条件），计算在 $[t, t+\tau]$ 内状态的变化 $\bar{\lambda} = \tau \sum_j a_j(x) v_j$．然后，令 $x' = x + [\bar{\lambda}/2]$（这里 [ ] 表示取整运算），并对每个 $j=1,2,\cdots,M$，产生 Poisson 随机变量 $\Re(a_j(x'), \tau)$ 的一个采样值 k_j．进一步，计算实际状态变化 $\lambda = \sum_j k_j v_j$，做替换 $t \to t+\tau$ 和 $x \to x+\lambda$，并有效地更新 τ．

为了检查这种策略的合理性，考虑一个例子．$M=N=1$ 的异构化反应为

$$X \xrightarrow{c} Y \qquad (3.3.13)$$

它的倾向函数为 $a(x) = cx$，状态变化向量为 $v = -1$．那么，易知主方程的解为

$$P(x-k, t+\tau | x, t) = \frac{x!}{k!(x-k)!} \left(e^{-ct}\right)^{x-k} \left(1-e^{-ct}\right)^k, \qquad 0 \le k \le x; \tau \ge 0 \qquad (3.3.14)$$

对时刻 t 状态为 x 的这个反应，在应用通常的 τ 跳跃法中，为了有效一个跳跃 $\lambda = kv = -k$，选择一个跳跃时间 τ，然后通过采样 Poisson 密度函数

$$P_{\Re}(k; cx, \tau) = \frac{e^{-cx\tau} (cx\tau)^k}{k!}, \qquad k = 0, 1, 2, \cdots, \infty \qquad (3.3.15)$$

可得在 $[t, t+\tau]$ 内产生此反应的数目 k．另一方面，为了应用中点 τ 跳跃法来实现一个跳跃，对于选取的 τ 值，首先计算在 $[t, t+\tau]$ 内状态的变化 $\bar{\lambda} = \tau a(x) v = -\tau cx$．然后，对于

$$x' = x + \left(\frac{1}{2}\bar{\lambda}\right) = x - \left(\frac{1}{2}\tau cx\right)$$

通过采样 Poisson 密度函数

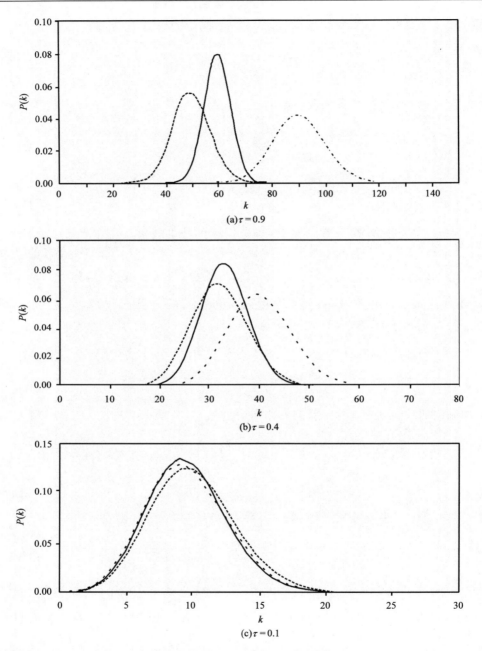

图 3.3.1 一个给定的时间 τ 发生异构化(2.3.13)的数目 k 的概率密度函数,这里 $c=1$, $x=100$ 在每种情况,实线表示精确的概率密度(3.3.14)(通常的 τ 跳跃法),点线表示精确的概率密度(3.3.15),虚线表示精确的概率密度(3.3.16)(中点的 τ 跳跃法)

$$P_{\Re}(k;cx',\tau) = \frac{e^{-cx'\tau}(cx'\tau)^k}{k!}, \qquad k=0,1,2,\cdots,\infty \tag{3.3.16}$$

可得 k. 注意到, 精确地选取 k 的方法是利用(3.3.14)(采样二项密度函数), 因为 (3.3.14)是精确的概率密度, 它的异构化(即反应(3.3.13))精确地在 $[t,t+\tau)$ 内发生.

在图 3.3.1 中, 对三种不同的 τ 值比较了密度函数(3.3.14)和所提议的近似 (3.3.15)和(3.3.16), 这里 $c=1$, $x=100$. 很明显, 对于大的 $\tau=0.9$, 效果最差.

3.3.3 改进的 τ 跳跃算法[5]

对于上面的 τ 跳跃方法, 这里提出一种改进的方法. 为了选取适当的 τ, 需要预先计算 M^2 个函数

$$f_{jj'}(x) \overset{\Delta}{=} \sum_{i=1}^{N} \frac{\partial a_j(x)}{\partial x_i} v_{ij}, \qquad j,j'=1,2,\cdots,M \tag{3.3.17}$$

及 $2M$ 函数

$$\mu_j(x) \overset{\Delta}{=} \sum_{i=1}^{N} f_{jj'}(x) a_{j'}(x), \qquad j=1,2,\cdots,M \tag{3.3.18}$$

$$\sigma_j^2(x) \overset{\Delta}{=} \sum_{i=1}^{N} f_{jj'}^2(x) a_{j'}(x), \qquad j=1,2,\cdots,M \tag{3.3.19}$$

而相应的 τ 可通过以下方式来选取

$$\tau = \min_{j\in[1,M]} \left\{ \frac{\varepsilon a_0(x)}{\mu_j(x)}, \frac{\varepsilon^2 a_0^2(x)}{\sigma_j^2(x)} \right\} \tag{3.3.20}$$

这种做法是有理论根据的. 事实上, 假定在时刻 t 系统的状态 $X(t)$ 已知为 $x=x(t)$. 对任意的 $\tau>0$, 令 $K_j(x,\tau)$ 表示在时间区间 $[t,t+\tau)$ 内 R_j 反应发生的数目. 由 3.2 节知, 在某些条件下, $K_j(x,\tau)$ 可用 Poisson 随机变量来近似

$$K_j(x,\tau) \approx \Re_j(a_j(x),\tau) \tag{3.3.21}$$

由(3.3.20)可估计在一个跳跃内状态的改变

$$X(t+\tau) - x \equiv \Lambda(x,\tau) = \sum_{j=1}^{M} K_j(x,\tau) v_j \tag{3.3.22}$$

$$\Delta a_j(x,\tau) \overset{\Delta}{=} a_j(x+\Lambda(x,\tau)) - a_j(x) \approx \sum_{i=1}^{N} \Lambda_i(x,\tau)\frac{\partial a_j(x)}{\partial x_i} \qquad (3.3.23)$$

由(3.3.22)和(3.3.23)，有近似

$$\Lambda_i(x,\tau) \approx \sum_{j'=1}^{M} \Re_{j'}\bigl(a_{j'}(x),\tau\bigr)v_{ij'} \qquad (3.3.24)$$

$$\Delta a_j(x,\tau) \approx \sum_{j'=1}^{M} f_{jj'}(x)\Re_{j'}\bigl(a_{j'}(x),\tau\bigr) \qquad (3.3.25)$$

(3.3.25)表明，随机变量 $\Delta a_j(x,\tau)$ 是统计独立的 Poisson 随机变量的线性组合，因此可计算出它的平均和方差

$$\bigl\langle \Delta a_j(x,\tau)\bigr\rangle \approx \sum_{j'=1}^{M} f_{jj'}(x)\bigl\langle \Re_{j'}\bigl(a_{j'}(x),\tau\bigr)\bigr\rangle \qquad (3.3.26)$$

$$\mathrm{var}\bigl\{\Delta a_j(x,\tau)\bigr\} \approx \sum_{j'=1}^{M} f_{jj'}^2(x)\,\mathrm{var}\bigl\{\Re_{j'}\bigl(a_{j'}(x),\tau\bigr)\bigr\} \qquad (3.3.27)$$

又因为 $\langle \Re(a,\tau)\rangle = \mathrm{var}\{\Re(a,\tau)\} = a\tau$，因此有

$$\bigl\langle \Delta a_j(x,\tau)\bigr\rangle \approx \sum_{j'=1}^{M} f_{jj'}(x)\bigl(a_{j'}(x)\tau\bigr) \equiv \mu_j(x)\tau \qquad (3.3.28)$$

$$\mathrm{var}\bigl\{\Delta a_j(x,\tau)\bigr\} \approx \sum_{j'=1}^{M} f_{jj'}^2(x)\bigl(a_{j'}(x)\tau\bigr) \equiv \sigma_j^2(x)\tau \qquad (3.3.29)$$

由于需要 $\bigl|\Delta a_j(x,\tau)\bigr| \leqslant \varepsilon a_0(x)$，即要求 $\Delta a_j(x,\tau)$ 小，因此能够写为

$$\Delta a_j(x,\tau) \approx \bigl\langle \Delta a_j(x,\tau)\bigr\rangle \pm \mathrm{sdev}\bigl\{\Delta a_j(x,\tau)\bigr\} \qquad (3.3.30)$$

这里"sdev"表示标准偏差(standard deviation)，即方差的平方根。由于 sdev 是非负的(若为零，则表示 $\Delta a_j(x,\tau)$ 是确定性变量)，因此，对上面近似有保守的最大估计

$$\bigl|\bigl\langle \Delta a_j(x,\tau)\bigr\rangle\bigr| + \mathrm{sdev}\bigl\{\Delta a_j(x,\tau)\bigr\}.$$

这样一来，我们要求

$$|\mu_j(x)\tau| \leqslant \varepsilon a_0(x), \quad \sigma_j(x)\tau^{1/2} \leqslant \varepsilon a_0(x), \quad \forall j = 1, 2, \cdots, M \tag{3.3.31}$$

对于由(3.3.20)所确定的 τ，不等式(3.3.31)是能够得到保证的.

3.3.4 一般格式

最近，Tianhai Tian 和 Kevin Burrage[4]基于 τ 跳跃方法，对确定性方程(如根据生化反应容易写出的速率方程)提出了一种用于随机模拟的随机微分方程的一般方法. 这种方法是主方程的一种较好近似，且容易数值实现. 下面介绍这种方法.

在 Poisson τ 跳跃方法中，假定有若干反应在相对较大时间区间 $[t, t+\tau]$ 内发生. 第 R_j 反应的数目是一个通过 Poisson 随机变量 $P(a_j(x)\tau)$ (其平均为 $a_j(x)\tau$) 产生的采样值. 在每个反应通过这种方式产生一个采样值后，系统通过

$$x(t+\tau) = x(t) + \sum_{j=1}^{M} v_j P(a_j(x)\tau) \tag{3.3.32}$$

来更新. 由此可导出相应的确定性方程. 反过来，考虑一个包含 N 个物种 $\{S_1, S_2, \cdots, S_N\}$ 的系统，相应的确定性方程为

$$\frac{d\overline{x}_i}{dt} = f_i(\overline{x}_1, \overline{x}_2, \cdots, \overline{x}_N) - g_i(\overline{x}_1, \overline{x}_2, \cdots, \overline{x}_N), \quad i = 1, 2, \cdots, N \tag{3.3.33}$$

这里 $f_i(\overline{x}_1, \overline{x}_2, \cdots, \overline{x}_N)$ 和 $g_i(\overline{x}_1, \overline{x}_2, \cdots, \overline{x}_N)$ 分别表示物种 S_i 的分子数目 $\overline{x}_i$ 的增加和减少. $\overline{x}_i$ 通常表示 S_i 的浓度，而在随机模型中，我们用 x_i 表示物种 S_i 的分子数目. 假定分子数目 x_i 在时间间隔 $[t, t+\tau]$ 内的增加和减少分别是具有平均 $f_i(x_1, x_2, \cdots, x_N)\tau$ 和 $g_i(x_1, x_2, \cdots, x_N)\tau$ 的 Poisson 随机变量的采样，那么相应的系统由规则

$$x(t+\tau) = x(t) + P\left[f_i(x_1(t), \cdots, x_N(t))\tau\right] - P\left[g_i(x_1(t), \cdots, x_N(t))\tau\right] \tag{3.3.34}$$

来更新. 注意到，上面模型中的 Poisson 随机变量可用二项随机变量来近似，以避免模拟出现负的分子数目，且可改进计算效率.

3.4 快反应的拟平衡近似法[6]

3.4.1 快慢反应的分离

考虑一个 M 基本的(单分子或双分子)不可逆的反应组成的系统，它处在热平

衡态. 我们特征化系统的状态在时刻 t 为 N 维随机向量 $X(t) = [X_1(t), X_2(t), \cdots, X_N(t)]^T$, 这里 $X_i(t)$ 表示在时刻 t 系统的第 i 个反应物的分子数目. 给定 $X(t) = x$, 那么在时间间隔 $[t, t+dt]$ 内第 m 个反应发生的概率为 $\pi_m(x)dt$, 这里 $\pi_m(x)$ 表示第 m 个反应的倾向函数, 它可表示为

$$\pi_m(x) = c_m h_m(x), \qquad m \in \{1, 2, \cdots, M\} \tag{3.4.1}$$

其中 $h_m(x)$ 表示系统在 x 处第 m 个反应的反应物分子的所有不同组合的数目, 即

$$h_m(x) = \begin{cases} x_i, & \text{单分子反应} \\ x_i(x_i-1)/2, & \text{具有相同反应物的双分子反应} \\ x_i x_j, & \text{具有不同反应物的双分子反应} \end{cases} \tag{3.4.2}$$

$$c_m = \begin{cases} k_m, & \text{单分子反应} \\ 2k_m/AV, & \text{具有相同反应物的双分子反应} \\ k_m/AV, & \text{具有不同反应物的双分子反应} \end{cases} \tag{3.4.3}$$

这里 $A = 6.0221415 \times 10^{23} \text{mol}^{-1}$ 是 Avogadro 常数, V 是细胞体积(单位为升). 从 (3.4.1)和(3.4.2)知, 倾向函数是线性或二次函数.

下面采用另一种方法来特征化生化系统的状态. 假如第 m 个反应在时间间隔 $[0, t)$ 内发生 m 次, 那么引进 M 维随机向量 $Z(t) = [Z_1(t), Z_2(t), \cdots, Z_M(t)]^T$, 这里 $Z_m(t) = z \geq 0$. 称 $Z_m(t)$ 为第 m 反应的进展度(degree of advance, DA). 由于

$$X(t) = x_0 + SZ(t), \qquad t \geq 0 \tag{3.4.4}$$

可以唯一地决定 $Z(t)$, 这里 x_0 是初始的分子状态, S 为 $N \times M$ 阶生化系统的化学计量矩阵, $Z(0) = 0$. $S = [s_1, s_2, \cdots, s_M]$, 其中 $s_m = [s_{1m}, s_{2m}, \cdots, s_{Nm}]^T$ 是相关于第 m 反应的化学计量系数向量, 而 s_{nm} 表示第 m 反应一次发生引起第 n 个物种的分子的数目变化. 为了特征化取离散值的 DA 过程 $Z = \{Z(t), t \geq 0\}$, 对 $\forall t \geq 0$, 需要确定联合概率质量函数(PMF): $P(z; t) = \Pr[Z(t) = z | Z(0) = 0]$. 由生化主方程知

$$\frac{\partial P(z;t)}{\partial t} = \sum_{m \in \{1, \cdots, M\}} \alpha_m(z-e_m) P(z-e_m; t) - \alpha_m(z) P(z; t)$$

$$P(0; 0) = 1, \qquad \alpha_m(z) \stackrel{\Delta}{=} \pi_m(x_0 + Sz) = c_m h_m(x_0 + Sz) \tag{3.4.5}$$

e_m 是 M 阶单位矩阵的第 m 列. 假如第 m 反应存在一个固定的时间延迟, 那么

(3.4.4)应被修改为

$$X_n(t) = x_{0,n} + \sum_{m \in \{1,\cdots,M\}} s_{nm} Z_m(t - \tau_m), \quad t \geq 0, \quad n = 1, 2, \cdots, N \qquad (3.4.6)$$

下一步进行概率分离. 假定有 M_0 个慢反应，从而有 $M - M_0$ 个快反应. 设

$$Z(t) = \begin{bmatrix} Z_s(t) \\ Z_f(t) \end{bmatrix}, \quad z = \begin{bmatrix} z_s \\ z_f \end{bmatrix}, \quad e_m = \begin{bmatrix} \overline{e}_m \\ 0 \end{bmatrix}, \quad m \in M_s, \quad e_m = \begin{bmatrix} 0 \\ \underline{e}_m \end{bmatrix}, \quad m \in M_f$$

这里 $M_s = \{1, 2, \cdots, M_0\}$, $M_f = \{M_0 + 1, M_0 + 2, \cdots, M\}$.

利用事实

$$P(z_s, z_f; t) = P(z_f | z_s; t) P(z_s; t) \qquad (3.4.7)$$

并对(3.4.5)两边关于 z_f 求和，则得

$$\frac{\partial P(z_s; t)}{\partial t} = \sum_{m \in M_s} \alpha_m^{(t)}(z_s - \overline{e}_m) P(z_s - \overline{e}_m; t) - \alpha_m^{(t)}(z_s) P(z_s; t) \qquad (3.4.8)$$

这里

$$\alpha_m^{(t)}(z_s) \triangleq \sum_{z_f} \alpha_m(z_s, z_f) P(z_f | z_s; t), \quad m \in M_s \qquad (3.4.9)$$

对于快反应，可得

$$\frac{\partial P(z_f | z_s; t)}{\partial t} = \sum_{m \in M_s} \alpha_m(z_s, z_f - \underline{e}_m) P(z_f - \underline{e}_m | z_s; t) - \alpha_m(z_s, z_f) P(z_f | z_s; t) \qquad (3.4.10)$$

事实上，对 $m \in M_s$, $\alpha_m(z_s, z_f) \approx 0$. 因此(3.4.5)变成

$$\frac{\partial P(z_s, z_f; t)}{\partial t} = \sum_{m \in M_f} \alpha_m(z_s, z_f - \underline{e}_m) P(z_s, z_f - \underline{e}_m; t) - \alpha_m(z_s, z_f) P(z_s, z_f; t) \qquad (3.4.11)$$

由(3.4.8)导致

$$\frac{\partial P(z_s; t)}{\partial t} \approx 0$$

由(3.4.7)可得

$$\frac{\partial P(z_s,z_f;t)}{\partial t}=P(z_s|z_f;t)\frac{\partial P(z_s;t)}{\partial t}+\frac{\partial P(z_f|z_s;t)}{\partial t}P(z_s;t) \qquad (3.4.12)$$

因此

$$\frac{\partial P(z_s,z_f;t)}{\partial t}\approx\frac{\partial P(z_f|z_s;t)}{\partial t}P(z_s;t) \qquad (3.4.13)$$

由(3.4.9),(3.4.11)和(3.4.13)易得(3.4.10).

假如慢反应倾向函数线性地依赖于块 DA,那么有

$$\alpha_m^{(t)}=\alpha_m[z_s,\mu(z_s;t)], \qquad m\in M_s \qquad (3.4.14)$$

这里

$$\mu(z_s;t)\overset{\Delta}{=}\big[\mu_{M_0+1}(z_s;t),\mu_{M_0+2}(z_s;t),\cdots,\mu_M(z_s;t)\big]^T \qquad (3.4.15)$$

其中

$$\mu_m(z_s;t)\overset{\Delta}{=}E\big[Z_m(t)|Z_s(t)=z_s\big], \qquad m\in M_f \qquad (3.4.16)$$

表示在时刻 t 给定慢反应的状态 z_s,第 m 个反应在时刻 t 的 DA 平均(或期望). 总之,有

$$\frac{\partial P(z_s;t)}{\partial t}=\sum_{m\in M_s}\alpha_m[z_s-\bar{e}_m,z_f]P(z_s-\bar{e}_m;t)-\alpha_m[z_s,z_f]P(z_s;t) \qquad (3.4.17)$$

这里 z_f 满足一个适当的 Langevin 方程.

3.4.2 应用实例

现在看一个例子. 对生化反应

$$\begin{aligned} E\cdot S &\xrightarrow{c_1} P+E \\ E+S &\xrightarrow{c_2} E\cdot S \\ E\cdot S &\xrightarrow{c_3} E+S \end{aligned} \qquad (3.4.18)$$

用 $X_n(t), n=1,2,3,4$ 来特征化系统的状态

$$X_n \leftrightarrow \begin{cases} P, & n=1 \\ E, & n=2 \\ S, & n=3 \\ E\cdot S, & n=4 \end{cases}$$

由(3.4.2)和(3.4.18)知

$$h_1(x_1,x_2,x_3,x_4) = x_4$$
$$h_2(x_1,x_2,x_3,x_4) = x_2 x_3$$
$$h_3(x_1,x_2,x_3,x_4) = x_4 \tag{3.4.19}$$

相应的化学计量矩阵为

$$S = \begin{bmatrix} 1 & 0 & 0 \\ 1 & -1 & 1 \\ 0 & -1 & 1 \\ -1 & 1 & 1 \end{bmatrix}$$

初始化具有 $e \geqslant 1$ 个酶分子和 $s \geqslant 1$ 个底物分子的系统，$x_0 = [0, e, s, 0]^T$．由(3.4.4)，(3.4.19)和矩阵 S 可知

$$X_1(t) = Z_1(t)$$
$$X_2(t) = e + Z_1(t) - Z_2(t) + Z_3(t)$$
$$X_3(t) = s - Z_2(t) + Z_3(t)$$
$$X_4(t) = -Z_1(t) + Z_2(t) - Z_3(t) \tag{3.4.20}$$

相应地

$$\alpha_1(z_1, z_2, z_3) = c_1(-z_1 + z_2 + z_3)$$
$$\alpha_2(z_1, z_2, z_3) = c_2(e + z_1 - z_2 + z_3)(s - z_2 + z_3)$$
$$\alpha_3(z_1, z_2, z_3) = c_3(-z_1 + z_2 - z_3) \tag{3.4.21}$$

记 $z_s = z_1$，$z_f = [z_2, z_3]^T$．则 $\alpha_1^{(t)}(z_1) = -c_1 z_1 + c_1[\mu_2(z_1;t) - \mu_3(z_1;t)]$．因此，为了计算 $\alpha_1^{(t)}(z_1)$，需要决定 $\mu_2(z_1;t) - \mu_3(z_1;t)$．由 (3.4.16) 和 (3.4.20) 及 $E[X(t)|Z_s(t) = z_s] \geqslant 0$，我们能够得出

$$\mu_3(z_1;t) + z_1 \leqslant \mu_2(z_1;t) \leqslant \mu_3(z_1;t) + \min\{s, e + z_1\} \tag{3.4.22}$$

又因为 z_3 是一个快的 DA，而 z_1 是一个慢的 DA，因此我们指望：对充分大的时间 t，有

$$\mu_3(z_1;t) + z_1 \gg \max\{z_1, \min\{s, e + z_1\}\}$$

在这种情况下，可以近似设

$$\mu_2(z_1;t) - \mu_3(z_1;t) = \min\{s, e+z_1\}$$

这将导致

$$a_1^{(t)}(z_1) = c_1\left[\min\{s, e+z_1\} - z_1\right] \tag{3.4.23}$$

于是有

$$\frac{\mathrm{d}P(z_1;t)}{\partial t} = c_1\left[\min\{s, e+z_1-1\} - z_1+1\right]P(z_1-1;t) - c_1\left[\min\{s, e+z_1\} - z_1\right]P(z_1;t) \tag{3.4.24}$$

当 $e \geqslant s$ 时，有 $\min\{s, e+z_1\} = s$，因此(3.4.24)变成

$$\frac{\mathrm{d}P(z_1;t)}{\partial t} = c_1(s-z_1+1)P(z_1-1;t) - (s-z_1)P(z_1;t) \tag{3.4.25}$$

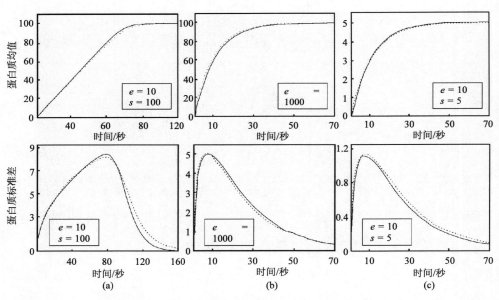

图 3.4.1　生化反应(3.4.18)的生成过程 $\{X_1(t), t \geqslant 0\}$ 的均值和方差的精确(实线)和近似(点线)的时间演化，这里 $c_1 = 0.1\mathrm{s}^{-1}$，$c_2 = c_3 = 1.0\mathrm{s}^{-1}$

(a)假定有 10 个初始的酶分，100 个初始的底物分子；(b)假定有 1000 个初始的酶分，100 个初始的底物分子；(c)假定有 10 个初始的酶分子，5 个初始的底物分子

它的解

$$P(z_1;t) = \binom{s}{z_1}\left(1-e^{-c_1 t}\right)^{z_1} e^{-c_1(s-z_1)t}, \qquad z_1 = 0,1,2,\cdots,s \qquad (3.4.26)$$

是一个二项分布. 此时, 计算可得

$$\begin{aligned} E[X_1(t)] &= s(1-\exp(-c_1 t)) \\ \mathrm{var}[X_1(t)] &= s(1-\exp(-c_1 t))\exp(-c_1 t), \quad \text{当 } e \gg s \text{ 时} \end{aligned} \qquad (3.4.27)$$

不幸的是, 当 $e < s$ 时没有分析解. 数值结果显示在图 3.4.1 中.

3.5 精确的混杂随机模拟法[7]

混杂随机方法就是把生化反应系统分为快和慢反应, 且对快反应通过应用化学的 Langevin 方程, 可近似为连续的 Markov 过程, 而对于慢反应, 通过应用随机模拟算法的 "下个反应" 变量的整数形式来精确地描述.

现在具体叙述这种方法. 考虑一个很好混合的体积 V 的系统, 它包含 N 个参加 M 个反应的化学物种. 系统的状态(N 维向量)由化学物种的分子数目组成. 化学计量矩阵 v ($M \times N$ 阶矩阵)定义反应物和反应的产物. 反应倾向函数 a(M 维向量)是反应的概率速率, 这里 $a_j \mathrm{d}t$ 表示第 j 个反应在一个小的时间增量内发生的概率. 反应倾向函数可用不同的比率规则来计算, 如质量作用动力学和 Michaelis-Mentin 型动力学. 时间增量记为 Δt. 系统被分为快反应和慢反应, 其反应的数目分别记为 M^{fast} 和 M^{slow}. 整个系统可看成一个跳跃 Markov 过程, 并用主方程来描述. 一个反应被分类为快反应, 假如它可以被精确地近似为连续的 Markov 过程. 这种近似是精确的, 假如以下两个条件被满足:

(1) 此反应在一个小的时间间隔内可多次发生;

(2) 当与反应物和产物物种的总数目相比时, 每个反应关于反应物和产物物种的数目的效果是小的.

这些条件可通过下列方式来定量化, 即假如一个反应被分类为 "快" 的, 那么

$$a_j(t)\Delta t \geq \lambda \gg 1 \qquad (3.5.1)$$

$$X_i(t) > \varepsilon |v_{ji}|, \quad i = \{\text{第 } j \text{ 个反应的反应物或产物}\} \qquad (3.5.2)$$

这里参数 ε 描述多少反应在 Δt 时间内发生; 参数 λ 描述反应物和产物物种以怎样好的细粒化(fine grained)使它们的值是连续的而不是离散的. 当 ε 和 λ 趋于无穷

时，达到化学主方程的热平衡极限. 在实际计算时，一般令 $\varepsilon = 100$ ，$\lambda = 10$.

3.5.1 快反应的 Langevin 方程

一个系统的主方程描述快反应和慢反应发生数目(分别为 r^f 和 r^s)的联合概率密度. 这种联合概率密度被分为慢反应的条件概率 $P(r^s|r^f;t)$ 和快反应的边际概率 $P(r^f;t)$，这里

$$P(r^s, r^f; t) = P(r^s | r^f; t) P(r^f; t) \tag{3.5.3}$$

关于时间微分得

$$\frac{dP(r^s, r^f; t)}{dt} = \frac{dP(r^s | r^f; t)}{dt} P(r^f; t) + \frac{dP(r^f; t)}{dt} P(r^s | r^f; t) \tag{3.5.4}$$

注意到慢反应的条件概率关于时间的变化是不变的. 因此，有

$$\frac{dP(r^s, r^f; t)}{dt} = \frac{dP(r^f; t)}{dt} P(r^s | r^f; t) \tag{3.5.5}$$

在上述分类的含义下，对于快反应，相应的化学 Langevin 方程可表示为

$$dX_i = \sum_{j=1}^{M^{\text{fast}}} v_{ji} a_i^f(X(t)) dt + \sum_{j=1}^{M^{\text{fast}}} v_{ji} \sqrt{a_i^f(X(t))} dW_j \tag{3.5.6}$$

这里 a^f 仅是快反应的倾向函数，W 是一个 M^{fast} 维的 Wiener 过程，负责 Gauss 噪声的产生. 我们指出，化学主方程的解描述系统在某一时刻以某一状态存在的概率密度，Langevin 方程的解描述化学物种的数目对时间的一种可能轨迹.

对于慢反应，通过构造所谓的"跳跃方程"来模拟它. 基本思路是：首先用跳跃方程的解来产生时间序列，使系统从一种状态跳跃到另一种状态；然后提出一种快机制来决定慢反应何时发生，以便捕捉慢反应倾向函数的时间依赖关系，同时保持计算效率. 为了采样慢反应发生的可能时间，应用 Monte Carlo 技术，使时间依赖的概率密度的积分等于一个均匀分布的随机数. 一般地，我们能够从概率密度来明确叙述跳跃方程，但并不是所有的概率密度都能够产生一个解. 对第 j 个慢反应，一般的概率密度可定义为

$$P_j\left(\tau_j \middle| a_j^s(t), X(t_n) = x_n, \cdots, X(t_0) = x_0; t_0\right) dt$$

= 第 j 个慢反应在时间间隔: $[t_0+\tau_j,\ t_0+\tau_j+\mathrm{d}t)$ 发生的概率,给定这个慢反应发生的概率速率 $a_j^s(t)$ 和整个系统的历史为条件

相应地,支配反应时间的跳跃方程为

$$\int_{t_0}^{t_0+\tau_j} P_j\left(\tau_j \mid a_j^s(t'), X(t_n)=x_n,\cdots,X(t_0)=x_0;t_0\right)\mathrm{d}t' - \mathrm{URN}_j = 0 \quad (3.5.7)$$

这里 t_0 是这个反应最后发生的时间,τ_j 是第 j 个反应的反应时间,URN_j 是第 j 个 $(0,1)$ 内的均匀分布的随机数. 注意到(3.5.7)可改写成

$$\int_{t_0}^{t_0+t} P_j\left(\tau_j \mid a_j^s(t'), X(t_n)=x_n,\cdots,X(t_0)=x_0;t_0\right)\mathrm{d}t' - \mathrm{URN}_j = R_j\big|^t \quad (3.5.8)$$

这里残差的初始条件是 $R_j\big|^{t_0} = -\mathrm{URN}_j$. 假如概率密度(简记为 $P(\tau_j;t')$)对小的时间增量是单调非减的,即

$$\int_{t_0}^{t_0+(k+1)\Delta t} P(\tau_j;t')\mathrm{d}t' \geq \int_{t_0}^{t_0+k\Delta t} P(\tau_j;t')\mathrm{d}t', \quad \forall k > 0 \quad (3.5.9)$$

那么,通过监测残差的符号,即

$$R_j\big|^t < 0 \to t < \tau_j;\quad R_j\big|^t > 0 \to t > \tau_j;\quad R_j\big|^t = 0 \to t = \tau_j \quad (3.5.10)$$

这里 t 是目前模拟时间,就能够决定第 j 个反应是否已经发生. 事实上,从开始模拟的时间 t 和状态向量 $X(t)$,我们给时间一个增量 Δt,计算 $X(t+\Delta t)$(假定在 $[t,t+\Delta t]$ 内没有慢反应发生),根据(3.5.8),利用 $X(t)$ 和 $X(t+\Delta t)$ 来估计残差的符号. 假如剩余项跨过零,那么判定慢反应在 $[t,t+\Delta t]$ 内已经发生. 然后,对于慢反应时间 τ_j,利用状态向量 $X(t)$ 来精确地求解概率密度积分和计算在时刻 t 的剩余项.

对于第 j 个慢反应,其"下个反应"概率密度为

$$P_j(\tau_j;t) = a_j^s(t+\tau_j)\exp\left(-\int_{t_0}^{t_0+\tau_j} a_j^s(t')\mathrm{d}t'\right), \quad j=1,2,\cdots,M^{\mathrm{slow}} \quad (3.5.11)$$

对每个慢反应,相应地有一个这样的概率密度. 替代(3.5.11)到(3.5.9)得

$$\int_{t_0}^{t_0+\tau_j} a_j^s(t')\mathrm{d}t' + \log(\mathrm{URN}_j) = 0, \quad j=1,2,\cdots,M^{\mathrm{slow}} \quad (3.5.12)$$

(3.5.12)就是所谓的跳跃方程,可用来计算慢反应时间. 假如慢反应是不依赖时间的,那么有

$$\tau_j = -\frac{\log(\mathrm{URN}_j)}{a_j^s}, \quad j = 1, 2, \cdots, M^{\mathrm{slow}} \tag{3.5.13}$$

通过引进残差,(3.5.12)可改写为

$$\int_{t_0}^{t_0+t} a_j^s(t')\mathrm{d}t' + \log(\mathrm{URN}_j) = R_j\big|^t, \quad j = 1, 2, \cdots, M^{\mathrm{slow}} \tag{3.5.14}$$

这里,通过监测第 j 个剩余项是否跨越零,能够决定在什么时间增量内第 j 个反应已经发生. 此外,能够用 Riemann 和来估计慢反应倾向的积分. 也能够转化积分代数方程(3.5.14)为一个微分方程

$$\frac{\mathrm{d}R_j\big|^t}{\mathrm{d}t} = a_j^s(t), \quad \mathrm{IC}: R_j\big|^{t_0} = \log(\mathrm{URN}_j), \quad j = 1, 2, \cdots, M^{\mathrm{slow}} \tag{3.5.15}$$

(3.5.15)实际是一个 Itô 随机微分方程,因为慢反应倾向函数是系统状态(一个随机过程)的函数. 对(3.5.15),可用 Euler 方法来数值地求解. 此外,慢反应时间可以表示为

$$\tau_j = \frac{-R_j\big|^{t'}}{a_j^s} + t' \tag{3.5.16}$$

这里剩余项在时刻 t' 是负的,因为跨越零发生在下个时间增量内.

3.5.2 算法步骤

现在给出"下个反应"混杂算法. 具体步骤如下:

第一步. 初始化系统:$X = X_0, X_{\mathrm{last}} = X_0, t = t_{\mathrm{start}}, t_{\mathrm{last}} = t_{\mathrm{start}}, \Delta t = \Delta t^{\mathrm{sde}}$, $R = \log(\mathrm{URN})$, $R_{\mathrm{last}} = \log(\mathrm{URN})$;

第二步. 时间迭代循环,当 $t = t_{\mathrm{end}}$ 是结束,

(1) 分类为快反应和慢反应;

(2) 假如没有慢反应,进行随机模拟算法(SSA),并转到(1);

(3) 计算慢和快倾向函数:$a^s(t)$ 和 $a^f(t)$;

(4) 从 t 到 $t + \Delta t$,并仅用 $a^f(t)$,数值地积分 CLE;

(5) 估计跳跃方程(3.5.14)的残差:对所有的慢反应 j,$R_j^{\mathrm{new}} = R_j + a_j^s(t) * \Delta t$;

(6) 对剩余项跨过零进行计数：$ZC = \text{count}(R_{\text{new}} \geq 0)$；
(7) 基于跨零的数目，实施：
  (A) 假如 $ZC = 0$，那么 $X = X(t + \Delta t)$， $t =: t + \Delta t$；
  (B) 假如 $ZC = 1$，那么第 μ 个反应已经发生，实施以下 7 步：
    (a) 计算 $\tau_\mu = -R_\mu / a_\mu^s(t)$；
    (b) 利用(4)中的随机数，从 t 到 $t + \tau_\mu$ 数值积分 CLE(化学 Langevin 方程)；
    (c) $X = X(t + \tau_\mu) + v_\mu, t = t + \tau_\mu$；
    (d) 对所有的慢反应 $i \neq \mu$，计算 $R_i = R_i + a_i^s(t) * \tau_\mu$；
    (e) 重设第 μ 个残差：$R_\mu = \log(\text{URN}_\mu)$；
    (f) 储存系统的状态，为的是可能的重绕(rewind)；
    (g) 重设 Δt 为 Δt^{sde}，或重设一个更优值。
  (C) 假如 $ZC \geq 2$，那么重绕系统的状态，并减少 Δt，$X = X_{\text{last}}, t = t_{\text{last}}$，$R = R_{\text{last}}, \Delta = \Delta / K$；
(8) 储存系统的状态，并转到第(2)步。

在上述算法中，可进行某些近似。除第(2)步中的第(6)小步外，其他步骤不变。而第(6)小步可修正为(6) 基于跨零的数目，实施：
  (A) 假如 $ZC = 0$，那么 $X = X(t + \Delta t)$， $t = t + \Delta t$；
  (B) 假如 $ZC > 0$，那么排除在 $(t, t + \Delta t)$ 内的所有慢反应：
    (a) 初始化：$t^{\text{sum}} = 0, \text{d}X = 0$；
    (b) 对所有的慢反应 μ，计算 $\tau_\mu = -R_\mu / a_\mu^s(t)$；
    (c) $\mu = \min_\mu(\tau), t^{\text{sum}} =: t^{\text{sum}} + \tau_\mu$；
    (d) 当 $(t^{\text{sum}} \leq \Delta t)$ 时，做以下步骤：
      (i) 对所有的慢反应 $i \neq \mu$，计算 $R_i = R_i + a_i^s(t) * \tau_\mu$；
      (ii) 重设第 μ 个剩余项：$R_\mu = \log(\text{URN}_\mu)$； $\text{d}X := \text{d}X + v_\mu$；
      (iii) 对所有的慢反应 μ，计算 $\tau_\mu = -R_\mu / a_\mu^s(t)$；
        $$\mu = \min_\mu(\tau), \quad t^{\text{sum}} =: t^{\text{sum}} + \tau_\mu;$$
    (e) 对所有的慢反应 j，计算 $R_j = R_j + a_j^s(X + \text{d}X) * (\Delta t - t^{\text{sum}} + \tau_\mu)$；
    (f) $X = X(t + \Delta t) + \text{d}X$， $t = t + \Delta t$；
  (C) 假如 $ZC \geq 2$，那么重设系统的状态，并减少 Δt。

3.6 延迟情形的 Gillespie 算法[8]

这种算法是在 Gillespie 算法的基础上，考虑时间延迟因素. 假定由 N 个成分 $X_i\,(1\leqslant i\leqslant N)$ 所组成的系统，且这 N 个成分通过 M 个基本反应 $R_\mu\,(1\leqslant j\leqslant M)$ 来相互作用. 根据 Gillespie 算法，时间是从一个基本反应到下一个反应来考虑的. 在每个所谓的"停止"步，必须决定下个反应发生的时间以及哪个反应将发生. 对于 Markov 过程，从当前的反应到"下个反应"发生的时间的分布是指数的，即

$$P(\tau)=\sum_\mu a_\mu \exp\!\left(-\Delta t \sum_\mu a_\mu\right) \tag{3.6.1}$$

这里 $a_\mu=c_\mu h_\mu$ 是 R_μ 反应的倾向函数. "下个反应"的选择是基于离散分布

$$P(\mu=\mu')=a_{\mu'}\Big/\sum_\mu a_\mu \tag{3.6.2}$$

当某些反应(如出现延迟)是非 Markov 过程时，就有必要修正原来的 Gillespie 算法. 在每个"停止"步，"下个反应"时间根据(3.6.1)和(3.6.2)的分布来做相同的选择. 假如"下个反应"时间被选为 t^*，但选择的反应是具有时间延迟(τ)的，那么这个反应处在一个"堆栈"(stack)，它实际是在时间 $t^*+\tau$ 完成. 然而，假如选择的反应是 Markov 过程，那么"下个反应"的时间 t^* 和先前预定的延迟反应的时间是可比较的. 假如在 t^* 之前没有这种预定的延迟反应发生，那么时间进展到 t^*，分子的数目根据被选择的非延迟反应来更新，且重复这一过程. 但是，假如在 $t_d<t^*$ 存在一个延迟反应，那么最后一次选择被忽视，时间进展到 t_d，预定的延迟反应发生，且重复选择过程. 相应算法如图 3.6.1 所示.

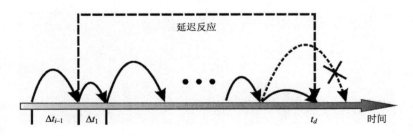

图 3.6.1　修正的 Gillespie 算法示意图：正常反应和延迟反应

下面给出具体的算法步骤：

(1) 输入状态变量的值 $X=(X_1,X_2,\cdots,X_N)$，设时间 $t=0$，反应计数 $i=1$；

(2) 计算 M 个反应的倾向函数 a_μ， $\mu=1,2,\cdots,M$；

(3) 产生均匀分布的随机数 $u_1,u_2\in[0,1]$；

(4) 计算时间间隔 $\Delta t_i=-\ln(u_1)/\sum_\mu a_\mu$ 直到下个反应；

(5) 检查是否有预定在 $[t,t+\Delta t_i]$ 内发生的延迟反应. 假如肯定的话，那么第(2)到第(4)步跳过，时间前进到下个预定发生的延迟反应，系统的状态根据延迟反应来更新，计数器增加1： $i:=i+1$，转到第二步. 若否定的话，转到下一步(第(6)步)；

(6) 找出下个反应 R_μ，即根据 $\sum_{v=1}^{\mu-1}<u_2a_t<\sum_{v=1}^{\mu}$，这里 $a_t=\sum_{v=1}^{M}$ 是整个倾向函数的和；

(7) 假如所选择反应并不是延迟的，根据 R_μ 更新 X，并更新时间 $t=t+\Delta t_i$ 和增加计数器 $i=i+1$. 假如所选择的反应是延迟的，更新被推迟，直到 $t_d=t+\tau$. 再转到第(2)步.

参 考 文 献

[1] Gillespie D T. Exact stochastic simulation of coupled chemical reactions. *Journal of Physical Chemistry*, 1977, 81(25): 2340–2361.

[2] Gillespie D T. The chemical Langevin equation. *Journal of Chemical Physics*, 2000, 113(1): 297–306.

[3] Gillespie D T. Approximate accelerated stochastic simulation of chemically reacting systems. *Journal of Chemical Physics*, 2001, 115(14): 1716–1733.

[4] Tian T H and Burrage K. Stochastic models for regulatory of the genetic toggle switch. *PNAS*, 2006, 103: 8372–8377.

[5] Gillespie D T and Petzold L R. Improved leap-size selection for accelerated stochastic simulation. *Journal of Chemical Physics* , 2003, 119(16): 8229–8234.

[6] Goutsias J. Quasi-equilibrium approximation of fast reaction kinetics in stochastic biochemical systems. *Journal of Chemical Physics*, 2005, 122: 184102.

[7] Salis H and Kaznessis Y. Accurate hybrid simulation of a system of coupled chemical or biochemical reactions. *Journal of Chemical Physics*, 2005, 122: 054103.

[8] Bratsum, D, Volfson D, Tsimning L S and Hasty J. Delay-induced stochastic oscillations in gene regulation. *PNAS*, 2005, 102(4): 14593–14598.

[9] Elf J and Ethrenberg M. Spontaneous separation of bi-stable biochemical systems into spatial domains of opposite phases. *Syst. Biol.*, 2004, 1(2): 230–236.

[10] Erban R and Chapman S J Reactive boundary conditions for stochastic simulation of reaction-diffusion processes. *Phys. Biol.*, 2007, 4: 16–28.

[11] van Zon J S and ten Wolde P R. Simulating biochemical networks at the particle level and in time and space: Green's function reaction dynamics. *Phys. Rev. Lett.*, 2005, 94: 128103.

第 4 章 基因切换系统的随机动力学

生物切换系统是一大类重要的生物系统. 从物理学的观点来看，生物切换系统意味着它有多个稳定态，这些稳定态在某种刺激(包括内部因素和外部因素)下，可实现状态之间的转移(切换). 本章将介绍两种典型的生物切换系统——单基因自调控系统和两个抑制子所组成的开关(toggle switch)系统，特别是将从动力学的角度考虑噪声对基因切换(包括单细胞和多细胞情形)的影响和作用，阐明基因切换的基本生物物理机制.

4.1 单基因双稳系统[1,2,14]

4.1.1 模型及其动力学分析

考虑一个系统，它由 λ 噬菌体的启动子区域(P_{RM})和 cI 基因组成的 DNA 质粒. 尽管 λ 噬菌体完整的启动子区域包含三个结合位点(已知为 OR1，OR2 和 OR3)，首先考虑一个突变系统，即假设操纵区域 OR1 不存在. 这一突变系统相应网络的基本动力性质和生化反应如下：基因 cI 表达抑制子 CI，它反过来二聚化并作为转录因子结合到 DNA. 结合可以发生在两个结合位点 OR2 或 OR3 之一. 正反馈的产生是由于下游的转录被在位点 OR2 的结合所增强，而在位点 OR3 的结合会抑制转录，有效地阻止生成，由此导致负反馈.

描述这一基因调控网的生化反应被分为两类：快反应和慢反应，如表 4.1.1. 令 X,X_2 和 D 分别记抑制子、抑制子的二聚物和 DNA 启动子位点. 分别记 DX_2 和 DX_2^* 结合到位点 OR2 和 OR3 的复合物，DX_2X_2 记为同时结合到位点 OR2 和 OR3 的复合物. K_i 是平衡常数，P 表示 RNA 聚合酶的浓度，n 是每个 mRNA 转录的抑制蛋白数目. 令 $K_3 = \sigma_1 K_2$ 和 $K_4 = \sigma_2 K_2$，这里 σ_1 和 σ_2 代表相对于二聚物-OR2

表 4.1.1 生化反应式

快 反 应	慢 反 应
$2X \xleftrightarrow{K_1} X_2$	$DX_2 + P \xrightarrow{K_t} DX_2 + P + nX$
$D + X_2 \xleftrightarrow{K_2} DX_2$	$X \xrightarrow{K_d} \emptyset$
$D + X_2 \xleftrightarrow{K_3} DX_2^*$	
$DX_2 + X_2 \xleftrightarrow{K_4} DX_2X_2$	

强度的结合强度.

下一步定义浓度为动力变量

$$x_1 = [X], \quad y = [X_2], \quad d = [D], \quad u = [DX_2], \quad v = \left[DX_2^*\right], \quad z = [DX_2X_2]$$

从而可以写出描述抑制蛋白变化的动力学方程

$$\dot{x} = -2k_1x^2 + 2k_{-1}y + nk_t p_0 u - k_d x + r \tag{4.1.1}$$

这里假设 RNA 聚合酶的浓度为常数 p_0,在反应过程中保持不变. $K_1 = k_1/k_{-1}$,参数 r 代表抑制蛋白 CI 的基本生成率,也就是没有转录因子存在的表达率.

接下来,按如下规则消去方程(4.1.1)中的 y, u 和 d. 注意到快反应是以阶为秒的比率,因此,相对于以阶为分钟的比率的慢反应而言,它可以被假定为迅速地达到平衡. 这样,有下面的代数方程

$$y = K_1 x^2, \quad u = K_2 \mathrm{d}y = K_1 K_2 \mathrm{d}x^2,$$
$$v = \sigma_1 K_2 \mathrm{d}y = \sigma_1 K_1 K_2 \mathrm{d}x^2, \quad z = \sigma_2 K_2 uy = \sigma_2 (K_1 K_2)^2 \mathrm{d}x^4 \tag{4.1.2}$$

此外,DNA 启动子位点的总浓度(d_T)是常数. 因此,有保守条件

$$d_T = d + u + v + z = d(1 + (1+\sigma_1)K_1K_2x^2 + \sigma_2 K_1^2 K_2^2 x^4) \tag{4.1.3}$$

在这些假设下,方程(4.1.1)可化为

$$\dot{x} = \frac{nk_t p_0 u d_t K_1 K_2 x^2}{1 + (1+\sigma_1)K_1 K_2 x^2 + \sigma_2 K_1^2 K_2^2 x^4} - k_d x + r \tag{4.1.4}$$

不失一般性,通过正规化抑制蛋白浓度和时间来去掉方程(4.1.4)中的两个参数. 定义无量纲变量 $\bar{x} = x\sqrt{K_1 K_2}$ 和 $\bar{t} = t(r\sqrt{K_1 K_2})$,代入到方程(4.1.4)并化简得到

$$\dot{x} = \frac{\alpha x^2}{1 + (1+\sigma_1)x^2 + \sigma_2 x^4} - \gamma x + 1 \tag{4.1.5}$$

这里导数是关于 $\bar{t}$ 的(我们略去了上划线). 无量纲参数 $\alpha \equiv nk_t p_0 d_T/r$ 可以度量抑制蛋白结合所带来的增强转录,$\gamma = k_d/\left(r\sqrt{K_1 K_2}\right)$. 降解率与基本生成率的相对强度成比例. 对于 λ 噬菌体的突变启动子区域,可令 $\sigma_1 \sim 1, \sigma_2 \sim 5$ [3—5],方程(4.1.5)中的参数 α 和 γ 决定抑制蛋白的平衡态浓度. 方程(4.1.5)可呈现出两种动力学行为. 对某一组参数,系统具有单稳态,任意的初始抑制蛋白浓度都趋向这个唯一平衡点. 对另外一组参数,有 3 个平衡点. 下面说明双稳是如何出现的. 对于给定

的 α 和几个斜率 γ, 图 4.1.1(a)给出了 $\dfrac{\alpha x^2}{1+(1+\sigma_1)x^2+\sigma_2 x^4}$ 和 $\gamma x-r$ 的曲线. 当斜率 γ 很小时,只有一个可能的平衡点存在. 随着斜率 γ 超过一个阈值斜率 γ_L,有三个平衡点出现. 当斜率 γ 进一步增大超过另一个阈值斜率 γ_U 时,抑制蛋白浓度变得很小,又返回了单稳态. 通过画出方程(4.1.5)随着 γ 变化的分岔图,还可以观察到滞后(hysteresis)效果的存在,如 4.1.1(b)所示.

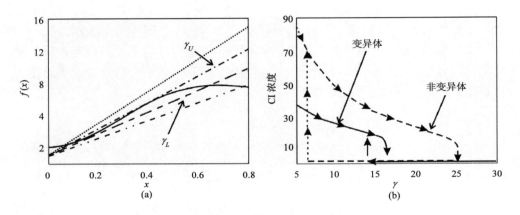

图 4.1.1 单基因双稳系统的刻画

(a)对不同的 γ, $\dfrac{\alpha x^2}{1+2x^2+5x^4}$ 和 $\gamma x-1$ 的曲线; (b)突变系统(4.1.5)和非突变系统(4.1.6)的滞后反馈

由于完整的 λ 噬菌体启动子区域包含三个结合位点(OR1, OR2 和 OR3), 我们还将看到结合位点 OR1 对上面得到的基因调控网的影响. 根据已知的三个结合位点的结合关系和加入 OR1 后的生化反应, 与推导方程(4.1.5)的原理类似, 得到下面考虑了完整的 λ 噬菌体中启动子三个结合位点的动力学模型[1]

$$\dot{x}=\dfrac{\alpha\left(2x^2+50x^4\right)}{25+29x^2+52x^4+4x^6}-\gamma_x x+1 \qquad (4.1.6)$$

与方程(4.1.5)比较, 可以发现结合位点 OR1 的加入仅改变了方程右端的第一项. 通过方程(4.1.6)的分岔图(图 4.1.1(b))可以看出, 尽管结合位点 OR1 的加入没有改变上面讨论的动力学性质, 但是显著地扩大了系统的双稳区域. 同时, 虽然下降到低抑制蛋白浓度的分岔点对于模型(4.1.5)和(4.1.6)差不多, 但是, 模型(4.1.6)中跃上高抑制物浓度的分岔点强度是模型(4.1.5)中相应强度的差不多 5 倍.

下一步考虑两种类型的噪声对切换的影响.

4.1.2 加性噪声的效果

从动力学的观点来看,参数的变化可导致双稳性. 下面主要考虑一个附加的外部噪声源是怎样影响上节中压制子的产物的. 物理学上,用动力变量 x 来代表群体细胞内压制子的浓度,并考虑噪声作用于群体细胞的许多拷贝. 没有外部噪声,每个细胞群体将相同地最终趋于两个不动点中的一个. 然而,噪声源的出现将不时地修正这种简单的行为,导致群体与群体间的波动能够诱导新的行为.

一个加性噪声源改变"背景"(background)压制子产物. 作为例子,考虑一个随机变化的外部场对生化反应的效果. 在原理上,这种场可能影响各个反应的比率. 由于比率方程原来是概率的,它的影响是统计进入的. 假定这种效果很小,能够认为是对模型的一种随机扰动. 我们想象所诱导的事件将影响基本的产物比率,进一步被翻译成迅速改变的背景压制子产物. 为了引入这种效果,一般化上面的模型,以便随机波动线性地进入(4.1.6),得

$$\dot{x} = f(x) + \xi(t) \tag{4.1.7}$$

这里 $\xi(t)$ 是一个迅速变化的随机项,它的平均为零,即 $\langle\xi(t)\rangle = 0$. 为了捕捉迅速的随机波动,采用标准的格式,即自关联是"δ 关联的",或 $\langle\xi(t)\xi(t')\rangle = D\delta(t-t')$,这里 D 正比例于扰动(噪声)的强度.

方程(4.1.7)可以改写为

$$\dot{x} = -\frac{\partial\phi(x)}{\partial x} + \xi(t) \tag{4.1.8}$$

这里引入了潜能 $\phi(x)$,它简单地是(4.1.6)右边的积分. $\phi(x)$ 能够被认为"能量地形",x 被考虑为一个沿地形运动的粒子的位置. 一种能量地形如图 4.1.2. 注意到,压制子浓度的稳定不变值对应于潜能 $\phi(x)$ 的最小点(图 4.1.2(a)),而加性噪声项的效果是引起位于这些最小点中一个粒子(即系统点)的随机跳跃(kick). 偶然地,一系列这种跳跃可使得这种粒子逃出局部最小点,而居留在新的谷中.

在分析方面,为了求解(4.1.8),可引进相应的 F-P 方程. 令 $P(x,t)$ 表示系统在时刻 t 状态为 x 的概率. 那么,有

$$\frac{\partial P(x,t)}{\partial t} = -\frac{\partial (f(x)P(x,t))}{\partial x} + \frac{D}{2}\frac{\partial^2 P(x,t)}{\partial x^2} \tag{4.1.9}$$

它的静态分布满足

$$P_s(x) = A\mathrm{e}^{-(2/D)\phi(x)} \tag{4.1.10}$$

这里 A 为规范化因子. 相应的静态解为

$$\langle x \rangle_{ss} = A \int_0^\infty x e^{-(2/D)\phi(x)} dx \tag{4.1.11}$$

图 4.1.2(c)显示出静态平均解$\langle x \rangle_{ss}$. 它表明外部噪声是能够用来控制静态平均值的.

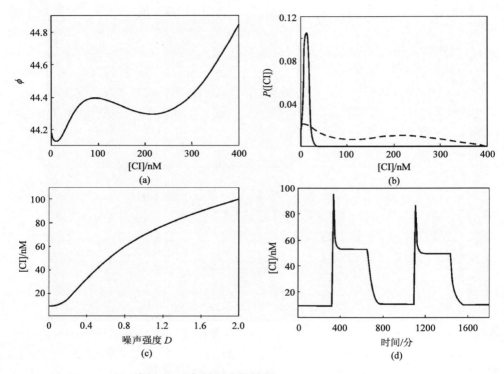

图 4.1.2 加性噪声的效果，$\alpha = 10$，$\gamma = 5.5$

(a)能量地形，稳定的平衡点相应于谷 [CI] = 10nM 和 200nM，不稳定的点相应于 [CI] = 99nM；(b)噪声强度为 $D = 0.04$ 时(实线)和 $D = 0.4$ (点线)稳定态的概率分布；(c)静态蛋白质浓度与噪声强度之间的依赖曲线，表现出单调增加的趋势；(d)噪声诱导蛋白质的切换

作为一个潜在的应用，考虑下列蛋白质的切换. 给定导致图 4.1.2(a)中地形的参数值，通过调整噪声强度在低水平的值，系统开始于切换到"关"的位置. 这引起一个高表达的群体在更低的状态，并引起蛋白质浓度在相应低的值. 在随后的某时刻，通过增加噪声到某一大的值并使它维持某一段时间，考虑对系统进行脉冲，伴随一个减少回到原来的低值. 这种脉冲将引起高状态变成群居化，相应于一个浓度的增加和向着"开"状态切换的弹跳(flipping). 当脉冲迅速地减少时，

高状态保持群居,这是因为噪声并不充分强到驱动系统横跨障碍. 为了返回切换到关状态,处于高状态的群体需要减少到低状态. 这能够通过中等强度的第二个噪声脉冲来实现. 这种中等值可选为足够大,以便增强到更低状态的转移,但也可选为足够小,以便保持对高状态的转移是可阻挡的.

图 4.1.2(d)描述了当噪声脉冲强度 $D=1.0$ 和 $D=0.05$ 时,切换过程的时间演化. 起初,浓度在 [CI] = 10nM 的水平,相应于低水平的噪声 $D=0.01$. 在 6hr 处,一个强度为 $D=1.0$ 且持续 30min 的噪声脉冲被用来驱动 CI 的浓度达到 58nM. 在此之后,噪声返回到原来的值;在 11hr 后,强度为 $D=0.05$ 且持续 90min 的噪声脉冲被用来返回靠近它原来值的浓度.

4.1.3 乘性噪声的效果

再看乘性噪声的情形. 考虑改变转录比率的一个噪声源. 尽管转录可用单个生化反应来表示,但它实际是一系列复杂的反应. 很自然地,假定基因调控系列的这一部分可能被许多内部或外部波动参数所影响. 这里,令(4.1.6)中的参数 α 随机地变化来达到改变转录比率的目的,即 $\alpha \to \alpha + \xi(t)$. 以这种方式,可得蛋白质浓度 x 所满足的方程

$$\dot{x} = h(x) + g(x)\xi(t) \tag{4.1.12}$$

这里

$$h(x) = \frac{\alpha(2x^2 + 50x^4)}{25 + 29x^2 + 52x^4 + 4x^6} - \gamma x + 1, \quad g(x) = \frac{2x^2 + 50x^4}{25 + 29x^2 + 52x^4 + 4x^6}$$

因此,噪声是乘性的,并不是加性的.

图 4.1.3 是相关的数值结果. 在分析方面,类似于加性噪声的情形,可考虑相应的 F-P 方程

$$\frac{\partial P(x,t)}{\partial t} = -\frac{\partial\left(\left(h(x) + \frac{D}{2}g(x)g'(x)\right)P(x,t)\right)}{\partial x} + \frac{D}{2}\frac{\partial^2(g^2(u))}{\partial u^2}P(x,t) \tag{4.1.13}$$

它的静态分布为

$$P_s(x) = Be^{-(2/D)\phi_m(x)} \tag{4.1.14}$$

这里 B 为规范化因子. 相应的静态解为

$$\langle x \rangle_{ss} = B\int_0^\infty x e^{-(2/D)\phi_m(x)}\,dx \tag{4.1.15}$$

这里省略细致的讨论.

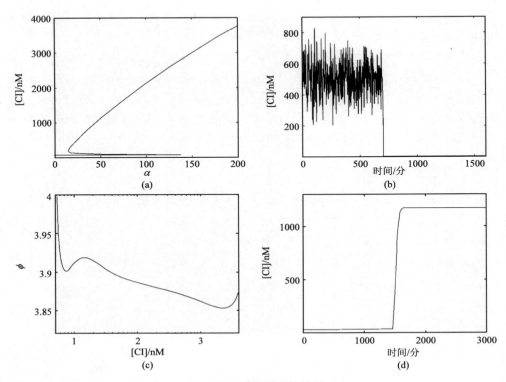

图 4.1.3 乘性噪声的效果

(a)压制子浓度对参数 α 的分叉图. 陡的上分支蕴涵着: α 的中等波动引起在压制子浓度的高不动值附近的大波动, 而扁的低分支蕴涵着: 在低值的小波动. (b)单群体中压制子浓度的时间变化. 参数 α 相对小的随机变化(~6%)诱导在静态浓度处大的波动, 持续大约 700 分钟和小的波动. (c)参数 $\alpha = 100$ 和 $\gamma = 8.5$ 的能量地形. (d)蛋白质浓度大尺度的幅度. 在 20 小时处, 一个持续 60 分钟的噪声脉冲($D = 1.0$)被用来迅速地增加蛋白质的浓度(其跨越三个数量级), 其他参数相同于(c)

4.2 双基因双稳系统

双稳生物系统是最普通且最典型的一类生物切换系统. 双稳切换系统意味着系统能在两个离散的稳定平衡态间切换但不能驻留在中间态. 双稳系统具有滞后效果, 也就是说, 双稳系统两个稳定平衡态间的切换所要求的输入信号的强度可能是不同的. 已有的计算和实验结果表明, 双稳性在诸如细胞分化和细胞周期循环、生化记忆的产生、微生物代谢系统、信号传播和蛋白质转运中起着重要作用. 一个正反馈或双负反馈调控是产生双稳性的必要条件. 典型的双稳生物系统包括

λ噬菌体(phage)的裂解-溶原通路(lysis-lysogeny pathway)、基因开关、细胞信号转导通路(cellular signal transduction pathway)、细胞周期控制系统. 因为基因双稳系统是更大调控成分, 如基因网络和信号级联(signaling cascade)的"构建子块"(building block), 以及这种系统的操作通路会一代一代地传承下去, 因此, 理解它们的稳定性和特征是基本的和重要的.

噪声广泛存在于生物系统中, 并对生物过程(如细胞过程、基因表达过程等)有重要影响是一个已知的事实. 最近的生物实验研究表明, 噪声对双稳系统的动力行为有重要影响, 如在基因切换和乳糖操纵子的双稳系统中, 已观察到双峰群体分布. 本节将考虑各种噪声对基因切换的影响. 这些噪声一般可区分为内部和外部噪声. 对著名的基因开关系统, 外部噪声或来自合成率的随机涨落, 或来自降解率的涨落, 或来自环境的涨落, 而内部噪声来自有关生化反应中速率的涨落. 关于内部噪声, Tian 和 Burrage 的最近研究结果表明, Poisson-τ 跳跃算法能够对确定性系统以一种非常简单的方式引入内部噪声. 与此相比, 外部噪声被认为是加性的(additive). 生物实验表明, 内部噪声诱导基因开关系统的稳定态之间切换是很少见的, 下节将用数值实验加以证实.

4.2.1 协作结合的基因开关: toggle switch[5]

2000 年, 美国波士顿大学的 Gardner 等科学家在大肠杆菌(E. coli)中成功合成了一个基因开关, 即著名的 toggle switch 系统. 该基因开关由两个抑制蛋白和两个启动子组成, 如图 4.2.1 所示. 基因 1 由启动子 2(它被抑制蛋白 2 抑制)所控制, 而基因 2 由启动子 1(它被抑制蛋白 1 抑制)所控制.

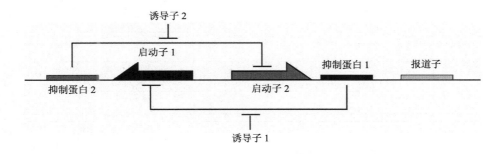

图 4.2.1 toggle switch 结构示意图

抑制蛋白 1 压制启动子 1 的转录并且可由诱导子 1 来诱导, 抑制蛋白 2 压制启动子 2 的转录并且可由诱导子 2 来诱导

记两个抑制自蛋白为 X = repressor1, Y = repressor2, D^I 表示 I 结合启动子的位点($I = X, Y$), X_n 和 Y_n 表示 n 聚物. 相应的生化反应方程列在表 4.2.1 中.

表 4.2.1 压制振动子的生化反应方程

快 反 应	慢 反 应
$mX \xleftrightarrow{K_1} X_m$	$D^X \xrightarrow{K_X} D^X + \mathrm{mRNA}_X$
$nY \xleftrightarrow{K_2} Y_n$	$D^Y \xrightarrow{K_Y} D^Y + \mathrm{mRNA}_Y$
$X_m + D^Y \xleftrightarrow{K_3} D_X^Y$	$\mathrm{mRNA}_I \xrightarrow{t_I} \mathrm{mRNA}_I + I, I = X, Y$
$Y_n + D^X \xleftrightarrow{K_4} D_Y^X$	$\mathrm{mRNA}_I \xrightarrow{e_I} \varnothing, I = X, Y$
	$I \xrightarrow{d_I} \varnothing, I = X, Y$

记两个抑制蛋白的浓度分别为 $u = [\text{repressor1}]$，$v = [\text{repressor2}]$，则 toggle switch 的动力学行为和产生双稳性条件可通过下列方程来更好地理解：

$$\frac{du}{dt} = \frac{\alpha_1}{1+v^\beta} - u, \quad \frac{dv}{dt} = \frac{\alpha_2}{1+u^\gamma} - v \tag{4.2.1}$$

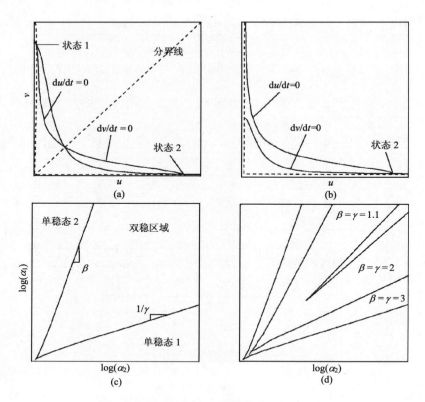

图 4.2.2 toggle switch 系统的动力行为分析

(a) 平衡启动子强度能产生双稳开关；(b) 非平衡启动子强度导致单稳态； (c)模型(4.2.1)的双稳区域与合成率 α_1 和 α_2 的依赖关系；(d) 模型(4.2.1)的双稳区域与协作结合强度 β 和 γ 的依赖关系

这里参数 α_1 和 α_2 分别是两个抑制蛋白的有效合成率；参数 β 和 γ 刻画两个抑制蛋白相抑制的协作性. 模型(4.2.1)的定性性质可由动力学分析获得，如图 4.2.2 所示. 对于适当的系统参数，零倾线 $du/dt=0$ 和 $dv/dt=0$ 相交于三个点，一个不稳定平衡点和两个稳定平衡点，如图 4.2.2(a)所示. 对于另外的模型参数，模型(4.2.1)也可能只有一个平衡点，如图 4.2.2(b)所示. 模型(4.2.1)产生双稳的条件也可通过图 4.2.2(c)来说明，从中可以看出，随着合成率 α_1 和 α_2 的增大，模型的双稳区域也变大. 而且，对于大的合成率 α_1 和 α_2，双稳性质还与协作结合强度 β 和 γ 有关，即强协作结合可以增大模型(4.2.1)的双稳区域，如图 4.2.2(d)所示.

上面的分析对于理解基因开关系统的基本动力行为是重要的. 关于各种噪声对基因切换系统(4.2.1)的影响，将在下节中详尽地分析.

4.2.2 非协作结合的基因开关[6,7]

toggle switch 是由两个相互压制对方转录的蛋白 A 和 B(记它们的浓度分别为[A]和[B])组成的一个简单的基因调控环路. 通过 B 的 n 个拷贝结合到基因 A 的启动子区域来压制基因 A 的转录(同样通过结合到基因 B 的启动子区域来压制基因 B 的转录). 这个过程在数学模型上通常由 Hill 函数 $\dfrac{g_A}{1+k[B]^n}$ 来表示对蛋白 A 转录的压制，这里 g_A 为 A 的最大生成率，k 表示压制强度的常数，n 为 Hill 系数. 当 $n=1$ 时，一个蛋白结合到启动子区域就可以起到负反馈的作用；而当 $n>1$ 时，需要两个或更多的蛋白协作结合才能起到负反馈的作用. 已有关于基因开关的数值研究表明，协作结合是产生两个平衡态的必要条件，而且在协作结合的情形下，随机波动能扩大基因开关的参数双稳区域[6-11]. 称 $n=1$ 的双稳系统为非协作结合开关，$n>1$ 的双稳系统为协作结合开关. 下面将介绍在非协作结合的情况下依然能产生双稳基因开关. 相应地，有三种典型的模型.

1. 普通开关(general switch)

普通开关是由两个相互压制对方转录的转录因子 A 和 B 组成，如图 4.2.3(a)所示[8-10]. 在这个基因环路中，没有协作结合，即转录过程是由一个结合蛋白来执行负反馈. 令细胞内自由蛋白的浓度分别为[A]和[B]，结合蛋白的浓度分别记为 $[r_A]$ 和 $[r_B]$，其中 r_A 为结合到基因 B 的启动子区域的一个 A 结合蛋白，r_B 为结合到基因 A 的启动子区域的一个 B 结合蛋白. 注意到细胞内在给定时刻至多只有一个结合蛋白，因此 $0 \leqslant r_A, r_B \leqslant 1$. 记蛋白 X 的最大生成率为 g_X(其单位为 s^{-1})，这里 X=A 或 B，降解率为 d_X(其单位也为 s^{-1}). 为了方便，这里研究对称情形，即 $g=g_A=g_B$，$d=d_A=d_B$. 蛋白结合到启动子的速率记为 α_0 (其单位为 s^{-1})，从启动子上分离的速率记为 α_1 (其单位为 s^{-1}).

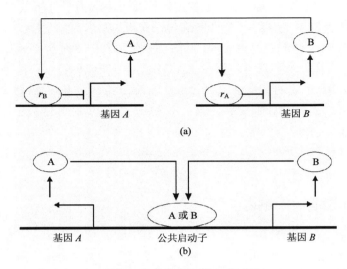

图 4.2.3　开关系统的基因调控
(a) 普通开关：两个蛋白 A 和 B 互相压制对方的转录；(b) 排斥开关：基因 A 和 B 的启动子区域重合，它们可同时结合到启动子

(1) 确定性描述. 普通开关的动力学可由下面的速率方程(rate equation)来描述[6]：

$$\frac{d[A]}{dt} = g_A(1-[r_B]) - d_A[A] - \alpha_0[A](1-[r_A]) + \alpha_1[r_A]$$

$$\frac{d[B]}{dt} = g_B(1-[r_A]) - d_B[B] - \alpha_0[B](1-[r_B]) + \alpha_1[r_B]$$

$$\frac{d[r_A]}{dt} = \alpha_0[A](1-[r_A]) - \alpha_1[r_A]$$

$$\frac{d[r_B]}{dt} = \alpha_0[B](1-[r_B]) - \alpha_1[r_B] \tag{4.2.2}$$

相对于转录、翻译过程，蛋白质到启动子的结合过程通常被认为是快的，即 $\alpha_0, \alpha_2 \gg d_X, g_X$. 在这种假设下，令 $\frac{d[r_A]}{dt} = 0$, $\frac{d[r_B]}{dt} = 0$, 得到下面标准形式的 MM 方程：

$$\frac{d[A]}{dt} = \frac{g}{1+k[B]} - d[A], \quad \frac{d[B]}{dt} = \frac{g}{1+k[A]} - d[B] \tag{4.2.3}$$

这里 $k = \alpha_0/\alpha_1$ 表示压制强度. 对于给定的自由蛋白 X，参数 k 控制 $[r_X]$ 的值. 当

$k[X] \ll 1$ 时, 有弱压制的极限 $r_X \ll 1$; 而当 $k[X] \gg 1$ 时, 有强压制的极限 $r_X \approx 1$. 令 $d[A]/dt = 0$, $d[B]/dt = 0$, 那么方程(4.2.3)的平衡点满足

$$g - d[A] - kd[A][B] = 0, \quad g - d[B] - kd[A][B] = 0 \tag{4.2.4}$$

这样求得方程(4.2.4)的正定解为

$$[A] = [B] = \frac{-1 + \sqrt{1 + 4kg/d}}{2k} \tag{4.2.5}$$

所以, 非协作结合的普通开关对应的速率方程(4.2.2)只有一个平衡点, 确定性的普通开关系统(4.2.2)不具有双稳性.

(2) 随机描述. 用主方程来研究随机波动的效果. 令 $P(N_A, N_B, r_A, r_B)$ 为一个细胞在 t 时刻包含 X 个自由蛋白和 r_X 个结合蛋白的概率, 这里 $N_A = 0,1,2,\cdots$, $r_X = 0,1$, $X = A, B$. 则普通开关的主方程为

$$\begin{aligned}
\dot{P}(N_A, N_B, r_A, r_B) = & g_A \delta_{r_B,0}[P(N_A - 1, N_B, r_A, r_B) - P(N_A, N_B, r_A, r_B)] \\
& + g_B \delta_{r_A,0}[P(N_A, N_B - 1, r_A, r_B) - P(N_A, N_B, r_A, r_B)] \\
& + d_A[(N_A + 1)[P(N_A + 1, N_B, r_A, r_B) - N_A P(N_A, N_B, r_A, r_B)]] \\
& + d_B[(N_B + 1)[P(N_A, N_B + 1, r_A, r_B) - N_B P(N_A, N_B, r_A, r_B)]] \\
& + \alpha_0[(N_A + 1)\delta_{r_A,1} P(N_A + 1, N_B, r_A - 1, r_B) - N_A \delta_{r_A,0} P(N_A, N_B, r_A, r_B)] \\
& + \alpha_0[(N_B + 1)\delta_{r_B,1} P(N_A, N_B + 1, r_A, r_B - 1) - N_B \delta_{r_B,0} P(N_A, N_B, r_A, r_B)] \\
& + \alpha_1[\delta_{r_A,0} P(N_A - 1, N_B, r_A + 1, r_B) - \delta_{r_A,1} P(N_A, N_B, r_A, r_B)] \\
& + \alpha_1[\delta_{r_B,0} P(N_A, N_B - 1, r_A, r_B + 1) - \delta_{r_B,1} P(N_A, N_B, r_A, r_B)]
\end{aligned} \tag{4.2.6}$$

这里

$$\delta_{i,j} = \begin{cases} 1, & i = j \\ 0, & i \neq j \end{cases}$$

g_X 代表蛋白质的合成, d_X 代表蛋白质的降解, α_0 和 α_1 分别代表蛋白质的合成和降解, 分别描述蛋白质与启动子的结合与解离率. 在数值积分中, 设两个抑制蛋白分子数目上限分别为 $N_A^{\max}$ 和 $N_B^{\max}$. 主方程有唯一的稳定静态解[10]. 产生双稳的条件是这个静态解 $P(N_A, N_B, r_A, r_B)$ 有两个不同的高概率区域(峰), 这两个峰被一个小概率的间隔分开. 这两个峰就对应于基因环路中两个可能的平衡态. 如果这两个峰间的转移率很低, 则该系统确实是一个双稳开关. 注意, 下列形式的均值

$$<N_\mathrm{X}> = \sum_{N_\mathrm{A}=0}^{N_\mathrm{A}^{\max}} \sum_{N_\mathrm{B}=0}^{N_\mathrm{B}^{\max}} \sum_{r_\mathrm{A}=0}^{1} \sum_{r_\mathrm{B}=0}^{1} N_\mathrm{X} P(N_\mathrm{A}, N_\mathrm{B}, r_\mathrm{A}, r_\mathrm{B}), \quad \mathrm{X} = \mathrm{A}, \mathrm{B} \tag{4.2.7}$$

并不能反映概率分布的复杂结构. (4.2.7)可以认为是许多细胞的平均值, 其中一些细胞基因 A 被表达, 另外一些基因 B 也被表达, 使得这两种类型的细胞的总数目几乎一样. 为了检测双稳的存在性, 考虑边缘概率分布

$$P(N_\mathrm{A}, N_\mathrm{B}) = \sum_{r_\mathrm{A}=0}^{1} \sum_{r_\mathrm{B}=0}^{1} P(N_\mathrm{A}, N_\mathrm{B}, r_\mathrm{A}, r_\mathrm{B}) \tag{4.2.8}$$

对于取不同值的参数, 我们计算了该边缘概率密度, 其中两个典型的例子如图 4.2.4 所示. 对于弱压制的情形, 即 k 很小($k = 0.005$), $P(N_\mathrm{A}, N_\mathrm{B})$ 只有一个峰(图 4.2.4(a)), 这里 $N_\mathrm{A} = N_\mathrm{B} = g/d$ 与速率方程的结果一致. 这是因为在 k 很小时, 压制效果很弱, A 和 B 的相关性很小, 这样, 由于模型的对称性, 细胞将包含几乎相同的抑制蛋白的量. 对于强压制的情形, $P(N_\mathrm{A}, N_\mathrm{B})$ 有一个峰出现基因 A 的转录, 一个峰出现基因 B 的转录, 与我们期望的双稳系统一样. 然而, 在原点附近又出现了第三个峰, 该峰处两个自由蛋白都被压制了, 如图 4.2.4(b). 该峰的出现是由于基因 A 和 B 同时结合到启动子区域而有效地压制了对方的转录. 经过第三个峰, 系统能快速地在 A 转录的峰和 B 转录的峰之间切换. 此外, 我们还做了 Monte Carlo 模拟. 图 4.2.5(a)给出了单个细胞中模拟的自由蛋白 A 和 B 的时间演化曲线. 从中可以清楚看出细胞不停地在三个状态间切换: A 转录状态、B 转录状态、A 和 B 都被压制状态. 这里指出: 一个系统呈现双稳的必要条件是避免第三个峰的出现.

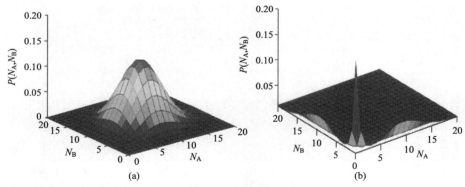

图 4.2.4 普通开关在不同条件下的概率分布 $P(N_\mathrm{A}, N_\mathrm{B})$

(a) 弱压制情形(k=0.005), 这里只有一个峰; (b)强压制的情形(k=50), 这里出现 3 个峰, 一个是 A 转录, 一个是 B 转录, 还有一个是 A 和 B 都被压制

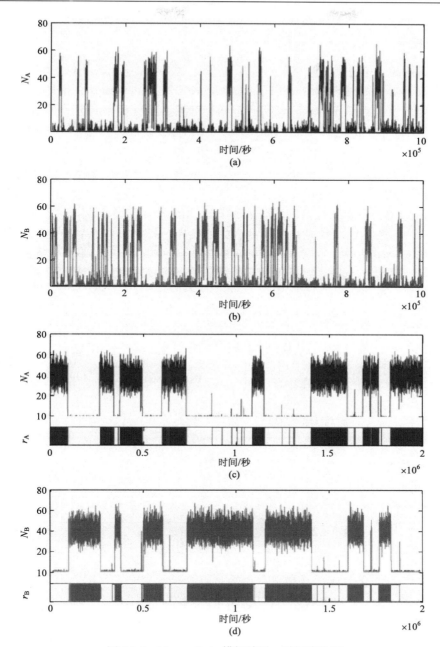

图 4.2.5 Monte Carlo 模拟结果：时间演化图

(a)和(b)普通开关中自由蛋白 A 和 B 的时间序列，从中可以看出系统在三个状态(A 转录状态、B 转录状态、A 和 B 都被压制状态)间快速地切换；(c)和(d)排斥开关中自由蛋白 A 和 B 和结合蛋白 A 和 B 的时间序列，特征切换时间为 $10^5(s)$，大约一天的时间. 参数值为 $g=0.2, d=0.005, a_0=0.2, a_1=0.01(s^{-1})$

2. 排斥开关(exclusive switch)[6]

所谓排斥开关是指基因 A 和 B 的启动子重叠了，如图 4.2.3(b)所示，这样就不会出现 A 和 B 同时结合到启动子区域的情况，这与上面讨论的普通开关不同。排斥开关在自然中的例子有 λ 噬菌体的裂解–溶源开关，λ 噬菌体中基因 cI 的启动子 P_{RM} 和 cro 的启动子 P_R 有三个重叠的操作区域 OR1,OR2 和 OR3。已有研究表明，在协作结合条件下，排斥开关比普通开关更稳定[6]。这是由于在排斥开关中，若其中一个蛋白结合到了重叠的启动子区域，则另一个蛋白就不能结合到启动子区域。这里，我们将证明，在排斥开关中，非协作结合下随机波动能带来双稳性。而且，由于蛋白 A 和 B 不能同时结合到启动子区域上，上面的第三个峰将不再存在。

(1) 确定性描述。首先建立排斥开关的确定性模型。注意到变量 $[r_A]$(或$[r_B]$)实际上是启动子被结合蛋白 A (或 B) 占领的比例，那么启动子不被占领的比例就是 $(1-[r_A]-[r_B])$。因此有下面的排斥开关方程

$$\frac{d[A]}{dt} = g(1-[r_B]) - d[A] - \alpha_0[A](1-[r_A]-[r_B]) + \alpha_1[r_A]$$

$$\frac{d[B]}{dt} = g(1-[r_A]) - d[B] - \alpha_0[B](1-[r_A]-[r_B]) + \alpha_1[r_B]$$

$$\frac{d[r_A]}{dt} = \alpha_0[A](1-[r_A]-[r_B]) - \alpha_1[r_A]$$

$$\frac{d[r_B]}{dt} = \alpha_0[B](1-[r_A]-[r_B]) - \alpha_1[r_B] \qquad (4.2.9)$$

与普通开关相似，在准平衡态下，(4.2.9)又可写为

$$\frac{d[A]}{dt} = \frac{g}{1+k[B]/(1+k[A])} - d[A]$$

$$\frac{d[B]}{dt} = \frac{g}{1+k[A]/(1+k[B])} - d[B] \qquad (4.2.10)$$

方程(4.2.10)的平衡点满足方程

$$g + (kg-d)[A] - kd[A]([A]+[B]) = 0$$
$$g + (kg-d)[B] - kd[B]([A]+[B]) = 0 \qquad (4.2.11)$$

这里，这里 $k = \alpha_0/\alpha_1$ 表示压制强度。代数方程(4.2.11)只有一个有意义的对称平衡态解

$$[A] = [B] = \frac{(kg-d) + \sqrt{(kg+d)^2 + 4kgd}}{4kd} \qquad (4.2.12)$$

(2) 随机描述. 与普通开关相似, 建立相应于排斥开关的主方程. 为此, 只需考虑对方程(3.2.6)的以下修正: (a) 在与 α_0 和 α_1 相关的项中, $\delta_{r_A,j}$ (或 $\delta_{r_B,j}$) 由 $\delta_{r_B,0}$ (或 $\delta_{r_A,0}$) 替换, (b) 加上条件 $P(N_A,N_B,1,1)=0$. 考虑这些修正后, 有

$$P(N_A,N_B,r_A,r_B) = g_A \delta_{r_B,0}[P(N_A-1,N_B,r_A,r_B)-P(N_A,N_B,r_A,r_B)]$$
$$+ g_B \delta_{r_A,0}[P(N_A,N_B-1,r_A,r_B)-P(N_A,N_B,r_A,r_B)]$$
$$+ d_A[(N_A+1)P(N_A+1,N_B,r_A,r_B)-N_A P(N_A,N_B,r_A,r_B)]$$
$$+ d_B[(N_B+1)P(N_A,N_B+1,r_A,r_B)-N_B P(N_A,N_B,r_A,r_B)]$$
$$+ \alpha_0 \delta_{r_B,0}[(N_A+1)\delta_{r_A,1}P(N_A+1,N_B,r_A-1,r_B)-N_A \delta_{r_A,0}P(N_A,N_B,r_A,r_B)]$$
$$+ \alpha_0 \delta_{r_A,0}[(N_B+1)\delta_{r_B,1}P(N_A,N_B+1,r_A-1,r_B-1)-N_B \delta_{r_B,0}P(N_A,N_B,r_A,r_B)]$$
$$+ \alpha_1[\delta_{r_A,0}P(N_A-1,N_B,r_A+1,r_B)-\delta_{r_A,1}P(N_A,N_B,r_A,r_B)]$$
$$+ \alpha_1[\delta_{r_B,0}P(N_A,N_B-1,r_A,r_B+1)-\delta_{r_B,1}P(N_A,N_B,r_A,r_B)] \quad (4.2.13)$$

和普通开关一样, 在排斥开关中, 对于弱压制的情形, 即 k 很小时($k = 0.005$), $P(N_A,N_B)$ 只有一个峰(图 4.2.6(a)). 然而, 当压制强度 k 变大时, $P(N_A,N_B)$ 开始出现两个峰. 对于中等的 k, 这两个峰仍然是连接在一起的(图 4.2.6(b)). Mante Carlo 模拟也表明, 对于中等强度的 k, 系统确实出现了双稳态, 一个是基因 A 表达, 一个是基因 B 表达, 但是这两个平衡态间很容易切换, 不是真正的基因开关. 对于强压制的情形, $P(N_A,N_B)$ 出现了两个中间由零概率区域分开的峰(图 4.2.6(c)). 在一个峰处, 基因 1 被压制, 在另一个峰处, 基因 2 被压制. 在每个峰处, 得到转录蛋白的平均为 $<N_X> \approx g/d$, 而被压制蛋白的平均为 $<N_X> \approx 0$. Mante Carlo 模拟表明, 这两个平衡态间的自发切换时间很长. 图 4.2.6(b)中所示典型的切换时间为 10^5 秒, 这个时间不但比转录、翻译、降解的时间尺度都长, 还比细胞分裂的周期($10^3 \sim 10^4$)也长.

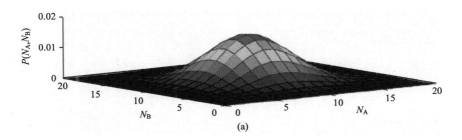

(a)

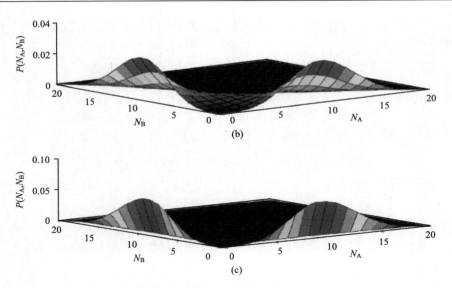

图 4.2.6 排斥开关在不同条件下的概率分布 $P(N_A, N_B)$

(a)弱压制情形(k=0.005),这里只有一个峰;(b)中间压制的情形(k = 1),有两个连接起来的不同的峰;(c)强压制的情形(k = 50),这里只出现两个峰,观察到了双稳性

3. 结合压制蛋白降解开关(bound repressor degradation,BRD)

现在考虑另一个基因开关:不仅仅自由蛋白降解,结合蛋白也降解. 结合蛋白降解阻止了抑制蛋白 A 和 B 同时结合到启动子的机会. 数值仿真表明,结合蛋白的降解在主方程和速率方程水平都表现出双稳性. 相应的数学模型为

$$\frac{d[A]}{dt} = g(1-[r_B]) - d[A] - \alpha_0[A](1-[r_A]) + \alpha_1[r_A]$$

$$\frac{d[B]}{dt} = g(1-[r_A]) - d[B] - \alpha_0[B](1-[r_B]) + \alpha_1[r_B]$$

$$\frac{d[r_A]}{dt} = \alpha_0[A](1-[r_A]) - \alpha_1[r_A] - d_r[r_A]$$

$$\frac{d[r_B]}{dt} = \alpha_0[B](1-[r_B]) - \alpha_1[r_B] - d_r[r_B] \tag{4.2.14}$$

这里 d_r 是结合蛋白的降解率. 考虑到结合过程很快,得到下面的 MM 方程

$$\frac{d[A]}{dt} = \frac{g}{1+k[B]} - \left(d + \frac{d_r k}{1+k[A]}\right)[A]$$

$$\frac{d[B]}{dt} = \frac{g}{1+k[A]} - \left(d + \frac{d_r k}{1+k[B]}\right)[B] \tag{4.2.15}$$

对某一组参数，方程(4.2.15)有一个对称平衡态解

$$[A]=[B]=\frac{\sqrt{(d+d_r k)^2+4dkg}-d-d_r k}{2dk} \tag{4.2.16}$$

而对于另外的参数，还存在两个非对称平衡态解，它们可由下面二次方程给出

$$dd_r k^2 [A]^2 + (gdk+dd_r k+d_r^2 k^2 - gd_r k^2)[A] + gd = 0 \tag{4.2.17}$$

使方程(4.2.17)存在两个不同解的条件是

$$(d-d_r)[g(kd_r-d)^2 - d_r(kd_r+d)^2] > 0 \tag{4.2.18}$$

为了保证解为正的，必须要满足 $g > d_r$。所以，分岔点发生在

$$k_c = \frac{d(\sqrt{g}+\sqrt{d_r})}{d_r(\sqrt{g}-\sqrt{d_r})} \tag{4.2.19}$$

当 $k > k_c$ 时存在两个稳定非对称解，当 $k \leq k_c$ 时对称解是稳定的。该结合压制蛋白降解开关(BRD 开关)的静态解如图 4.2.7 所示。从方程(4.2.14)得到的数值解和理论结果也是符合的。我们说在速率方程水平上结合蛋白的降解确实诱导了双稳。双稳性的出现可以归结于这样的事实：在方程(4.2.15)中，对占少数的自由蛋白的有效降解率比对占多数的自由蛋白的有效降解率高，这增强了两者的差别，并且当 $k > k_c$ 时使对称解失去稳定性。

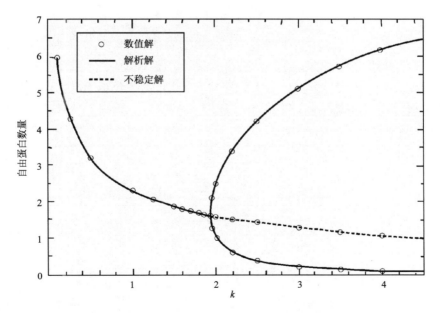

图 4.2.7　BRD 开关中自由蛋白依赖于 k 的静态解

参数为 $g=0.05, d=d_x=0.005, \alpha_1=0.01$，$\alpha_0$ 是可变化的(这里 $\alpha_0=0.2$)，$k_c \approx 1.92$

4.3 连贯切换[26]

本节将以著名的基因切换系统[5]为例,详细调查外部和内部噪声对双稳性和切换的影响. 我们的目标是定量化噪声诱导两个稳定态间切换的性质,以及显示出这两种噪声的不同作用. 主要结果包括:内部噪声不能诱导连贯切换,但外部噪声(如加性噪声和各种乘性噪声)均能够诱导连贯切换. 而且,存在一个最优的噪声强度最有利于诱导这种切换,并使弱信号最优地扩大.

4.3.1 随机模型

我们仍使用由 Gardner 等人提出的合成基因调控网模型[5]. 注意,在这种调控网中,有两个基因 *lacI* 和 *λcI*(它们分别编码转录调控蛋白 LacI 和λCI),及两个启动子 P_{L*} 和 P_{trc},如图 4.3.1 所示. 基因 *lacI* 由启动子 P_{L*}(它被 CI 抑制)所控制,而基因 *cI* 由启动子 P_{trc}(它被 LacI 抑制)所控制. 记两个抑制蛋白的浓度分别为:x=[LacI], y=[λCI]. 假如不考虑细胞的增长和变异及噪声等因素,那么其时间演化可由下列二阶常微分方程来确定

$$\frac{dx}{dt} = \frac{\alpha_1}{1+y^m} - x, \quad \frac{dy}{dt} = \frac{\alpha_2}{1+x^n} - y \qquad (4.3.1)$$

这里参数 α_1 和 α_2 分别是两个抑制蛋白的有效合成率;参数 m 和 n 刻画两个抑制蛋白相互抑制的协作性. 以下固定参数 $m = n = 1.6$,$\alpha_1 = \alpha_2 = 5$,并假定抑制蛋白质分子的最初数目为 $X(0) = 1700$,$Y(0) = 320$. 注意到模型(4.3.1)中 x 和 y 的单位为μM,而我们知道在 *E.coli* 中每个细胞内大约 500 分子相当于 1μM[12],因此,可以把 x 和 y 换算成分子数目.

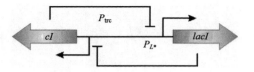

图 4.3.1 基因开关系统的基因调控示意图

对上面的模型,有各种方法来引入噪声,例如,Poisson-τ 跳跃算法[13]能够对确定性系统以一种非常简单的方式来引入内部噪声[12]. 以这种方法,对模型(4.3.1),相应的随机模型可以表示为

$$x(t+\tau) = x(t) + P\left[\frac{\alpha_1 \tau}{1+(y(t))^m}\right] - P(x(t)\tau)$$

$$y(t+\tau) = y(t) + P\left[\frac{\alpha_2 \tau}{1+(x(t))^n}\right] - P(y(t)\tau) \tag{4.3.2}$$

这里，如 $P(x(t)\tau)$ 等表示 Poisson 随机变量；τ 是 τ 跳跃算法中的时间间隔. 在数值模拟中，所有的 Poisson 随机变量均用二项随机变量来近似，以提高计算效率[12].

相对于内部噪声(它是由参加生化反应分子的随机碰撞所致)，外部噪声是由于外部环境的随机变化或扰动造成的. 对外部噪声的情形，我们引入几种随机模型. 实验发现，合成率和降解率等易受噪声的影响[14]. 若对合成率 α_1 和 α_2 来引入涨落(导致乘性噪声)，则有随机模型

$$\frac{dx}{dt} = \frac{\alpha_1 + \xi_1(t)}{1+y^m} - x, \quad \frac{dy}{dt} = \frac{\alpha_2 + \xi_2(t)}{1+x^n} - y \tag{4.3.3}$$

同样地，若对降解率引入噪声(即乘性噪声)，则有模型

$$\frac{dx}{dt} = \frac{\alpha_1}{1+y^m} - (1+\xi_1(t))x, \quad \frac{dy}{dt} = \frac{\alpha_2}{1+x^n} - (1+\xi_2(t))y \tag{4.3.4}$$

此外，环境的涨落易导致噪声(即加性噪声). 因此，可引进下列随机模型

$$\frac{dx}{dt} = \frac{\alpha_1}{1+y^m} - x + \xi_1(t), \quad \frac{dy}{dt} = \frac{\alpha_2}{1+x^n} - y + \xi_2(t) \tag{4.3.5}$$

在模型 (4.3.3)~(4.3.5) 中，$\langle \xi_i(t) \rangle = 0, \langle \xi_i(t)\xi_j(t') \rangle = D\delta_{ij}(t-t')$，$i,j=1,2$. 此外，为了调查噪声对弱信号的扩大效果，引进另一类随机模型. 例如，对模型 (4.3.5)，假定内部细胞过程涉及一个小蛋白 U 的振动，这里 U=Acosωt. 为了耦合这种振动蛋白到图 4.3.1 所示的基因开关网络中，我们想象把临近于翻译蛋白 U 的基因插入到翻译抑制子 lacI 的基因中[15]. 这样可获得下列模型

$$\frac{dx}{dt} = \frac{\alpha_1}{1+y^m} - x + A\cos\omega t + \xi(t), \quad \frac{dy}{dt} = \frac{\alpha_2}{1+x^n} - y \tag{4.3.6}$$

这里，$\langle \xi(t) \rangle = 0, \langle \xi(t)\xi(t') \rangle = D\delta(t-t')$. 这种模型称为周期驱动的模型 (4.3.5)，这是因为在数学模型上，方程 (4.3.6) 中的 U = A$\cos\omega t$ 项可以看成是原模型 (4.3.5) 的外部输入. 注意到，在方程 (4.3.6) 中，我们仅对第一个方程引入噪声和外部输入项. 这有两方面的考虑：一是为了使得切换的效果更好(假如方程 (4.3.6) 中的第一

和第二方程均引入噪声的话，将可能会使得这两个噪声的效果相互抵消，从而导致差的切换效果);二是由于仅把临近于翻译蛋白 U 的基因插入到翻译抑制子 *lacI* 的基因中，这导致了仅在第一方程中引入项 $U = A\cos\omega t$，同时，这种项的引入也导致了一个加性噪声项的引入(这里我们假定，在基因表达过程中，没有其他随机因素的出现．更细致的生物解释可参见文献[15])．完全类似地，可引进周期驱动的模型(4.3.3)和(4.3.4)．注意到，在这些模型中，我们只在引入周期驱动项的方程引进噪声．

需要指出的是，内部噪声和外部噪声是相对而言的，例如，方程(4.3.3)~(4.3.6) 中所引入的噪声对单个的基因开关系统而言是外部噪声，但若考虑这种基因开关系统的群体时，它们变成内部噪声，这时外部噪声只能出现在细胞环境中．这里把由 Poisson-τ 跳跃算法所引入的噪声称为内部噪声，而把合成率或降解率的涨落所导致的噪声以及环境涨落引起的噪声统称为外部噪声．

4.3.2 内部噪声的效果

对模型(4.3.2)，固定参数 $\tau = 0.1$．数值模拟采用 Gillespie 随机算法[13]，迭代步长取为 $\Delta t = 0.1$．图 4.3.2 表明，由 Poisson-τ 跳跃算法所引入的内部噪声不能诱导基因开关系统中两个抑制蛋白静止态间的连贯切换．在图 4.3.2 中，左图分别表示两个抑制蛋白 LacI 和 λCI 的分子数的时间演化，其中深色表示 LacI，而浅色表示 λCI．左图中的内图表示这两个抑制蛋白浓度的时间演化；右图表示蛋白质 LacI 分子数目的分布情况，它服从单峰分布．当参数 τ 取其他值时，数值结果类似于 $\tau = 0.1$ 的情况．数值结果与实验观察到的事实相符[12]，说明对两个基因的开关系

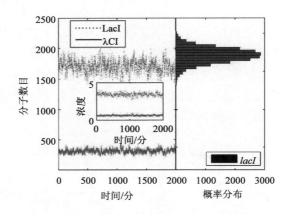

图 4.3.2　内部噪声不能诱导连贯切换，见模型(4.3.2)

左边的大图表示两个抑制蛋白个数的时间演化(浅色表示λCI, 深色表示 LacI)，其中内图表示它们的浓度的时间演化；右边的图表示蛋白质 LacI 个数的分布情况

统,内部噪声的确不能诱导连贯切换.因此,基因开关系统对内部噪声具有鲁棒性,这种性质可能被生物组织所利用.

4.3.3 外部噪声的效果

我们调查了三种类型的外部噪声对连贯切换的影响,见模型(4.3.3)~(4.3.5).以下对模型(4.3.3),令$D=0.04$;对模型(4.3.4),令$D=0.4$;对模型(4.3.5),令$D=0.02$.图4.3.5是合成率的涨落所诱导的连贯切换,其中,(a)表示两个抑制蛋白LacI和λCI从一种状态切换到另一种状态(浅色表示λCI;深色表示LacI);(b)中SPD(steady-state probability dense)表示抑制蛋白质LacI在两个静止态处的可能性分布(指概率密度分布),它是对应的F-P方程的静态解;PD(probability dense)表示LacI在这两个状态可能性分布(指概率密度分布)的数值结果.我们观察到抑制蛋白LacI最初处在静止态1,另一个抑制蛋白λCI处在静止态2;随着时间的演化,大约在时间为480分钟时,LacI从状态1切换到状态2,而λCI从状态2切换到状态1.这种状况持续大约920分钟,直到时间大约为1400分钟时,LacI又从状态2切换到状态1,同时λCI从状态1切换到状态2.这两个抑制蛋白就以这种交替切换的方式进行下去,实现连贯切换.图4.3.3和图4.3.4分别是环境的涨落和降解率的涨落所诱导的连贯切换,这些图例中的说明类似于图4.3.4中的说明.比较图4.3.3~图4.3.5我们发现,在给定的时间内,如在2000分钟内,合成率和降解率的涨落所诱导的切换的次数比环境的涨落所诱导的切换的次数要多(在2000分钟时间内,图4.3.4中只出现两次切换,而图4.3.4和图4.3.5中出现三次切换).

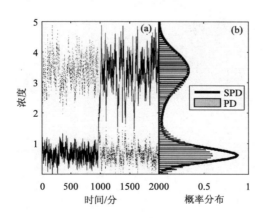

图 4.3.3 环境的涨落诱导连贯切换,见模型(4.3.5)
(a)表示两个抑制蛋白从一种状态切换到另一种状态(浅色表示λCI,深色表示LacI);(b)中SPD表示抑制蛋白质LacI在两个静止态处的可能性分布(概率密度:理论结果),PD表示LacI在这两个状态可能性分布(概率密度)的数值结果

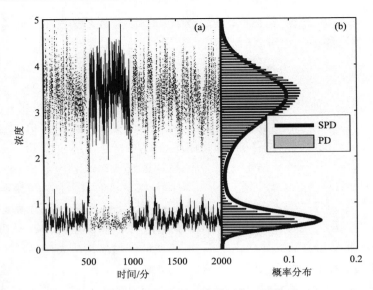

图 4.3.4 降解率的涨落诱导连贯切换，见模型(4.3.4)

(a)表示两个抑制蛋白从一种状态切换到另一种状态(浅色表示λCI，深色表示LacI); (b)中 SPD 表示抑制蛋白质 LacI 在两个静止态处的可能性分布(概率密度：理论结果)，PD 表示 LacI 在这两个状态可能性分布(概率密度)的数值结果

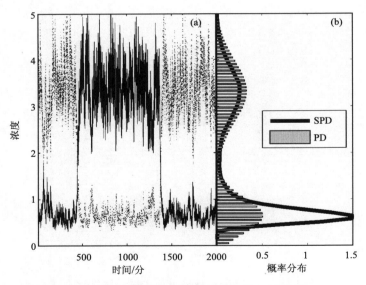

图 4.3.5 合成率的涨落所诱导的连贯切换：见模型(4.3.3)

(a)表示两个抑制蛋白从一种状态切换到另一种状态(浅色表示λCI，深色表示 LacI); (b)中 SPD 表示抑制蛋白质 LacI 在两个静止态处的可能性分布(概率密度：理论结果)，PD 表示 LacI 在这两个状态可能性分布(概率密度)的数值结果

为了能实现两个状态间的切换,噪声强度必须足够强,否则切换失败. 事实上,由随机共振(stochastic resonance)的理论[18]可知,仅当随机力能够克服井潜能(well potential)的屏障(barrier)时,随机共振才能够发生. 现在,对这里的系统,如模型(4.3.3),根据文献[16—18],能够数值地找出潜能,并确定相关屏障的高度,由此进一步可确定产生切换所需要的最小噪声强度. 这里省去进一步的分析.

最后我们指出,在外部输入信号的情况下,外部噪声也能够诱导连贯切换. 然而,噪声强度必须保持中等,以便取得最佳的连贯切换;否则,弱噪声不能或者很少诱导切换,而强噪声会使连贯切换变得模糊. 例如,对周期驱动的模型(4.3.5),固定参数 $A=0.15, \omega=2\pi/400$. 假如噪声强度 $D=0.05$,连贯切换不能取得,如图 4.3.6(a);若噪声强度 $D=0.15$,则周期驱动的系统(4.3.5)取得连贯切换,如图 4.3.6(b);若噪声强度 $D=0.5$,则连贯切换变得模糊,如图 4.3.6(c).

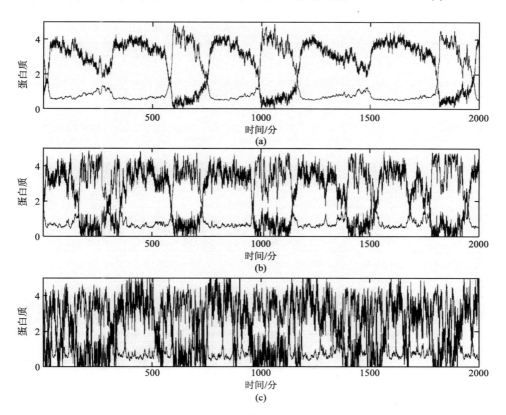

图 4.3.6 在周期驱动的情况下(周期驱动的模型(4.3.5)),中等水平的噪声能够诱导最佳的连贯切换

(a)$D=0.05$;(b)$D=0.15$;(c)$D=0.5$

4.3.4 输入弱信号的扩大

这一部分调查外部噪声对输入弱信号的影响,周期驱动的模型为(4.3.3)~(4.3.5). 为此,固定参数 $A = 0.15, \omega = 2\pi/400$. 此外,引入扩大因子[19]

$$\eta = 4A^{-2}\left|<\mathrm{e}^{\mathrm{i}\omega t}x(t)>\right|^2 \tag{4.3.7}$$

其中,"$\langle\rangle$"表示对时间平均. 注意到,因子 η 应该是噪声强度 D 的函数(因为 $x(t)$ 依赖于 D).

对周期驱动的模型(4.3.3)~(4.3.5),扩大因子 η 与噪声强度 D 之间的依赖关系如图 4.3.7~图 4.3.9 所示. 在这些依赖曲线中,存在一个最优的噪声强度,使得扩大因子 η 有最大值. 这种现象与在单个的非线性系统中系统对噪声的响应所观察

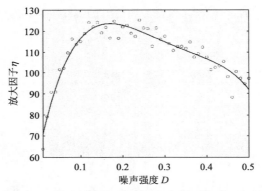

图 4.3.7 扩大因子 η 与噪声强度 D 之间的依赖关系(见周期驱动的模型(4.3.5))
实线表示数据拟合结果

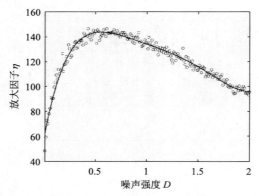

图 4.3.8 扩大因子 η 与噪声强度 D 之间的依赖关系(见周期驱动的模型(4.3.3))
实线表示数据拟合结果

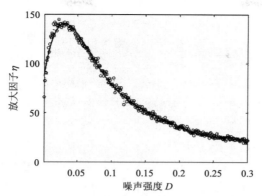

图 4.3.9 扩大因子 η 与噪声强度 D 之间的依赖关系(见周期驱动的模型(4.3.4))

实线表示数据拟合结果

的现象类似[18,19]. 从这些图可以看出,噪声使弱信号强烈地放大,最大放大倍数超过 100. 此外,降解率和合成率的涨落所导致的噪声使弱信号的最大扩大倍数比环境的涨落所导致的噪声使弱信号的最大扩大倍数要大. 这一事实与前面所观察到的前两种噪声比后一种噪声更容易诱导切换的事实相吻合.

对单基因的加性噪声系统,Hasty 等[14]观察到适当的噪声强度能够使得抑制蛋白的浓度随噪声强度的增加而增加,因而噪声能起扩大器的作用. 然而,对两个基因的开关系统,当加性噪声被引入后,两个抑制蛋白的浓度并不都是随噪声强度的增加而增加,而是只有其中一个抑制蛋白的浓度会随噪声强度的增加而增加,另一个抑制蛋白的浓度会随噪声强度的增加而减少(如图 4.3.10). 这并不奇怪,因为这两个抑制蛋白相互抑制,即若其中一个抑制蛋白的浓度在其量上增加,则另一个必定会减少.

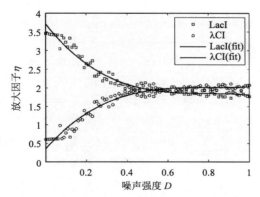

图 4.3.10 相互压制蛋白的浓度与噪声强度之间的依赖关系(见模型(4.3.5))

两条实线表示相应数据的拟合结果

4.4 噪声诱导的同步切换[27]

对于有相互作用的多细胞双稳系统，如多细胞的基因开关网络[5]，本节将研究噪声如何诱导协作行为，以及细胞内噪声和细胞外噪声对双稳性和细胞群体切换有何影响和不同作用等.

我们将利用细胞群体感应机制(quorum-sensing, Q-S)耦合基因开关系统，并详细研究噪声对细胞群体协作行为的影响. 为方便，我们把噪声诱导的群体切换行为称为同步切换(synchronized switching). 本节的主要结果有：细胞内噪声(如降解率和合成率的随机涨落所导致的噪声)能够诱导细胞群体的同步切换，而且存在一个最优的噪声强度最有利于诱导这种同步切换. 细胞外噪声(即细胞环境的随机涨落导致的噪声)不但能诱导同步切换，而且当细胞内噪声不足以诱导群体的同步切换时，还能增强群体的协作行为，使细胞群体产生同步切换. 此外，还分析了信号分子 AI 的扩散速率对细胞群体协作行为的影响.

4.4.1 基因调控网与数学模型

群体感应是由 Fuqua 等人[21]首先提出的. 由细菌释放的信号分子(AI)的浓度与细菌浓度呈正比例，当信号分子的浓度达到特定的阈值时，细菌群体改变和协调它们之间的行为，共同展示出特定的生理活性，从而表现出单个细菌所没有的生理功能和调节机制. 此时，细菌群体呈现出新的特征，且该特征取决于细菌浓度，这种现象被称为"细菌密度依赖性的基因表达". 细菌的这种 Q-S 机制可以用来设计细胞通信模型，实现多细胞系统的随机同步[20-23]. 同样利用这种细菌群体的感应机制，这里设计了一个多细胞的基因开关网络(图 4.4.1 中绘制了相应的基因调控网示意图). 这个基因调控网具有下面两个特征：(1)每个子系统是一个 toggle switch；(2)利用细胞间的 Q-S 信号通路去耦合其他的细胞. Q-S 机制使得细胞利用转录因子蛋白 LuxR 去感应群体密度. LuxR 作为基因 *lac* 的促进子是当 AI 和它发生结合的时候. AI 可以在细胞内外扩散，扩散依赖于细胞的浓度. 在上节我们已经看到，有关生化反应中速率的随机变化不能诱导基因开关系统在两个平衡态之间的切换. 基于这个事实，这里主要考察细胞内压制蛋白质的降解率的随机涨落和细胞环境的随机涨落对群体细胞行为的影响. 不失一般性，在 LacI 蛋白质和 λCI 蛋白质的降解速率 $d_i(i=1,2)$ 上均引入乘性噪声，我们研究每个细胞内部蛋白质 LacI, CI 和 AI 的动力学. 在所考虑的情况下，由 N 个细胞组成的群体系统可用下列比率方程来描述

$$\frac{\mathrm{d}x}{\mathrm{d}t}=\frac{\alpha_1}{1+y_i^{n_1}}-(d_1+\xi_{1i}(t))x_i+\gamma_1+\frac{\beta A_i}{1+A_i} \tag{4.4.1}$$

4.4 噪声诱导的同步切换

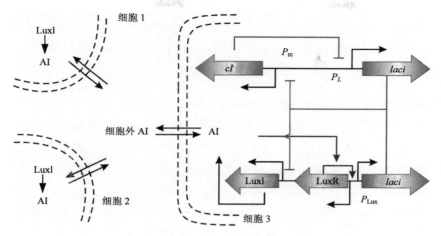

图 4.4.1 基因调控网络示意图：基因开关耦合到群体感应机制

$$\frac{dy}{dt} = \frac{\alpha_2}{1+x_i^{n_2}} - (d_2 + \xi_{2i}(t))y_i + \gamma_2 \tag{4.4.2}$$

$$\frac{dA_i}{dt} = \varepsilon y_i - \mu A_i + k(A_e - A_i) \tag{4.4.3}$$

$$\frac{dA_e}{dt} = \frac{Q}{N}\sum_{i=1}^{N}(A_i - A_e) - d_e A_e + I_{\text{ext}}(t) \tag{4.4.4}$$

这里 x_i 和 y_i 分别是第 i 个细胞中无量纲的 LacI 蛋白质和 λCI 蛋白质浓度；A_i 是第 i 个细胞内的信号分子 AI 的浓度，而 A_e 表示细胞外公共环境中信号分子 AI 的浓度. β 刻画了信号分子 AI 对基因 $lacI$ 转录过程的促进作用的大小. k 和 Q 表示信号分子 AI 穿过(进/出)细胞膜时的扩散速率, ε 和 μ 分别表示细胞内信号分子合成率和降解率, d_e 是细胞外公共环境中信号分子的降解率. 这里, 称由细胞内降解率的随机涨落导致的噪声 $\xi_{ki}(t)$ 为细胞内噪声, 而且假设它们是相互独立的 Gauss 白噪声, 即 $\xi_{ki}(t)$ 满足 $<\xi_{ki}(t)>=0$ 和 $<\xi_{ki}(t)\xi_{kj}(t')>=D\delta_{i,j}(t-t')$, $k=1,2$. 与此相似, 可在合成率中引入噪声(亦称为细胞内噪声), 获得另一类数学模型. $I_{\text{ext}}(t)$ 代表细胞外部刺激, 这里考虑两种形式的 $I_{\text{ext}}(t)$: (1) $I_{\text{ext}}(t) = A\sin(\Omega t)$; (2) $I_{\text{ext}} = A\sin(\Omega t) + \zeta(t)$. 项 $A\sin(\Omega t)$ 可被看作在细胞外环境中引入一个小蛋白的周期扰动或刺激, 这种引入已经得到应用[15]. 由于细胞外环境的随机涨落, 因此, 信号分子不可避免地受到公共环境噪声的影响, 这就是称为细胞外噪声的 $\zeta(t)$. 也假设其为 Gauss 随机变量, 满足 $<\zeta(t)\zeta(t')>=D_{\text{ext}}\delta(t-t')$, 这里 D_{ext} 代表细胞外噪声的强度. 一般认为细胞内部噪声和细胞外部噪声是互不相关的, 因此假设 $\zeta(t)$ 和 $\xi_{ki}(t)$ 相互独立.

在本节以下部分, 固定参数 $\alpha_2 = 5, d_1 = d_1 = 1, \gamma_1 = \gamma_2 = 0.5, n_1 = n_2 = 4, \beta = 15,$

$\eta=10, \varepsilon=0.07, \mu=1, Q=0.5, d_e=3, A=0.08, \Omega=2\pi/400$. 我们将主要介绍细胞内噪声和细胞外噪声对细胞群体的同步切换行为的影响,以及这两种噪声在诱导群体同步切换中的相互作用.

4.4.2 细胞内噪声的效果

Hasty 等[14]调查了噪声对双稳性和切换的影响. 他们的研究结果表明,加性噪声能够诱导抑制子在两个静止态之间切换,而在合成率中引入的乘性噪声能够放大基因的表达,说明这两种噪声在基因表达过程中的不同作用. 不同于 Hasty 等[14]的模型,我们的模型是基因开关网络系统的群体. 我们将考察在基因开关系统的降解率上引入乘性噪声后,这种细胞内噪声对细胞群体协作行为的影响,并将证实细胞内噪声能够使群体细胞达到一种连贯行为,即取得同步切换. 特别是在外部环境中引入周期驱动信号后,我们发现同步切换效果更明显,产生一个更具鲁棒性的协作韵律.

为了定量描述噪声诱导同步切换的程度和性能,引入如下序参数[23]:

$$R = \frac{<M^2> - <M>^2}{\overline{<x_i^2> - <x_i>^2}} \tag{4.4.5}$$

其中 $M(t) = \frac{1}{N}\sum_{i=1}^{N} x_i(t)$ (N 为细胞数目), $<\cdot>$ 表示对时间求平均, $\overline{<\cdots>}$ 表示对整个细胞数目求平均. 很明显,在同步区域内, $R \approx 1$;反之,在非同步区域内, $R \approx 0$. 尽管序参数 R 原本是用来描述耦合极限环振子的同步程度的,但这里的数值结果表明,用它来描述双稳系统中噪声诱导的同步切换行为也是很有效的. 数值仿真还表明,当 $R \geq 0.6$ 时,细胞群体的同步切换效果已经很好,如图 4.4.2(c). 为了更好地看出细胞内噪声对细胞群体协作行为的影响,图 4.4.2(a)中绘制了当群体中有 $N(=100)$ 个细胞时,序参数 R 与噪声强度 D 的依赖关系. 从该图中可以看到两个有趣的事实:第一,存在一个大的噪声强度区间,使得在该区间上相应的序参数 R 均超过 0.6,比如,当 $0.015 \leq D \leq 0.12$ 时,就有 $R > 0.6$,这时我们已经可以观察到同步切换,如图 4.4.2(a)和(c);第二,存在一个最优的噪声强度($D \approx 0.05$),使得相应的序参数 R 达到最大值($R \approx 0.78$),如图 4.4.2(a) 所示. 与在通常的噪声诱导的连贯共振中信噪比(SNR)曲线相似,这里在非直接耦合的基因开关系统中引入刻画群体协作行为的参数 R 也呈现出"bell"形状. 对于这个最优的噪声的强度,图 4.4.2(c)给出了细胞群体的时间序列演化片段,从中很容易观察到稍有相错位的相同步. 对在合成率引入乘性噪声的模型,也发现噪声具有类似的效果(但数值结果并未显示). 上述结果表明,对于由群体感应机制耦合而成的基因开关网络系统,细胞内噪声能促进或诱导同步切换,表现出噪声具有积极作用的一面.

为了定量刻画切换的相对效果,我们计算放大因子 η. 根据文献[24], η 被定

义为

$$\eta = 4A^{-2} |<e^{i\Omega t} M(t)>|^2 \tag{4.4.6}$$

其中 $M(t) = \frac{1}{N}\sum_{i=1}^{N} x_i(t)$, $<\cdot>$ 表示对时间平均. 在图 4.4.2(b)中, 对于给定的外部驱动信号强度 A, 我们数值地给出了扩大因子 η 与噪声强度 D 之间的依赖关系. 通过比较图 4.4.2(b)和图 4.4.2(a), 不难发现, η 与 D 依赖曲线和 R 与 D 依赖曲线展现出相似的性质, 即它们几乎在相同的细胞内噪声强度 D 处达到显著的最大值, 在此处正是同步切换的标志.

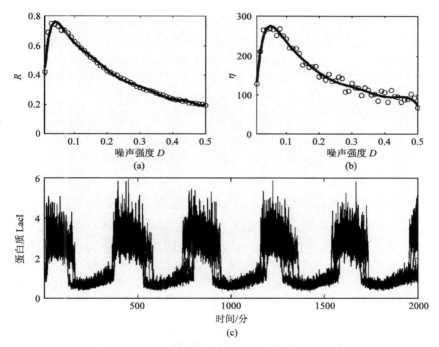

图 4.4.2 细胞内噪声诱导细胞群体的同步切换

(a) 序参数 R 与细胞内噪音强度 D 的依赖关系曲线; (b) 放大因子 η 与细胞内噪音强度 D 间的依赖关系曲线; (c) 当 $D = 0.05$ 时, 从 100 个细胞组成的群体中任选 5 个细胞中蛋白质 LacI 的浓度曲线, 细胞群体表现出同步切换行为

进一步指出, 图 4.4.2(a)中的序参数 R 主要是用来刻画基因开关系统中的同步效果, 而图 4.4.2(b)放因子 η 是用表明切换的效果, 这两个指标一起能恰当地刻画出同步切换的行为. 下面更详细地分析这两个指标: 对于 R, 在 R 的最大值处(对 $D = 0.05$ 时, $R \approx 0.78$)同步效果是最好的, 如图 4.4.2(c); 对于 η, 意味着 η 越大, 双稳系统在两个平衡态间的切换越好, 比如, 当 D 大约等于 0.05 时, η 达到它的最

大值(大约 280)，如图 4.4.2(b)，在这种情况下，切换是显著的，如图 4.4.2(c).

4.4.3 细胞外噪声的效果

前面讨论了细胞内噪声对于耦合开关系统切换行为的影响，这部分假定细胞内噪声不存在，而只有细胞外噪声，将研究这种噪声对于群体细胞同步切换行为的影响. 为此，取外部驱动信号为

$$I_{ext} = A\sin(\Omega t) + \zeta(t) \tag{4.4.7}$$

不同于上一小节用序参数 R 来刻画同步切换的效果，这里为了定量研究仅由细胞外噪声诱导群体细胞的同步切换行为，改用下式定义的平均同步误差[25]

$$\text{ASE} = \left\langle \frac{1}{C_N^2} \sum_{i>j} [x_i - x_j]^2 \right\rangle \tag{4.4.8}$$

其中 $C_N^2 = N(N-1)/2$ 表示从 N 个细胞群体中任意选择 2 个细胞的组合数目，$<\cdot>$ 与前面一样表示关于时间的平均. 当所有细胞达到完全同步时，这种平均同步误差应该为零，即 $\text{ASE} \approx 0$，否则，ASE 将会大于零. 对于由 $N(=100)$ 个细胞组成的群体，我们绘制了平均同步误差 ASE 与细胞外噪声强度 D_{ext} 之间的依赖曲线，如图 4.4.3(a)所示. 当 D_{ext} 很小时，同步误差 ASE 较大($\text{ASE} \approx 2.7$)，而且当 D_{ext} 适当改变时，ASE 基本上在该值上下波动. 但当 D_{ext} 超过一个阈值($D_{ext} \approx 0.00015$)时，同步误差 ASE 突然跃迁到 0，这意味着细胞群体已和谐地在两个平衡态间切换，达到了同步切换. 此外，在上小节中，我们定义了刻画双稳系统在平衡态间切换效果的放大因子 η，这里我们也计算了 η. 图 4.4.3(b)给出了放大因子 η 与细胞外噪声强度 D_{ext} 之间的依赖关系曲线，从中可以清楚地看到存在一个最优的噪声强度 D_{ext}，使得 η 在此处达到其最大值. 在图 4.3.3(c)中，我们绘制了在最优外部噪声强度 $D_{ext} \approx 0.005$ 处细胞群体中蛋白质 LacI 浓度的时间序列演化曲线，清楚地显示出细胞群体确实达到了同步切换.

值得指出的是这里采用平均同步误差来刻画由细胞外噪声诱导的群体同步切换，而没有借助上小节定义的序参数 R. 这是因为当只有细胞外噪声而没有细胞内噪声时，数值结果表明用序参数 R 来刻画群体同步切换将不再合适，比如，即使细胞群体没有出现同步切换，通过计算也可以得到 R 接近于 1，这是一种假象. 理由如下：由于细胞外噪声是通过信号分子均匀地分配到群体的每个细胞中，从而使得群体中任意两个细胞都有更紧密的相关性，也使得序参数 R 用来刻画群体在两个平衡态之间的切换容易带给我们假象. 这与考虑细胞内噪声的效果情况不同，因为在那里假设每个细胞内部的噪声是互不相关的，这种不相关性导致不同的细胞将相对独立地随机涨落，因而序参数刻画同步有效. 尽管如此，在由群体

感应机制耦合而成的基因开关网络中,细胞外噪声是能够诱导细胞群体的同步切换的,如图 4.4.3(c).

一般说来,来自细胞环境中的噪声对于群体中每个细胞的影响都是一样的,因为这种噪声是通过信号分子 AI 来对每个细胞施加相同的效果,并促进细胞群体的同步动力学. 数值模拟也证实了这一点,并表明细胞外噪声确实能使群体中的每个细胞以一种协作的行为在两个平衡态之间进行切换,以致于最终实现细胞群的体同步切换. 尽管在模型上,这种细胞外噪声被人为地附加于细胞环境,并使群体细胞展现出同步切换行为,但我们相信生物系统或组织很可能善用噪声的这种效果来调控细胞内部复杂的基因表达,从而达到行使细胞功能的目的.

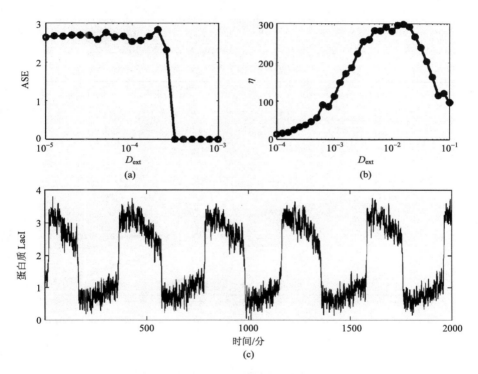

图 4.4.3 细胞外噪声诱导细胞群体的同步切换

(a)平均同步误差 ASE 与外部噪音强度 D_{ext} 间的依赖关系曲线;(b)放大因子 η 与外部噪音强度 D_{ext} 间的依赖关系曲线;(c)当 $D_{ext} = 0.005$ 时,从 100 个细胞组成的群体中任选 5 个细胞中蛋白质 LacI 的浓度曲线,细胞群体表现出同步切换行为

4.4.4 内外噪声相互作用的效果

这一小节考虑在有内部噪声存在的情况下外部噪声对同步切换的影响,尤其关注内部噪声不能实现同步切换的情形,外部噪声能否诱导或增强同步切换. 在这种情

况下,模型里存在两种类型的噪声:细胞内噪声 $\xi_{ki}(t)$ ($i=1,2$) 和细胞外噪声 $\zeta(t)$. 对于模型同时拥有两种类型的噪声,研究结果还很少. 作者考察了给定内部噪声情况下外部噪声对于细胞间通信的影响[22]. 研究表明,如果没有外部噪声,尽管细胞之间有信号交换,但由于内部噪声,使得细胞不会出现规则行为;相对地,公共的外部噪声可以导致协作行为,并利用细胞间的信号交流来实现细胞的随机同步.

现在数值分析内外两种噪声对细胞群体产生同步切换行为的影响. 图 4.4.4 分别显示了在不同的外部噪声的情况下序参数 R 和放大因子 η 与细胞内噪声强度 D 之间的依赖关系. 很明显,在某些弱的细胞内噪声的情况下(例如,$D=0.005$),相比于不存在细胞外噪声的情况,细胞外噪声会使序参数 R 变得更大些(图 4.4.4(a)中相应于 $D_{\text{ext}}=0.001$ 和 0.005 的曲线). 这表明细胞外噪声可以促进同步切换. 另一方面,R 在一个小的区间内,随着细胞外噪声强度的增加会出现明显的增大. 对放大因子也有相似的结果,说明细胞外噪声具有放大细胞内部信号的功能. 图 4.4.5 进一步证实细胞外噪声的这种积极作用,即细胞外噪声可以促进同步切换. 当没有细胞外噪声时,在较小的细胞内噪声强度下,细胞不能够实现同步切换,如图 4.4.5(a). 然而,某些适当的细胞外噪声可以促进同步切换,如图 4.4.5(b). 通过图 4.4.2(c) 和图 4.4.3(b),我们还发现细胞外噪声诱导同步切换的效果会比仅在细胞内噪声作用下的同步效果更好,说明细胞外噪声具有压制细胞内噪声的效果.

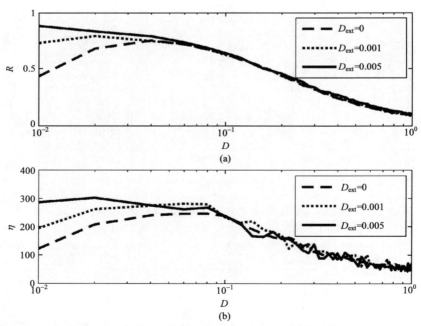

图 4.4.4 在不同的外部噪声强度下,序参数 R 与内部噪声强度 D 间的依赖关系曲线和放大因子 η 与内部噪声 D 间的依赖曲线

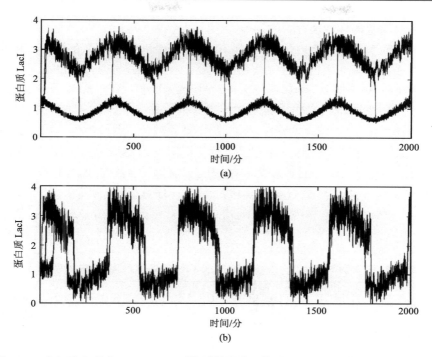

图 4.4.5　当细胞内噪声($D = 0.005$)不能诱导同步切换时，细胞外噪声能增强同步切换
(a) 对 $D_{ext} = 0$，从 100 个细胞组成的群体中任选 5 个细胞中蛋白质 LacI 的浓度变化曲线，此时细胞群体没有达到同步切换；　(b) 对 $D_{ext} = 0.006$，从 100 个细胞组成的群体中任选 5 个细胞中蛋白质 LacI 的浓度曲线，细胞群体表现出显著的同步切换行为

4.4.5　耦合强度的效果

对于单个的基因开关系统，我们已经证实：内部噪声不能诱导连贯切换，但外部噪声，如加性噪声和各种乘性噪声，均能够诱导连贯切换[26]. 对于模型 (4.4.1)~(4.4.4)，假如没有信号分子 AI，由于细胞内噪声的不相关性，噪声使得各个细胞在两个平衡态间随机地切换. 然而，当信号分子 AI 穿过细胞膜进入每个细胞时，可以协调细胞群体协作行为的扩散速率 k 可能从根本上改变细胞群体运动的特征，引发出群体细胞的同步切换. 事实上，已有研究表明：当引入信号分子 AI 后，细胞群体间通过 AI 的间接耦合作用会架设一条通信通道. 我们将看到，尽管与通常的扩散耦合、星形耦合等直接耦合的模型不同，但这种由信号分子 AI 介导的基因开关群体的间接耦合作用不但影响每个细胞的动力学行为，而且对细胞群体的协作行为也产生重要影响. 特别是当信号分子 AI 的浓度达到特定的阈值时，细胞群体会改变和协调各个细胞的行为，共同展示出特定的生理活性，表现出单个细胞所没有的生理功能和调节机制. 下面把扩散率 k 作为一个"可调参数"

来调查其对细胞群体切换行为的影响.

当扩散速率 k 值较小时(比如 $k\leqslant 2$),虽然每个细胞之间存在相互影响,且每个细胞各成分的运动轨道都发生改变,浓度的时间序列与耦合前也不同,但由于扩散速率小,各个细胞互相影响不大,表现为每个细胞的各成分在一个平衡态处随机波动,如图 4.4.6(a)所示. 这是因为引入信号分子 AI 后,细胞间的相互影响使细胞的动力学发生明显的变化,例如,基因开关系统从耦合前的双稳态到现在的单稳态,导致细胞群体在这个单稳的平衡态处表现出随机波动. 图 4.4.7(a)和(b)还分别计算了在不同扩散速率下序参数 R 与放大因子 η 及与细胞内噪声强度 D 之间的依赖关系曲线. 对于较小的扩散速率 k,序参数 R 和放大因子 η 都很小($R<0.4, \eta<150$). 随着扩散速率 k 的增大,当 k 大于临界值(≈ 2.6)时,信号分子 AI 又恢复了单个基因开关系统的基本动力学性质,即双稳性. 由于细胞内噪声的

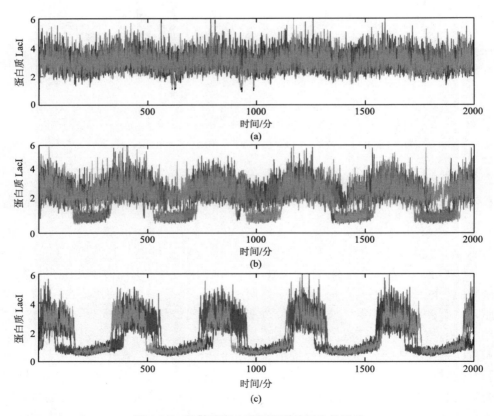

图 4.4.6 扩散速率 k 对细胞群体行为的影响

(a) $k=1$ 时,细胞群体在单稳的平衡态处随机波动;(b) $k=3$ 时,细胞群体表现出不太明显的同步切换;(c) $k=10$ 时,细胞群体呈现出显著的同步切换行为. 对上述三种情形,固定 $D=0.05$

积极作用，细胞群体开始在两个平衡态间切换，但由于此时扩散速率 k 不足够大，细胞间的相互影响有限，细胞群体的同步切换行为不是很明显，如图 4.4.6(b). 随着扩散速率 k 的进一步增大，各个细胞通过信号分子 AI 被紧密地联系在一起，细胞间的相互影响明显增强，细胞群体表现出显著的协作行为，如图 4.4.6(c). 此图给出了当 k 为 10 时细胞群体中蛋白质 LacI 浓度的时间序列曲线，显示出细胞群体确实达到了同步切换. 相应地，图 4.4.7 的序参数 R 和放大因子 η 与细胞内噪声强度 D 之间的依赖关系曲线也表现出较大的值(这时 $R \approx 0.7, \eta \approx 250$).

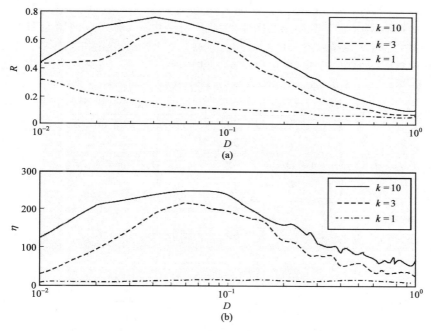

图 4.4.7 扩散速率 k 的效果

(a)放大因子 η 及与(b)细胞内噪声强度 D 之间的依赖关系曲线

4.5 公共噪声的效果[28]

本节仍然基于著名的基因开关系统[5]，首先设计和构造了一个多细胞的基因调控网络，用以模拟公共的且噪声的信号小分子如何诱导细胞群体的协作行为. 不同于上节，在所建立的数学模型中，细胞间没有直接耦合，而是由一种受公共噪声影响的信号分子单向地穿过细胞膜并自由地进入细胞，以调控细胞内目标基因的表达. 于是，信号分子的扩散传播引起基因开关群体的生物节律行为. 结果显示，在同质细胞情形，细胞群体能利用细胞环境的随机涨落所导致的噪声(即环境噪声)自适应地切换到合适的吸引子态,从而调控目标基因表达;在异质细胞情形,环境噪声不仅能诱导细胞群体在吸引子态间同步切换,而且存在一个最优的噪声强度,使得这种同步切换的效果最佳. 此外,环境噪声还能压制细胞内噪声,促进细胞群体的同步切换行为. 相对于上节的内容,由于考虑生物背景的不同,导致数学模型的不同,本节获得了噪声诱导同步切换的不同表现形式.

4.5.1 基因调控网与数学模型

首先,由 Gardner 等提出的单细胞基因开关系统[5]有两个基因 $lacI$ 和λcI(分别编码转录调控蛋白 LacI 和λCI)及两个启动子 P_{L*}和 P_{trc}. 基因 $lacI$ 由启动子 P_{L*}(被 CI 抑制)所控制,而基因λcI 由启动子 P_{trc}(被 LacI 抑制)所控制. 其次,我们利用细胞群体感应机制来设计和构造出一个多细胞的基因开关网络,用以模拟细胞环境中噪声的信号小分子调控细胞内目标基因的表达,如图 4.5.1 所示. 相对于单细胞系统,在多细胞的基因调控网里,一个受噪声影响的公共信号小分子 AI 单向地穿过细胞膜并进入每个细胞来调控目标基因的表达. 然而,由于细胞外的信号分子不能直接进入细胞核内调控目标基因的表达,因此引进另一个受信号分子影响的启动子 P_{Lux0},利用它来调控另一个基因 cI 的表达,如图 4.5.1.

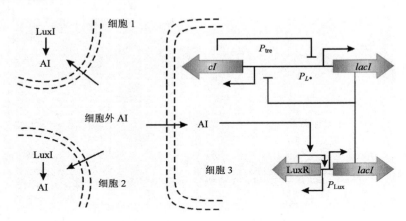

图 4.5.1 基因调控网络示意图

公共环境中的信号分子 AI 单向进入每个细胞来调控目标基因的表达

现在,建立上述设计的多细胞基因网络系统的数学模型. 记两个抑制蛋白的浓度分别为 $x =$ [LacI], $y =$ [λCI],并记细胞外的信号分子 AI 浓度为 $A_e =$ [AI]. 假如两个转录子(LacI)相同,并且假定信号分子的激活性服从简单的线性关系. 在不考虑细胞的增长和变异及噪声等因素的情况下,每个细胞中两个抑制蛋白 LacI 和λCI 的比率方程可以描述为

4.5 公共噪声的效果

$$\frac{\mathrm{d}x_i}{\mathrm{d}t} = \frac{\alpha_1}{1+y_i^{n_1}} - d_1 x_i + kA_e, \quad \frac{\mathrm{d}y_i}{\mathrm{d}t} = \frac{\alpha_2}{1+x_i^{n_2}} - d_2 y_i \tag{4.5.1}$$

这里 x_i 和 y_i 分别是第 i 个细胞中无量纲的 LacI 蛋白质和 λCI 蛋白质浓度. k 刻画信号分子 AI 对基因 *lacI* 转录过程的激活作用的程度或大小.

此外,细胞外的信号分子 AI 浓度的时间演化不仅受基本合成率和降解率的影响, 还受到细胞环境的随机涨落(即环境噪声)的影响. 除了这些因素外, 这种信号分子还可能会受到外部刺激的影响. 因此,其相应的时间演化方程可以表示为

$$\frac{\mathrm{d}A_e}{\mathrm{d}t} = \lambda - d_e A_e + \zeta(t) + I_{\mathrm{ext}}(t) \tag{4.5.2}$$

其中 λ 和 d_e 分别表示细胞外公共环境中信号分子的基本合成率和降解率, $\zeta(t)$ 表示 Gauss 白噪声, 满足 $\langle\zeta(t)\rangle = 0, \langle\zeta(t)\zeta(t')\rangle = 2D\delta(t-t')$, 其中 D 表示环境噪声的强度. $I_{\mathrm{ext}}(t)$ 代表细胞外的刺激, 假定 $I_{\mathrm{ext}}(t) = A\cos(\Omega t)$, 这里 $A\cos(\Omega t)$ 可被看作在细胞外环境中引入的一个周期调控的小蛋白, 这种引入已经得到应用[15].

在细胞同质情形, 假定每个细胞相应的参数 $\alpha_1, \alpha_2, d_1, d_2, n_1, n_2$ 相同; 在细胞异质情形, 为了刻画细胞的多样性, 为简单起见, 假定参数 α_1, α_2 服从 Gauss 分布, 而其余的参数保持固定值.

模型(4.5.1)和(4.5.2)不同于细胞通信系统[22,23]: 对于前者, 细胞之间没有信息交换(受噪声影响的信号分子单向地进入每个细胞来调控目标基因的表达); 对于后者, 细胞之间有信息交换(信号分子在细胞外部环境自由扩散, 再经过一个混合的过程后, 穿过细胞膜进入每个细胞并调控目标基因的表达). 以下, 固定参数:

$$d_1 = d_2 = 1.0, \quad n_1 = n_2 = 4, \quad \lambda = 0.8, \quad d_e = 1.0, \quad k = 1.0, \quad A = 0.25, \quad \Omega = 2\pi/400.0$$

并考虑 100 个细胞的情形. 我们将主要研究公共环境噪声(即以 D 作为参数)对细胞群体的同步切换行为的影响, 以及环境噪声与外部输入在诱导群体同步切换中的相互作用.

4.5.2 同质情形

细胞能在各种各样的遗传程序(吸引子)之间切换以适应不同的环境状况. 同时, 细胞内的信号转导通路能有效地将外界环境变化传达给基因调控装置, 以启动合适的遗传程序, 表达相应的基因. 但是, 由于细胞环境状况的变数远比可提供的遗传程序数目大得多, 这样, 细胞就可能调用同一个遗传程序来应对多个环境变化, 而不可能为每个环境状况(特别是那些恶劣的环境状况)形成相应的一条信号转导通路来调控细胞内的特定基因表达. 因此, 对于那些恶劣的环境条件, 在

没有相应的细胞内转导道路时,细胞又是如何响应这些环境条件来自调控基因表达的呢?

对于相同的基因开关系统组成的多细胞模型(4.5.1)和(4.5.2),假定信号分子在公共环境中仅仅受到环境噪声的影响. 我们发现,在没有细胞内信号分子的情形下,细胞利用环境噪声自适应地在两个不同的吸引子态间切换,如图 4.5.2 所示. 而且,细胞群体以完全同步切换的方式响应于随机涨落的外界环境. 在图 4.5.2 中,固定参数 $\alpha_1=1.5$,$\alpha_2=5.0$. 对于图 4.5.2(a),随机地选取每个细胞的 LacI 和 CI 的浓度的初值. 对每个孤立的细胞,由于相应于高浓度的 LacI 稳定态的吸引域要比相应于低浓度的 LacI 稳定态的吸引域大得多,因此,尽管各个细胞 LacI 的初始浓度不同,但很快被吸引到高浓度 LacI 的状态(如图4.5.2(a)的最初部分). 然后,由于公共噪声的作用,导致同步切换. 图 4.5.2(a)显示了这一过程,而图 4.5.2(b)显示了细胞群体中 LacI 浓度在两个吸引态间呈现出显著的双峰分布,其中纵坐标表示相应于横坐标中出现相同 LacI 浓度的点的数目. 数值模拟进一步表明,假如考虑细胞外的周期信号,细胞群体由于噪声和周期信号的相互作用,同步切换的效果比没有周期信号情形的效果更好(数值结果并未显示).

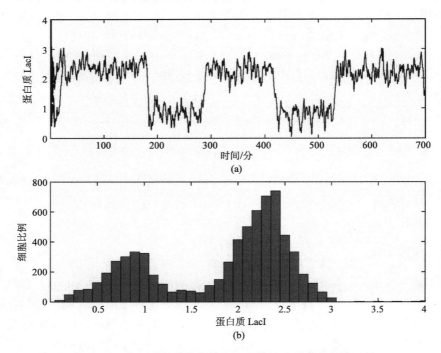

图 4.5.2 在同质的多细胞情形,环境噪声诱导的同步切换

(a) 从 100 个细胞组成的群体中任选 5 个细胞中蛋白质 LacI 的浓度曲线,细胞群体表现出同步切换行为;(b) 细胞群体中蛋白质 LacI 的浓度呈现出双峰分布. 这里 $D = 0.3$

对于那些很少出现的外界环境,细胞可能没有进化形成相应的信号转导道路来连接这种环境条件和细胞内特定的基因表达. 但是,在缺少信号转导通路的情形下,基因开关群体又通过一种被称为"吸引子选择"的机制[31]来响应外界环境的变化以启动合适的基因表达. 这里的结果表明细胞能自适应选择吸引子态以适应外界环境. 由于细胞内部没有信号分子,这种选择机制正是环境噪声的积极作用所促成的.

4.5.3 异质情形

已有实验结果表明,在细胞群体中,如压制振动子群体[23]中,受多种因素的影响,常常观察到细胞间的振幅和频率存在一定差别,也就是说细胞间存在异质性(heterogeneity). 为了刻画细胞的多样性,这里假设参数 α_1 和 α_2 服从均值分别为 1.5 和 5.0,标准差为 0.5 的 Gauss 分布(类似地,可考虑 d_1 和 d_2 服从 Gauss 分布的情形). 对于由 100 个细胞组成的群体,我们调查了环境噪声对细胞群体切换行为的影响,如图 4.5.3 所示. 我们发现,对于小的环境噪声强度(如 $D = 0.1$),细胞群体很难出现同步行为,如图 4.5.3(a). 事实上,此时大多数细胞根本就没有切换;当环境噪声强度较大时(如 $D = 0.85$),虽然每个细胞都能在两个吸引间切换,但此

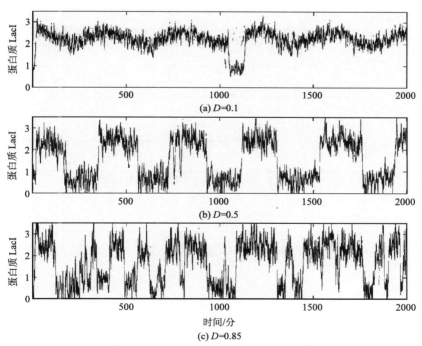

图 4.5.3 在异质的多细胞情形,环境噪声诱导细胞群体的同步切换:从 100 个细胞组成的群体中任选 5 个细胞中蛋白质 LacI 的浓度随时间变化曲线

时细胞内的成分与外部信号协调产生的切换行为是不规则的,如图 4.5.3(c),因这时起主导作用的是噪声. 最有趣的是对中等强度的噪声(如 $D=0.5$),每个细胞与外部输入信号实现了 1:1 锁频,细胞群体以随机共振的方式在两个吸引子态间同步切换,如图 4.5.3(b)所示. 总结数值结果发现,存在一个最优的噪声最有利于同步切换.

为了定量描述噪声诱导同步切换的程度和性能,引入放大因子 η [24](参考(4.4.6)). 在图 4.5.4 中绘制了当群体中有 $N(=100)$ 个细胞时放大因子 η 与环境噪声强度 D 的依赖关系. 从该图中可以看到两个有趣的事实:第一,存在一个大的噪声强度区间,使得在该区间上相应的放大因子 η 均超过 10,比如,当 $0.3 \leqslant D \leqslant 1$ 时,就有 $\eta > 10$. 这时我们已经可以观察到同步切换,如图 4.5.3(b);第二,存在一个最优的噪声强度($D \approx 0.5$),使得相应的放大因子 η 达到最大值($\eta \approx 13$). 这种依赖曲线与在通常的噪声诱导的连贯共振中信噪比(SNR)曲线相似,呈现出"bell"形状,不过这里是在非直接耦合的基因开关系统情形,并引入刻画群体切换行为的放大因子 η. 对于这个最优的噪声的强度,图 4.5.3(b)给出了细胞群体的时间序列演化片段,从中很容易观察到稍有相错位的相同步.

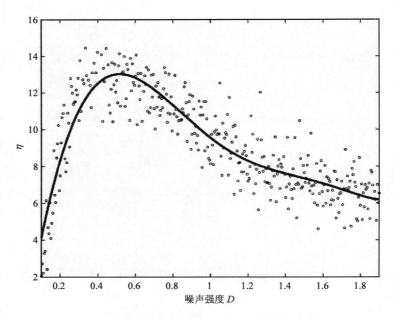

图 4.5.4 放大因子 η 与环境噪声强度 D 的依赖关系曲线

上述结果表明:当细胞间没有信号交换时,借助于一个公共的信号小分子,公共环境噪声能促进或诱导细胞群体的同步切换,表现出环境噪声积极作用的一面. 我们进一步指出,由于这里调查的环境噪声对于每一个细胞是相同的,而图

4.5.4 中放大因子 η 是用来表明切换效果的,因此这个指标能恰当地刻画出细胞群体同步切换的行为.

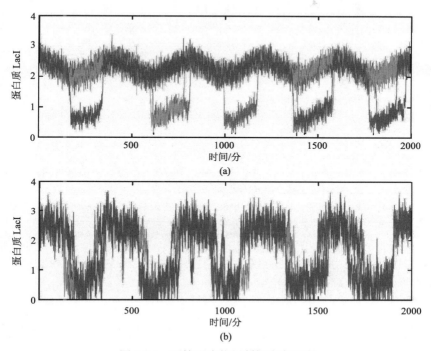

图 4.5.5 环境噪声能压制细胞内噪声

(a)互不相关的细胞内噪声诱导细胞群体在两个吸引子态间随机切换,其中 $D_{\text{int}} = 0.05$,$D = 0$;(b)环境噪声通过压制细胞内噪声来促进细胞群体的同步切换行为,其中 $D_{\text{int}} = 0.05$,$D = 0.3$

前面主要调查了纯环境噪声对细胞群体切换行为的影响. 接下来将调查细胞内噪声与环境噪声的相互作用对细胞群体切换行为的影响. 考虑细胞内部噪声后,模型(4.5.1)可改写为

$$\frac{dx_i}{dt} = \frac{\alpha_1}{1+y_i^{n_1}} - d_1 x_i + kA_e + \xi_{1i}(t), \quad \frac{dy_i}{dt} = \frac{\alpha_2}{1+x_i^{n_2}} - d_2 y_i + \xi_{2i}(t) \quad (4.5.3)$$

其中由细胞内随机涨落导致的噪声 $\xi_{ki}(t)$ 称为细胞内噪声,而且假设它们是相互独立的 Gauss 白噪声,即 $\xi_{ki}(t)$ 满足 $<\xi_{ki}(t)> = 0$ 和 $<\xi_{ki}(t)\xi_{kj}(t')> = D_{\text{int}}\delta_{i,j}(t-t')$,$k=1,2$,这里 D_{int} 表示细胞内噪声强度. 一般认为细胞内部噪声和细胞外部噪声是互不相关的,因此假设 $\zeta(t)$ 和 $\xi_{ki}(t)$ 相互独立. 此外,假定参数 α_1 和 α_2 服从均值分别为 1.5 和 5.0,标准差为 0.5 的 Gauss 分布,细胞总数为 100.

图 4.5.5 绘制了固定细胞内部噪声强度 $D_{\text{int}} = 0.05$ 时,不同的环境噪声强度 D

下从 100 个细胞组成的群体中任选 5 个细胞中蛋白质 LacI 的时间序列演化曲线. 从图 4.5.5(a)中可以清楚地看出，当不考虑环境噪声的影响时（$D=0$），由于细胞内部的噪声的互不相关性，各个细胞独立地在两个吸引子态间切换，细胞群体没有出现同步切换而只表现为在两个吸引子态间随机切换；而对于一个适当的环境噪声（$D=0.3$时），细胞群体显示出了明显的同步切换，如图 4.5.5(b)所示. 这些数值结果说明，环境噪声能压制细胞内部的不相关噪声，并有序化细胞群体的行为，即取得同步切换.

参 考 文 献

[1] Smolen P, Baxter D A and Byrne J H. Frequency selectivity, multistability, and oscillations. emerge from models of genetic regulatory systems. *American Journal of Physiology*，1998, 274: C531–C542.

[2] Karin M. Signal transduction from the cell surface to the nucleus through the phosphorylation of transcription factors. *Curr. Opin. Cell Biol.*, 1994, 6: 415–424.

[3] Moens U, Subramaniam N, Johansen B and Aarbakke J. The *c-fos* cAMP-response element: regulation of gene expression by a b-2-adrenergic agonist, serum and DNA methylation. *Biochem. Biophys. Acta*, 1993, 173: 63–70.

[4] Hai T and Curran T. Cross-family dimerization of transcription factors Fos, Jun and ATF/CREB alters DNAbinding specificity. *PNAS*, 1991, 88: 3720–3724.

[5] Gardner T S, Cantor C R and Collins J J. Construction of a genetic toggle switch in Escherichia coli. *Nature*, 2000, 403: 339–342.

[6] Lipshtat A, Loinger A, Balaban N Q and Biham O. Genetic toggle switch without cooperative binding. *Phy. Rev. Lett.*, 2006, 96(18): 188101.

[7] Lipshtat A, Loinger A, Balaban N Q and iham O. Stochastic simulations of genetic switch systems. *Phys. Rev. E.*, 2007, 75(2): 021904.

[8] Cherry J L and Adler F R. How to make a biological switch. *J. Theor. Biol.*, 2000, 203: 117–133.

[9] Warren P B and ten Wolde P R. Enhancement of the stability of genetic switches by overlapping upstream regulatory domains. *Phys. Rev. Lett.*, 2004, 92: 128101.

[10] Warren P B and ten Wolde P R. Chemical models of genetic toggle switches. *J. Phys. Chem.*, 2005, 109: 6812–6823.

[11] Walczak A M, Sasai M and Wolynes P G. Self-consistent proteomic field theory of stochastic gene switches. *Biophys. J.*, 2005, 88(2): 828–850.

[12] Tian T H and Burrage K. Stochastic models for regulatory networks of the genetic toggle switch. *PNAS*, 2006, 103: 8372–8377.

[13] Gillespie D T. Approximate accelerated stochastic simulation chemically reacting systems. *J. Chem. Phys.*, 2001, 115(4): 1716–1733.

[14] Hasty J, Pradines J, Dolnik M and Collins J J. Noise-based switches and amplifiers for gene expression. *PNAS*, 2000, 97: 2075–2080.

[15] Hasty J, Isaacs F, Dolnik M, McMillen D and Collins J J. Designer gene networks: towards fundamental cellular control. *Chaos*, 2001, 11: 207–219.

[16] Ao P. Potential in stochastic differential equations: novel construction. *J. Phys. A: Math. Gen.*, 2004, 37: L25–L30.

[17] Wang J, Huang B, Xia X F and Sun Z R. Funneled landscape leads to robustness of cell networks: yeast cell cycle. *PLoS Comput. Biol.*, 2006, 2(11): 1385–1394.

[18] Gammaitoni L, Hänggi P, Jung P and Marchesoni F. Stochastic resonance. *Rev. Modern Phys.*, 1998, 70: 223–287.

[19] Jung P and Hänggi P. Stochastic nonlinear dynamics modulated by external periodic forces. *Europhys. Lett.*, 1989, 8: 505–510.

[20] Bassler B L. How does bacteria talk to each other: regulation of gene expression by quorum sensing. *Curr. Opin. Microbiol.*, 1999, 2: 582–587.

[21] Fuqua C, et al. Census and consensus in bacterial ecosystems: the LuxR-LuxI family of quorum-sensing transcriptional regulators. *Annu. Rev. Microbiol.*, 1996, 50: 727–751.

[22] Zhou T S, Chen L N and Aihara K. Molecular communication through stochastic synchronization induced by extracellular fluctuations. *Phys. Rev. Lett.*, 2005, 95: 178103.

[23] Garcia-Ojalvo J, Elowitz M B and Strogatz S H. Modeling a synthetic multicellular clock: repressilators coupled by quorum sensing. *PNAS*, 2004, 101: 10955–10960.

[24] Tessone C J, Mirasso C R, Toral R and Gunton J D. Diversity-induced resonance. *Phys. Rev. Lett.*, 2006, 97: 194101.

[25] Balmforth N J and Pasquero C. Provenzale A: The Lorenz Fermi Pasta Ulam experiment. *Physica D*, 2000, 138: 1–43.

[26] 苑占江，张家军，周天寿. 噪声诱导的连贯切换. 中国科学(B 辑)，2007, 37: 446–452.

[27] Wang J W, Zhang J J, Yuan Z J and Zhou T S. Noise-induced switches in network systems of the genetic toggle switch. *BMC Syst. Biol.*, 2007, 1: 50.

[28] 张家军，王军威，苑占江，周天寿. 噪声诱导的同步切换. 生物化学与生物物理进展，2008, 35(8): 929–939.

第 5 章 基因振子的分类及生物节律

生物振动系统是另一大类重要的生物系统. 典型的生物振动系统包括松弛型基因振子、压制振动子和昼夜节律振子等. 在这些振子系统的调控网络中, 负反馈圈是产生振动的必要条件, 因此, 这些振子系统的研究可归结为一类特别的动力系统, 即单调动力系统. 本章将介绍几种典型的基因振子系统, 着重于它们的基本动力学性质的刻画, 为研究多细胞基因振子系统的协作行为打下基础. 此外, 对几种典型的模式生物, 分析它们产生振动的机制.

蛋白质丰度的周期变化是重要细胞过程的典型一种, 如生理节律和细胞周期等. 那么, 这种周期行为的分子基础是什么? 最近的研究报告表明, 基于几个分子成分间相互作用的简单构建是能够产生周期动力行为的. 这些构建子块是理解更复杂细胞振子的关键(因为前者是后者的中心构件). 为清楚起见, 我们把基因振子分为三类: 光滑型基因振子、松弛型基因振子和随机型基因振子. 这种分类是基于它们的不同动力学特征, 将为系统地研究多细胞基因振子系统的群体行为奠定基础.

5.1 从切换到振动

5.1.1 单基因自调控模型[2]

考虑一个系统, 它是由 λ 噬菌体的启动子区域(P_{RM})和 cI 基因组成的 DNA 质粒[3-5]. 这种启动子区域包含三个结合位点, 已知为 OR1, OR2 和 OR3. 相应网络结构和生化反应如下: 基因 cI 表达抑制子(CI), 它反过来二聚化并作为转录因子结合到 DNA; 结合可以发生在三个结合位点 OR1, OR2 或 OR3 之一. 结合关系是这样的: 二聚物首先结合到位点 OR1, 其次是 OR2, 最后是 OR3. 正反馈的产生是由于下游的转录被在位点 OR2 的结合增强, 而在位点 OR3 的结合会抑制转录, 有效阻止生成, 由此导致负反馈.

描述这一基因调控网的生化反应被分为两类: 快反应和慢反应, 如表 5.1.1. 快反应主要包括蛋白质聚合及其结合反应等, 而慢反应主要包括转录、翻译和退化等反应. 令 X, X_2 和 D 分别记抑制子、抑制子的二聚物和 DNA 启动子的结合位点. 用 D_i 记结合到位点 ORi 的二聚物, $K_i = k_i/k_{-i}$ 是平衡常数, R 表示 RNA 聚合酶的浓度, n 是每个 mRNA 转录的抑制蛋白数目, $\alpha > 1$ 刻画被 OR2 二聚物占据所增强的转录的程度. 令 $K_3 = \sigma_1 K_2$ 和 $K_4 = \sigma_2 K_2$, 以便 σ_1 和 σ_2 代表相对于二聚物-OR1 的结合强度.

表 5.1.1 生化反应方程式

快反应	慢反应
$X + X \xrightarrow{K_1} X_2$	$D + R \xrightarrow{k_t} D + R + nX$
$D + X_2 \xleftrightarrow{K_2} D_1$	$D_1 + R \xrightarrow{k_t} D_1 + R + nX$
$D_1 + X_2 \xleftrightarrow{K_3} D_2 D_1$	$D_2 D_1 + R \xrightarrow{\alpha k_t} D_2 D_1 + R + nX$
$D_2 D_1 + X_2 \xleftrightarrow{K_4} D_3 D_2 D_1$	$X \xrightarrow{k_x} \varnothing$

注: 快反应有阶为秒的比率常数, 因此, 相对于比率以阶为分钟的慢反应而言, 有时快反应可以被假定为迅速地达到平衡.

下一步, 定义浓度为动力变量 $x_1 = [X]$, $x_2 = [X_2]$, $D_0 = [D]$, $x_3 = [D_1]$, $x_4 = [D_2 D_1]$, $x_5 = [D_3 D_2 D_1]$. 然后, 根据上述生化反应, 我们给出相应于表 5.1.1 中的各个量. 此外, 注意到 DNA 启动子位点的总浓度(d_T)是常数, 因此, 有保守条件 $md_T = D_0 + x_3 + x_4 + x_5$, 即

$$md_T = d_0 \left(1 + K_1 K_2 x^2 + \sigma_1 (K_1 K_2)^2 x^4 + \sigma_1 \sigma_2 (K_1 K_2)^3 x^6 \right) \tag{5.1.1}$$

这里 m 表示质粒的拷贝数, 即每个细胞的质粒数目. 此外, 假定 RNA 聚合酶的浓度(p_0)保持常数. 于是, 描述压制子浓度时间演化的比率方程为

$$\dot{x} = -2k_1 x^2 + 2k_{-1} x^2 + nk_t p_0 (d_0 + d_1 + \alpha d_2) - k_x x \tag{5.1.2}$$

下一步, 通过尺度化压制子浓度和时间, 消去某些参数. 为此, 定义无量纲变量 $\tilde{x} = x\sqrt{K_1 K_2}$, $\tilde{t} = t\left(k_t p_0 d_T n \sqrt{K_1 K_2}\right)$. 代入(5.1.2)得

$$\dot{x} = \frac{m\left(1 + x^2 + \alpha \sigma_1 x^4\right)}{1 + x^2 + \sigma_1 x^4 + \sigma_1 \sigma_2 x^6} - \gamma_x x \tag{5.1.3}$$

这里 $\gamma_x = k_x / \left(k_t p_0 d_T n \sqrt{K_1 K_2}\right)$, 导数是关于 $\tilde{t}$ 的, 并且 $\tilde{x} \to x$. 参数 $K_1 = 5.0 \times 10^7 \text{M}^{-1}$, $K_2 = 3.3 \times 10^8 \text{M}^{-1}$, 以便从无量纲变量到压制子(单体或二聚体的形式)浓度的变换为 $[CI] = 7.7x + 3.0x^2$. 无量纲变换涉及参数 k_t. 又因为转录和翻译实际是一列复杂的生化反应, 因此一般很困难给出这种参数的确切数值. 然而, 对于 λ 噬菌体的容原性状态, 参数的乘积的一个值为 $d_T n k_t p_0 = 87.6 \text{nM min}^{-1}$. 这导致从无量纲的 $\tilde{t}$ 到以分钟为单位的时间 t 的变换为 $t(\min) = 0.089\tilde{t}$.

对于λ噬菌体的操作区域，有 $\sigma_1 \approx 2$，$\sigma_2 \approx 0.08$，$\alpha \approx 11$，以便参数 γ_x 和 m 决定压制子的静态浓度. 参数 γ_x 直接比例于蛋白质的降解率，并且在人造网络的构造中，它能够用作可调参数. 整数参数 m 代表每个细胞的质粒拷贝数，当这些参数在实验中不可利用时，设计具有给定拷贝数的质粒是可能的，且其典型值在 1~100 之间.

式(5.1.3)的非线性导致压制子的静态浓度处在一个双稳区域内. 图 5.1.1(a) 绘制了压制子的静态浓度作为参数 γ_x 函数的依赖关系，双稳性的产生是由于沿二聚化和降解率 x 的产物之间的竞争结果. 对于某些参数值，初始的浓度是无关紧要的，但是对于那些更能密切平衡生成和降解的参数值，最终浓度由初始浓度决定.

假如考虑噪声的影响，蛋白质的静态浓度之间是能够出现切换的. 例如，考虑下列 Langevin 方程

$$\dot{x} = \frac{m(1 + x^2 + \alpha\sigma_1 x^4)}{1 + x^2 + \sigma_1 x^4 + \sigma_1\sigma_2 x^6} - (\gamma_x - \xi_x(t))x \equiv f(x) - (\gamma_x - \xi_x(t))x \tag{5.1.4}$$

在上面设定的参数下，作变换 $x = e^z$，那么

$$\dot{z} = \frac{1 + e^{2z} + 22e^{4z}}{e^z + e^{3z} + 2e^{5z} + 0.16e^{7z}} - \gamma_x + \xi_x(t) \equiv g(z) + \xi_x(t) \tag{5.1.5}$$

式(5.1.5)可改写为

$$\dot{z} = -\frac{\partial \phi(z)}{\partial z} + \xi_x(t) \tag{5.1.6}$$

这里 $\phi(z) = -\int g(z)dz$ 能够被认为是"能量地形"，而 z 能够看作在地形中运动的粒子的位置. 注意到稳定的不动点相应于潜能的最小点. 图 5.1.1 显示出某些数值结果. 图5.1.1(a)显示出压制子关于降解率的分叉图，图 5.1.1(b) 是潜能 $\phi(z)$ 的地形图，它有两个局部最小点，图 5.1.1(c) 显示出粒子的位置 z 是如何依赖于噪声强度的，明显地，它随噪声强度而增加. 图 5.1.1(d) 表明噪声是能够诱导粒子在两个状态间的切换的，产生似脉冲的行为.

5.1.2 振动的产生[2]

基于上面设计的压制子网络，并利用细胞成分的滞后性质，我们来构造一个基因振子. 在另外一个 P_{RM} 驱动子区域的控制下，插入一个压制蛋白酶，如图 5.1.2 所示. 在第一个质粒上，有前面设计的网络，在驱动子 P_{RM} 控制下的压制子蛋白 CI 以低浓度刺激它自己的产物，以高浓度阻止驱动子；在第二个质粒上，再次利用 P_{RM} 启动子区域，但这里插入一个基因，它编码蛋白 RcsA. 主要的相互作用是

在 RcsA 和 CI 之间. 对压制子而言，RcsA 是一种蛋白酶，有效地阻碍它的能力来控制 P_{RM} 启动子区域.

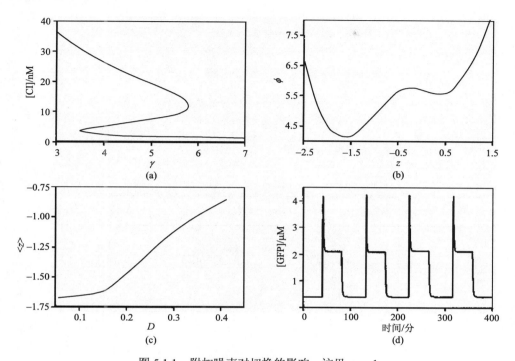

图 5.1.1 附加噪声对切换的影响，这里 $m = 1$

(a)压制子浓度 x 对 γ_x 的分叉图. (b)能量地形. (5.1.5)的稳定不动点($D=0$)相应于谷 $z = 1.6$ 和 $z = 0.5$, 不稳定的点相应于 $z = 0.52$. (c) z 的静态平衡值对噪声强度，是单调增加曲线. (d) 数值模拟展示出外部噪声能够诱导蛋白的切换. 起初，蛋白质浓度处在(GFP~0.4nM)的水平，相应于低水平的噪声 $D=0.01$; 在 40min 后，一个强度为 $D=1.0$ 持续 2min 的噪声脉冲被用来驱动蛋白质浓度达~2.2μM 的水平. 伴随着这种脉冲，噪声被返回到它原来的值. 在 80min 时，一个强度为 $D=0.1$、持续 10min 的噪声脉冲被用来靠近蛋白质原值的浓度

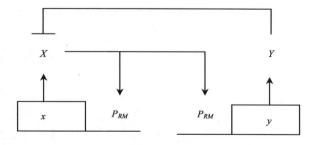

图 5.1.2 一个基因振子环路示意图

基于图 5.1.2, 容易导出相应的动力学方程. 为此，只需注意以下几点：首先，

RcsA 和压制子都是在相同的驱动子控制下,因此,(5.1.7)中的项 $f(x)$ 相同;其次,所设计的网络考虑了两个质粒,并控制了每个细胞的质粒数;最后,RcsA 和压制子蛋白的相互作用导致压制子的降解. 于是有下列方程

$$\dot{x} = m_x f(x) - \gamma_x x - \gamma_{xy} xy, \quad \dot{y} = m_y f(x) - \gamma_y y \tag{5.1.7}$$

系统(5.1.7)能够展示出周期振动,如图 5.1.3 所示. 对于某些固定参数值,其振动区域显示在图 5.1.4 中.

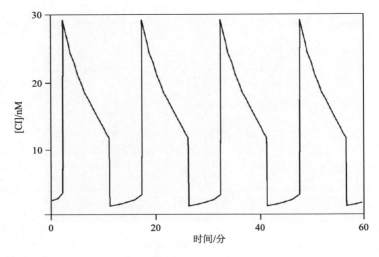

图 5.1.3　松弛型振动

$[CI] = 7.7x + 3.0x^2$,参数取为 $m_x = 10$,$m_1 = 1$,$\gamma_x = 0.1$,$\gamma_y = 0.001$,$\gamma_{xy} = 0.1$,$\sigma_1 = 2$,$\sigma_2 = 0.08$,$\alpha = 11$

此外,假定内部细胞过程涉及蛋白 U 的产物的振动,这里 U 的浓度由 $u = u_0 \sin(\omega t)$ 给出. 为了耦合这种振动到我们的网络中,我们想象邻近于编码 U 的基因插入一个编码压制子的基因,那么因为 U 被周期地转录,压制子的共转录将导致(5.1.7)中有一个振动源. 因此得下列方程

$$\dot{x} = m_x f(x) - \gamma_x x - \gamma_{xy} xy + \Gamma \sin(\omega t), \quad \dot{y} = m_y f(x) - \gamma_y y \tag{5.1.8}$$

在(5.1.8)中,项 $\Gamma \sin(\omega t)$ 可以看成一个外部驱动. 现在,我们想要知道外部驱动是如何影响细胞内部动力学的. 典型地,存在共振区域,形成 Arnold 舌(tongue),在此区域内,细胞内部频率(或周期)可以与外部频率(周期)相锁相,如图 5.1.5. 在共振区域的外面,可以找到各种类型的锁相区域 $M:N$(这里 M, N 可以是任意正整数),还可找到拟周期区域.

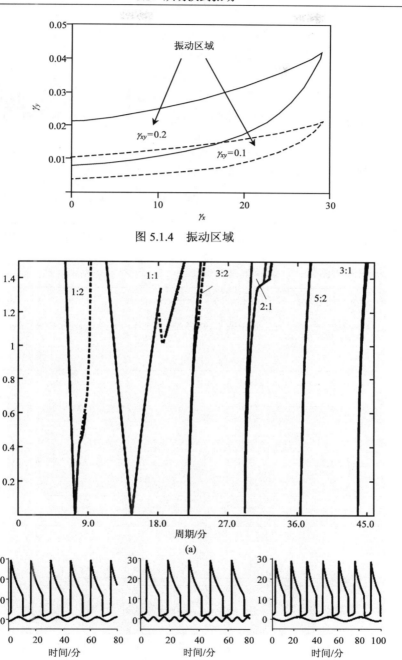

图 5.1.4 振动区域

图 5.1.5 Arnold 舌现象

(a)周期-幅度平面上的共振区域；(b)1∶1 同步，即 CI 的周期(14.6min)等于驱动周期；(c)1∶2 锁相，即 CI 的周期(29.2min)二倍于驱动周期；(d)2∶1 锁相，即 CI 的周期(7.6min)等于驱动周期的一半

5.2 光滑振子

从动力学的观点,光滑振子是指有关相函数关于状态变量是光滑变化的,而下节中提到的松弛振子由于展示出跳跃动力学行为,因此相应的相方程可以出现跳跃运动.

5.2.1 压制振动子:repressilator[6]

2000 年,美国普林斯顿的 Elowitz 和 Leibler 等在大肠杆菌($E.\ coli$)中成功合成了一个基因振子(其结果发表在 *Nature* 上),即著名的 repressilator. 本节将全面地介绍压制振动子,包括它的实验构造、数学模型以及简单的动力学分析.

1. 确定性模型

记三个压制自蛋白为 $X = \text{LacI}$,$Y = \text{TetR}$,$Z = \text{CI}$,D^I 表示 I 结合启动子的位点($I=X,Y,Z$),X_n,Y_n 和 Z_n 表示 n 聚物. 相应的生化反应方程列在表 5.2.1 中.

表 5.2.1 压制振动子的生化反应方程

快 反 应	慢 反 应
$nX \xleftrightarrow{K_1} X_n$	$D^X \xrightarrow{K_X} D^X + \text{mRNA}_X$
$nY \xleftrightarrow{K_2} Y_n$	$D^Y \xrightarrow{K_Y} D^Y + \text{mRNA}_Y$
$nZ \xleftrightarrow{K_3} Z_n$	$D^Z \xrightarrow{K_Z} D^Z + \text{mRNA}_Z$
$X_n + D^Y \xleftrightarrow{K_4} D_X^{*Y}$	$\text{mRNA}_I \xrightarrow{t_I} \text{mRNA}_I + I(I=X,Y,Z)$
$Y_n + D^Z \xleftrightarrow{K_5} D_Y^{*Z}$	$\text{mRNA}_I \xrightarrow{e_I} \emptyset(I=X,Y,Z)$
$Z_n + D^X \xleftrightarrow{K_6} D_Z^{*X}$	$I \xrightarrow{d_I} \emptyset(I=X,Y,Z)$

此外,对结合位点,有保守律:$D_{\text{tot}}^X = D^X + D_Z^{*X}$,$D_{\text{tot}}^Y = D^Y + D_X^{*Y}$,$D_{\text{tot}}^Z = D^Z + D_Y^{*Z}$. 假定快反应达到平衡(即采用拟静态近似),并利用保守性方程,可给出三个蛋白质浓度和三个 mRNA 浓度的动力学方程. 为习惯起见,记三个压制子蛋白的浓度(p_i),它们相应的 mRNA 浓度(m_i),这里 i 是 LacI,TetR 或 CI,被作为连续的动力变量,这六个分子物种中的每一个均参与转录、翻译和降解反应等. 这里仅考虑对称情形,即所有三个压制子都是一样(除它们的 DNA 结合成分外). 相应的动力学方程为

$$\frac{\mathrm{d}m_i}{\mathrm{d}t} = -m_i + \frac{\alpha}{1+p_j^n} + \alpha_0$$

$$\frac{\mathrm{d}p_i}{\mathrm{d}t} = -\beta(p_i - m_i), \quad i = \text{LacI, TetR, CI}, j = \text{CI, LacI, TetR} \tag{5.2.1}$$

其中，在连续成长阶段，每个细胞中一个给定的启动子类型所编码蛋白拷贝数目在压制蛋白饱和的情况下是 α_0 (由于启动子的"漏")，而没有压制蛋白时这个数目是 $\alpha+\alpha_0$；β 表示蛋白降解率与 mRNA 降解率的比率；n 是 Hill 系数. 时间是以 mRNA 寿命为尺度的；蛋白的浓度是以 K_M (半最大压制启动子所必要的压制子的数目)为单位的；mRNA 的浓度被翻译效率所尺度化(每个 mRNA 分子所产生的蛋白的平均数). 图 5.2.1(c)中模型的数值解用下列参数值：启动子的强度=每秒 5×10^{-4}(被压制)到 0.5(完全被诱导)转录；平均翻译效率=每秒转录 20 个蛋白；$n=2$；蛋白的半寿命=10min；mRNA 的半寿命 = 2min；$K_M = 40$ (在每个细胞的单体中).

这一系统有唯一的静态：当 $\dfrac{(1+\beta)^2}{\beta} < \dfrac{3X^2}{4+2X}$ 时，它不稳定，这里 $X = -\dfrac{\alpha n p^{n-1}}{(1+p^n)^2}$，$p$ 是 $p = \dfrac{\alpha}{1+p^n} + \alpha_0$ 的解. 稳定和不稳定的区域间的边界如图 5.2.1(b). 当 Hill 系数增大时，不稳定的区域将扩大，消除了充分大的 α 时关于 β 的限制(比较曲线 B，$n = 2$ 和曲线 A，$n = 2.1$). 漏的效果(α_0)能够通过绘制对常数的比率(α_0/α)的稳定性边界看出，参考曲线 C. 当 α_0 变成和 K_M 可比较时，不稳定的区域缩小了(比较曲线 B，$\alpha_0=0$ 和曲线 C，$\alpha_0/\alpha = 10^{-3}$). 静态稳定性的类似分析能够通过对环路转录反馈圈的一般化模型来获得. 包含极限环振动的最简单网络即是这些包含单压制子和单激活子，或超过 3 个压制子的奇数个数目. 一般地，这种网络中的振动周期主要由蛋白质的稳定性来决定. 对没有 Hill 函数的压制曲线，或用热动力的结合能量来预测平衡操作的占有者和考虑压制子的聚合，更细化的计算支持相似的稳定性结果. 除了简单的振动外，这里或其他更多的真实模型能展示出更复杂的动力学行为.

2. 基因调控网的设计及噪声的效果

在图 5.2.1(a)所示的网络中，来自 *E.coli* 的第一个压制子蛋白(LacI)抑制来自抗四环素转位子(Tn10)的第二个压制子基因(*tetR*)，而 Tn10 的蛋白产品反过来抑制来自 λ 抗菌素的第三个基因(*cI*)的表达，最后，CI 抑制 *lacI* 的表达，完成一个环路. 这种负反馈圈能够导致各成分浓度的暂态振动的事实能够从转录调控的简单模型中看出(见数学模型(5.2.1)). 在这种模型中，网络的行为依赖几个因素：包括压制子浓度的转录率、蛋白质和信使 RNA 的降解率. 依赖于这些参数的值至少有两种可能的类型解：系统收敛到稳定的静态或因静态变成不稳定而导致孤立的极限环振动(如图 5.2.1(b)和(c)).

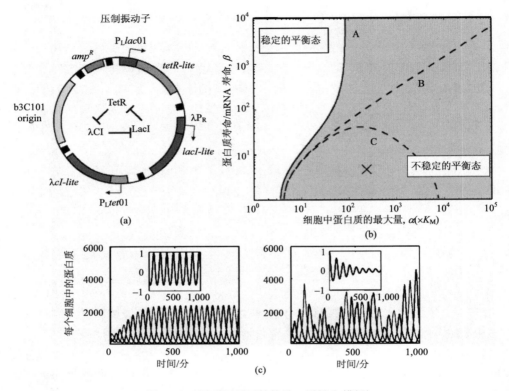

图 5.2.1　振动压制子的构造、设计和模拟

(a)振动压制子网络：振动压制子是由三个压制子基因和相应的启动子组成的负反馈圈. 它利用 $P_L lac$01 和 $P_L tet$01 (分别包含 lac 和 tet 操纵子，即强的、高度可压制的启动子)和来自抗菌素λ的右启动子(P_R). 三个压制子的稳定性被因破坏附属物(记为"lite")的出现而减低. (b)连续的、对称的振动压制子模型的稳定性图. 参数空间被划分为两个区域：静态是稳定的(左上)或不稳定的(右底). 曲线 A，B 和 C 表示对不同参数值(A：$n = 2.1, \alpha_0 = 0$；B：$n = 2, \alpha_0 = 0$；C：$n = 2, \alpha_0 / \alpha = 10^{-3}$)时两区域的边界. (c) 通过数值积分获得的三个压制子蛋白的振动，内集表示第一压制子物种被正规化后的自关联函数. 左图：相应于(b)中标明"×"所对应的参数，右图：随机模拟结果

确定性模型的分析忽视了分子成分的离散性质和它们间相互作用的随机特征. 然而，这些效果在生物化学和基因网络里被认为是重要的. 因此我们采用上面的模型来演示随机模拟. 为了获得类似于连续情形的协作行为，假定每个启动子有两个操作工地，以及下列反应：蛋白质结合到每个结合位点($1\text{nM}^{-1}/\text{s}$)；来自第一占有(224/s)和第二占有(9/s)的操纵子的蛋白未被结合；来自占有($5 \times 10^{-4} \text{s}^{-1}$)和未占有(0.5/s)启动子的转录；翻译($0.167 \text{mRNA}^{-1} \text{s}^{-1}$)；蛋白的降解(10min，半寿命)；

mRNA 退化(2min，半寿命). 这些参数值被选取来尽可能地接近连续模型的情形(假定每个细胞的一个分子为~1nM). 对这些参数值，振动将持续但有大的波动(图 5.2.2(c))，导致有限的自关联时间(比较图 5.2.1(c)的内集).

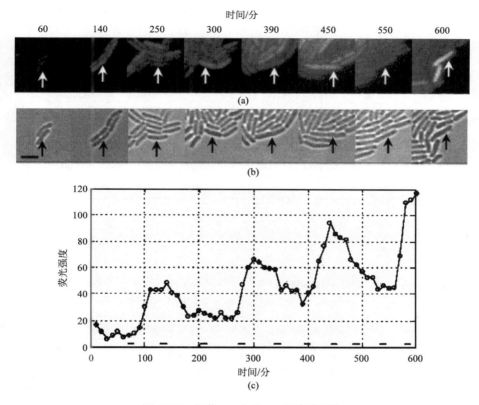

图 5.2.2 细菌 repressilator 的实验观察

(a)和(b) E.coli 宿主的生长过程；(c) GFP 浓度的时间演化过程

图 5.2.2 显示出具有这种大波动的细胞荧光蛋白的时间序列. 暂态振动发生，其周期大约为 150min(比典型的细胞分裂周期要长三倍)振动的幅度大到可和 GFP 的基线水平相媲美. 实验发现，三个微观群体中的每一个群体至少有 40%的细胞能够展示出振动行为(可通过 Fourier 分析来决定)，周期的范围(通过尖峰-尖峰间隔的分布来估计)是 160 ± 40 min(平均±标准差，$n=63$)；在分隔后，对长周期，两个同胞细胞内的 GFP 水平能保持周期时间长的互相关联性(图 5.2.2(a)~(c)). 基于三个微观群体中 179 个分隔事件的分析，我们测量了间隔为 95 ± 10 min(在相同条件下，它比典型的细胞分裂周期 50~70min 更长)同胞抗关联性的平均半时间，表明网络中的状态被转移到后代细胞(尽管强的噪声成分). 此外，观察到从细胞到细

胞的振动输出在周期和幅度(图 5.2.3(d))方面会出现显著的波动，这种变化也会发生在单细胞和它的子代间(图 5.2.3(a)~(c)). 对某些个体，周期是一个细胞和它的同胞间的相位差.

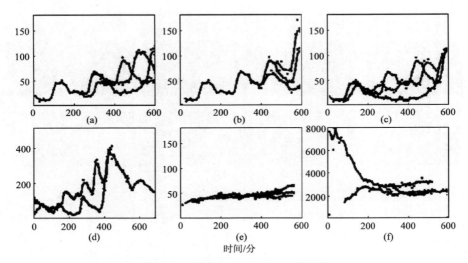

图 5.2.3　噪声对 repressilator 的效果

(a) 不同代间的相位变化；(b) 相位保持但振幅变化较大的例子；(c) 周期减少的例子；(d) 细胞振子的例子；(e) 振动遭破坏的例子；(f) 报道子的变化过程

最近的理论工作表明，随机效果是造成自然基因表达网络中噪声操作的原因. 对考虑反应事件的随机性质和网络成分的离散性的振动压制子，数值模拟展示出行为的多样性，减低了振动的关联时间从无穷(在连续模型)到大约两个周期(图 5.2.1(c)的内图). 一般地，这种随机效果不同于可能的、内部复杂的动力学(比如间歇性或混沌行为). 对压制振动子和其他设计的网络，波动源的认同和特征化需要进一步研究，特别是衡化器条件下的长时间实验应该能够使得噪声的压制振动子动力学呈现更复杂的统计特征. 此外，改变宿主物种和基因背景可能使得实验检查到最小化虚假的相互作用(内生的细胞子系统)，并调查网络是怎样被嵌入到细胞中. 例如，在压制振动子网络中，细胞分裂周期似乎并不被耦合到振动压制子，这是因为振动的时间和细胞分隔事件无关(图 5.2.2). 然而，进入到静态相阶段会引起振动压制子振动的停止，这表明网络被耦合到细胞生长的全局调控.

许多细胞成分的水平会在生长的细胞中不时地改变，甚至构成表达 GFP 的应变会展示出明显的异质性. 为此，我们通过几个控制实验来检查所观察到的振动的确是由于压制振动子(图 5.2.3(e),(f))所致. 这些实验包括对网络的故意破坏(通过增加充分的 IPTG 来干预 LacI)，以及在没有振动压制子的情形下来观察 GFP 的表达.

压制振动子的成功实验表明：从自然发生的基因成分来设计和构造具有新功

能性质的人工合成的基因网络是可能的. 这种工作类似于从很好特征的模块(motif)来对功能蛋白的合理设计. 成分的进一步特征化和网络联结的变化可能会揭示相关网络的一般特征, 并为生物技术应用提供改进的设计和可能利用的基础. 而且, 人工设计网络与它相对应的自然网络的比较也可能帮助我们理解"设计原理", 例如, 生物钟在许多生物组织中被发现, 包括细胞分裂时间比周期更短的蓝藻. 然而, 这种节律振动的可靠性和压制振动子的噪声波动行为形成鲜明的对比. 代替三个压制蛋白似乎是节律振子利用正和负的调控成分. 这种设计能够导致改进的可靠性吗? 最近的理论分析表明: 在正和负的调控成分(它们导致双稳性和滞后行为)间的相互作用情形, 一个振动环路的确能展示出很高的抵抗噪声性能. 有趣的是人们是否能够构造出类似于生物钟的人造网络. 假如能的话, 这种网络是否会展示出抵抗噪声的效果.

5.2.2 简化的压制振动子[7]

对于生物网络, 产生振动行为有两种途径: 一是引进时间延迟; 二是设计负反馈. 对于具有负反馈圈的基因调控网, 如由肿瘤细胞的 p53 和 Mdm2 所刻画的调控网, 它们的数学模型蕴涵着两个调控蛋白间的延迟能够诱导振动行为[8,9]. 在参考文献[6]中, 作者设计了 E.coli 中的一个合成基因调控网, 相应的系统对于适当的反馈参数也能够展示自发的振动行为. 在那一模型中, 他们连接负反馈圈环路中的三个基因, 引起蛋白质浓度的周期脉冲, 然而其数学模型并不包含显式的时间延迟. 我们在反馈里引入在效果上等同于一个潜在时间延迟的多重反应或级联, 如图 5.2.4. 已经证实, 负反馈是产生 MPF 行为[11]、蛋白质合成[12]、MAPK 信号通路[13]、心脏节律[14]等振动行为的基础. 在这些模型中, 并没有显式的时间延迟存在, 而是网络的负反馈性质引起振动行为.

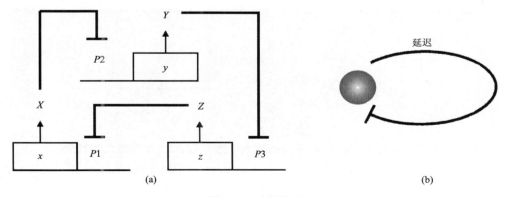

图 5.2.4 光滑振子

(a)基因调控网的示意图; (b)振动的产生是由于多重反应步(在效果上等同于一个时间延迟)

在图 5.2.1 中，原压制振动子是由三个相互压制的抑制蛋白所组成，相应的数学模型是一个六维系统(三个变量为 mRNA，另三个变量为蛋白质). 由于蛋白质的翻译率一般比其转录率快，因此可以不考虑蛋白质的显式表达. 在此情况下，前面提到的压制振动子模型可以简化，相应的三个压制子浓度能够简单地描述为

$$\frac{dx}{dt} = \frac{\alpha_1}{1+z^n} - \beta_1 x + \gamma_1$$

$$\frac{dy}{dt} = \frac{\alpha_2}{1+x^n} - \beta_2 y + \gamma_2$$

$$\frac{dz}{dt} = \frac{\alpha_3}{1+y^n} - \beta_3 z + \gamma_3 \tag{5.2.2}$$

这里 α_i ($i=1,2,3$) 是在激活子缺席情况下的无量纲转录率；β_i ($i=1,2,3$) 是降解率；γ_i ($i=1,2,3$) 是基本产生率；n 是 Hill 系数. 在数值模拟中，固定参数值 $\alpha_1 = \alpha_2 = \alpha_3 = 216$，$\beta_1 = \beta_2 = \beta_3 = 1.0$，$n = 3$. 此外，假定 $\gamma = \gamma_1 = \gamma_2 = \gamma_3$，并把 γ 作为分叉参数. 由著名的基因切换系统[11]知，系统(5.2.2)是二维的基因切换系统在三维空间中的自然扩充或推广.

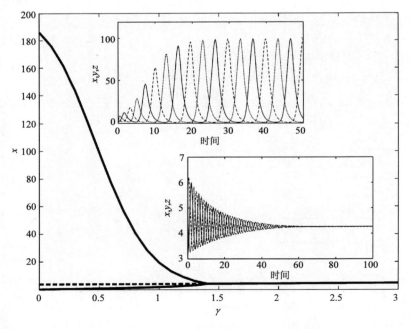

图 5.2.5 光滑振子的动力学，包括分叉图和两种不同类型的时间暂态行为

这里共同的基本合成率被作为分叉参数，上面的子图对应于 $\gamma = 0.5$，而下面的子图对应于 $\gamma = 1.5$. 注意到分叉点为 $\gamma \approx 1.4$

尽管自然基因振子能够产生振动,但人工合成的网络在某些细化的情形(如蛋白质的合成率、降解率、蛋白质 DNA 结合的协作性等)也能够显示出振动行为. 代替实验地决定这些细化的性质,我们可用模型方程来作为一种替代[15]. 在模型(5.2.2)中,选取 γ 作为分叉参数,但保持系统的其他参数固定. 图 5.2.5 显示出简化压制振动子的主要动力学特征,包括分叉图(分叉点为 $\gamma \approx 1.4$)和周期振动行为(上图,这里 $\gamma = 0.5$)和减幅振动(下图,这里 $\gamma = 1.5$).

5.3 松弛振子

基因调控过程被多重时间尺度所特征化,这里转录和翻译过程的时间尺度要比磷酸化、二聚化和转录因子的结合反应过程慢得多. 此外,某些基因表达也要比另一些基因表达慢得多,从而引起另一种不同的时间尺度. 具有不同的时间尺度(其范围从秒到超过年)的各种周期振动可以允许生物组织的行为适应周期变化的环境[16]. Barkai 和 Lerbler[17]通过将正和负的反馈圈植入基因调控网,提出了基于滞后的振动. 甚至当存在生化噪声或当细胞条件被改变时,这种生化网络里通用的设计显示出基因振子能够可靠地振动. 受到这种设计的启示,许多新的设计已被提出或被实验所证实. 最近,基于正和负的反馈机制,一个合成的基因调控网被构建,即利用乳糖响应系统和大肠杆菌里的氮调控系统的成分来产生松弛振动[18]. 此外,Kuznetsov 等[19]利用细胞内的通信来诱导同步化振动,这里系统内的元素是基于基因切换的松弛振子[20],他们对产生松弛振动所必须具备的条件还给出了理论分析.

以下主要从动力学的角度分析基因松弛振子产生振动的条件. 在图 5.3.1(a) 中,假定两个基因在相同的启动子的作用下,分别产生激活子(X)和压制子(Y). 抑制子抵抗激活子的活动,例如,压制子行为类似于酶,它线性地促进激活子的降解. 利用标准的静态假定,相应的数学模型可以描述为

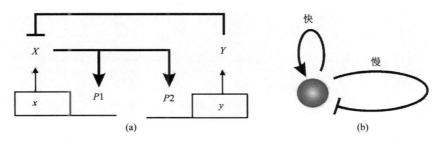

图 5.3.1 松弛振子

(a) 基因调控网的示意图;(b) 振动的产生是由于正反馈和负反馈结合的效果

$$\frac{dx}{dt} = \alpha_1 \frac{1+\rho x^n}{1+x^n} - \beta_1 x - \gamma xy, \quad \frac{dy}{dt} = \alpha_2 \frac{1+\rho x^n}{1+x^n} - \beta_2 y \tag{5.3.1}$$

这里 γ 代表蛋白质 X 促进蛋白质 Y 的降解的能力；$\rho > 0$ 代表增加蛋白产物(由于激活子对启动子的结合)；$\alpha_i (i=1,2)$ 是在缺席激活子的情况下无量纲转录率；$\beta_i (i=1,2)$ 是降解率；n 是 Hill 系数. 假定 $\alpha_1 = 10$，$\alpha_2 = 1$，$\beta_1 = \beta_2 = 0.5$，$\rho = 200$，$n=4$. 在数值分析中，把 γ 作为分叉参数.

方程(5.3.1)的主要动力学总结在图 5.3.2 中，其中图 5.3.2(a)展示出两条零倾线和极限环轨线(黑色)，这里实线和虚线分别表示 x 零倾线和 y 零倾线，粗黑点表示该系统唯一不稳定的平衡态. 清楚地，快激活子变量 X 的动力学松弛抑制子 Y 的慢变化过程中所积聚的压力(stress)；而图 5.3.2(b)是振子关于分叉参数 γ 的超临界 Hopf 分叉图，这里有两个分叉点：$\gamma^l = 3.81$ 和 $\gamma^r = 24.46$；在振动区域内，振动的最大和最小值被绘出(纵向虚线的两边实线代表稳定的不动点，而横向虚线的上下实线代表极限环，纵向的点虚线代表不稳定的不动点)；图 5.3.2(c)是变量 x 的时间演化过程，展示出周期振动.

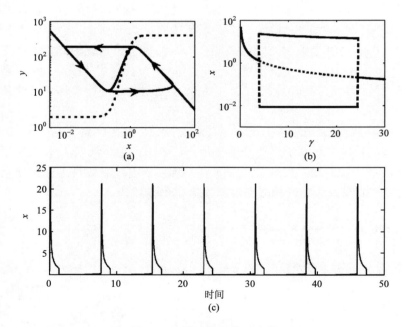

图 5.3.2 松弛振子的动力学

(a) 零倾线和极限环轨线，箭头表示轨迹关于时间的运动方向；(b) 超临界的 Hopf 分叉图；
(c) 变量 x 的时间演化过程

5.4 随 机 振 子

我们已经看到,松弛振子和光滑振子均能够展示出极限环振动. 然而,我们知道生物的内部节律也能够在噪声情形产生,尽管这时相应的确定性系统处在平衡态[21-25]. 这种现象称为噪声诱导的连贯运动. 这里,称相应的系统为随机振子. 已经证实,噪声诱导的振动在适当的环上可以是确定性的[22,23]. 不失一般性,用具有 Hopf 分叉的模型(5.3.1),并对它适当地引入噪声来研究随机振子的动力学. 被调查的数学模型为

$$\frac{dx}{dt} = \alpha_1 \frac{1+\rho x^n}{1+x^n} - \beta_1 x - (\gamma + \xi(t))xy, \quad \frac{dy}{dt} = \alpha_2 \frac{1+\rho x^n}{1+x^n} - \beta_2 y \quad (5.4.1)$$

这里 Gauss 白色噪声 $\xi(t)$ 满足 $\langle \xi(t) \rangle = 0$, $\langle \xi(t)\xi(t') \rangle = D\delta(t-t')$,其中 D 代表噪声强度. 某些参数值被设为 $\alpha_1 = 10$,$\alpha_2 = 1$,$\beta_1 = \beta_2 = 0.5$,$\rho = 200$,$n = 4$. 此外,取分叉参数 γ 为 $\gamma = 3.0$. 在这种情况下,模型(5.4.1)是一个随机振子,并且是通过自诱导的随机共振的机制(因为噪声加在快变量 x 上)来表现的[22].

为了测量噪声诱导振动的时间暂态行为,引入一个指标

$$\text{SNR} = \frac{\langle T_k \rangle_t}{\sqrt{\text{var}(T_k)}} \quad (5.4.2)$$

这里 $T_k = \tau_{k+1} - \tau_k$ 代表脉冲持久的分布,$\langle \cdots \rangle_t$ 表示对时间的平均. 这种指标描述尖峰间隔的平均及其标准差之间的比率,实际是周期信号在固定间隔内的一种信噪比. 注意到,指标 SNR 越大,输出信号的连贯程度就越高. 图 5.4.1 显示出 SNR 作为噪声强度的函数,它有唯一的尖峰. 此外,我们利用另一指标来调查噪声对系统行为的影响,如图 5.4.1(b). 这一指标即为平均发火周期(MFP),定义为

$$\text{MFP} = \langle T_k \rangle_t \quad (5.4.3)$$

图 5.4.1(c)~(e)中给出了三种噪声强度对噪声诱导的典型动力行为的影响. 对于小或大的噪声强度,系统显示出不光滑的振动,如图 5.4.1(c)和(e)所示. 然而,对合适的噪声强度,系统展示出非常光滑的随机振动行为,如图 5.4.1(d).

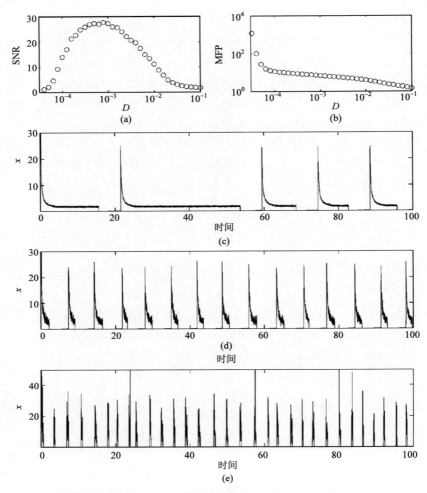

图 5.4.1 随机振子中,信噪比(SNR)和平均发火周期(MFP)作为噪声强度 D 的函数

(a) SNR 对 D;(b) MFP 对 D;(c)~(e)成分 x 的时间演化,其中(c) $D=10^{-4.2}$;(d) $D=10^{-3.0}$;(e) $D=10^{-1.8}$

5.5 果蝇和脉孢菌中的节律振子[26—31]

在这一节,考虑两种典型的模式生物:果蝇(*Drosophila*)和霉孢菌(*Neurospora*),这两种模型常被用来研究生物节律现象. 建立果蝇分子模型主要是基于 PER 和 TIM 蛋白所形成的复合物对 per 和 tim 基因的表达施加影响的负反馈. 类似地,建立脉孢菌,分子模型主要是依赖于 frq 的基因产物 FRQ 对 frq 基因的表达施加影响的负反馈. 相应的基因调控网如图 5.5.1 和图 5.5.2 所示.

5.5 果蝇和脉孢菌中的节律振子

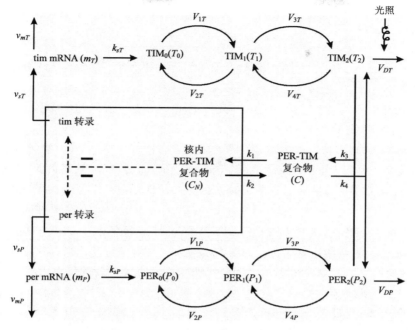

图 5.5.1 果蝇的基因调控网示意图

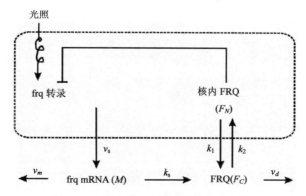

图 5.5.2 脉孢菌里节律振动模型示意图

对于果蝇，相应于图 5.5.1 的数学模型为

$$\frac{dM_P}{dt} = v_{sP}\frac{K_{IP}^n}{K_{IP}^n + C_N^n} - v_{mP}\frac{M_P}{K_{mP} + M_P} - k_d M_P$$

$$\frac{dP_0}{dt} = k_{sP}M_P - V_{1P}\frac{P_0}{K_{1P} + P_0} + V_{2P}\frac{P_1}{K_{2P} + P_1} - k_d P_0$$

$$\frac{dP_1}{dt} = V_{1P}\frac{P_0}{K_{1P} + P_0} - V_{2P}\frac{P_1}{K_{2P} + P_1} - V_{3P}\frac{P_1}{K_{3P} + P_1} + V_{4P}\frac{P_2}{K_{4P} + P_2} - k_d P_1$$

$$\frac{dP_2}{dt} = V_{3P}\frac{P_1}{K_{3P}+P_1} - V_{4P}\frac{P_2}{K_{4P}+P_2} - k_2P_2T_2 + k_4C - V_{4P}\frac{P_2}{K_{dP}+P_2} - k_dP_2 \quad (5.5.1)$$

在图 5.5.1 中, per(M_P)和 tim(M_T)mRNA 在核中合成, 并被转化成细胞质(在这里, 它们分别以最大比率 v_{sP} 和 v_{sT} 聚集). 在细胞质里, 它们被酶以最大比率 v_{mP} 和 v_{mT} 与 Michaelis 常数 K_{mP} 和 K_{mT} 地降解. PER 和 TIM 蛋白的合成率(分别正比于 M_P 和 M_T)被明显的一阶比率常数 k_{sP} 和 k_{sT} 所特征化. 参数 V_{iP}, V_{iT} 和 K_{iP}, K_{iT} ($i=1,2,3,4$)分别记涉及 P_0 (T_0)可逆磷酸化成 $P_1(T_1)$ 及 $P_1(T_1)$ 可逆磷酸化成 $P_2(T_2)$ 的酶和磷酸的最大和 Michaelis 常数. 完全磷酸化形式(P_2 和 T_2)被最大比率 v_{dP} 和 v_{dT} 及 Michaelis 常数 K_{dP} 和 K_{dT} 的酶来降解, 并可逆地形成一个复合物(正向和反向的比率常数分别为 k_3, k_4). 这种复合物以一阶比率常数 k_1 传输到细胞核内, 而 PER·TIM 复合物(C_N)的核形式传输到细胞质(由 k_2 特征化). 由 PER-TIM 复合物对 per 和 tim 转录所施加影响的负反馈由 Hill 类型的方程来描述, 这里 n 表示协作度, K_{IP} 和 K_{IT} 表示压制的阈值常数. 注意, 光能够增强 TIM 降解的最大比率.

图 5.5.2 所示模型是基于由蛋白 FRQ 对 frq 基因的表达(基因的表达被光增强)施加影响的负反馈. 它包括核中的基因转录, 在细胞质中(考虑蛋白质的合成)相应 mRNA 的聚集、蛋白质的传输出核, 以及由 FRQ 蛋白的核形式所调控的基因的表达.

$$\frac{dM_T}{dt} = v_{sT}\frac{K_{IT}^n}{K_{IT}^n+C_N^n} - v_{mT}\frac{M_T}{K_{mT}+M_T} - k_dM_T$$

$$\frac{dT_0}{dt} = k_{sT}M_T - V_{1T}\frac{T_0}{K_{1T}+T_0} + V_{2T}\frac{T_1}{K_{2T}+T_1} - k_dT_0$$

$$\frac{dT_1}{dt} = V_{1T}\frac{T_0}{K_{1T}+T_0} - V_{2T}\frac{T_1}{K_{2T}+T_1} - V_{3T}\frac{T_1}{K_{3T}+T_1} + V_{4T}\frac{T_2}{K_{4T}+T_2} - k_dT_1$$

$$\frac{dT_2}{dt} = V_{3T}\frac{T_1}{K_{3T}+T_1} - V_{4T}\frac{T_2}{K_{4T}+T_2} - k_1P_2T_2 + k_4C - V_{4T}\frac{T_2}{K_{dT}+T_2} - k_dT_2$$

$$\frac{dC}{dt} = k_3P_2T_2 - k_4C - k_1C + k_2C_N - k_{dC}C$$

$$\frac{dC_N}{dt} = k_1C - k_2C_N - k_{dN}C_N \quad (5.5.2)$$

记 PER 蛋白的总浓度为 $P_t = P_0+P_1+P_2+C+C_N$, 记 TIM 蛋白的总浓度为 $T_t = T_0+T_1+T_2+C+C_N$, 它们均为非保守性条件. 由于对称性, (5.5.1)和(5.5.2)能够看成是 P 子系统和 T 子系统的耦合系统.

相应的数学模型为

5.5 果蝇和脉孢菌中的节律振子

$$\frac{dM}{dt} = v_s \frac{K_1^n}{K_1^n + F_N^n} - v_m \frac{M}{K_m + M}$$

$$\frac{dF_C}{dt} = k_s M - v_d \frac{F_C}{K_d + F_C} - k_1 F_C + k_2 F_N$$

$$\frac{dF_N}{dt} = k_1 F_C - k_2 F_N \tag{5.5.3}$$

整个 FRQ 的浓度记为 $F_t = F_C + F_N$，它是非保守的. 参数为：$n = 4$，$v_{sP} = 1.1 \text{nMh}^{-1}$，$v_{sT} = 1.0 \text{nMh}^{-1}$，$v_{mP} = 1.0 \text{nMh}^{-1}$，$v_{mT} = 0.7 \text{nMh}^{-1}$，$v_{dP} = 2.2 \text{nMh}^{-1}$，$k_1 = 0.8 \text{h}^{-1}$，$k_{sP} = k_{sT} = 0.9 \text{h}^{-1}$，$k_2 = 0.2 \text{h}^{-1}$，$k_3 = 1.2 \text{nMh}^{-1}$，$k_4 = 0.6 \text{h}^{-1}$，$K_{mP} = K_{mT} = 0.2 \text{nM}$，$K_{IP} = K_{IT} = 1.0 \text{nM}$，$K_{dP} = K_{dT} = 0.2 \text{nM}$，$V_{1P} = V_{1T} = 8 \text{nMh}^{-1}$，$V_{2P} = V_{2T} = 1 \text{nMh}^{-1}$，$K_{1P} = K_{1T} = K_{2P} = K_{2T} = K_{3P} = K_{3T} = K_{4P} = K_{4T} = 2.0 \text{nM}$，$V_{3P} = V_{3T} = 8 \text{nMh}^{-1}$，$V_{4P} = V_{4T} = 1 \text{nMh}^{-1}$，$k_d = k_{dC} = k_{dN} = 0.01 \text{nMh}^{-1}$. $v_m =$

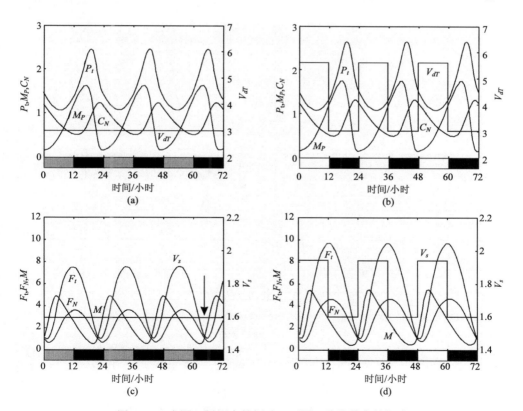

图 5.5.3　上图：果蝇中的振动，下图：脉孢菌中的振动
(a)光和黑暗：$v_{dT} = 3$；(b)黑暗：$v_{dT} = 3$；光：$v_{dT} = 6$；(c)光和黑暗：$v_s = 1.6$；(d)黑暗：$v_s = 1.6$；光：$v_s = 2.0$

0.505nMh^{-1}, $v_d = 1.4 \text{nMh}^{-1}$, $k_s = 0.5 \text{h}^{-1}$, $k_1 = 0.5 \text{h}^{-1}$, $k_2 = 0.6 \text{h}^{-1}$, $K_m = 0.5 \text{nM}$, $K_1 = 1.0 \text{nM}$, $K_d = 0.13 \text{nM}$.

表值结果如图 5.5.3~图 5.5.5 所示.

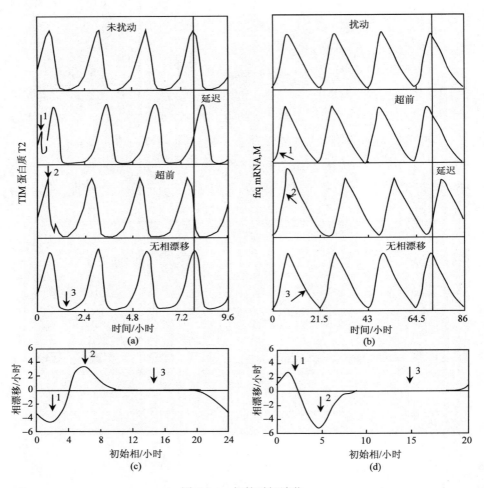

图 5.5.4 相的时间演化

三种情形: 相的延迟; 相的超前及相的不变, 它们依赖于初始的相(看底部的图). 左图对应于果蝇; 右图对应于脉孢菌

研究模型(5.5.1)和(5.5.2)时, 关键是考察参数 v_{dT} 对系统动力学行为的影响. 此参数代表外部因素(光或黑暗)对果蝇节律行为的影响, 它甚至可以取分段函数. 类似地, 对模型(5.5.3), 关键的参数是 v_s. 这些参数的变化可以改变系统的动力学行为, 如使系统发生相变(图 5.5.4), 甚至使系统出现混沌吸引子(图 5.5.5).

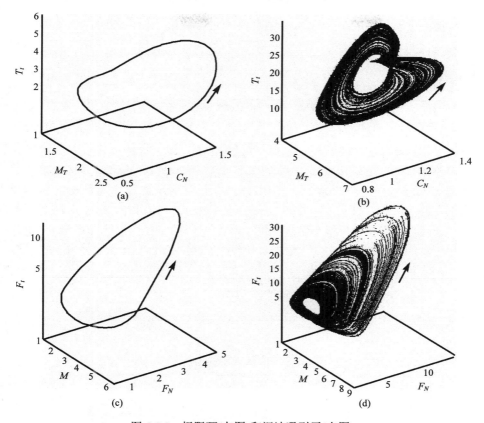

图 5.5.5　极限环(左图)和混沌吸引子(右图)

(a)和(b)对应于持续黑暗下的果蝇；(c)对应于持续黑暗下的脉孢菌；(d)对应于 12:12LD 循环下脉孢菌

5.6　分组的果蝇节律钟中神经传递元调庭的节律行为[31]

果蝇节律行为依赖于大约 150 个神经元. 根据它们的解剖位置，这些神经元通常被分为两个主要大类：侧部神经元(LN)和背部神经元(DN). 通常每个脑半球中大约 15~16 个 LN，它们又由三个小组组成：背侧神经元(LNd)、大腹侧神经元(l-LNv)和小腹侧神经元(s-LNv). 每个 s-LNv 表达神经肽型色素驱散因子(PDF)，而 PDF 密切相关于甲壳类色素色散荷尔蒙(PDH). 在连续黑暗条件(DD)下，s-LNv 或 PDF 的缺失导致节律行为迅速的丧失，从而显著减低 tim mRNA 振动的幅度，并导致节律钟里不同组的 PER 循环的非同步化. 最近，伴随着果蝇 PDF 受体的发现，作为 PDF 信号的目标神经元也已经被发现. 实验结果已经证实：在 DD 条件下，s-LNv 是节律起搏器，负责节律运动，支持 PDF 破译主节律传输的含义. 另一方面，大约 60 DN 被分成三类 (DN1，DN2 和 DN3)，并被认为在调幅节律中起着重要作用. 关于果蝇的节律行为, 已有很多实验结果, 但不同组里的各个起搏器神经是如何相互作用来驱动整个系统的行为节律并不清楚.

5.6.1 模型

在成年果蝇脑中, 大约 150 个钟神经元已被很好地特征化. 尽管 PDF(即细化的 LNv 神经肽)被假定为果蝇节律神经元之间的细胞通信分子, 但是 PDF 如何影响节律基因环路的精确性质并没有被很好地理解. 为了理解节律行为的产生和果蝇节律系统的同步化, 我们提出一个概念性模型(如图 5.6.1). 这一模型是基于早期的简化模型[32]作为核心振子, 并允许细胞间有信号通信. 单个细胞包含一个正反馈圈 (由 dCLOCK 所介导 per 转录的活性导致由 PER 和 dCLOCK 的非压制所介导的 dCLOCK 结合)和一个负反馈圈(PER 结合 dCLOCK, 因此非激活 per 转录), 参见图 5.6.1 的上图. 假定神经肽 PDF 的释放是由蛋白质 dCLOCK 来诱导. 我们模拟了两步的信号转导级联, 这里神经肽 PDF 结合到它的受体来增加细胞内的钙,

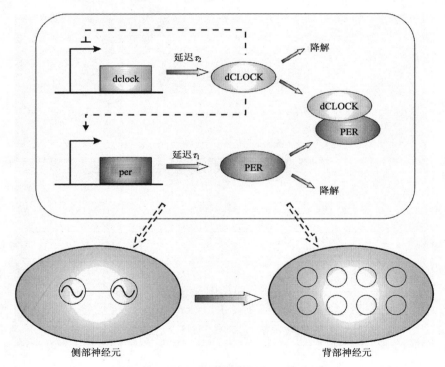

图 5.6.1 分组的果蝇节律钟的分子调控

(上图) 单个果蝇细胞的示意图[32]; (下图)包括两组神经元的果蝇节律网络示意图
这里节律 LN 组神经元以耦合强度 K_1 来耦合, 而减幅的 DN 组神经元并不相互耦合, 仅接受来自 LN 组神经传递元的信号(耦合强度为 K_2)

并激活 cAMP 相应成分结合蛋白质(CREB). CREB 进一步诱导 per 转录来调幅振子的相. 依靠神经传递元和两步的信号转导级联, 单细胞的完整动力学被描述为

$$\frac{\mathrm{d}x}{\mathrm{d}t} = \alpha_1 \frac{y^{\text{free}}(t-\tau_1)}{\eta_1 + y^{\text{free}}(t-\tau_1)} - \beta_1 x + \theta v$$

$$\frac{\mathrm{d}y}{\mathrm{d}t} = \alpha_2 \frac{\eta_2}{\eta_2 + y^{\text{free}}(t-\tau_2)} - \beta_2 y$$

$$\frac{\mathrm{d}s}{\mathrm{d}t} = \alpha_3 y - \beta_3 s, \quad \frac{\mathrm{d}u}{\mathrm{d}t} = \alpha_4 s - \beta_4 u, \quad \frac{\mathrm{d}v}{\mathrm{d}t} = \alpha_5 u - \beta_5 v \quad (5.6.1)$$

这里 $y^{\text{free}} = \max(y-x, 0)$. 动力学变量的含义如下: x 代表蛋白质 PER; y 代表蛋白质 dCLOCK; s 代表神经递质 PDF; u 代表 Ca^{2+}; v 代表 CREB. 单个的节律模型简记如下: 对自振动的 LN, 相应的模型简记为 $\dot{X}_i = f(X_i)$, $i=1,2,\cdots,N_L$, 这里 $X_i = (x_i, y_i, s_i, u_i, v_i)^{\text{T}}$; 对减幅的 DN, 相应的模型记为 $\dot{Y}_j = f(Y_j)$, $j=1,2,\cdots,N_D$, 这里 $Y_j = (x_j, y_j, s_j, u_j, v_j)^{\text{T}}$. 基于此, 引进整个网络系统

$$\frac{\mathrm{d}X_i}{\mathrm{d}t} = f(X_i) + D_1 \sum_{k=1}^{N_L} X_k, \quad 1 \leqslant i \leqslant N_L \quad (5.6.2)$$

$$\frac{\mathrm{d}Y_j}{\mathrm{d}t} = f(Y_j) + D_2 \sum_{k=1}^{N_L} X_k, \quad 1 \leqslant j \leqslant N_D \quad (5.6.3)$$

这里, 对角矩阵 $D_1 = \text{diag}(0,0,0,K_1,0)$ 和 $D_2 = \text{diag}(0,0,0,K_2,0)$ 分别代表 LN 之间的耦合和从 LN 到 DN 的单向耦合. 根据实验数据[33,34], LN 的节律神经元的数目和 DN 的节律神经元的数目分别被固定为 $N_L = 30$ 和 $N_D = 120$.

在对方程(5.6.1)~(5.6.3)进行数值模拟时, 固定有关参数如下: $\alpha_1 = 0.5\,\text{nM}\,\text{h}^{-1}$, $\eta_1 = 0.3\,\text{nM}$, $\tau_1 = 11\,\text{h}$, $\alpha_2 = 0.25\,\text{nM}\,\text{h}^{-1}$, $\eta_2 = 0.1\,\text{nM}$, $\tau_2 = 10\,\text{h}$, $\beta_2 = 0.5\,\text{h}^{-1}$, $\alpha_3 = 0.3\,\text{h}^{-1}$, $\beta_3 = 0.6\,\text{h}^{-1}$, $\alpha_4 = 0.4\,\text{h}^{-1}$, $\beta_4 = 0.45\,\text{h}^{-1}$, $\alpha_5 = 0.3\,\text{h}^{-1}$, $\beta_5 = 0.4\,\text{h}^{-1}$, $\theta = 0.3\,\text{h}^{-1}$. 注意参数 α_1, η_1, τ_1, α_2, η_2, τ_2, β_2 的取值是对原模型[33]中的参数做最小的修正, 而对参数 α_3, β_3, α_4, β_4, α_5, β_5, θ 的取值是网络同步化的需要(且同步化振动的周期近似为一个节律周期). 注意, 由于缺乏实验数据, 后一套参数可以取某些任意值(数值实验已证实了这一点).

此外, 生物实验报道: 未耦合的节律钟的周期之间可以存在误差, 且误差大约为 24 小时节律周期的 ±10%. 产生这种误差的一个原因是生化反应的随机性质所导致的内部噪声或细胞环境波动的外部噪声或这两者兼而有之[35]. 尽管对果蝇的噪声强度没有可利用的信息, 我们通过考虑细胞的异质性来估计噪声强度. 对方程 (5.6.1), 我们发现最影响节律周期的参数是 PER 降节率 β_1. 基于此, 对 LN

神经元子系统，对参数 β_1 的平均 $\beta_1 = 2.8$ 引进一个高达 5%的波动，而对 DN 神经元子系统，对参数 β_1 的平均 $\beta_1 = 3.3$ 也引进一个高达 5%的波动，如图 5.6.2. 引进这种大小的波动能够保证 LN 神经元的周期大约为 24 小时. 然后模拟一群自治振动的 LN 神经元和一群减幅振动的 DN 神经元，这里 DN 神经传递元只接受来自 LN 部分神经元的信号. 数值结果表明：对 5%噪声强度所获得的基本结论如同步、导引(entrainment)到 LD 等对具有更小噪声强度的情形仍然成立.

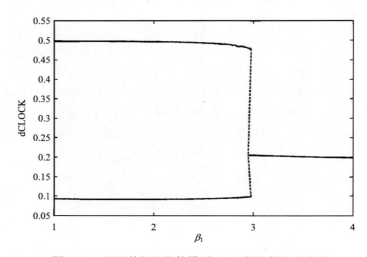

图 5.6.2　果蝇单细胞节律模型(5.6.1)的次临界分岔图

5.6.2　结果

1. 连续黑暗情形

首先测试耦合的果蝇节律振子在 DD 条件下同步化程度. 这种情形的测试能够模拟野生性成年果蝇脑中细胞钟的运动. 我们利用参数 K_1 和 K_2 来分别描述同步信号的强度和代表细胞对神经传递元的敏感性. 为了定量化同步化有多好，计算序参数：

$$R = \frac{<S^2> - <S>^2}{\overline{<x_k^2> - <x_k>^2}} \qquad (5.6.4)$$

这里，$S(t) = \frac{1}{M}\sum_{k=1}^{M} x_k(t)$，$<\cdot>$ 表示对时间的平均，$\overline{<\cdots>}$ 表示对细胞的平均. 这样，在同步化区域内 $R \approx 1$，而在非同步区域内 $R \approx 0$.

(1) 通信诱导的节律和网络同步

从动力学的观点，耦合能够诱导或增强极限环振子群体的同步是一个已知的事实. 然而, 系统(2)和(3)是一种特别类型的耦合. 自然地, 我们会问: 耦合的传统效果在我们的情形仍然成立吗? 通过数值模拟发现, 耦合具有某些有趣的效果, 总结如下:

① 对 LN 组神经元, 一个弱的耦合强度导致这种组神经元不能展示出同步行为, 因此这组神经元实际是由近似独立的细胞组成;

② 假如没有来自 LN 组的信号, DN 组的每个细胞最终趋于不动点, 蕴含着没有同步发生. 由于降解率 β_1 的波动, 因此这些不动点之间存在微小差别;

③ 随着耦合强度 K_1 和 K_2 的增加, LN 组能够展示出各种协作节律, 同时, DN 组的神经元能够从原来的静态激励成振动, 甚至最后取得同步化;

④ 仅在耦合强度 K_1 和 K_2 相平衡的情况下, 即 $K_1 \approx K_2$, LN 组和 DN 组神经元才一起以一种同步化行为振动(似是定义好的宏观生物钟).

注意到, 由于异质性的引入导致并不是所有的节律神经元都有相同的周期. 因此, 我们不能观察到完全同步, 但某些振子间相差同步可能存在.

方程(5.6.1)~(5.6.3)的主要动力学特征描述在图 5.6.3 中, 它显示序参数 R 在参数空间 (K_1, K_2) 的结果, 这里, 对 LN 组, 定义 $S(t) = \frac{1}{N_L} \sum_{k=1}^{N_L} x_k(t)$ (如图 5.6.2(a)); 对 DN 组, 定义 $S(t) = \frac{1}{N_D} \sum_{k=1}^{N_D} x_k(t)$ (如图 5.6.3(b)); 对整个网络, 定义 $S(t) = \frac{1}{N} \sum_{k=1}^{N} x_k(t)$, 且 $N = N_L + N_D$ (如图 5.6.3(c)).

首先, 研究 LN 组. 由于 LN 组神经元相仅在这一组神经元之间互作用, 因此群体行为并不受 DN 组神经元的影响 (参考图 5.6.3(a)). 对于固定的耦合 K_2, 序参数 R 随着耦合强度 K_1 的增加而增加, 然后保持一个高的值 $R \approx 0.95$, 显示出 LN 组神经元在 $K_1 \approx 0.05$ 后已取得同步.

其次, 调查 DN 组. 由于 DN 神经元只接受来自 LN 组神经元的信号且神经元之间没有耦合, 因此不同于 LN 组, 某些有趣的现象被观察到, 总结如下(图 5.6.3(b)):

① 对于弱的耦合强度 K_1 ($K_1 \leqslant 0.05$), 尽管 LN 组的神经元本质上是相互独立的, 但 DN 组的神经元从原来的静态被激励成振动, 甚至对强的耦合强度 K_2, 协作地产生同步行为. 这种现象能够被理解为 DN 神经元对 LN 神经元的牵引.

② 当 $K_1 \geqslant 0.05$ 时, 只要 $K_2 \leqslant K_1$, 那么 DN 神经元以相位差振动且振动是由于来自 LN 神经元信号的激励, 但不会同步. 然而, 一旦 K_2 变成大于 K_1, 那么 DN 神经元立刻展示出同步化振动.

最后, 调查有 LN 和 DN 两组神经所组成的系统. 图 5.6.3(c)表明, 对小的 K_1 和 K_2,

整个网络并不展示出协作行为. 尽管这样,在具有大的值的参数空间(K_1, K_2),我们发现果蝇节律钟的同步行为仅能在 K_1 和 K_2 近似平衡(即 $K_1 \approx K_2$)时才取得.

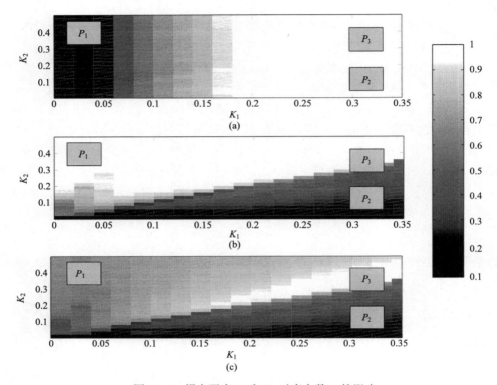

图 5.6.3　耦合强度 K_1 和 K_2 对序参数 R 的影响

(a)LN 组;(b)DN 组;(c) 整个成年果蝇脑,这里右边的颜色条标明 R 的值. 相应于点 P_1, P_2 和 P_3 的参数值为 P_1: $K_1 = 0.02$,　$K_2 = 0.4$;P_2: $K_1 = 0.32$,　$K_2 = 0.02$;P_3: $K_1 = 0.32$,　$K_2 = 0.36$. 其他参数与图 5.6.2 相同

选取三个点(P_1, P_2, P_3)来代表所观察到的典型协作动力学. 局部或全局动力学的细节显示在图 5.6.4 中. 我们观察到整个网络能够展示出各种动力学态,包括部分同步(两组神经元仅有一组同步化,如图 5.6.4(a), (b),分别相应于 LN 组和 DN 组的点 P_1;如图 5.6.4(c), (d),分别相应于 LN 组和 DN 组的点 P_2),整个网络完全同步化;如图 5.6.4(e),相应于点 P_3,行为像是一个宏观节律钟,尽管此时整个网络是由异质的节律神经元所组成. 这种宏观节律钟是由于 LN 组神经元和 DN 神经元协作地产生协作节律.

(2) 细胞通讯对节律神经元振动的幅度和周期有影响

因为同步振动的振幅和周期能够反映同步过程的信息,因此我们感兴趣于细胞间的通信如何影响各个神经元振子的振幅和周期. 通过数值模拟,我们发现某些有趣的新现象,如图 5.6.5.

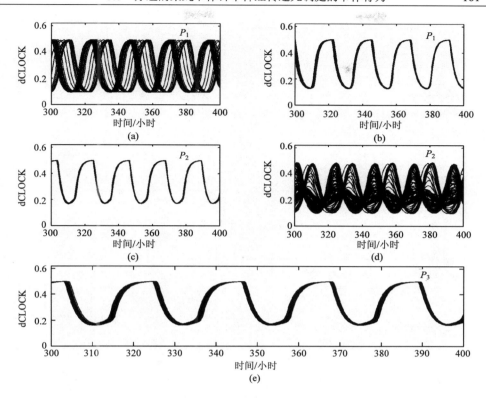

图 5.6.4　dCLOCK 浓度的时间演化

(a) 相应于 LN 组的 P_1；(b) 相应于 DN 组的 P_1；(c) 相应于 LN 组的 P_2；(d) 相应于 DN 组的 P_2；(e) 相应于 P_3

图 5.6.5 显示出 LN 和 DN 神经元振动的平均振幅和周期与耦合强度 K_1 和 K_2 之间的依赖关系. 因为 LN 组并不接受来自 DN 组的神经信号，因此对固定的 K_2，LN 组神经元的平均振幅随着 K_1 ($K_1 \in [0, 0.4]$) 的增加首先减少，然后对大的耦合强度，例如 $K_1 > 0.4$，失去节律行为(图 5.6.5(a)). 然而，LN 组神经元的平均周期并不单调减少，但对 $K_1 < 0.4$，环绕在 24 小时周期附近波动；对 $K_1 > 0.4$，平均振幅减少到零(图 5.6.5(b)). 另一方面，未耦合的 DN 组神经元以一种不同于 LN 神经元振动的方式(自激震荡)减幅地振动. 从图 5.6.5(c)我们看到，对固定小的耦合强度(例如 $K_1 = 0.06$)，DN 神经元对 $0 < K_2 < 0.5$ 展示出稳定的节律振动. 然而，对某些 K_1(例如 $K_1 = 0.5$)，尽管 LN 组神经元已经失去节律行为(图 5.6.5(a))，但 DN 组神经元的振幅首先增加，然后减少直到节律行为消失. 此外发现，耦合对 DN 神经元的平均振动周期相似于 LN 组神经元的平均振动周期，只是对大的 K_1 (例如 $K_1 = 0.5$)，在 24 小时附近有某些波动振幅 (图 5.65(d)). 换句话说，细胞内的通信对成年果蝇脑的不同组神经元起着不同的作用. 这一现象可能有助于我们理解生物钟的产生机制.

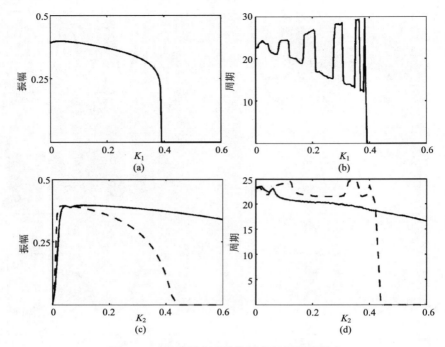

图 5.6.5　耦合强度对平均幅度和周期的影响

(a)和(b)：耦合强度 K_1 对 LN 组神经元振动的平均幅度和周期的影响；(c)和(d)：耦合强度 K_1 对 DLN 组神经元振动的平均幅度和周期的影响．这里，实线和虚线分别对应于 $K_1 = 0.06$ 和 $K_1 = 0.5$

(3) 耦合延迟对网络同步有影响

由于信号传送速度的有限性，生物网络之间的相互作用常常相关于耦合延迟．事实上，耦合延迟在真实的生物和物理系统中广泛存在．例如，通过无髓鞘的轴突纤维传送的信号的速度为 1m/s，导致通过皮层网络传播的信号高达 80ms 的时间延迟[36]．生物组织必须处理似乎限制同步过程的实际延迟．然而，生物实验证实脑能够处理这一问题，甚至跨越长距离同步化不同脑半球之间的神经元[37]．

两个延迟耦合的 Hindmarsh-Rose 神经元系统能够显示出延迟诱导的神经元同步[38]，并显示出总存在稳定同步活动的一个区域(它相应为小的耦合强度)，此区域也能够存在于未延迟但具有更强耦合的区域中．从实验证据的观点，主要问题是关于时间延迟的效果和同步的稳定性．其他涉及延迟耦合极限环振子的研究已显示出：由于时间延迟的效果，导致振动死亡[39]和多稳态同步[40]．在以节律神经元同步的内涵，尽管对哺乳动物和果蝇节律钟已构造出各种多细胞模型[41-45]，但耦合对网络同步的效果并未很好地研究．

这里，我们调查时间延迟耦合对 LN 神经元同步的影响．所考虑的模型为

$$\dot{X}_i = f(X_i) + D_1 \sum_{k=1}^{N_L} X_k(t-\tau), \tag{5.6.5}$$

这里 τ 代表耦合延迟. 由于对耦合延迟 τ 没有可利用的实验数据, 我们假定取为相同于阶 τ_1 或 τ_2 的值(例如 $\tau=5$ 小时). 这种对 τ 的设置应该是生物合理的, 因为单细胞系统内部的时间延迟(例如 τ_1)能够高达 10 小时[32].

从显示在图 5.6.3(a)中序参数 R 对耦合强度 K_1 的依赖性, 我们看到, 当耦合强度 K_1 超过 $K_1=0.15$ 时, LN 组神经元取得同步. 图 5.6.6(a)和(b)显示出对 $\tau=0$ 和 $\tau=5$ 及相同小的耦合强度 $K_1=0.06$, 蛋白质 dCLOCK 的时间序列. 假如没有耦合延迟, 即 $\tau=0$, 对小的耦合强度, 没有同步现象发生, 如图 5.6.6(a). 另一方面, 对适当的耦合延迟(例如 $\tau=5$), LN 组神经元对相同小的耦合强度 $K_1=0.06$ 也能取得同步(图 5.66(b)). 这一结果支持如下事实: 耦合延迟能够增强耦合果蝇节律神经元的同步化. 耦合延迟的这种效果在节律产生的过程中以前并未报道过. 此外, 我们的结果对耦合果蝇节律振子取得同步行为也提供了另一种途径.

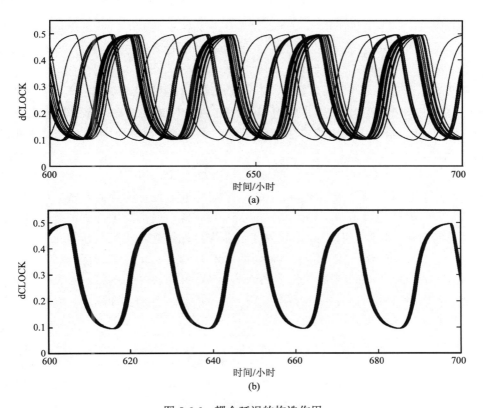

图 5.6.6 耦合延迟的构造作用

(a)和(b)分别相应于 LN 组内蛋白质 dCLOCK 浓度的时间演化, 这里(a) $\tau=0$ h; (b) $\tau=5$ h. 耦合强度为 $K_1=0.06$

2. 有外部时间线索的情形

节律神经元不仅能够相互同步化, 而且必须导引到外部线索来保证在各种变化的环境条件中具有精确的和鲁棒的守时性. 尽管温度和周围环境每日周期的循环, 但光照常常被认为是主要的给时者(zeitgeber). 以下测试我们的模型是否能导引到 LD 循环, 并分析其导引的动力学.

(1) 光照夹带的 LN 能够夹带 DN

对于果蝇, 已经显示出光照能够增强 TIM 的降解[46]. 在以前的研究中, TIM 降解率的增加被用来模拟光照响应和对 LD 的导引. 另一方面, 实验发现, 当 TIM 从 PER/TIM 复合物[47]中铲除时, PER 核磷酸化被强烈地增强, 且 PER 以多步磷酸化进行降解[48]. 这些观察蕴含着通过加速 TIM 的降解, 光照也同时加速 PER 磷酸化和 PER 的其后降解[32]. 由于方程(2)和(3)仅描述 PER 和 dCLOCK 浓度的演化, 因此我们通过增加 PER 降解来模拟光的影响. 这样, 为了测试我们的模型是否有能够导引到 LD 周期, 仅需要模拟 12~12 小时的循环, 但对 LN 组中的 PER 附加一个周期强迫力, 即方程(1)中的 $\beta_1 \to \beta_1 + L(t)$, 这里 $L(t)$ 是如下形式的方波

$$L(t) = \begin{cases} L_1, & \text{若 } t \bmod (t_{\text{light}} + t_{\text{dark}}) \leqslant t_{\text{light}} \\ L_2, & \text{否则} \end{cases} \quad (5.6.6)$$

在光照阶段, $t_{\text{light}} = 12$, $t_{\text{dark}} = 12$, $L(t) = L_1$, 而在黑暗阶段, $L(t) = L_2$. 由于来自 LN 组神经元的传递信号, LN 组导引 DN. 在连续黑暗情形, 弱的耦合强度(如 $K_1 = 0.01$)使得群体中的细胞产生部分同步而其他细胞不能同步化(如图 5.6.3(a)). 相对于此, LD 循环(这里 $L_1 = 5$, $L_2 = 0.5$)产生很好相干性的全部节律, 如图 5.6.7(a). 在具有 24 小时周期的光照期间, dCLOCK 浓度出现尖峰, 表明节律已被导引, 正像在活体内所观察到的. 这些结果支持模式生物的行为观察: 相较于连续黑暗情形时的免于自由运转(free running), 对 24 小时循环的导引能够改进协作节律的精确性. 此外, 对于开始时的完全非同步化细胞, 高度同步化 (即序参数 $R \approx 0.91$)和对 LD 循环(具有 24 小时周期)的锁相被迅速取得(数值模拟并未显示). 此时, DN 组神经元的相稍微领先于光照诱导的 LN 组神经元的相. 这些结果表明, 甚至假如细胞群体中仅有某部分(即 150 个神经元中的 30 个)响应于光照信号地, 那么由 LD 循环的导引仍然是有效的.

(2) LL 条件下仅有 LN 神经元失去节律

现在, 保持 $L(t)$ 在高的常数值 L_1 而模拟持续光照(light-light)对节律的影响. 已经发现, LN 神经元在 LL 条件下, 当 L_1 足够大(例如 $L_1 = 5$)时, 是减幅振动的(如图 5.6.7(b)). 尽管所有的 LN 组神经元迅速失去节律, 但是它们的不动点由于细胞的异质性而有所不同. 在这一阶段, 尽管 DN 组神经元并不接受来自 LN 组神经元

的信号，但仍然保持规则的节律振动，且保持频率锁相但不同步化 (如图 5.6.7(c)).
对果蝇，由于 LNv 组神经元具有保持在 DD 条件下节律行为的重要功能，因此并
不奇怪 LNv 组神经元通过 PDF 的节律分泌来同步化另一组具有节律的神经元. 相
对地，野生性苍蝇在连续光照下是非节律的. 我们的结果可以解释最近的实验观
察：连续光照能够废除 LN 组神经元的节律，但仍然保持行为节律[49].

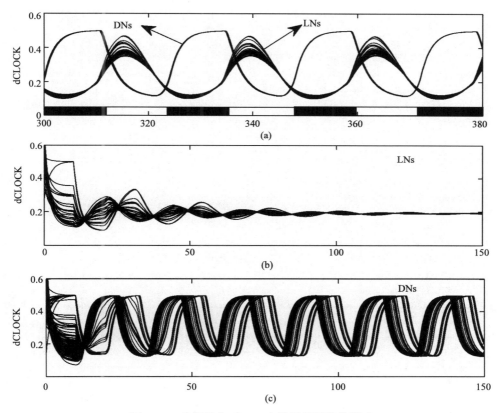

图 5.6.7 光照输入对 150 个神经元同步的影响

(a) 被 LD 循环所导引，这里相较于没有 LD 循环情形，DN 组的波形保持不变；(b)和(c)分别对应于在连续明亮光照条件下 LN 组和 DN 组的动力学. 除耦合强度 $K_1 = 0.01$, $K_2 = 0.4$ 外，其他参数与图 5.6.2 相同

参 考 文 献

[1] Hasty J, Pradines J, Dolnik M and Collins J J. Noise-based switches and amplifiers for gene expression. *PNAS*, 2000, 97: 2075–2080.

[2] Hasty J, Isaacs F, Dolnik M, McMillen D and Collins J J. Designer gene networks: towards fundamental cellular control. *Chaos*, 2001, 11: 207–219.

[3] Adiel L, Azi L, Nathalic B and Ofer B. Stochastic simulations of genetic switch systems. *Phy. Rev. E.*, 2007, 75(2): 021904.
[4] Cherry J L and Adler F R. How to make a biological switch. *J. Theor. Biol.*, 2000, 203: 117–133.
[5] Warren P B and ten Wolde P R. Enhancement of the stability of genetic switches by overlapping upstream regulatory domains. *Phys. Rev. Lett.*, 2004, 92: 128101.
[6] Elowitz M B and Leibler M. A synthetic network of transcriptional regulators. *Nature*, 2000, 403: 335–338.
[7] Zhou T S, Zhang J J, Yuan Z J and Chen L N. On synchronization of genetic oscillators. *Chaos*, 2008, 18: 037126.
[8] Lahav G, Rosenfeld N, Sigal A, Geva-Zatorsky N, Levine A J, Elowitz M B and Alon U. Dynamics of the p53-Mdm2 feedback loop in individual cells. *Nat. Genet.*, 2004, 36:147.
[9] Geva-Zatorsky N, Rosenfeld N, Itzkovitz S, Milo R, Sigal A, Dekel E, Yarnitzky T, Liron Y, Polak P, Lahav G and Alon U. Oscillations and variability in the p53 system. *Mol. Syst. Biol.*, 2006, 2: 2006.0033.
[10] Tyson J J, Chen K C and Novak B. Sniffers, buzzers, toggles and blinkers: dynamics of regulatory and signaling pathways in the cell. *Curr. Opin. Cell Biol.*, 2003, 15: 221.
[11] Goldbeter A. A minimal cascade model for the mitotic oscillator involving cyclin and cdc2 Kinase. *PNAS*, 1991, 88: 9107–9112.
[12] Goodwin B C. An entrainment model for timed enzyme syntheses in bacteria. *Nature*, 1966, 209: 479.
[13] Kholodenko B N. Negative feedback and ultrasensitivity can bring about oscillations in the mitogen-activated protein kinase cascades. *Eur. J. Biochem.*, 2000, 267: 1583.
[14] Leloup J C and Goldbeter A. Modeling the molecular regulatory mechanism of circadian rhythms in drosophila. *BioEssays*, 2000, 22: 84.
[15] Hasty J, McMillen D, Isaacs F and Collins J J. Computational studies of gene regulatory networks: in numero molecular biology. *Nat. Genet. Rev.,* 2001, 2: 268.
[16] Dunlap J C and Loros J J. Molecular bases for circadian clocks. *Cell*, 1999, 96: 271.
[17] Barkai N and Leibler S. Circadian clocks limited by noise. *Nature*, 2000, 403: 267–271.
[18] Atkinson M R, Savageau M A, Myers J T and Ninfa A J. Development of genetic circuitry exhibiting toggle switch or oscillatory behavior in escherichia coli. *Cell*, 2003, 113: 597.
[19] Kuznetsov A, Kaern M and Kopell N. Synchronization in a population of hysteresis-based genetic oscillators. *SIAM J. Appl. Math.* 2004, 65: 392.
[20] Gardner T S, Cantor C R and Collins J J. Construction of a genetic toggle switch in Escherichia coli. *Nature*, 2000, 403: 339–34.
[21] Vilar J M G, Kueh H Y, Barkai N and Leibler S. Mechanisms of noise-resistance in genetic oscillators. *PNAS*, 2002, 99: 5988–5993.
[22] Muratov C B, Eijnden E V and E W. Self-induced stochastic resonance in excitable systems. *Physica D*, 2007, 210: 227–241.
[23] DeVille R E L, Eijnden E V and Muratov C B. Two distinct mechanisms of coherence in randomly perturbed dynamical systems. *Phys. Rev. E*, 2005, 72: 031105.
[24] Muratov C B, Eijnden E V and E W. Noise can play an organizing role for the recurrent dynamics in excitable media. *PNAS*, 2007, 104: 702–707.
[25] Scott M, Hwa T and Ingalls B. Deterministic characterization of stochastic genetic circuits. *PNAS*, 2007, 104: 7402–7407.
[26] Leloup J C and Goldberter A. A model for cirdian rhythms in Drosophila in corporating the formation of a complex between the PER and TIM proteins. *J. Biol. Rhythm.* 1998, 13(1): 70–87.
[27] Leloup J C, Gonze D and Goldberter A. Limit cycle models for cirdian rhythms based on transcriptional regulation in Drosophila and Neurospora. *J. Biol. Rhythm.*, 1999, 14(6): 433–448.
[28] Gonze D, Halloy J and Goldberter A. Stochastic models for cirdian oscillations: Emergence of a biological rhythms. *Int. J. Quantum Chem.*, 2004, 98: 228–238.

[29] Smolen P, Baxter D A and Byrne J H. Modeling circadian oscillations with interlocking positive and negative feedback loops. *J. Neuroscience*, 2001, 21(17):6644–6656.

[30] Gonze D and Goldberter A. Circadian rhythms and molecular noise. *Chaos,* 2006, 16: 026110.

[31] Wang J W, Zhang J J, Yuan Z J, Chen A M and Zhou T S. Neurotransmitter-mediated collective rhythms in grouped drosophila circadian clocks. *J. Biol. Rhythm.*, 2008, 23: 472–482.

[32] Smolen P, Baxter D A and Byrne J H. A reduced model clarifies the role of feedback loops and time delays in the Drosophila circadian oscillator. *Biophys J*, 2002, 83:2349–2359.

[33] Kaneko M and Hall J C. Neuroanatomy of cells expressing clock genes in Drosophila: transgenic manipulation of the period and timeless genes to mark the perikarya of circadian pacemaker neurons and their projections. *J. Comp. Neurol.*, 2000, 422:66–94.

[34] Nitabach M N and Taghert P H. Organization of the Drosophila Circadian. *Curr. Bio.l*, 2008, 18:R84–R93.

[35] Forger D B and Peskin C S. Stochastic simulation of the mammalian circadian clock. *Proc. Natl. Acad. Sci. U S A*, 2005, 102:321–324.

[36] Kandel E R, Schwartz J H and Jessell T M. *Principles of Neural Science*. 3rd ed. New York: Elsevier, 1991.

[37] Engel A K, Konig P, Kreiter A K and Singer W. Interhemispheric synchronization of oscillatory neuronal responses in cat visual cortex. *Science*, 1991, 252:1177–1179.

[38] Dunlap J, Loros J, and DeCoursey P J (eds). Chronobiology. *Biological Timekeeping*. Sinauer Associates, Sunderland, Massachusetts, 2004.

[39] Reddy D V R, Sen A and Jhonston G L. Time delay induced death in coupled limit cycle oscillators. *Phys. Rev. Lett.*, 1998, 80:5109–5112.

[40] Ernst U, Pawelzik K, and Geisel T. Delay-induced multistable synchronization of biological oscillators. *Phys. Rev. E*, 1998, 57:2150–2162.

[41] Petri B and Stengl M. Phase response curves of a molecular model oscillator: implications for mutual coupling of paired oscillators. *J. Biol. Rhythms*, 2001, 16:125–142.

[42] Gonze D, Bernard S, Waltermann C, Kramer A, and Herzel H. Spontaneous synchronization of coupled circadian oscillators. *Biophys. J.*, 2005, 89:120–129.

[43] Bernard S, Gonze D, Cajavec B, Herzel H and Kramer A. Synchronization-induced rhythmicity of circadian oscillators in the suprachiasmatic nucleus. *PLoS Comput. Biol.*, 2007, 3(4):e68.

[44] To T L, Henson M A, Herzog E D and Doyle F J III. A molecular model for intercellular synchronization in the mammalian circadian clock. *Biophys.J.*, 2007, 92(11):3792–3803.

[45] Ueda H R, Hirose K and Iino M. Intercellular coupling mechanism for synchronized and noise-resistant circadian oscillators. *J. Theor. Biol.*, 2002, 216:501–512.

[46] Zeng H, Qian Z, Myers M P and Rosbash M. A light-entrainment mechanism for the *Drosophila* circadian clock. *Nature*, 1996, 380:129–135.

[47] Kloss B, Rothenfluh A, Young M W and Saez L. Phosphorylation of PERIOD is affected by cycling physical associations of DOUBLETIME, PERIOD and TIMELESS in the drosophila clock. *Neuron*, 2001, 30:699–706.

[48] Edery I, Zwiebel L, Dembinska M and Rosbash M. Temporal phosphorylation of the drosophila period protein. *Proc. Natl. Acad. Sci. U S A*, 1994, 91:2260–2264.

[49] Murad A, Emery-Le M and Emery P. A subset of dorsal neurons modulates circadian behavior and light responses in Drosophila. *Neuron*, 2007, 53:689–701.

第 6 章 基因振子的同步与聚类

在第 5 章中，我们把基因振子分为三类：光滑型基因振子、松弛型基因振子和随机型基因振子. 本章将讨论多细胞基因振子的群体行为，包括同步、聚类和生物节律的控制等.

由于生物系统的特殊性，如易受细胞内外因素(如内部噪声和外部噪声)的影响；又如，对多细胞系统，由于细胞间的相互作用并不能用简单的耦合来刻画，而是通过信号分子在细胞内外进行扩散并在细胞环境中经历一个混合过程，导致描述多细胞系统的数学模型一般是混合系统[1-10]，因此，研究多细胞振动系统的群体行为不能简单地照搬现有关于耦合振子的同步化理论[11-20]. 特别是由于内外波动因素的考虑及细胞间耦合的特殊性，相互作用的多细胞系统有可能出现某些新的动力现象. 本章将揭示某些典型的基因振子的群体在各种生物条件下产生振动和完全同步或部分同步等的生物物理机制.

生命是有节律的[21-29]，生物组织或系统正是依靠节律行为来有效地传输信息，保持它们有条不紊的工作. 但如何来保证这种节律行为呢？生物实验学家试图从实验的角度来找出产生节律行为的关键调控因子，并弄清影响细胞群体产生群体协作行为的信号转导路径(即信号转导通路)；另一方面，理论工作者试图从理论的角度来建立有关数学模型，用以刻画各种节律产生子和各种多细胞振动系统，并试图揭示产生有关节律现象的理论机制.

众所周知，噪声对生物系统的动力行为有重要影响. 已有生物实验和理论工作表明，随机波动会破坏生物系统的稳定性，但也可以诱导生物系统出现新的生物现象. 噪声的这种双重作用(或效果)，生物学家和理论工作者至今并未完全认识清楚. 本章将从一个侧面来剖析典型生物振动系统中噪声的效果，重点在于揭示噪声诱导随机现象的生物物理机制.

此外，生物节律的人工控制策略是一个实用性很强的话题，相关的研究在生物制药、基因理疗等方面有很好的应用前景. 我们将介绍某些有效的人工控制策略，用以控制生物节律行为，并给出进行人工控制的生物物理机制.

6.1 模拟生物钟[1]

生物组织是生化动态的，且不时地受到各种时间变化条件的影响. 这些变化条件通常以两种形式出现：一是来自环境的外部驱动力；二是生物组织内细化的细胞钟所产生的内部节律因素. 对于后者, 如位于哺乳动物心脏的窦房结点 (sinoatrial node)的心脏起搏器, 又如位于哺乳动物大脑视交叉上核(suprachiasmatic nuclei, SCN)的节律钟. 这些节律起搏器是由数千个钟细胞所组成, 而这些钟细胞本质是不同的, 但设法以连贯振动态来发挥其功能.

已知钟细胞是通过由多调控环路圈所组成的生化网络来操作的, 这种复杂性已妨碍了人们对自然基因振子的完整理解. 另一方面, 人工合成的基因调控网提供了一种可替代的方法, 它瞄准的是提供一种相对好控制的实验测试平台, 这里自然基因网络的功能能够被孤立, 并能被细致地特征化. 基于这种生物(实验)方面的原因, 我们设计一个细胞通信系统用以模拟生物钟. 这种设计主要是利用压制振动子和细胞群体感应机制, 如图 6.1.1 所示.

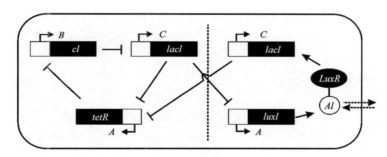

图 6.1.1 通过细胞群体感应机制耦合而成的压制振动子网络

虚线左边是原压制振动子(这里 A, B 和 C 代表三个压制蛋白), 右边是细胞群体感应机制

6.1.1 模型

为了模拟细胞群体中基因的表达, 必须格式化每个细胞中 mRNA 和蛋白质浓度的时间变化过程. 根据原来的压制振动子和图 6.1.1, mRNA 的动力学方程为

$$\frac{\mathrm{d}a_i}{\mathrm{d}t} = -a_i + \frac{\alpha}{1+C_i^n}$$

$$\frac{\mathrm{d}b_i}{\mathrm{d}t} = -b_i + \frac{\alpha}{1+A_i^n}$$

$$\frac{\mathrm{d}c_i}{\mathrm{d}t} = -c_i + \frac{\alpha}{1+B_i^n} + \frac{kS_i}{1+S_i} \tag{6.1.1}$$

这里 a_i, b_i 和 c_i 表示第 i 个细胞内三个 mRNA(它们分别被 *tetR*, *cI* 和 *lacI* 所转录)的浓度, 相应蛋白质的浓度为 A_i, B_i 和 C_i(注意, 两个 *lacI* 转录子被假定相同). 每

个细胞内 AI 的浓度记为 S_i，压制机制中的协作性由 Hill 系数(n)刻画，这里 AI 的激活被选取伴随标准的 Michaelis-Menten 动力学. 这一模型是无量纲的, 即以 mRNA 半寿命为单位来测量时间(假定对三个基因相同), 而蛋白质的水平是以 Michaelis 常数为单位的(转录比率是蛋白质浓度最大值的一半, 且假定对三个基因相同). AI 的浓度 S_i 被 Michaelis 常数尺度化. α 是在压榨子缺席的情况下的无量刚转录比率, k 是在 AI 浸泡量出现的情况下对 *lacI* 转录的最大贡献.

描述蛋白质的动力学方程为

$$\frac{dA_i}{dt} = \beta(a_i - A_i)$$
$$\frac{dB_i}{dt} = \beta(b_i - B_i)$$
$$\frac{dC_i}{dt} = \beta(c_i - C_i) \qquad (6.1.2)$$

这里 β 表示 mRNA 和蛋白质半寿命间的比率(mRNA 的浓度已被它们的有效翻译重新尺度化：假定对三个基因, 每个 mRNA 所产生的蛋白质相同).

最后, 给出信号分子在细胞内和细胞环境中浓度所满足的动力学方程. 细胞内 AI 的浓度的动力演化受到降解、合成和朝着细胞媒介的进/入扩散的影响. 假定 TetR 和 LuxI 蛋白具有相同的半寿命, 它们的动力学相同. 因此, 可以用相同的变量来描述这两个蛋白的浓度. 其结果是, AI 比率方程中的合成项正比于 A_i, 导致

$$\frac{dS_i}{dt} = -k_{s0}S_i + k_{s1}A_i - \mu(S_i - S_e) \qquad (6.1.3)$$

这里 $\eta = \sigma A/V_c \equiv \delta/V_c$ 测量 AI 跨过细胞膜的扩散比率, 其中 σ 表示膜的渗透性, A 是膜的面积, V_c 是体积, k_{s0}, k_{s1} 是无量刚的参数. S_e 表示信号分子在细胞环境中的浓度, 满足

$$\frac{dS_e}{dt} = -k_{se}S_e + \eta_{ext}\sum_{j=1}^{N}(S_j - S_e) = -k_{se}S_e + k_{diff}(\bar{S} - S_e) \qquad (6.1.4)$$

这里 $\eta_{ext} = \delta/V_{ext}$, 其中 V_{ext} 表示整个细胞外的体积, $\bar{S} = (1/N)\sum_j S_j$, 扩散比率为 $k_{diff} = N\eta_{ext}$, 降解比率为 k_{se}.

采用拟平衡近似, 有

$$S_e = \frac{k_{\text{diff}}}{k_{se} + k_{\text{diff}}} \overline{S} = Q\overline{S} \tag{6.1.5}$$

这里 Q 是刻画细胞密度(即 $N/(V_{\text{ext}} + V_c) \approx N/V_{\text{ext}}$)的参数，事实上，有

$$Q = \frac{\delta N/V_{\text{ext}}}{k_{se} + \delta N/V_{\text{ext}}} \tag{6.1.6}$$

即 Q 是线性比例于细胞密度(假定 $\delta N/V_{\text{ext}}$ 比 AI 的降解率 k_{se} 要小得多). 以下将把 Q 作为控制参数，并考虑细胞多样性，调查多细胞通信系统的协作行为.

6.1.2 数值结果

振子的群体可能是从细胞到细胞表现出实质性的不同，如外部噪声可引起各个钟的频率一个相当宽的分布. 在模型(6.1.1)~(6.1.3)中，最易影响振动频率的参数是 β. 因此，我们考虑 β 在各个振子间是非一致分布的，但服从 Gauss 分布，其标准差记为 $\Delta\beta$. 对 $\Delta\beta/\beta = 0.05$，一组 10000 未耦合的细胞的相应频率分布显示在图 6.1.2(a)中，而从这些细胞中选出 10 个细胞，相应 cI 的 mRNA 浓度的暂态过程显示在图 6.1.2(b)中，从中可以很清楚地看出系统全局行为是完全无序的，多细胞系统没有取得节律行为.

图 6.1.2 表明，随着耦合强度的增加，多细胞系统展示出从无序到有序的转移. 为了定量地刻画这种转移，我们引进序参数，其定义为

$$R = \frac{\langle M^2 \rangle - \langle M \rangle^2}{\overline{\langle b_i^2 \rangle - \langle b_i \rangle^2}} \tag{6.1.7}$$

这里 $M(t) = (1/N)\sum_{i=1}^{N} b_i(t)$ 表示平均信号，在同步化情形(如图 6.1.2(f)，其时间暂态行为非常相似于局部信号 $b_i(t)$ 的每一个，即展示出对应于极限环压制振动子动力学的大幅度振动.另一方面，在非同步情形(如图 6.1.2)，各个信号 $b_i(t)$ 展示出非同步，但它们的和近似为一个常数. 因此，序参数表示 $b_i(t)$ 的平均信号的时间序列的标准差对 $b_i(t)$ 的标准偏离的比率. 在(6.1.7)中，$\langle \cdot \rangle$ 表示时间平均，$\overline{\cdots}$ 表示关于细胞全体平均. 在同步化区域内，$R \approx 1$，而在非同步化区域内，$R \approx 0$. 在 R 的两个极端值之间的一个突然跳跃表明相转移已经发生(如图 6.1.3). 从图 6.1.3 我们知道，图细胞的多样性对同步化指标有重要影响. 更精确地，$\Delta\beta$ 越大，则细胞群体更难取得同步. 另一方面，细胞密度越大，则更容易取得同步，换句话说，细胞密度促进同步化，而且细胞密度能抵消细胞多样性的影响.

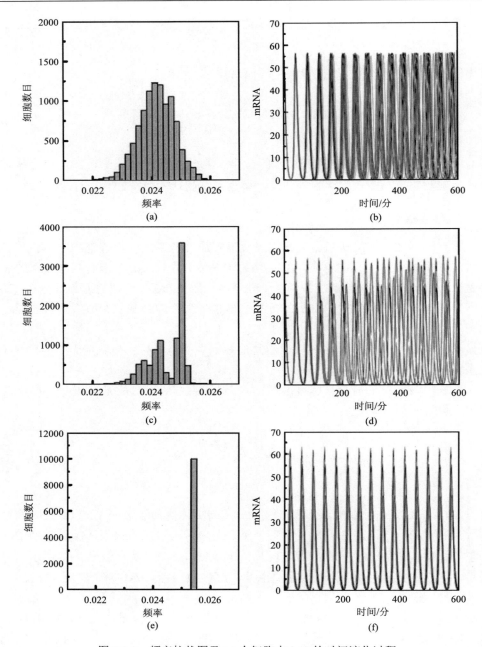

图 6.1.2 频率柱状图及 10 个细胞中 $b_i(t)$ 的时间演化过程

(a)和(b)：$Q=0.4$；(c)和(d)：$Q=0.63$；(e)和(f)：$Q=0.8$．其他参数为：$N=10000$，$\alpha=216$，$k=20$，$n=2.0$，$k_{s0}=1.0$，$k_{s1}=0.01$，$\eta=2.0$．β 服从 Gauss 分布，其平均为 $\langle\beta\rangle=1.0$，方差为 $\Delta\beta=0.05$，(b),(d)和(f)的初始值被选取为一个初始的同步态，然而，对任意的初始态，结果类似

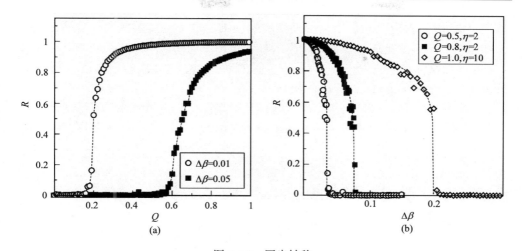

图 6.1.3 同步转移

(a) Q 的增加导致序参数陡峭地从无序到有序；(b) $\Delta\beta$ 的增加导致序参数迅速地从有序到无序. 其他参数与图 6.1.2 相同

6.2 快速阈值调幅机制[2]

为了对比，首先回忆压制振动子，它是由三个基因(为简单，分别记为 a，b 和 c)组成，分别表达三个蛋白(分别记为 A，B 和 C). 相应的网络形成一个环路: A 压制基因 b 的表达，B 压制基因 c 的表达，C 压制基因 a 的表达. 这一环路能够产生在宿主 E.coli 细胞的整个生长阶段，自立的似正弦曲线的振动. 这种研究一个有趣的方面是它和自然振动网络(如节律钟)之间的关系. 当考虑多细胞时，随机相漂移在每个细胞振子中被观察到. 由于没有固有的方法来使细胞取得同步化，造成了振子的相位会随着时间而漂移开. 这种变化蕴涵着: 为了利用噪声的效果，自然振子可能需要额外的控制形式. 松弛振子就具有克服这种相漂移的能力. 对于松弛振子型细胞的群体，取得同步的机制是"快速阈值调幅"[3-5].

6.2.1 模型

下面设计一个多细胞的基因调控网系统，它实际是耦合的基因振子. 不像压制振动子，我们提出的振子仅由两个基因 x 和 y 组成并且是松弛型的. 在该基因网络中，两个蛋白受同一个启动子控制，这里启动子被蛋白 X 所激活，而蛋白 Y 是作为蛋白 X 的酶. 振动的出现是由于 Y 降解 X. 由于 X 激活 Y 的转录，因此 Y 减低它自己的产物. 我们所提出的控制策略由细胞与细胞间的耦合构成，这种耦合行为能使细胞群体取得同步. 对于耦合，我们利用费氏弧菌(Vibrio fischeri)的群体感应机制(群体感应机制是指细菌勘察和响应细胞群体密度的能力). 这种细胞与细胞间的通信系统是通过扩散一个小的信号蛋白(即自诱导子 AI)到细胞环境中来运行的. 当这种小分子结合到一个调控蛋白(LuxR)时, 它会激活来自 *lux* 操纵子区域的转录, 如图 6.2.1.

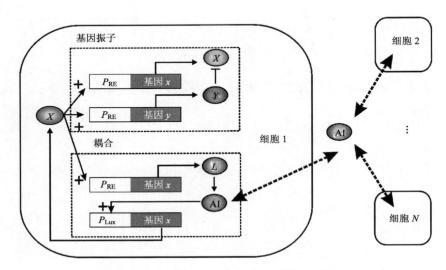

图 6.2.1　蛋白 X(CII)和蛋白 Y(FtsH)构成一个松弛振子

蛋白(LuxI)合成一个可扩散的信号分子(AI)，AI 可自由地进出细胞膜. AI 结合到 *lux* 操纵子区域(此区域被 LuxR 来调停), 并刺激 X 的产物

在构造时, 基于蛋白 CII 和 FtsH (两者都在来自 λ 噬菌体的 P_{RE} 启动子的控制下), 我们利用基因松弛振子的一个变体[2]. 蛋白 CII 是振子的自催化部分, 而蛋白 FtsH 是降解 CII 的酶. 振子间耦合信号的传送是通过固定一个蛋白 LuxI 来取实现的. 在启动子 P_{RE} 的控制下蛋白 LuxI 的作用是合成自诱导子信号分子. 当自诱导子结合到调控蛋白 LuxR 并激活来自 *lux* 操纵子的转录时, 系统接受此信号. 这样一来, 当一个振子处在高的 CII 态时, 它表达 LuxI, 并产生自动诱导子, 从而产生一个信号, 此信号促使其他振子跳跃到高的 CII 态.

定义化学物种如下: 蛋白 CII 为 X; 蛋白 FtsH 为 Y; 蛋白 LuxI 为 L; 扩散信号 AI 为 A; 蛋白 LuxR 为 R; LuxR-AI 复合物为 C; 在 P_{RE} 里 DNA 蛋白的结合位点为 D; 在 lux 操纵子区域里 DNA 蛋白的结合位点为 D^L, RNA 聚合酶为 R. 反应可分为快慢反应两类: 快反应蛋白质相互结合(多聚化), 蛋白质结合到 DNA(调控结合), 以及蛋白质结合到自诱导子(形成 LuxR-AI 复合物). 慢反应包括 mRNA 的转录、蛋白质的翻译(这里被对待为单一结合过程)、自诱导子的合成(通过蛋白 LuxR, 作用在 *E.coli* 细胞的底物上), 以及蛋白质和自诱导子的降解. 我们用 n_i

表示基因 i 的每个转录的蛋白分子的数目,物种 X,Y,L 和 A 的降解率分别记为 k_x, k_y, k_l 和 k_a. 生化反应如表 6.2.1.

表 6.2.1 生化反应方程

快反应	慢反应
$4X \xleftrightarrow{K_1} X_4$	$D + P \xrightarrow{k_t} D + P + n_x X + n_y Y + n_l L$
$D + X_4 \xleftrightarrow{K_2} D_X$	$D_X + P \xrightarrow{\alpha k_t} D_X + P + n_x X + n_y Y + n_l L$
$A + R \xleftrightarrow{K_3} C$	$D^L + P \xrightarrow{k_t^L} D^L + P + n_x X$
$C + C \xleftrightarrow{K_4} C_2$	$D_C^L + P \xrightarrow{\beta k_t^L} D^L + P + n_x X$
$D^L + C_2 \xleftrightarrow{K_5} D_C^L$	$L + [\text{substrate}] \xrightarrow{k_a} L + A$
	$X + Y \xrightarrow{k_{xy}} Y$

不考虑波动,用浓度作为动力学变量,让快反应达到平衡来消除以下变量

$$[X_4] = K_1[X]^4, \quad [D_X] = K_1 K_2 [X]^4 [D], \quad [C] = K_3 [A][R],$$

$$[C_2] = K_3^2 K_4 ([A][R])^2, \quad [D_C^L] = K_3^2 K_4 K_5 ([A][R])^2 [D^L]$$

那么

$$\frac{d[X]}{dt} = m_x n_x k_l [P]([D] + \alpha[D_X]) - k_{xy}[X][Y] - k_x[X] + m_l n_x k_t^L [P]([D^L] + \beta[D_C^L])$$

(6.2.1)

这里, m_x 和 m_l 是质粒的拷贝数. 注意到保守性条件 $D_T = [D] + [D_X]$, $D_T^L = [D^L] + [D_C^L]$. 引进无量纲变量

$$\tau = t\left(n_x k_l [P] D_T (K_1 K_2)^{1/4}\right) \equiv t/t^*, \quad x = [X](K_1 K_2)^{1/4} \equiv [X]/X^*$$

$$y = [Y]/X^*, \quad l = [L]/X^*, \quad a = [A][R]_O K_3 (K_4 K_5)^{1/2} \equiv [A]/X^*$$

这里 $[R] = \text{const.} = [R]_O$. 因此(6.2.1)可改写为

$$\frac{dx}{d\tau} = m_x f(x) - \gamma_{xy} xy - \gamma_x x + \mu_x g(a) \qquad (6.2.2)$$

这里

$$f(x) = \left(1 + \alpha x^4\right)/\left(1 + x^4\right), \quad \gamma_{xy} = k_{xy} t^* X^*, \quad \gamma_x = k_x t^*$$

$$\mu_x = m_l \left(k_t^L/k_t\right)\left(D_T^L/D_T\right), \quad g(a) = \left(1 + \beta a^2\right)/\left(1 + a^2\right)$$

类似地，可导出

$$\frac{dy}{d\tau} = m_y f(x) - \gamma_y y \tag{6.2.3}$$

$$\frac{dl}{d\tau} = \mu_l f(x) - \gamma_l l \tag{6.2.4}$$

这里 $\gamma_y = k_y t^*, \gamma_l = k_l t^*, \mu_l = m_l\left(n_l/n_x\right)$.

作为一阶近似，忽视空间的效果，但划分所考虑的体积为细胞内的部分(体积分数为 ρ)和细胞外空间(体积分数为 $1-\rho$). 自动诱导子由 LuxI 合成(假定底物并不被耗尽)，以比率 η 穿过细胞壁扩散，并经历降解. 这样一来，导致下列方程

$$\frac{da}{d\tau} = \mu_a l - D_a\left(a - a_e\right) - \gamma_a a \tag{6.2.5}$$

这里 $\mu_a = k_{la} t^* X^*/A^*, D_a = \eta t^*/\rho, a_{ext} = [A_e]/A^*, \gamma_a = k_a t^*$. 自动诱导子在细胞外的浓度 $[A_e]$ 满足下列方程

$$\frac{d[A_e]}{d\tau} = \eta \frac{\langle[A]\rangle - [A_e]}{1-\rho} - k_{ae}[A_e] \tag{6.2.6}$$

这里 k_{ae} 是自动诱导子在细胞环境中的降解率，$\langle[A]\rangle$ 代表自动诱导子在细胞内的平均浓度. 假定 $[A_e]$ 达到拟静态平衡，则 $[A_e] = Q\langle[A]\rangle$，这里 $Q = \eta/[\eta + (1-\rho)k_{ae}]$. 以无量纲的形式，有 $a_e = Q\langle a\rangle$.

6.2.2 数值结果和理论分析

参数设置如下：$\alpha \sim 600$, $K_1 \sim 1.8 \times 10^{18} \text{M}^{-1}$, $K_2 \sim 5 \times 10^6 \text{M}^{-1}$, $n_x k_l [P] d_T \sim 88 \text{nM}\,\text{min}^{-1}$, $k_{al} \sim 1.1 \text{min}^{-1}$, $\eta \sim 9 \text{min}^{-1}$, $\gamma_a = 0.2$, $\gamma_x = \gamma_y = 0.5$, $\gamma_l = 25$, $k_{xy} \sim 2 \times 10^4 \text{nM}^{-1}\,\text{min}^{-1}$ (因此 $\gamma_{xy} \sim 5$), $Q = 0.6$, $\rho = 0.5$, $m_x = 10$, $m_y = 1$, $\mu_x = \mu_y = 50$, $\beta = 10$, $K_3\left(K_4 K_5\right)^{1/2} \sim 10^{-6} \text{nM}^{-2}$, $[R]_O = 100 \text{nM}$, $t^* \sim 6.7 \text{min}$, $X^* \sim 580 \text{nM}$, $A^* \sim 10 \mu\text{M}$, $\mu_a \sim 0.4$, $D_a \sim 120$. 数值方面的结果如图 6.2.2~图 6.2.4.

6.2 快速阈值调幅机制

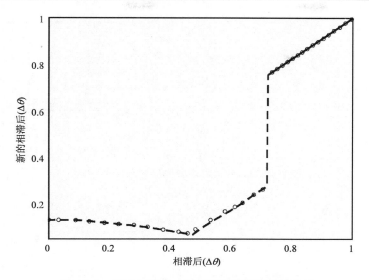

图 6.2.2　在同步情形，耦合对细胞间相差的效果

虚线是分析结果；圆表示 1000 个细胞中一个外露细胞对系统进行数值积分的结果. 耦合强度 β 的改变并不影响分析和数值结果间对比的质量. 通过快速阈值调幅机制得到的快速相的压制发生在 $0 \leqslant \Delta\theta \leqslant \theta_j (= 0.72)$

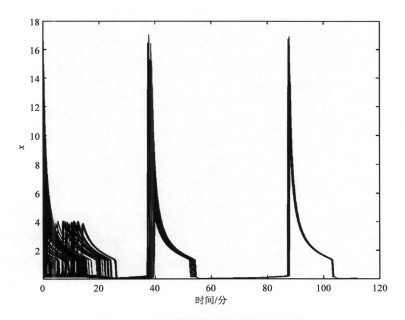

图 6.2.3　来自随机初始相的同步化过程

绘制是从 1000 个细胞中随机选取 100 细胞的时间过程. 每个细胞初始相是通过[0,1]区间一致分布来产生的. 同步本质上是在振动的两个周期内完成

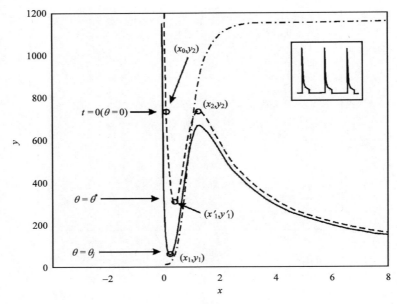

图 6.2.4 零倾线

虚点表示 $\dot{y}=0$；实线表示 $\dot{x}=0$，没有耦合（$g(a)=1$），记为 a^- 零倾线；虚线表示 $\dot{x}=0$，最大耦合（$g(a)=\beta$），记为 a^+ 零倾线，$\theta^*=0.24, \theta_j=0.72$

下面给出分析方面的结果. 在(6.4.2)~(6.4.5)中，变量 l 和 α 对 x-y 动力学的零倾线只起漂移的作用，因此，可以仅考虑 x-y 平面上的运动. 对于上面给定的参数值，l 和 a 迅速地达到它们的静态值. 这样一来，可采用：$l=\bar{l}=\mu_l f(x)/\gamma_l$ 和 $a=\bar{a}=\left(\mu_a \bar{l}+D_a a_e\right)/\left(D_a+\gamma_a\right)$. $\dot{y}=0$ 的零倾线由 $y=m_y f(x)/\gamma_y$ 给出，而立方形的 $\dot{x}=0$ 零倾线为

$$y=\frac{m_x f(x)-\gamma_x x+\mu_x g(a)}{\gamma_{xy} x} \tag{6.2.7}$$

$\dot{x}=0$ 零倾线是关于 a 的一族曲线，这里自动诱导子水平的增加向上漂移这一零倾线. 对于低水平的 a，有 $g(a)\approx 1$，代入(6.2.7)得 a^- 零倾线. 对于高水平的 a，有 $g(a)\approx \beta$，代入(6.2.7)得 a^+ 零倾线. 通过求解(6.2.7)，我们能分析地获得转移点(如图 6.2.4 中(x_1, y_1)等).

下面检查单个细胞的动力学，即令 $a_e=0$. 在 a^- 零倾线上，$f(x)\approx 1$ 和 $g(\bar{a})\approx 1$. 细胞沿左分枝向下前进到(x_1, y_1)处的"膝"(knee)，在此点处，细胞迅速地运动到右枝(如图 6.2.4). 对于大的 x，有 $f(x)\approx \alpha$ 和 $g(\bar{a})\approx \beta$(对于前面的参数值，$g(\bar{a})\approx 0.95\beta$). 然后，细胞向上运动，达到右边的 a^+ 零倾线直到(x_2, y_2)，这

里，它迅速地回到左枝. 在这种转移后，$g(\bar{a})$ 迅速地降到 1，细胞又向 a^- 零倾线移动，这一过程重复进行.

群体同步化振动细胞的行为本质上相同于单细胞情形. 由于 $g(\bar{a})$ 是以 β 为界的，因此 a_e 的高水平的出现对 x-y 平面的动力学有一点影响. 为了估计振动周期，我们利用 $f(x)$ 的浸泡形式来求解(6.2.3)，在左分枝上，$f(x) \approx 1$，而在右分枝上，$f(x) \approx \alpha$. 这样一来，在左分枝上，从点 y_1 到点 y_2 所花费的时间为

$$\tau_L(y_1 \to y_2) \approx \frac{1}{\gamma_y} \ln\left(\frac{y_1 - C}{y_2 - C}\right) \tag{6.2.8}$$

在右分枝上，从点 y_1 到点 y_2 所花费的时间为

$$\tau_R(y_1 \to y_2) \approx \frac{1}{\gamma_y} \ln\left(\frac{y_1 - \alpha C}{y_2 - \alpha C}\right) \tag{6.2.9}$$

这里 $C = m_x/\gamma_y$. 令快跳跃是即瞬的，那么周期为

$$T \approx \tau_L(y_2 \to y_1) + \tau_R(y_1 \to y_2) \tag{6.2.10}$$

对于给定的参数值，估计得 $T \approx 46 \min$（原数值积分可求得 $T \approx 48 \min$）. 令 $t = 0$ 为图 6.2.4 中所标明的点，并定义相为 $\theta = t/T$.

为了分析同步，我们讨论靠近同步的情形. 细胞群体是同步的，而单细胞间有相差. 在分析中，我们利用"快速阈值调幅"的思想. 由于细胞群体的同步部分本质上可看成一个单振子，因此可简单地考虑两个振子的情形：O_P 表示群体，相应的相为 θ_P；O_c 表示为不同步的细胞，相应的相为 θ_c. O_P 影响它自己的 $\bar{a}$ 值，也影响 O_c；另一方面，O_c 仅影响 $\bar{a}$ 的水平，但不影响 O_P. 我们感兴趣于在两个振子的周期时间内，左向和右向转移对分离的效果，即一个振子沿周期环花多长的时间到达另一个振子的目前位置. 在一个转移后，假如时间分离被减低了，我们说相的压制发生. 一系列的这种压制支持以一个几何率来接近同步.

考虑第一种情形，这里 O_c 落后于 O_P，两者都在 a^- 零倾线的左分枝上. 定义相差 $\Delta\theta = \theta_P - \theta_c$. 当群体到达 (X_1, Y_1)，并跳跃到右分枝时，a_e 迅速地升高，并且 $\bar{a}$ 的细胞值增加到 $g(\bar{a}) \to \beta$ 的点，因此，这个细胞重现由 a^+ 零倾线所支配的自己. 对于充分小的相差，如 $0 \leq \Delta\theta \leq \theta_j - \theta^*$，这个细胞现在穿过它自己新的零倾线的"膝"，并即刻跳跃到右边. 假如

$$\tau_R(Y_1 \to Y_c) < \tau_L(Y_c \to Y_1) \tag{6.2.11}$$

那么相的压制发生，这里 Y_c 是当群体跳跃时细胞的 y 位置．对于上面设定的参数，总是有 $\tau_R \ll \tau_L$．

对于大的相差，如 $\theta_j - \theta^* < \Delta\theta \leqslant \theta_j$，细胞首先跳跃到 a^+ 零倾线的左分枝，然后当它到达点 (X_1', Y_1')（如图 6.2.4）时，使它自己向上转移．在细胞跳跃之前的延迟内，群体沿 a^- 零倾线的右分枝上向上运动，到达点 Y_p（它能够分析地计算）．假如

$$\left|\tau_R(Y_P \to Y_1')\right| < \tau_L(Y_c \to Y_1) \tag{6.2.12}$$

那么相的压制发生，这里绝对值的符号反映出 Y_p 可以落在 Y_1' 的上面或下面．在每种符号情形，假如新绝对时间差比原来的差要小，那么两个振子间相分离被减小．对于上面设定的参数值，能够显示出这种快速相压缩总是发生．在点 (X_2, Y_2) 左侧转移当 O_c 落后于 O_P 时，对两个振子的相分离不起作用：a 的细胞局部产物保持在 a^+ 零倾线上，因此在轨迹方面没有差别，也就没有相压制发生．

现在讨论这种情形：O_c 导引 O_P，即不同步的细胞在环路上领先于细胞群体．这里，在点 (X_1, Y_1) 处右转移对相分离没有影响，这是因为 a 的细胞局部产物的缘故．在点 (X_2, Y_2) 处左转移现在导致相对低的同步化．这是因为细胞使它自己左转移，但向 a^+ 零倾线的左枝而不是 a^- 零倾线的左枝方向前进，达到某点 Y_c．在这枝上两点间的时间分离

$$\tau_L^+(y_1 \to y_2) \approx \frac{1}{\gamma_y} \ln\left(\frac{y_1 - \overline{f}C}{y_2 - \overline{f}C}\right) \tag{6.2.13}$$

这里

$$\overline{f} = \frac{\int_{X_0}^{X_1'} f(x)dx}{X_1' - X_0} \tag{6.2.14}$$

当群体左转移时，细胞返回到 a^- 零倾线，有同步化效果．假如

$$\tau_L(Y_2 \to Y_c) < \tau_L^+(Y_2 \to Y_c) \tag{6.2.15}$$

总是满足，从方程(6.2.3)可看出，因为 $f(x)$ 是单调增加的，因此，向 a^+ 零倾线下方运动比向 a^- 零倾线下方运动总是要慢，这样，对所有的 Y，有 $\tau_L(Y_2 \to Y) < \tau_L^+(Y_2 \to Y)$．然而，在这种情形同步化并不迅速，因为某种原因，$\overline{f}$ 仅比 $f(x) \approx 1$ 大一点点．

结合左转移和右转移的效果，并对各种初始的相滞后，显式地计算 τ_L，τ_L' 和

τ_R, 能够在环路上从相滞后 $\Delta\theta = \theta_P - \theta_c$ 到下个环路上新的相滞后(如图 6.2.2)作出分析的预测. 对于范围 $0 \leqslant \Delta\theta \leqslant \theta_j - \theta^*$ 内的相滞后, 相落后的细胞经历右转移, 差不多即刻发生在群体跳跃时, 而对 $\theta_j - \theta^* < \Delta\theta \leqslant \theta_j$ 的情形, 细胞在花费某些时间于 a^+ 零倾线上向右转移. 整个范围 $0 \leqslant \Delta\theta \leqslant \theta_j$ 展示出通过快速阈值调幅机制的快速同步: 在此范围内的所有相滞后在环路上被映射成靠近零的值. 对于 $\Delta\theta > \theta_j$, 这一曲线近似对应于恒同映像; 在此区域内, 同步由慢机制所支配.

6.3 光滑振子的同步、聚类[3,30]

6.3.1 吸引耦合的效果

利用简化的压制振动子和细胞群体感应机制, 我们设计和构造出一个基因调控网, 如图 6.3.1 所示.

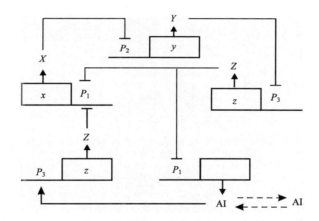

图 6.3.1 三个相互抑制的压制子由群体感应机制所耦合

相应的数学模型为

$$\frac{\mathrm{d}x_i}{\mathrm{d}t} = \frac{\alpha_1}{1+z_i^n} - \beta_1 x_i + \gamma_1$$

$$\frac{\mathrm{d}y_i}{\mathrm{d}t} = \frac{\alpha_2}{1+x_i^n} - \beta_2 y_i + \gamma_2$$

$$\frac{\mathrm{d}z_i}{\mathrm{d}t} = \frac{\alpha_3}{1+y_i^n} - \beta_3 z_i + \gamma_3 + \frac{\mu S_i}{1+S_i} \qquad (6.3.1)$$

$$\frac{dS_i}{dt} = \alpha_4 x_i - \beta_4 S_i + \eta_{\text{int}}(S_e - S_i)$$

$$\frac{dS_e}{dt} = -\beta_e S_e + \eta_{\text{ext}} \sum_{i=1}^{N}(S_i - S_e) \tag{6.3.2}$$

这里 α_i ($i=1,2,3$) 是在激活子缺席的情况下无量纲转录率；β_i ($i=1,2,3$) 是降解率；δ_i ($i=1,2,3$) 是基本生成率；n 是 Hill 系数. 在数值模拟中，固定参数值 $\alpha_1 = \alpha_2 = \alpha_3 = 216$，$\beta_1 = \beta_2 = \beta_3 = 1.0$，$\alpha_4 = 0.01$，$\beta_4 = 1$，$n = 3$，$\mu = 10$，$\eta_{\text{int}} = 1$，$N = 100$. 此外，假定 $\gamma = \gamma_1 = \gamma_2 = \gamma_3$，并把 γ 作为分叉参数. 由著名的基因切换系统[11]知，相应的单细胞系统是二维的基因切换系统在三维空间中的自然扩充. 方程(6.3.2)描述信号分子 AI 在细胞内和细胞环境中的动力学. 对 S_e 采用拟静态近似，则有

$$S_e = Q\bar{S} \equiv \frac{Q}{N}\sum_{i=1}^{N}S_i \tag{6.3.3}$$

这里 Q 正比例于细胞密度(以下为简单，把 Q 认为细胞密度). 此外，为了刻画同步化的程度，引进序参数

$$R = \left|\frac{1}{N}\sum_{k=1}^{N}\exp(i\phi_k)\right| \tag{6.3.4}$$

这里 ϕ_k 表示第 k 振子的相(在随机情形，它应被理解为即瞬相位). 在同步化区域内，$R \approx 1$，而在非同步区域内，$R \approx 0$.

图 6.3.2 显示出整个系统的周期和振幅与细胞密度之间的依赖关系. 明显地,

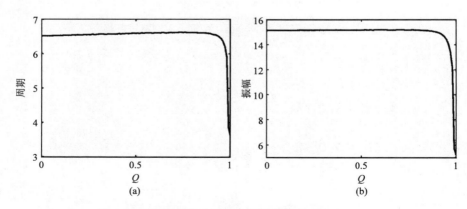

图 6.3.2 细胞密度对周期和振幅的影响，这里 $\gamma = 0.5$

随着细胞密度的增加，周期和振幅是单调减少的，且似是线性关系. 下一步考虑细胞的多样性. 实验证实，降解率易受噪声的影响. 因此，对参数 $\beta \equiv \beta_1 = \beta_2 = \beta_3$ 引入一个涨落，或考虑 β 服从正态分布：$\beta \sim N(1, D)$，这里 D 表示方差，或噪声强度. 图 6.3.3(a)显示出序参数与细胞密度(Q)和多样性(或噪声强度 D)之间的依赖关系. 很显然，不同的细胞密度和噪声强度会导致不同的序参数值，如对应于图中的 F_1 点，相应于 $R \approx 0$，而对应于 F_2 点，相应于 $R \approx 1$. 相应的时间序列显示在图 6.3.3(b)和图 6.3.3(c).

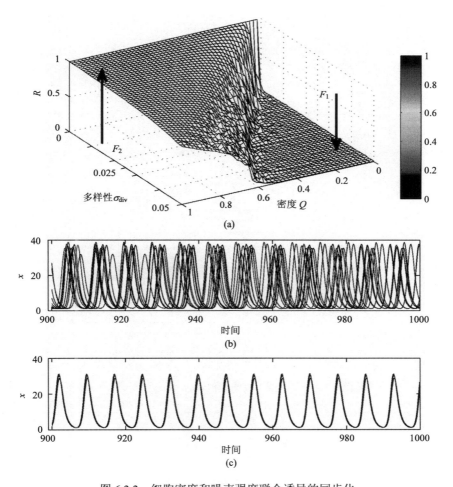

图 6.3.3　细胞密度和噪声强度联合诱导的同步化

(a) 序参数与细胞密度(Q)和多样性(或噪声强度 D)之间的依赖关系；(b) 相应于(a)中 F_1，展示出非同步；(c) 相应于(a)中 F_2，展示出同步

6.3.2 抑制耦合的效果

我们仍然利用简化的压制振动子和细胞群体感应机制来设计具有相抑制的基因调控网，如图 6.3.4 所示. 相应的数学方程基本与(6.3.1)~(6.3.3)相同，除(6.3.2)中的第一个方程被修正为

$$\frac{dS_i}{dt} = \alpha_4 z_i - \beta_4 S_i + \eta_{int}(S_e - S_i) \tag{6.3.5}$$

参数值为 $\alpha_1 = \alpha_2 = \alpha_3 = 216$，$\beta_1 = \beta_2 = \beta_3 = 1.0$，$\alpha_4 = 0.01$，$\beta_4 = 1$，$n = 3$，$\mu = 10$，$\eta_{int} = 1$，$N = 100$，$\gamma \equiv \gamma_1 = \gamma_2 = \gamma_3 = 0.5$. 图 6.3.5 展示出相关的数值结果. 有趣的是：(1)不同的细胞密度诱导不同的聚类，若 $Q = 0.5$，则对任意的初始条件，出现两种类型的聚类，且幅度相同；若 $Q = 0.9$，则对某些初始条件，尽管也出现两种聚类，但它们的振幅不同；(2)若细胞密度固定，但初始条件不同，则出现不同的聚类方式. 在图 6.3.5(c)和(d)中，两个聚类里振幅的波动导致在相平面上展示出似拟周期的行为. 而对其他某些初始条件，细胞间振幅的波动更大，整个系统似乎并不展示出聚类同步，而是更复杂的运动.

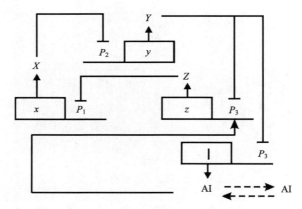

图 6.3.4 压制振子被抑制地耦合到细胞群体感应机制

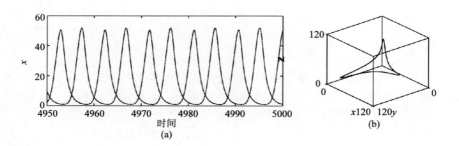

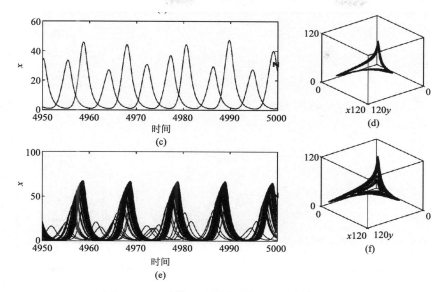

图 6.3.5 压制振动子的抑制耦合所诱导的聚类

(a)和(b)$Q=0.5$;(c)和(d)$Q=0.9$;(d)和(e)$Q=0.9$. 在(c)和(d) 及(e)和(f)中,尽管细胞密度相同,但初始条件不同

6.3.3 公共噪声的效果

这一部分并不考虑细胞间有信号通信,而是考虑群体细胞均受到内外噪声的影响. 相应的数学模型为

$$\frac{\mathrm{d}x_i}{\mathrm{d}t} = \frac{\alpha_1}{1+z_i^n} - \beta_1 x_i + \gamma_1 + g_1(x_i, y_i, z_i)\xi_1(t) + \eta_{i1}(t)$$

$$\frac{\mathrm{d}y_i}{\mathrm{d}t} = \frac{\alpha_2}{1+x_i^n} - \beta_2 y_i + \gamma_2 + g_2(x_i, y_i, z_i)\xi_2(t) + \eta_{i2}(t)$$

$$\frac{\mathrm{d}z_i}{\mathrm{d}t} = \frac{\alpha_3}{1+y_i^n} - \beta_3 z_i + \gamma_3 + g_3(x_i, y_i, z_i)\xi_3(t) + \eta_{i3}(t) \tag{6.3.6}$$

这里 $\xi_i(t)$ ($i=1,2,3$) 表示公共噪声,而 $\eta_{ji}(t)$ ($i=1,2,3, j=1,2,\cdots,N$) 表示内部噪声,满足 $\langle \xi_i(t) \rangle = 0$,$\langle \xi_i(t)\xi_j(s) \rangle = D_{\mathrm{com}}\delta_{ij}(t-s)$;$\langle \eta_{ji}(t) \rangle = 0$,$\langle \eta_{jk}(t)\eta_{jl}(s) \rangle = D_{\mathrm{ind}}\delta_{kl}(t-s)$

考虑三种类型的噪声:

(1) 附加噪声,这里 $g_1(x_i, y_i, z_i) = g_2(x_i, y_i, z_i) = g_3(x_i, y_i, z_i) = 1$;

(2)降解率的涨落所导致的噪声,这里 $g_1(x_i, y_i, z_i) = -x_i$,$g_2(x_i, y_i, z_i) = -y_i$,$g_3(x_i, y_i, z_i) = -z_i$;

(3) 合成率的涨落所导致的噪声，这里 $g_1(x_i, y_i, z_i) = \dfrac{1}{1+z_i^n}$，$g_2(x_i, y_i, z_i) = \dfrac{1}{1+x_i^n}$，$g_3(x_i, y_i, z_i) = \dfrac{1}{1+y_i^n}$.

参数设定为 $\alpha_1 = \alpha_2 = \alpha_3 = 216$，$\beta_1 = \beta_2 = \beta_3 = 1.0$，$n=3$，$N=100$，$D_{\text{com}} = 0.002$，$D_{\text{ind}} = 0.0001$，$\gamma \equiv \gamma_1 = \gamma_2 = \gamma_3 = 0.5$. 数值结果如图 6.3.6.

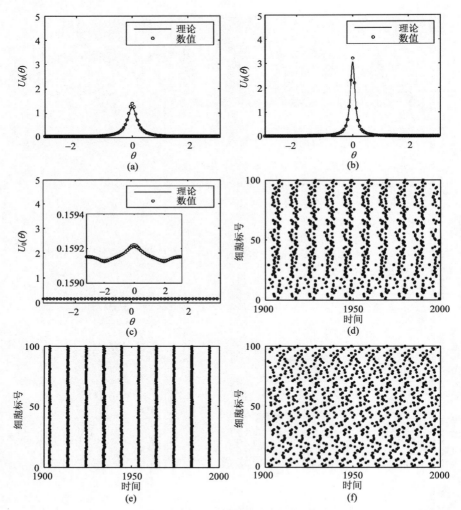

图 6.3.6 公共噪声诱导的动力学

从上到下分别对应于我们考虑的三种类型的噪声. 左图表示振子间相差的概率密度函数 $U_0(\theta)$，而右图表示细胞数目关于时间的分布. 关于 $U_0(\theta)$ 的定义，参考第 7 章的内容

通过比较图 6.3.6(a)~(c)或(d)~(f)，我们发现降解率的涨落所导致的噪声诱导

更好的同步.

6.4 松弛振子的同步、聚类[3,31]

6.4.1 吸引耦合的效果

我们利用第 5 章的基因松弛振子和细胞群体感应机制来设计一个基因调控网，如图 6.4.1 所示.

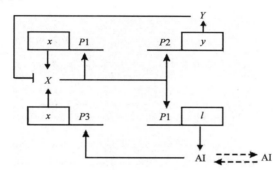

图 6.4.1 松弛振子被吸引地耦合到细胞感应机制

相应的数学模型为

$$\frac{dx_i}{dt} = \alpha_1 \frac{1+\rho x_i^n}{1+x_i^n} - \beta_1 x_i - \gamma x_i y_i + \mu \frac{1+\rho_1 S_i^2}{1+S_i^2}$$

$$\frac{dy_i}{dt} = \alpha_2 \frac{1+\rho x_i^n}{1+x_i^n} - \beta_2 y_i, \quad \frac{dl_i}{dt} = \alpha_3 \frac{1+\rho x_i^n}{1+x_i^n} - \beta_3 l_i \quad (6.4.1)$$

$$\frac{dS_i}{dt} = \alpha_4 l_i - \beta_4 S_i + \eta_{\text{int}}(S_e - S_i), \quad \frac{dS_e}{dt} = -\beta_e S_e + \eta_{\text{ext}} \sum_{i=1}^{N}(S_i - S_e) \quad (6.4.2)$$

这里 $\alpha_i (i=1,2,3)$ 是在激活子缺席的情况下无量纲转录率；$\beta_i (i=1,2,3)$ 是降解率；γ 代表蛋白质 X 促进蛋白质 Y 的降解的能力；$\rho > 0$ 代表增加蛋白产物(由于激活子对启动子的结合); n 是 Hill 系数. 假定 $\alpha_1 = 10$，$\alpha_2 = 1$，$\beta_1 = \beta_2 = 0.5$，$\rho = 200$，$n = 4$，$\alpha_3 = 50$，$\beta_3 = 25$，$\alpha_4 = \beta_4 = 0.4$，$\mu = 10$，$\eta_{\text{int}} = 120$. $\rho_1 = 10$ 和 Q 作为系统的参数，因此可取不同的值. 方程(6.4.2)描述信号分子 AI 在细胞内和细胞环境中的动力学. 对 S_e 采用拟静态近似，则有(6.3.3).

从图 6.4.2 看到，存在细胞密度的一个阈值 $Q_0 > 0$，使得当 $Q < Q_0$ 时，耦合松弛振子的周期和振幅几乎保持不变. 这与耦合的光滑振子情形大不相同(比较图 6.3.2 和图 6.4.2)，蕴涵着松弛振子比光滑振子更容易同步化(与快速阈值调幅原理

一致); 而当 $Q > Q_0$ 时, 周期和振幅突然下降.

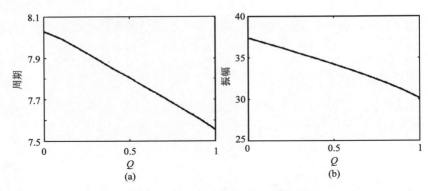

图 6.4.2 细胞密度对耦合系统的周期和振幅的影响, $\rho_1 = 10$

小的细胞密度不能诱导同步化, 如图 6.4.3(a), 此时, 各个细胞振子几乎随机地分布在极限环的轨道上; 中等的细胞密度能诱导聚类, 如图 6.4.3(b)显示出两类,

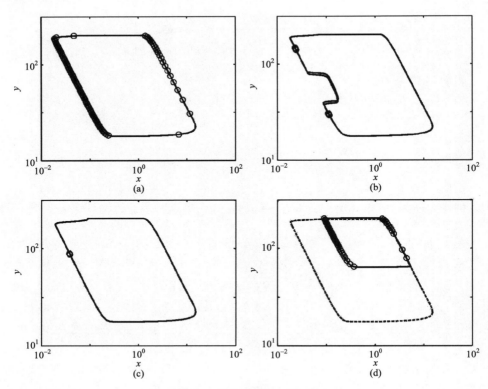

图 6.4.3 细胞密度诱导的动力学
(a) $Q = 0.1$; (b) $Q = 0.5$; (c) $Q = 0.9$; (d) $Q = 0.98$; $\rho_1 = 10$

此时，由于聚类的结果，导致极限环出现变形(相对于原极限环的轨道而言)；足够大的细胞密度诱导完全同步，如图 6.4.3(c)，此时变形的极限环轨道被恢复原形状；当细胞密度接近 1 时，此时同步化被破坏，并且振幅被压制了，如图 6.4.3(d)，这是一种有趣的现象.

6.4.2 抑制耦合的效果

若考虑振子间相的抑制，则相应的基因调控网如图 6.4.4 所示. 相应的数学方程基本相同于吸引耦合的情形，除 $\rho_1 = 0$ 外.

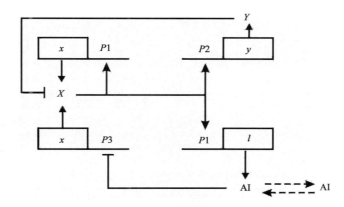

图 6.4.4　松弛振子以抑制耦合方式的基因调控网示意图

在数值模拟时，其他参数相同于吸引耦合的情形. 对两套不同的初始条件，我们发现两种类型的聚类：5 类和 6 类，它们的时间暂态序列显示在图 6.4.5 中. 有趣的是，由于聚类的不同，导致系统的振动周期也不同，这似乎是一般的规律，但我们无法证明. 尽管经过大量的数值模拟，但并未发现其他类型的聚类.

比较图 6.3.5 和图 6.4.5，我们发现，松弛振子的聚类比光滑振子的聚类更确定，即对抑制耦合的松弛振子，一旦聚类，那么所有单个振子的振幅相同，但不同的初值会导致振幅的差异.

注　(1) 能找到这两种聚类是偶然的事件，因为我们并没有一般的方法确定初始值，从而找到聚类. 确定聚类的初始值的吸引域是非常困难的.

(2) 抑制耦合的松弛振子的聚类与抑制耦合的光滑振子的聚类机制不同，如何给出理论解释仍是一个未解决的问题.

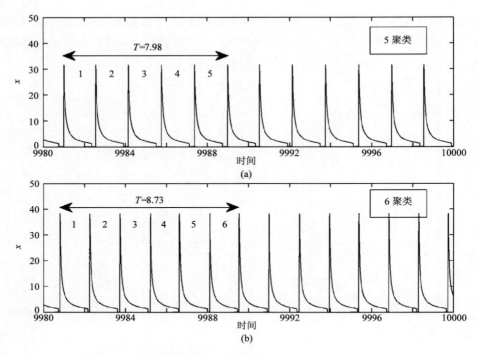

图 6.4.5 抑制耦合诱导的聚类：5 类和 6 类，$\rho_1 = 0$，$Q = 0.8$

(a)和(b)取不同的初值，但系统的参数相同

6.4.3 公共噪声的效果

考虑数学模型：

$$\frac{\mathrm{d}x_i}{\mathrm{d}t} = \alpha_1 \frac{1+\rho x_i^n}{1+x_i^n} - \beta_1 x_i - \gamma x_i y_i + g_1(x_i, y_i)\xi_1(t) + \eta_{i1}(t)$$

$$\frac{\mathrm{d}y_i}{\mathrm{d}t} = \alpha_2 \frac{1+\rho x_i^n}{1+x_i^n} - \beta_2 y_i + g_2(x_i, y_i)\xi_2(t) + \eta_{i2}(t) \quad (6.4.3)$$

这里 $\xi_i(t)$ ($i=1,2$) 表示公共噪声，而 $\eta_{ji}(t)$ ($i=1,2; j=1,2,\cdots,N$) 表示内部噪声，满足 $\langle \xi_i(t) \rangle = 0$，$\langle \xi_i(t)\xi_j(s) \rangle = D_{\mathrm{com}}\delta_{ij}(t-s)$；$\langle \eta_{ji}(t) \rangle = 0$，$\langle \eta_{jk}(t)\eta_{jl}(s) \rangle = D_{\mathrm{ind}}\delta_{kl}(t-s)$。

考虑三种类型的噪声：

(1) 附加噪声，这里 $g_1(x_i, y_i) = g_2(x_i, y_i) = 1$；

(2) 协作率的涨落所导致的噪声，这里 $g_1(x_i, y_i) = -x_i y_i$，$g_2(x_i, y_i) = 0$；

(3) 降解率的涨落所导致的噪声，这里 $g_1(x_i, y_i) = -x_i$，$g_2(x_i, y_i) = -y_i$。

参数被设定为：$\alpha_1 = 10$，$\alpha_2 = 1$，$\beta_1 = \beta_2 = 0.5$，$\rho = 200$，$n = 4$，$N = 100$，

$D_{com} = 0.002$,$D_{ind} = 0.0001$,$\gamma \equiv \gamma_1 = \gamma_2 = \gamma_3 = 6$. 数值结果如图 6.4.6. 不像光滑振子的情形, 我们并没有显示时间序列或相图, 主要原因是松弛振子容易同步化, 导致三种噪声情形的相图几乎一样.

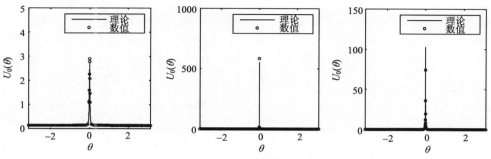

图 6.4.6　公共噪声诱导的聚类

(a)~(c)分别对应于三种噪音类型不同的噪声导致不同的相差概率密度分布 $U_0(\theta)$, 其中协作率的波动所致的噪声诱导最大的 $U_0(\theta)$, 换句话说, 此时聚类效果最好

比较图 6.3.6 和图 6.4.6 我们发现, 光滑振子情形的振子相差的概率密度函数 $U_0(\theta)$ 与松弛振子情形的振子相差的概率密度函数 $U_0(\theta)$ 是不一样的. 尖峰表明松弛振子比光滑振子更容易达到同步或聚类.

6.5　随机振子的同步、聚类[3,34]

相应基因调控网如图 6.4.1 和图 6.4.4 所示, 其数学模型为

$$\frac{dx_i}{dt} = \alpha_1 \frac{1+\rho x_i^n}{1+x_i^n} - \beta_1 x_i - (\gamma + \xi_i(t)) x_i y_i + \mu \frac{1+\rho_1 S_i^2}{1+S_i^2} \tag{6.5.1}$$

$$\frac{dy_i}{dt} = \alpha_2 \frac{1+\rho x_i^n}{1+x_i^n} - \beta_2 y_i \tag{6.5.2}$$

$$\frac{dl_i}{dt} = \alpha_3 \frac{1+\rho x_i^n}{1+x_i^n} - \beta_3 l_i \tag{6.5.3}$$

$$\frac{dS_i}{dt} = \alpha_4 l_i - \beta_4 S_i + \eta_{int}(S_e - S_i) \tag{6.5.4}$$

这里 $S_e = \frac{Q}{N}\sum_{i=1}^{N} S_i$. $\gamma = 3.8$ 以便(6.5.1)中的单个系统是随机振子. Gauss 白色噪声满足 $\langle \xi_i(t) \rangle = 0$, $\langle \xi_i(t)\xi_j(s) \rangle = D\delta_{ij}(t-s)$. 注意到, 若 $\rho_1 > 0$, 则表示有相吸引的细

胞通信；若 $\rho_1 = 0$，则表示相抑制的细胞通信. $\alpha_1 = 10, \alpha_2 = 1$，$\beta_1 = \beta_2 = 0.5$，$\alpha_3 = 50$，$\alpha_4 = 0.4$；$\beta_3 = 25, \beta_4 = 0.2$，$\eta_{\text{int}} = 120$，$\rho = 200, n = 4, \gamma = 3.8, \mu = 10, \rho_1 = 10$. 对于具有相吸引的细胞通信情形，总是设 $\rho_1 = 10$；而对于具有相抑制的细胞通信情形，设 $\rho_1 = 0$.

为了理解相的吸引通信的多细胞系统的动力学，将(6.5.4)改写为

$$\frac{\mathrm{d}S_i}{\mathrm{d}t} = \alpha_4 l_i - \beta_4 S_i - \eta_{\text{int}}(1-Q)S_i + \frac{Q\eta_{\text{int}}}{N}\sum_{j=1}^{N}(S_j - S_i) \tag{6.5.5}$$

注意到整个耦合系统的同步化解并不是由子系统(6.5.1)~(6.5.4)的解所组成，而是由子系统(6.5.1)~(6.5.3)及下面的方程

$$\frac{\mathrm{d}S_i}{\mathrm{d}t} = \alpha_4 l_i - \beta_4 S_i - \eta_{\text{int}}(1-Q)S_i \tag{6.5.6}$$

所组成. 为方便，称由(6.5.1)~(6.5.3)和(6.5.6)所组成的系统为辅助系统.

为了特征化群体行为，引进即瞬相位

$$\phi_i(t) = 2\pi\frac{t - \tau_k^i}{\tau_{k+1}^i - \tau_k^i} + 2k\pi, \quad \tau_k^i < t < \tau_{k+1}^i \tag{6.5.7}$$

这里 τ_k^i 表示第 i 个振子的第 k 个发火(firing)时刻，它被定义为跨越阈值 $x_i(t) = 2.0$ 的时刻. 有了即瞬相位之后，同前面一样，就可引进序参数，其计算公式为(或参考(6.3.4)式)

$$S = \left|\frac{1}{N}\sum_{k=1}^{N}\mathrm{e}^{\mathrm{i}\phi_k}\right| \tag{6.5.8}$$

这样，在非同步区域内，$S \approx 0$，而在同步区域内 $S \approx 1$. 此外，引进单个系统和群体系统的信噪比(SNR). 对单个系统，有

$$\text{SNR} = \frac{\langle T_k \rangle_t}{\sqrt{\text{var}(T_k)}} \tag{6.5.9}$$

这里 $T_k = \tau_{k+1} - \tau_k$，$\langle \cdot \rangle_t$ 表示关于时间的平均. 对细胞群体

$$\text{SNR} = \overline{\text{SNR}^i} \tag{6.5.10}$$

这里 SNR^i 代表第 i 个振子的信噪比，$\overline{\cdots}$ 代表对细胞的平均.

6.5.1 吸引耦合情形

1. 辅助系统的动力学

为了帮助理解后来显示的整个系统的复杂动力学行为，我们先给出辅助系统的动力学行为，特别关注细胞密度 Q 的影响。图 6.5.1 展示出辅助系统的分岔图。注意到，当辅助系统不振动时，它有一个稳定的平衡点；当分岔参数改变时，此平衡点失去稳定，产生次临界的 Hopf 分岔。然而，靠近分岔点的分岔图并不容易显示出来(如图 6.5.1(a))，这是因为分岔点非常靠近鞍结类型的点。

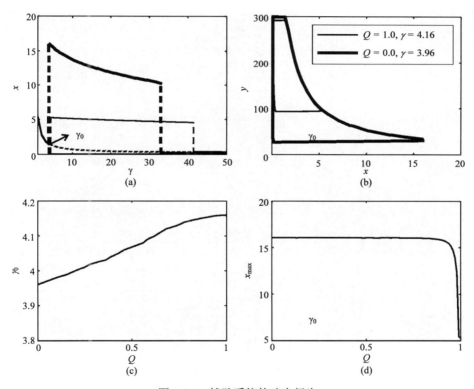

图 6.5.1　辅助系统的动力行为

(a)辅助系统的分岔图，这里实线代表不动点或极限环，在极限环的情形，振动的最大和最小幅度被绘，深色对应于 $Q=0$，浅色对应于 $Q=1$，参数 γ 处在振动区域内；(b)两种典型的极限环轨迹；(c)分岔点 γ_0 与 Q 之间的依赖关系；(d)对于 γ 靠近但在分岔点之后的固定值，分量 x 与 Q 之间的依赖关系

从图 6.5.1(a)可看出，细胞密度能够极大地影响内部动力学，并有意义地减低振动的幅度。图 6.5.1(b)展示出 (x,y) 相平面上相应的相图。此外，耦合的不对称性对内部动力学也有某些影响，例如，随着 Q 的增加，在分岔点估计值的 γ 展示

出某种增加的趋势,如图 5.5.1(c). 换句话说,Q 的增加能够提升激励的阈值. 对于靠近但在分岔点之后的固定的 γ,振动幅度展示出当 Q 增加时有小的变化,但当 Q 接近 1 时,有一个迅速的变化(如图 6.5.1(d)).

下一步调查多重噪声和附加噪声对辅助系统动力行为的影响. 图 6.5.2(a)和(b)分别显示出 SNR 在多重噪声和附加噪声情形时作为噪声强度 D 和细胞密度 Q 的函数. 从这两幅图看到,SNR 对于固定的 Q 有一个最大值,它归功于 SISR 机制. 尽管这样,但它们的相图展示出明显的差别,如图 6.5.2(c)和(d). 在两种噪声情形,对于弱的噪声强度,随机极限环本质上是由 Hopf 分岔产生的极限环的先驱. 随着噪声强度的增加,两种情形时的相图逐渐变得明显,例如,在多重噪声情形,蛋白质 x 的最大激活变化不大,但蛋白质 y 的最大激活极大地受噪声影响,展示出随噪声强度的增加而单调增加(如图 6.5.2(c)). 另一方面,在附加噪声情形,蛋白质 x 的最大激活显示出有意义的变化,并随噪声强度的增加而突出地减少,但蛋白质 y 的最大激活并没有多大的变化. 这些数值结果进一步表明了 SISR 效果的突出特点.

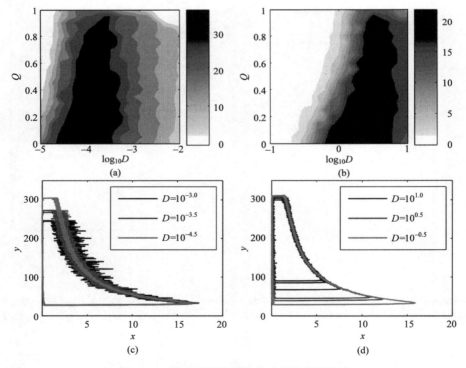

图 6.5.2 噪声对辅助系统的动力行为的影响

当辅助系统受到多重噪声(a)或附加噪声(b)影响时,信噪比 SNR 作为细胞密度 Q 和噪声强度 D 的函数. 弱、中和强的多重噪声(c)或附加噪声(d)诱导的典型随机振动行为

基于 Lee DeVille 和 Fredlin 等人的 SISR 思想[35]，这里对上面的跳跃动力学给出某些解释．注意到描述快变量的动力方程可写为

$$\frac{dx}{dt} = \alpha_1 \frac{1+\rho x^n}{1+x^n} - \beta_1 x - \gamma xy + \mu \frac{1+\rho_1 S^2}{1+S^2} + \sigma(x,y)\xi(t)$$
$$\equiv f(x,y,S) + \sigma(x,y)\xi(t) \tag{6.5.11}$$

这里对附加噪声，$\sigma(x,y)$ 为常数，对多重噪声，$\sigma(x,y) = xy$．此外，(6.5.11)可改写为

$$\frac{dx}{dt} = -\frac{\partial V(x,y,S)}{\partial x} + \sigma(x,y)\xi(t) \tag{6.5.12}$$

这里 $V(x,y,S) = \int \frac{f(z,y,S)}{\sigma^2(z,y)} dz$ 是双井潜能．因为相对于快变量 x，y 和 S 近似于常数，因此可作为参数．对于固定的 y 和 S，有三个点，分别记为 $x_-(y,S)$，$x_+(y,S)$ 和 $x_0(y,S)$，并假定 $x_-(y,S) < x_0(y,S) < x_+(y,S)$．注意到 $x_-(y,S)$ 和 $x_+(y,S)$ 总是潜能 $V(x,y,S)$ 的局部最小值点，而 $x_0(y,S)$ 是局部最大值点．定义

$$\Delta V_+ = V(x_0(y,S), y, S) - V(x_+(y,S), y, S)$$
$$\Delta V_- = V(x_0(y,S), y, S) - V(x_-(y,S), y, S)$$

令 B_L 和 B_R 分别是 $f(x,y,S)$ 在相平面 (x,y) 上的左右分枝．由于多重或附加噪声的效果，在 x_+ 的吸引盆(右井)和 x_- 的吸引盆(左井)之间的跳跃将发生(通过跨越障碍)．在多重噪声情形，假如轨线处于右分枝上，那么它沿 B_R 滑行，直到波动 $\sigma(x,y)\xi(t)$ 跳跃障碍 ΔV_+．随着噪声强度的增加，超越障碍的波动的概率也增加，导致轨线更容易跳跃到左边的一枝上．然而，当轨线处在左边的分枝上时，由于 xy 是相当小的值(特别是在轨线接近 $\Delta V_- = 0$ 的点)，因此 $\sigma(x,y)\xi(t)$ 是小噪声的．这样，从左边到右边的跳跃点保持不变．此时，蛋白质 X 的最大激活也保持不变，但蛋白质 Y 的最大激活对噪声很敏感．在附加噪声情形，注意到噪声并不依赖于系统变量．轨线沿左分枝向下滑行，潜能差 ΔV_- 接近零．随着噪声强度的增加，轨线展示出跳跃到右边增加的概率，导致蛋白质 X 的最大激活的减少．在这种情况下，因为 ΔV_- 和 ΔV_+ 是不对称的，因此系统需要更强的噪声来跨越障碍，以便从右边跳跃到左边．由于系统的这种固有性质，相对于蛋白质 X 的最大激活的变换，蛋白质 Y 的最大激活展示出更小的变换．

2. 噪声强度和细胞密度对连贯性和协作行为的影响

噪声强度 D 和细胞密度对信噪比 SNR 和序参数 S 的影响总结在图 6.5.3 中，这里，100 个随机振子在参数平面 (D, Q) 上被显示在不同颜色的区域，其中图

6.5.3(a)和(c)显示出 SNR 是如何依赖于 D 和 Q 的((a)对应于多重噪声,(c)对应于附加噪声),右边颜色棒标明了 SNR 的值,而图 6.5.3(b)和(d)显示出序参数 S 如何依赖于 D 和 Q((b)对应于多重噪声,(d)对应于附加噪声),右边颜色棒标明了 S 的值. 在多重噪声情形,对于固定的细胞密度的大多数值,随着噪声强度的增加,SNR 首先增加,然后达到一个最大值,再减少,展示出典型的 SISR 效果,如图 6.5.3(a). 类似地,对于某些固定的噪声强度,随着细胞密度的增加,SNR 首先增加,直到达到一个最优值,然后逐渐减少. 另一方面,序参数 S 也有类似的变换趋势,如图 6.5.3(b). 相对地,在附加噪声情形,信噪比 SNR 和序参数 S 的变换趋势完全类似于在多重噪声情形时的变换趋势. 此外,在两种噪声情形,噪声诱导的随机振动本质上能够用 SISR 机制来解释. 由于 SNR 和 S 的特征在两种噪声情形时的相似性,以下仅细化地分析多重噪声诱导的动力学.

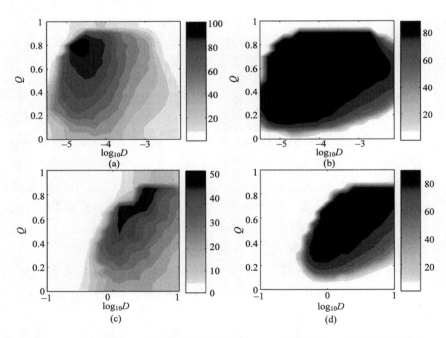

图 6.5.3 噪声强度 D 和细胞密度对信噪比 SNR 和序参数 S 之间的依赖关系
(a)和(c) SNR 对 D 和 Q;(b)和(d) S 对 D 和 Q;(a)和(b) 多重噪声;(c)和(d) 附加噪声

从图 6.5.3(a)和(b),我们观察到几个标明不同颜色的动力学区域. 为清楚起见,我们检查图 6.5.3(a)和(b)的两条线:水平线(这里,Q 被固定但 D 是可变化的)和垂直线(这里,D 固定但 Q 是可变化的).

首先,检查一条特别的水平线,即 $Q = 0.6$. 对于低的噪声强度,如 $D < 10^{-5.2}$,各个细胞的运动本质上是非连贯的和独立的,这是因为各个细胞由噪声所支配的

随机行为显示出大的变化. 此时,细胞通信不能产生任何协作行为. 由于这种近似独立的运动,细胞间的相差几乎一致分布于(0.2π),导致$S \approx 0$,如图 6.5.3(b)的颜色棒. 一个典型的暂态发火图案展示在图 6.5.4(a)中,表明每个细胞的暂态发火图案是相当不规则的,且几乎独立于其他细胞. 对于中等的噪声强度,整个系统变得对噪声敏感,这是因为每个细胞由于波动而导致的脉冲事件现在变成其他细胞的激励源,其结果,这种全局激励性增强了整个系统的连贯性和协作行为,如图 6.5.3(a)中的 SNR 和图 6.5.3(b)中的 S 同时所表明的. 一个典型的暂态发火图案和同步化显示在图 6.5.4(b)中. 假如和单个的随机振子相比较,我们会发现,细胞通信除能增强协作行为外,也能增强连贯性. 这种现象类似于排列增强连贯性[36,37]. 然而,随着噪声强度的增加,已取得的连贯性也可以被噪声随毁坏,但同步化仍被维持,如图 6.5.4(c).

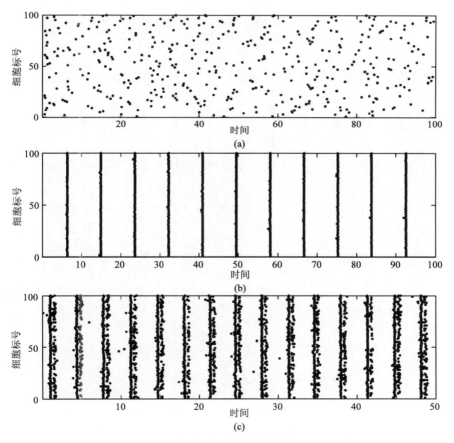

图 6.5.4 相应于图 5.5.3(a)和(c)的暂态发火图案
(a) $D = 10^{-5.3}$;(b) $D = 10^{-4.5}$;(c) $D = 10^{-2.0}$ 这里 $Q = 0.7$ 被固定

下一步来检查一条特别的垂直线，即 $D=10^{-4.0}$. 对于低的细胞密度，各个细胞的运动本质上是相互独立的，由于噪声诱导的脉冲并不充分地激励其他细胞，如图 6.5.5(a). 对于中等的细胞密度，整个系统展示出更好的连贯性，且取得统计意义下的完全同步，如图 6.5.5(b). 更为有趣的是，当细胞密度接近于浸泡时，已取得的连贯性和同步化突然消失，如图 6.5.5(c)，这是违反常识的，因为强耦合传统地被认为是增强协作行为的.

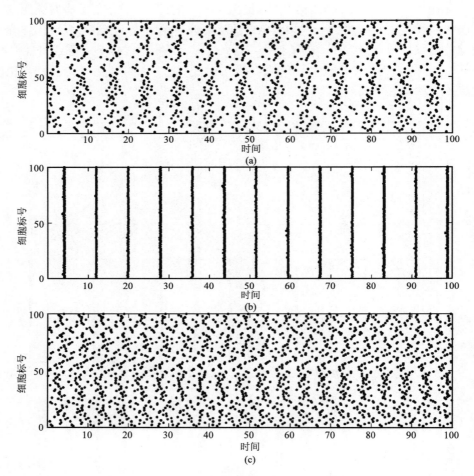

图 6.5.5　相应于图 5.5.3(b)和(d)的暂态发火图案
(a) $D=10^{-4.0}$，$Q=0.05$；(b) $Q=0.5$；(c) $Q=0.98$，这里 $D=10^{-4.0}$ 被固定

3. 噪声对连贯性和群体行为能起控制器的作用

为了显示出噪声对群体随机振子的连贯性和群体行为能起着控制器的作用，

我们考察图 6.5.3(a)和(b)中的两条线.

图 6.5.6(a)和(c)显示出对几个不同的细胞密度,信噪比 SNR 和序参数 S 对噪声强度的依赖关系. 我们观察到以下几个特点:(1)没有细胞通信,即 $Q=0$,或细胞密度非常大,即 $Q \approx 1$,那么细胞群体不能取得同步(如图 6.5.6(c)),且连贯性很差(如图 6.5.6(a)),特别是 $Q \approx 1$ 情形的结果是违反常识的;(2)对于中等的细胞密度,存在一个最优的噪声强度,使得连贯指标 SNR 有最大值;(3)对于中等的细胞密度,存在噪声强度一个宽的区域,这里同步化指标接近于 1;(4)同步化区域并不随噪声强度的增大而被扩大.

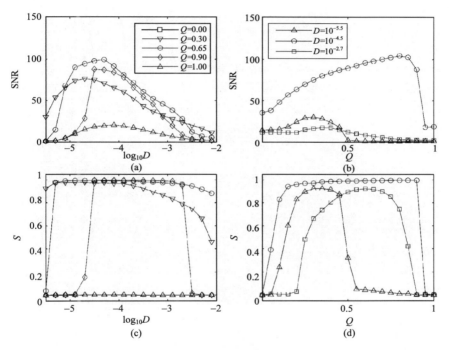

图 6.5.6 信噪比 SNR 和序参数 S 分别作为噪声强度 D(对几个固定的细胞密度)和细胞密度 Q(对几个固定的噪声强度)的函数依赖关系

(a)SNR 对 D;(b)SNR 对 Q;(c)S 对 D;(d)S 对 Q. (a)的注解可应用于(c);(b)的注解可应用于(d)

图 6.5.6(b)和(d)显示出对几个不同的噪声强度,信噪比 SNR 和序参数 S 对细胞密度的依赖关系. 有趣的是,在低或高细胞密度情形,对于任意的噪声强度同步化都不能取得. 特别是在弱噪声情形,存在细胞密度一个窄的区域,这里呈现同步化(如图 6.5.6(b)中的深色曲线). 对于中等的噪声强度,存在细胞密度一个宽的区域,在这里,同步化指标接近 1,但这个区域随噪声的增加而变得狭窄. 另一方面,对于弱或强的噪声,SNR 有相当小的值(如图 6.5.6(b)中的

深色和浅色曲线). 然而, 对中等的噪声强度, 存在细胞密度一个宽的区域, 这里 SNR 有一个更大的最大值. 换句话说, 仅对中等的噪声强度, 细胞密度才对连贯性有突出的影响. 细胞密度的这种作用不同于耦和的随机 FHN 振子[36,37], 这里耦合增强连贯性.

4. 噪声诱导异质的极限环

从前面的分析我们已经看到, 噪声和细胞密度之间的相互作用不仅能诱导协作行为, 而且能够增强连贯性. 现在, 我们显示出噪声的另一个构造作用, 即对大的细胞密度, 噪声能够诱导异质的极限环. 更精确地, 在多重噪声情形, 在参数相平面 (D,Q) 上存在几个区域, 这里噪声诱导几个不同幅度的极限环, 如图 6.5.7(a). 例如, 对细胞密度 $Q = 0.8$, 即图 6.5.7(a)的一条水平线, 细胞群体中单个振子的 x 成分的幅度展示出从低到高的转移(当噪声强度增加时). 图 6.5.7(c)清楚地展示出两个不同噪声强度 $D = 10^{-5.3}$ 和 $D = 10^{-4.5}$ 诱导两种不同类型的极限环: 一个大的幅度, 另一个小的幅度. 注意到, 在噪声诱导低幅度的极限环情形, 由于

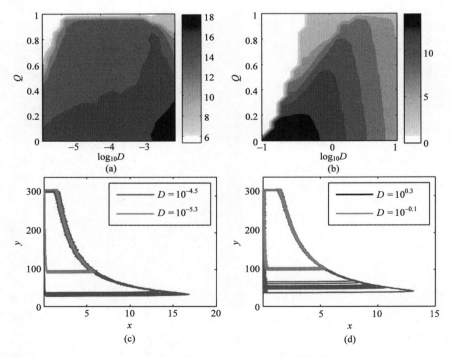

图 6.5.7 在多重噪声和附加噪声情形, 噪声诱导的异质极限环
(a)和(b)在参数相平面 (D,Q) 上, 分量 x 的平均幅度; (c)和(d)两种典型不同的噪声诱导极限环的相图. (a)和(c)对应多重噪声; (b)和(d)对应附加噪声. 在(c)和(d)中, $Q = 0.8$

单个振子的不规则振动而使整个系统展示出非同步,对比图 6.5.3. 在附加噪声情形,可观察到完全类似的现象,如图 6.5.7(b)和(d). 这种现象在耦合到细胞群体感应机制的随机振子系统中首次发现,它可能蕴含着一个生物事实,即噪声能自动地调整细胞内部过程,以便细胞适应于环境的变化.

再检查图 6.5.7(a)和(b)中的两条垂直线. 我们看到,细胞密度能用于为一个有效参数来减幅随机振子的幅度. 这可能蕴含了另外一个生物事实,即在高密度的细胞环境里,竞争有限营养的群体细胞导致异常低的幅度响应.

6.5.2 抑制耦合情形

数学模型与(6.5.1)相同但 $\rho_1 = 0$(由于抑制耦合). 如同前面,可对每个随机振子引进即瞬相位. 这样一来,对任意两个随机振子进一步引进相位差

$$\Delta \phi_{ij}(t) = \phi_i(t) - \phi_j(t), \quad i,j = 1,2,\cdots,N \tag{6.5.13}$$

显然, $\Delta \phi_{ij}(t)$ 依赖于噪声强度,因此它是一个随机变量,应该服从一个分布. 记相应的分布密度函数为 $p(\Delta \phi)$. 在模的意义下,我们可考虑 $\Delta \phi \in (0, 2\pi]$. 在数值模拟时,我们采用

$$\Delta \phi(t) \in \left\{ \Delta \phi_{i,i_0}(t) \bmod 2\pi, i \neq i_0 \right\} \tag{6.5.14}$$

这里 i_0 是任意一个预先选定的指标,相应的随机振子作为参考振子.

此外,为了特征化尖峰在相差分布中怎样突出,我们引进 Shannon 熵(有时它被参考为不确定性的测量)[38]

$$E = -\sum_{k=1}^{N_b} p_k \log_2(p_k) \tag{6.5.15}$$

这里 N_b 表示被用来决定概率分布的箱柜(bin)数目(数值模拟时 $N_b = 100$), p_k 表示落入到箱柜的概率. 注意到最大熵对应于一致分布,即 $E_{\max}(N_b = 100) = 6.6439$.

以下,我们固定参数 $\alpha_1 = 10, \alpha_2 = 1$, $\beta_1 = \beta_2 = 0.5$, $\alpha_3 = 50, \alpha_4 = 0.4$; $\beta_3 = 25, \beta_4 = 0.2, \eta_{\text{int}} = 120, \rho = 200, n = 4, \gamma = 3.8, \mu = 10, \rho_1 = 0$.

为了特征化抑制耦合对各个随机振子的连贯性的影响,我们计算了信噪比 SNR 作为细胞密度和噪声强度的函数,如图 6.5.8(a)和(b). SISR 机制能够用来解释对于固定的细胞密度,在噪声强度的某一区间内,SNR 有一个最大值. 相对于辅助系统(如图 6.5.8(a)),抑制耦合强度 Q 对 SNR 没有多大影响,可以忽视,如图 6.5.8(b).

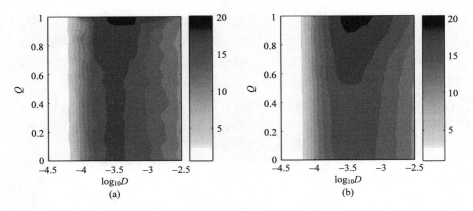

图 6.5.8 信噪比 SNR 对噪声强度和细胞密度之间的依赖关系
(a)辅助系统；(b)整个系统

1. 两个耦合的随机振子情形：单峰分布

在两个随机振子的相抑制耦合的情形，协作行为的主要特征是相差分布展现出随机意义下的随机反相，换句话说，两个振子的相差服从 $[0,2\pi]$ 上集中在 $\Delta\phi=\pi$ 的分布，如图 6.5.9(c)~(e). 更精确地，两个振子之间的发火呈现出反关联， 即假如一个随机振子在某时发火，那么另一个振子在此时没有发火，但隔一个周期，第二个振子发火，而第一振子不发火，以这种方式循环往复地运动. 为了也有效地显示出噪声和细胞密度对相差分布的效果，我们计算了作为噪声强度和细胞密度函数的 Shannon 熵，如图 6.5.9(a). 可以很清楚观察到，在参数空间 (D,Q) 上有一个区域，在此区域内 Shannon 熵有一个全局最小值. 换句话说，存在一个最优的区域，使得两个随机振子有最优的反相关系(如图 6.5.9(a)). 例如，对于固定的 $Q=0.8$，显示在图 6.5.9(b)的 Shannon 熵关于噪声强度有最小值. 相应地，三种不同噪声的相差分布展示在图 6.5.9(c)~(e)中. 注意到，随着 D 逐渐增加，相差分布函数 $p(\Delta\phi)$ 的形状可能被扭曲，但仍然展现出反相关系. 我们指出，被扭曲的尖峰可能是由于自诱导的随机共振 SISR 和抑制耦合的共同效果的结果，这里，随

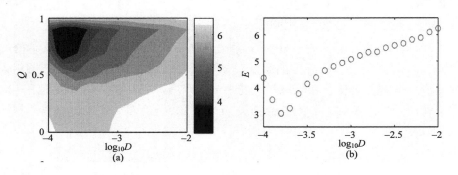

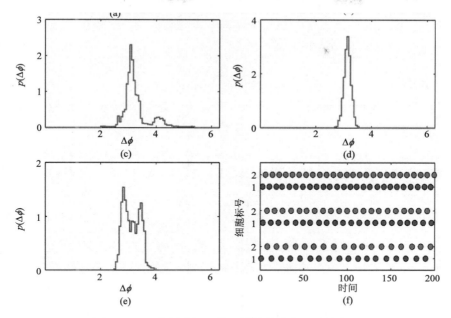

图 6.5.9 三个耦合振子情形时相差分布和时间序列

(a)Shannon 熵 E 与噪声强度 D 和细胞密度 Q 之间的依赖关系；(b)E 对 D；(c)~(e)相差分布 $p(\Delta\phi)$ 对 $\Delta\phi$，这里 (c) $D = 10^{-4.0}$，(d) $D = 10^{-3.8}$，(e) $D = 10^{-3.0}$；(f)从底部到顶部，分别对应于(c)~(e)的光栅图(raster plot)。在(b)~(e)中，$Q = 0.8$

机振子的平均周期通过 SISR 机制易于受噪声的影响，而且不同的相对发火事件(即分布的不同尖峰)是由于抑制耦合的效果. 对于图 6.5.9(c)~(e)，相应的暂态发火图案展现在图 6.5.9(f)中.

2. 三个耦合的随机振子情形：双峰分布

对于三个随机振子通过相的抑制耦合的系统，噪声诱导连贯运动的主要特征是相差分布 $p(\Delta\phi)$ 呈现出双峰分布. 对于弱的噪声强度，如 $D = 10^{-3.5}$，相差分布展现出两个尖峰，如图 6.5.10(a). 随着噪声强度小的增加，如达到 $D = 10^{-3.0}$，两个尖峰变得更尖，蕴含着三个随机振子之间的相关系变得更好，如图 6.5.10(b). 然而，对于更大的噪声，如 $D = 10^{-2.5}$，噪声对这种相关系有破坏效果，即两个尖峰变得模糊. 更精确地，对于固定的细胞密度 $Q = 0.8$，显示在图 6.5.10(b)中的双峰性是最好的. 而展示在图 6.5.10(a)和(c)中的双峰由于噪声的效果而被扭曲了. 为了更好地描述噪声对相差分布的效果,我们也计算了这种情形的 Shannon 熵 E，并展示出对于固定的 $Q = 0.8$，E 和 D 之间的关系，如图 6.5.10(d). 清楚地，对某个噪声强度，E 有一个最小值. 这进一步证实了最优噪声强度诱导规则性更好相差关系，这一结果与噪声诱导的连贯共振相似.

此外，在两个随机振子情形出现的两个尖峰和在三个随机振子情形出现的两个尖峰有本质的区别，前者是由于强噪声作用的结果，而后者是由相差分布的内部性质所决定的.

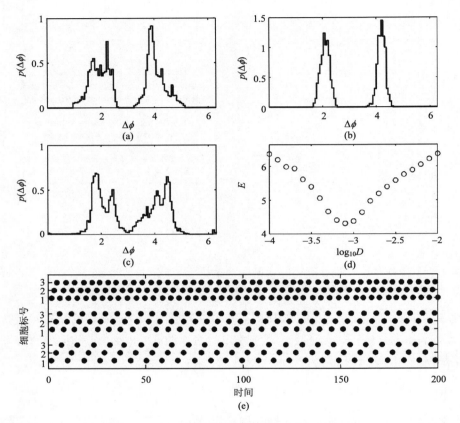

图 6.5.10　三个耦合随机振子情形的相差分布和时间序列

左边对应相差分布，右边对应时间序列.

(a)和(b)在 $\Delta\phi = \pi$ 处有一个尖峰，这里 $D = 10^{-4.0}$；(c)和(d) $D = 10^{-3.5}$；(e)和(f) $D = 10^{-3.0}$；(g)和(h) $D = 10^{-2.5}$. 在(c)~(e)的情形，存在关于 $\Delta\phi = \pi$ 对称的两个小尖峰，它们的位置分别为 $2\pi/3$ 和 $4\pi/3$.

3. 多个耦合的随机振子情形：多峰分布

这一小节考察多个随机振子通过相的抑制被耦合到细胞群体感应机制上的系统. 在数值模拟中，我们模拟了高达 100 随机振子，当细胞数目超过某一阈值时(数值发现此阈值为 4)，相差分布函数 $p(\Delta\phi)$ 的定性性质是基本相似的. 为清楚起见，这里仅给出 10 个随机振子但两种不同的噪声强度情形时的数值结果，如图 6.5.11(a)和(b).

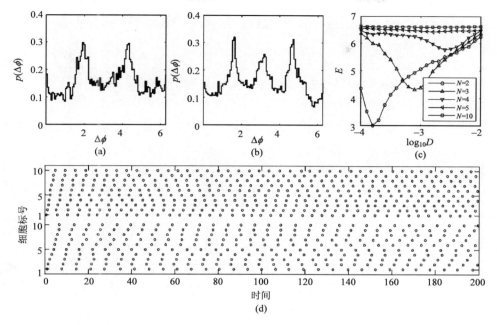

图 6.5.11 多个耦合振子情形时相差分布和时间序列

(a) $D = 10^{-3.0}$；(b) $D = 10^{-2.5}$；(c)Shannon 熵作为噪声强度 D；(d)对应于(a)和(b)(从底部到顶部)情形的光栅图。在所有情形，$Q=0.8$

对于弱的噪声强度，例如 $D = 10^{-4.0}$，相差分布函数 $p(\Delta\phi)$ 关于相差 $\Delta\phi$ 几乎是一条平的曲线，这里没有明显的尖峰出现(数值没有显示). 随着噪声强度的增加，例如达到 $D = 10^{-3.0}$，两个尖峰出现，如图 6.5.11(a). 对于更大的噪声强度，三个尖峰可以出现，如图 6.5.11(b). 注意到，出现在图 6.5.11(a)中的两个尖峰蕴含着存在两个最可能(或概率最大)的相差，而出现在图 6.5.11(b)中的三个尖峰蕴含着存在三个最可能(或概率最大)的相差. 此外，对于适当的噪声强度，相差分布函数出现两个和三个尖峰是相抑制耦合的多个随机振子的共同性质. 最后，我们计算了 Shannon 熵，显示在图 6.5.11(c)中，这里，对于几种典型情形的细胞数目 $N = 2,3,4,5,10$(但细胞密度 $Q = 0.8$ 被固定)，展示了所对应的 Shannon 熵与噪声强度之间的依赖性. 在 $N = 2,3$ 情形，Shannon 熵有显著的最小值，但对大数目的细胞群体，相应熵的最小值并不明显(假如被局部放大，最小值仍然显现). 实际上，当细胞数目足够大时,关于噪声强度的 Shannon 熵的最小值能够近似最大 Shannon 熵，如图 6.5.11(c). 对于固定的细胞数目 $N \geqslant 4$，假如利用靠近最小 Shannon 熵所对应的噪声强度的值来计算相差分布函数，那么会观察到两个或三个尖峰. 对于噪声强度 $D = 10^{-3.0}$ 和 $D = 10^{-2.5}$，10 个随机振子的 x 成分的暂态发火图案显示在图 6.5.11(d)中(从底部到顶部). 尽管导致多峰分布的机制可以提供细胞群体在统计意义下的相差之间的关系,但可能指望两个振子间相差分布函数的尖峰间存在阵发(偶尔)转移.

6.6 顺式调控构件驱动多细胞图案[39,40]

生物组织拥有一套庞大的基因指令系统来响应细胞和环境信号的组合. 这种指令系统典型地以复杂的基因调控网的形式来编码,并影响细胞图案的形成,分化和生长. 处在这些网络的核心是顺式调控构件(cis-regulatory modul,CRM),它包含一族转录因子的结合位点,决定网络中基因活动的地方和时间. 破译 CRM 及阐明 CRM 在各种生长过程中的功能是生物学的一个主要挑战.

实验表明,CRM 在单基因水平上能执行精细的计算,基因的转录率依赖于每个输入信号的活性浓度. 另一方面,细胞生存在复杂环境中,能够感应许多不同的信号(特别是来自临近细胞的信号). 因此,在细胞群体水平上,CRM 需要综合细胞内外信号,以便定位基因表达. 由于细胞频繁地受到临近细胞的化学信号的影响,值得研究化学通信对多细胞系统的动态图案的效果. 此前模型研究显示出由细胞群体感应机制耦合的压制振动子的群体能够展示出似宏观生物钟的行为[1]. 在文献[1]中,两个输入信号(即转录因子)相互独立地调控一个目标基因. 然而,转录因子常常以一种组合的逻辑形式来综合,并且这种组合可以采取不同的形式. 从进化论的观点来看,CRM 是可变的,如顺式调控变异. 这种变异构成进化过程中基因基础的重要部分. 我们自然会提出这样的问题:CRM 的变化是如何影响基因振子群体的细胞图案的. 通过设计具有 CRM 且由细胞群体感应机制耦合的压制振动子的多细胞网络,我们调查了这一问题. 相对于以前的研究[1,2],那里数值地显示出耦合的基因振子能够展示出同步行为,我们数值和理论地显示出不同的型号综合(即响应信号的 ANDN,ORN,NOR 和 NAND 类型)导致基本不同的动力性质,如同步、聚类、张开态(splay state). 结果表明,在细胞群体水平,CRM 对动态图案的模式有重要影响.

6.6.1 设计和模型

我们设计的多细胞系统显示在图 6.6.1(a)中. 在这种网络中,信号分子(S)履行细胞间的信息交换,并通过 CRM 来调控目标基因的表达. 信号分子(S)和转录因子(Y)首先结合到 CRM 的特定 DNA 序列,然后以一种组合的方式共同调控基因的表达. 理论上,这种类型的 CRM 能够呈现 8 种不同的顺式调控输入函数(CRIF),但由于受到压制振动子的环路压制结构的限制,我们仅有 4 种类型的 CRIF:ANDN,ORN,NOR 和 NAND(看表 6.6.1). 图 6.6.1(b)给出了每个 CRM 的细化调控方案.

6.6 顺式调控构件驱动多细胞图案

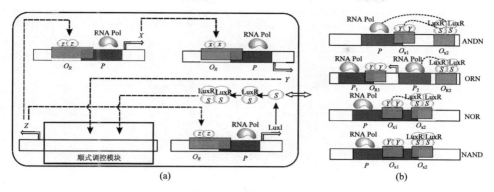

图 6.6.1 具有 CRM 的多细胞系统示意图

三个转录抑制子(X, Y, Z)以一个环路的方式相互抑制。来自 LuxI/LuxR 构件的基因 luxI 首先合成一个小的信号分子(S), 然后, S 和 LuxR 形成一个四聚体复杂物。Y 的二聚物和这种复杂物共同调控目标基因，因此履行 CRM 的功能(看红边的空盒子)。右边的双箭头表示 S 通过细胞膜自由地扩散。(b) 相应于 4 种 CRIF 的 4 种 CRM 构件。从上到下分别是 ANDN, ORN, NOR 和 NAND。对 ANDN, 假如抑制子 Y 结合到启动子，那么激活子 S 不作为; 对 ORN, CRM 是用一个弱的启动子和一个强的启动子来构建，这里假如抑制子 Y 结合到启动子，那么激活子 S 能作为。对 ORN, 两个抑制子协作地产生完整抑制; 对 NAND, 启动子被两个抑制子排除地调控。在(a)和(b)中, P 和 O_R 分别表示启动子 RNA Pol 表示 RNA 聚合酶。我们利用偏移和重叠盒子来表示互抑制，用虚线表示协作

表 6.6.1 顺式调控输入函数的逻辑操作

TFs		logic functions							
S	Y	AND	ANDN	OR	ORN	NOR	XOR	EQU	NAND
low	low	off	off	off	on	on	off	on	on
low	high	off	off	on	off	off	on	off	on
high	low	off	on	on	on	off	on	off	on
high	high	on	on	on	on	off	off	on	off

基于列在表 6.6.2 中的生化反应，并定义尺度化的浓度为动力学变量，细胞内的动力学的无量纲方程为

$$\frac{dX_i}{dt} = F(X_i, S_i), \quad \frac{dS_i}{dt} = E(X_i, S_i) + \eta_e(S_e - S_i) \tag{6.6.1}$$

这里下标代表第 i 个细胞($i = 1, 2, \cdots, N$), $X_i = (x_i, y_i, z_i, X_i, Y_i, Z_i)^T$ (x_i, y_i 和 z_i 代表 mRNA 浓度; X_i, Y_i 和 Z_i 代表蛋白质浓度). S_i 代表第 i 个细胞内信号分子的浓度, 而 S_e 代表细胞环境中信号分子的浓度. $F = (F_1, F_2, F_3, F_4, F_5, F_6)^T$, 这里

$$F_1 = \frac{\alpha}{1+Z^n} - x, \quad F_2 = \frac{\alpha}{1+X^n} - y, \quad F_3 = \text{CRIF} - z, \quad F_4 = \beta(x - X), \quad F_5 = \beta(y - Y),$$

$F_6 = \beta(z-Z)$，$E = \gamma X - \delta S$．为方便，我们已经省略了下标．相应于 ANDN，ORN，NOR 和 NAND 操作的 CRIF 函数被列在表 6.6.2 中的上半部分．

表 6.6.2 生化反应及顺式调控输入函数

Logic Function	CRIF	Reactions
ANDN	$\dfrac{\mu S^2}{1+S^2+Y^2+\lambda S^2 Y^2}$	①②③⑤
ORN	$\dfrac{\mu S^2 + \nu}{1+S^2+Y^2}$	①③④⑤
NOR	$\dfrac{\nu}{1+S^2+Y^2+\lambda S^2 Y^2}$	①②③④
NAND	$\dfrac{\nu}{1+S^2+Y^2}$	①③④

Fast Reactions	Slow Reactions
$2X \underset{}{\overset{K_1}{\rightleftharpoons}} X_2$; $2Y \underset{}{\overset{K_2}{\rightleftharpoons}} Y_2$	$D^X \xrightarrow{k_X} DX + \text{mRNA}_X$
$2Z \underset{}{\overset{K_3}{\rightleftharpoons}} Z_2$; $2C \underset{}{\overset{K_4}{\rightleftharpoons}} C_2$	$D^Y \xrightarrow{k_Y} D^Y + \text{mRNA}_Y$
$S + \text{LuxR} \underset{}{\overset{K_5}{\rightleftharpoons}} C$	$D^L \xrightarrow{k_L} D^L + \text{mRNA}_L$
$D^Y + X_2 \underset{}{\overset{K_6}{\rightleftharpoons}} D_X^Y$	$L \xrightarrow{e} L + S$; $S \xrightarrow{d_S} \emptyset$
$D^Z + Y_2 \underset{}{\overset{K_7}{\rightleftharpoons}} D_Y^Z$	$\text{mRNA}_I \xrightarrow{t_I} \text{mRNA}_I + I$
$D^X + Z_2 \underset{}{\overset{K_8}{\rightleftharpoons}} D_Z^X$	$\text{mRNA}_I \xrightarrow{e_I} \emptyset$
$D^Z + C_2 \underset{}{\overset{K_9}{\rightleftharpoons}} D_C^Z$	$I \xrightarrow{d_I} \emptyset$
$D^L + Z_2 \underset{}{\overset{K_{10}}{\rightleftharpoons}} D_Z^L$	$(I = X, Y, Z, L)$
$D_C^Z + Y_2 \underset{}{\overset{K_{11}}{\rightleftharpoons}} D_{CY}^Z$	$D^Z \xrightarrow{k_Z} D^Z + \text{mRNA}_Z$ ④
$D_Y^Z + C_2 \underset{}{\overset{K_{12}}{\rightleftharpoons}} D_{YC}^Z$	$D_C^Z \xrightarrow{fk_Z} D_C^Z + \text{mRNA}_Z$ ⑤ §

注：对 ORN，由于不同的启动子导致⑤中的 k_Z 不同于④中的 k_Z．

关于这些方程和函数的导出，这里仅给出 ANDN 操作的情形，其他操作情形类似．此时，所涉及的生化反应为表 6.6.2 中的①②③⑤．注意到 DNA 结合位点的保守律为

$$\left[D_{\text{total}}^X\right] = \left[D^X\right] + \left[D_Z^X\right]$$

$$\left[D_{\text{total}}^Y\right] = \left[D^Y\right] + \left[D_X^Y\right]$$

$$\left[D_{\text{total}}^L\right] = \left[D^L\right] + \left[D_Z^L\right]$$

$$\left[D_{\text{total}}^Z\right] = \left[D^Z\right] + \left[D_Y^Z\right] + \left[D_C^Z\right] + \left[D_{CY}^Z\right] + \left[D_{YC}^Z\right] \tag{6.6.2}$$

快反应平衡导致

$$[X_2] = K_1[X]^2, \quad [C] = K_5[S][R], \quad [D_C^Z] = K_9[C_2][D^Z]$$

$$[Y_2] = K_2[Y]^2, \quad [D_X^Y] = K_6[X_2][D^Y], \quad [D_Z^L] = K_{10}[Z_2][D^L]$$

$$[Z_2] = K_3[Z]^2, \quad [D_Y^Z] = K_7[Y_2][D^Z], \quad [D_{CY}^Z] = K_{11}[Y_2][D_C^Z]$$

$$[C_2] = K_4[C]^2, \quad [D_Z^X] = K_8[Z_2][D^X], \quad [D_{YC}^Z] = K_{12}[C_2][D_Y^Z] \quad (6.6.3)$$

这里 R 表示 LuxR. 结合(6.6.2)和(6.6.3)，有

$$[D^X] = \frac{[D_{\text{total}}^X]}{1 + K_8 K_3 [Z]^2}, \quad [D^Y] = \frac{[D_{\text{total}}^Y]}{1 + K_6 K_1 [X]^2}, \quad [D^L] = \frac{[D_{\text{total}}^L]}{1 + K_{10} K_3 [Z]^2}$$

$$[D^Z] = \frac{[D_{\text{total}}^Z]}{1 + K_7 K_2 [Y]^2 + K_9 K_4 W[S]^2 + K_2 K_4 W(K_{11} K_9 + K_{12} K_7)[Y][S]} \quad (6.6.4)$$

这里 $W = (K_5[R])^2$. 基于表 6.6.2 中的动力学机制，对我们感兴趣的每个反应，能够写下质量作用平衡方程，即

$$\frac{\mathrm{d} m_X}{\mathrm{d}\tau} = k_X[D^X] - e_X[m_X] = \frac{k_X[D_{\text{total}}^X]}{1 + K_8 K_3 [Z]^2} - e_X[m_X]$$

$$\frac{\mathrm{d} m_Y}{\mathrm{d}\tau} = k_Y[D^Y] - e_Y[m_Y] = \frac{[D_{\text{total}}^Y]}{1 + K_6 K_1 [X]^2} - e_Y[m_Y]$$

$$\frac{\mathrm{d} m_Z}{\mathrm{d}\tau} = f k_Z[D^Z] - e_Z[m_Z]$$

$$= \frac{f k_Z [D_{\text{total}}^Z]}{1 + K_7 K_2 [Y]^2 + K_9 K_4 W[S]^2 + K_2 K_4 W(K_{11} K_9 + K_{12} K_7)[Y][S]} - e_Z[m_Z]$$

$$\frac{\mathrm{d} m_L}{\mathrm{d}\tau} = k_L[D^L] - e_L[m_L] = \frac{k_L[D_{\text{total}}^L]}{1 + K_{10} K_3 [Z]^2} - e_L[m_L]$$

$$\frac{\mathrm{d}[X]}{\mathrm{d}\tau} = t_X[m_X] - \mathrm{d}_X[X]$$

$$\frac{\mathrm{d}[Y]}{\mathrm{d}\tau} = t_Y[m_Y] - \mathrm{d}_Y[Y]$$

$$\frac{\mathrm{d}[Z]}{\mathrm{d}\tau} = t_Z[m_Z] - \mathrm{d}_Z[Z]$$

$$\frac{\mathrm{d}[L]}{\mathrm{d}\tau} = t_L[m_L] - \mathrm{d}_L[L]$$

$$\frac{\mathrm{d}[S]}{\mathrm{d}\tau} = c[L] - \mathrm{d}_S[S] \tag{6.6.5}$$

为了简化上面的方程，我们作某些假定，并引进尺度化的变量和无量纲的参数(如表 6.6.3)，那么有

表 6.6.3 无量纲变量和无量纲参数

无量纲变量	无量纲参数
$x \triangleq t_X [m_X] \sqrt{K_1 K_6}/d_X$	$\alpha \triangleq t_X k_X [D^{XT}] \sqrt{K_1 K_6}/(ed_X) = t_Y k_Y [D^{YT}] \sqrt{K_2 K_7}/(ed_Y)$
	$= t_L k_L [D^{LT}] \sqrt{K_1 K_6}/(ed_L)$
$y \triangleq t_Y [m_Y] \sqrt{K_2 K_7}/d_Y$	$\beta \triangleq d_X/e = d_Y/e = d_Z/e = d_L/e$
$z \triangleq t_Z [m_Z] \sqrt{K_3 K_8}/d_Z$	$\gamma \triangleq \sqrt{K_4 K_9 (K_5[\mathrm{LuxR}])^2}/(e\sqrt{K_1 K_6})$
$l \triangleq t_L [m_L] \sqrt{K_1 K_6}/d_L$	$\delta \triangleq d_S/e$
$X \triangleq \sqrt{K_1 K_6}[X]$	$\mu \triangleq ft_Z k_Z [D^{ZT}] \sqrt{K_3 K_8}/(ed_Z)$
$Y \triangleq \sqrt{K_2 K_7}[Y]$	$\nu \triangleq t_Z k_Z [D^{ZT}] \sqrt{K_3 K_8}/(ed_Z)$
$Z \triangleq \sqrt{K_3 K_8}[Z] = \sqrt{K_3 K_{10}}[Z]$	$\lambda \triangleq K_{11}/K_7 + K_{12}/K_9$
$L \triangleq \sqrt{K_1 K_6}[L]$	
$S \triangleq \sqrt{K_4 K_9 (K_5[\mathrm{LuxR}])^2}[S]$	
$t \triangleq e\tau$	

$$\frac{\mathrm{d}x}{\mathrm{d}t} = \frac{\alpha}{1+Z^2} - x$$

$$\frac{\mathrm{d}y}{\mathrm{d}t} = \frac{\alpha}{1+X^2} - y$$

$$\frac{\mathrm{d}z}{\mathrm{d}t} = \frac{\mu S^2}{1+S^2+Y^2+\lambda SY} - z$$

$$\frac{\mathrm{d}l}{\mathrm{d}t} = \frac{\alpha}{1+Z^2} - l$$

$$\frac{\mathrm{d}X}{\mathrm{d}t} = \beta(x-X)$$

$$\frac{\mathrm{d}Y}{\mathrm{d}t} = \beta(y-Y)$$

$$\frac{\mathrm{d}Z}{\mathrm{d}t} = \beta(z-Z)$$

$$\frac{dL}{dt} = \beta(l - L)$$

$$\frac{dS}{dt} = \gamma L - \delta S \tag{6.6.6}$$

从(6.6.6)的第 1 和 4 个方程可得 $d(x-l)/dt = -(x-l)$. 因此, 当 $t \to \infty$ 时, 有 $x = l$. 进一步, 从(6.6.6)中第 5 个方程减去第 8 个方程, 有 $d(X-L)/dt = \beta(x-l) - \beta(X-L)$. 这样, 当 $t \to \infty$ 时, 结合 $x = l$ 有 $X = L$. 这样一来, 可以从(6.6.6)中铲除相关与 l 和 L 的方程. 最后得方程(6.6.1).

由于相对于压制振动子的周期, 细胞外的信号是快扩散的, 因此我们能够假定 S_e 处在拟平衡态, 导致 $S_e = \frac{Q}{N}\sum_{i=1}^{N} S_i$, 这里参数 Q 以一种非线性方式依赖于细胞密度. 此外, 除参数 Q 外, 其他参数设为 $\alpha = 204$, $\beta = 1$, $\gamma = 0.01$, $\delta = 1$, $n = 2$, $\eta = 2$, $\mu = 51$, $\nu = 204$, $\lambda = 1$. 这些参数值来自于实验设置的某些修正. 由于数值结果并不定性地依赖于细胞数目, 可设 $N = 120$.

6.6.2 结果与分析

我们主要对 4 种可能的 CRM 对细胞图案的影响感兴趣. 显示在图 6.6.2 中的数值结果表明, 不同的 CRM 驱动完全不同性质的动态图案, 如同步、聚类和张开态等. 细化地, 在 ANDN 情形, 对任意的初始条件, 我们仅观察到完全同步(即 1 聚类). 这种图案表明, 一个特定的 CRM 可能结合细胞内外信号, 以一致的方式来定位基因表达. 有趣的是在 ORN 情形, 我们发现不同的初始条件导致三种不同的动力图案: 1 聚类、2 聚类和 3 聚类. 类似的现象也在一个化学系统中发现. 然而, 在 NOR 情形, 既没有同步也没有聚类发生, 但一种有趣的现象是张开态(所有的细胞在时间上等同地交错)首次在基于调控网中发现. 最后, 在 NAND 情形, 对扩散的初始条件, 我们也观察到三种聚类: 3 聚类、4 聚类和 5 聚类. 然而, 完全同步并未观察到. 这些数值结果表明, 通过对输入转录因子表演精细的计算, 多细胞组织可能进化成某些功能构件(如 CRM)为特定的目的(如细胞图案).

为了理解上面有趣的图案, 我们对在弱耦合情形成立的相模型所描述的系统进行了分析. 在这种描述中, 将方程(6.6.1)写为如下的对称耦合形式:

$$\frac{dS_i}{dt} = E(X_i, S_i) - \eta(1-Q)S_i + \frac{Q}{N}\sum_{j=1}^{N}(S_j - S_i) \tag{6.6.7}$$

为方便, 称由(6.6.1)的第一方程和下列方程:

$$\frac{dS_i}{dt} = E(X_i, S_i) - \eta(1-Q)S_i \tag{6.6.8}$$

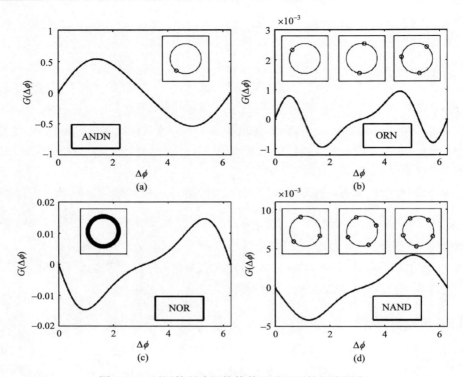

图 6.6.2　不同的顺式调控构件驱动不同的细胞图案

对固定的 Q=0.5，内图展示出振子相的即瞬分布：(a)对 ANDN，完全同步；(b)对 ORN，1 聚类，2 聚类，3 聚类；(c)对 ORN，张开态；(d)对 NAND，3 聚类，4 聚类，5 聚类. 函数 $G(\Delta\phi)$ 决定耦合的模式：对 ANDN 和 ORN，吸引耦合(由于 $G'(0) > 0$)；对 ORN 和 NAND，抑制耦合(由于 $G'(0) < 0$). 这里，不同的聚类来自不同的初始相

所组成的系统为辅助系统，并假定它是一个振子. 对弱耦合，Kuramoto 相约简方法给出：

$$\frac{d\phi_i}{dt} = \omega_i + \frac{1}{N}\sum_{j=1}^{N} H_{ij}(\phi_j - \phi_i) \tag{6.6.9}$$

这里 ϕ_i 和 ω_i 分别是辅助系统的相和自然频率，H_{ij} 代表细胞 i 和细胞 j 之间的相互作用函数，且

$$H_{ij}(\phi_j - \phi_i) = \frac{1}{2\pi}\int_0^{2\pi} Z(\theta)p(\phi_j - \phi_i + \theta)d\theta \tag{6.6.10}$$

这里，特征化每单位扰动的相差的相敏感函数 $Z(\theta)$ 是 2π 周期函数，$p = (0,0,0,0,0,\eta Q(S_j - S_i))^T$. 注意到，$H_{ij}$ 能够通过数值的方法计算出来. 从现在开始，为方便，我们省略下指标 i,j. 基于 $H(\Delta\phi)$，引进函数

$G(\Delta\phi) = H(\Delta\phi) - H(-\Delta\phi)$ 来决定耦合的模式. 假如对 $\Delta\phi = 0$,有 $G'(0) > 0$,那么耦合是相吸引的; 假如 $G'(0) < 0$,那么耦合是相排斥的. 因此,图 6.6.2 表明, 在 ANDN 和 ORN 情形, CRM 对应于相的吸引耦合, 而在 NOR 和 NAND 情形, CRM 对应于相的排斥耦合. 这种基于 $G'(0)$ 的符号(它一般依赖于未耦合系统的内部动力学和振子之间的相互作用)来确定耦合类型的方法比直接观察网络的拓扑结构的方法更有效, 特别是复杂网络情形.

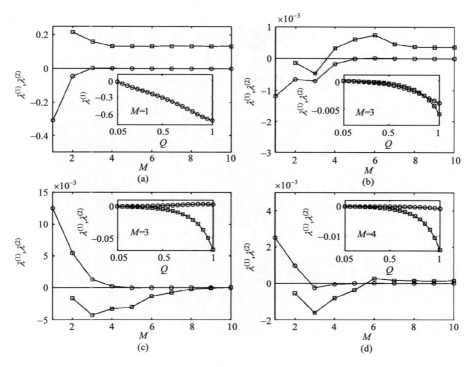

图 6.6.3 相应于聚类内部波动的特征值($\lambda^{(1)}$: 圆圈)和相应于聚类间波动的非零特征值的最大实部($\lambda^{(2)}$: 方形), 这里 $Q = 0.5$ 被固定

(a)ANDN; (b)ORN; (c)NOR; (d)NAND. 内图: 对于一个给定的聚类态, $\lambda^{(1)}$ 和 $\lambda^{(2)}$ 对参数 Q 的依赖关系

然而, 从 $G'(0)$ 的符号并不能获得关于聚类的信息. 因为我们主要感兴趣于平衡聚类, 下一步应用 Okuda 的方法[41]来决定平衡聚类态的稳定性. 这种方法需要计算两种类型的特征值(分别相联系于聚类内部的波动和聚类之间的波动). 记这两种特征值为 λ_p 和 λ_q, 这里 $M \leqslant p \leqslant N-1$, $0 \leqslant q \leqslant M-1$, M 是预先假定的聚类数目. 注意到, 由 N 个相互作用细胞(其相互作用函数为 $H(\Delta\phi)$)的系统具有 M 个平衡聚类态的特征值为 $\lambda_p = (1/M) \sum_{k=1}^{M-1} \Gamma'(2\pi k/M)$, $\lambda_q = (1/M) \sum_{k=1}^{M-1} \Gamma'(2\pi k/M)(1 - e^{-2i\pi kq/M})$,

这里 $p = M, M+1, \cdots, N-1$，$p = 0, 1, \cdots, M-1$，$\Gamma(\Delta\phi) = H(-\Delta\phi)$，$i = \sqrt{-1}$ 为方便，记 $N-M$ 个相同的特征值 λ_p 为 $\lambda^{(1)}$，$M-1$ 个非零特征值 λ_q 的最大实部为 $\lambda^{(2)}$. 那么，聚类的稳定性由 $\lambda^{(1)}$ 和 $\lambda^{(2)}$ 的符号决定. 细化地，假如 $\lambda^{(1)}$ 和 $\lambda^{(2)}$ 都是负的，那么聚类是稳定的；假如 $\lambda^{(1)}$ 和 $\lambda^{(2)}$ 都是正的，那么聚类不稳定；假如 $\lambda^{(1)}$ 是正的，$\lambda^{(2)}$ 是负的，且假定 $M=N$，那么聚类也是稳定的(即对应于张开态). 4 种 CRIF 情形时 $\lambda^{(1)}$ 和 $\lambda^{(2)}$ 对聚类数 M 的依赖关系显示在图 6.6.3 中，它进一步证实了图 6.6.2 中的各种细胞图案. 6.6.3 的内图表明：对某一给定的平衡聚类态，参数 Q 对聚类(甚至包括 1 聚类和张开态)的稳定性有重要影响.

6.7 暂态重设机制[33]

6.7.1 机制的刻画

考虑一个非线性动力系统，它位于 Hopf 分叉之前，但靠近于 Hopf 分叉. 假定分叉参数为 γ. 没有外部刺激(如噪声)，系统处在状态 I. 另一方面，在有外部刺激或噪声的情况下，该系统能够实现三个状态间的转移，例如，假定系统最初处在状态 II，适当的噪声能够诱导该系统重复往返在状态 I~III 之间进行切换，最后并取得同步，如图 6.7.1.

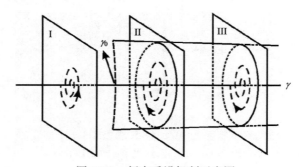

图 6.7.1 暂态重设机制示意图

噪声能够诱导系统在状态 I~III 之间进行转移，这里状态 I 表示系统是稳定的(图中的虚线)；状态 II 表示系统位于 Hopf 分叉点之前但靠近它(垂直的虚线对应 Hopf 分叉点)；状态 III 对应于极限环

6.7.2 数值模拟

以松弛振子为例子说明暂态重设机制. 相应的数学模型为

$$\frac{dx_i}{dt} = \alpha_1 \frac{1 + \rho x_i^n}{1 + x_i^n} - \beta_1 x_i - (\gamma + \xi_i(t)) x_i y_i$$

$$\frac{dy_i}{dt} = \alpha_2 \frac{1+\rho x_i^n}{1+x_i^n} - \beta_2 y_i \tag{6.7.1}$$

$\gamma = 3.9$ 以便(6.7.1)中的单个系统是一个振子,其他参数与松弛振子的情形相同. Gauss 白色噪声满足 $\langle \xi_i(t) \rangle = 0$, $\langle \xi_i(t)\xi_j(s) \rangle = D\delta_{ij}(t-s)$. 数值结果显示在图 6.7.2 中,它清楚地表明暂态重设机制能够取得多细胞系统的同步化.

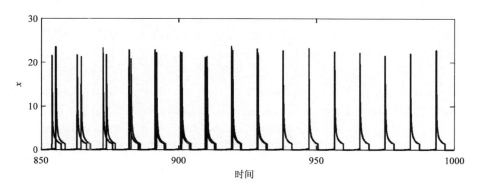

图 6.7.2 两个松弛振子通过暂态重设机制而取得同步化过程

6.8 生物节律的人工控制[6,7]

生命是有节律的. 各种生物节律由数千个细胞振子所产生,这些细胞振子本质上是不同的,但以一种连贯同步态实现功能. 生理功能来自于细胞间的相互作用,而这种相互作用不仅存在于细胞间且和细胞媒介也有作用,特别是后者,会产生对生命极为重要的各种节律. 实验工作已表明细胞外的刺激在取得协作节律行为方面起着重要作用. 相关的例子包括:发生在以药物装置为内容的规则振动或周期输入所诱导的生理节律、由外部电压驱动的网络同步、由神经轴突的周期刺激所有诱导的各种规则或不规则节律等. 还有一个典型例子是:生物组织通常显示出以 24 小时为周期的生理节律,当受到昼夜调整(如时差变化)时,某些关键过程会自动地调整生物钟,以适应于外在的变化.

尽管基因能够通过适当的外部刺激实现同步化,但分析刺激对内部生理节律的效果是重要的,这是因为对刺激和生理节律之间相互作用的更好理解将可能导致人工控制策略和新型药物装置的发展. 然而,自然发生的基因调控网太复杂,已妨碍了人们对自然发生基因调控网的全面了解. 另一方面,人工合成的基因调控网提供了一种可替代的研究手段,这主要是由于这种人造基因调控网的功能能够被孤立并被很好的特征化(通俗地讲,能够通过生物工程技术来实现生物功能). 一个典型的例子是前面已介绍过的压制振动子. 本节将充分利用这种人造基因振子来设计人工控制策略, 用以模拟生物节律的人工控制.

理论上, 由于来自于外部控制量和非线性系统内部动力学的相互作用, 甚至简单的非线性模型也可能会出现复杂的动力行为. 因此, 通过人工技术在细胞外的媒介中注入控制量来达到取得多细胞系统的协作节律行为, 必须认真对待. 下面将呈现某些理论机制以说明外部刺激如何调停多细胞振子系统的协作响应. 考虑的模型主要有两类: 一类是基于压制振动子并用细胞群体感应机制来耦合的多细胞系统, 此时, 细胞间有信息交换; 另一类是仍然是基于压制振动子, 考虑的也是多细胞系统但细胞间没有信息交换. 我们将看到, 当一个信号分子接受一个适当的外部信号时, 能使多细胞系统取得同步行为, 导致具有鲁棒性的协作节律, 但也能够破坏整个系统已取得的协作行为. 信号分子的这种双重作用可能被真实的生物细胞所利用来感应外部信号.

研究表明, 细胞内的耦合(如细胞群体感应)机制可以全局地增强基因振子的协作响应. 然而, 振子之间的耦合并不一定充分地取得同步化, 许多耦合振子展示出相色散而不是同步态, 这可能是由于各个振子抵抗同步, 或振子间耦合太弱甚至不存在. 在振子群体由于耦合的无效而不能使它们取得自发同步化的情况下, 下面将说明适当的刺激能补偿这种耦合的无效, 有效地取得协作响应.

最近的一个实验研究表明, 基因调控网间的相互作用能够导致细胞活动的多样性, 这种由于噪声的效果多样性, 反过来能够影响(可能是增强)整个系统的全局行为. 另一项研究表明, 来自细胞环境的噪声可以阻碍基因振子群体在宏观节律方面的观测. 下面介绍的人工控制策略表明, 局部细胞振子必须面对的噪声抵抗的限制在细胞环境注入物质的情况下被放松了, 这是因为刺激本身能够抵消或压制噪声的效果.

6.8.1 细胞间没有细胞通信情形的控制

利用压制振子所设计的人工控制的基因调控网如图 6.8.1 所示. 现在建立相应的数学模型, 包括三个部分: 一是刻画压制振动子 mRNA 的动力学方程; 二是刻画压制振动子蛋白质的动力学方程; 三是刻画一个公共的信号分子接收细胞外的注入信号的动力方程.

描述 mRNA 的动力学方程为

$$\frac{\mathrm{d}x_i}{\mathrm{d}t} = -x_i + \frac{\alpha}{1+Z_i^n} + \frac{kA}{1+A}$$

$$\frac{\mathrm{d}y_i}{\mathrm{d}t} = -y_i + \frac{\alpha}{1+X_i^n}$$

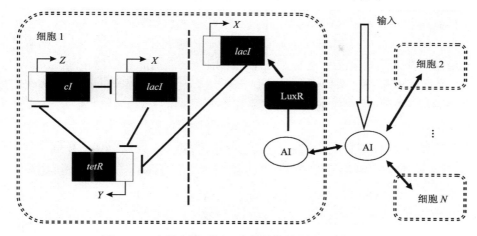

图 6.8.1　未耦合情形用于生物节律控制的基因调控网

$$\frac{\mathrm{d}z_i}{\mathrm{d}t} = -z_i + \frac{\alpha}{1+Y_i^n} \tag{6.8.1}$$

这里 x_i, y_i 和 z_i 表示第 i 个细胞内三个 mRNA (它们分别被 *tetR*, *cI* 和 *lacI* 所转录)的浓度, 相应蛋白质的浓度为 X_i, Y_i 和 Z_i (注意, 两个 *lacI* 转录子被假定相同).

描述蛋白质的动力学方程为

$$\begin{aligned}\frac{\mathrm{d}X_i}{\mathrm{d}t} &= \beta(x_i - X_i) \\ \frac{\mathrm{d}Y_i}{\mathrm{d}t} &= \beta(y_i - Y_i) \\ \frac{\mathrm{d}Z_i}{\mathrm{d}t} &= \beta(z_i - Z_i)\end{aligned} \tag{6.8.2}$$

描述细胞外信号分子 AI 浓度的动力学方程为

$$\frac{\mathrm{d}A}{\mathrm{d}t} = \lambda - k_A A + G(t) \tag{6.8.3}$$

这里, λ 和 k_A 分别是 AI 的基本产生率和降解率, 函数 $G(t)$ 代表细胞外的刺激. 我们将考虑两种典型的刺激:

(1) 周期脉冲刺激: $G(t) = \sigma \sum_{k=1}^{\infty} \delta(t - t_k)$, 这里 $t_k = k\tau$, τ 是脉冲的周期. 对这种情形, 假定 $\lambda = 0$;

(2) 正弦周期刺激: $G(t) = \sigma \sin(\omega t)$.

固定参数 $\alpha = 216$, $k_A = 1.0$, $n = 2.0$. 注意到, 对 $\beta = 2.0$, 压制振子的固有

频率为 $\omega_0 \approx 0.54$. 为了刻画同步, 引进序参数, 如(6.3.4).

先看周期脉冲情形. 随机选取 1000 个振子初始的相(如图 6.8.2(a)), 随着外部刺激信号的注入, 这些振子取得相同步化(如图 6.8.2(c)). 序参数 R 和外部脉冲信号周期 τ 之间的依赖关系如图 6.8.2(b). 表明在给定的时间内, 同步化效果仅在外部周期靠近于振子群体的内部周期(指各个振子周期的平均)表现明显. 此外, 我们还观察到, 群体振子能够和外部的周期脉冲驱动相调制, 形成类似于单个振子相调制于外部周期驱动情形的 Arnold 舌现象(如图 6.8.3), 更精确地, 各种类型的共振(锁相)区域形成相应的 Arnold 舌.

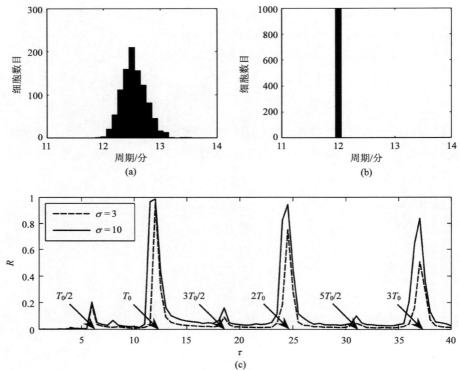

图 6.8.2 周期脉冲信号对耦合振子系统的动力行为的影响

((a)和(b))考虑 1000 个细胞, 周期柱状图; (c)序参数 R 对脉冲周期 τ 的依赖关系
(a) $k = 0.0$; (b)和(c) $k = 2.0$; (b) $\sigma = 10.0$; (c) $T_0 = 12.2$ (平均内部周期); β 服从 Gauss 分布, 满足平均 $\langle \beta \rangle = 2$, 标准差 $\Delta \beta = 0.05$

再看正弦周期信号情形. 这种刺激诱导协作行为基本相同于周期脉冲情形, 确切地说, 仅当外部周期是振子群体内部周期的倍数时, 同步化才取得. 而且, 同步化效果仅在前者等于后者时是最优的. 更为有趣的是, 外部刺激完全调停振子群体的节律行为. 图 6.8.4 显示出外部刺激是如何调停群体振子的协作行为的:

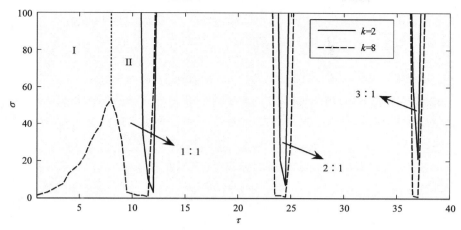

图 6.8.3　在周期脉冲情形所出现的 Arnold 舌(共振区域)

随着 k 的增大，共振区域扩大；区域 I 中的动力行为很复杂，可出现振动死亡等

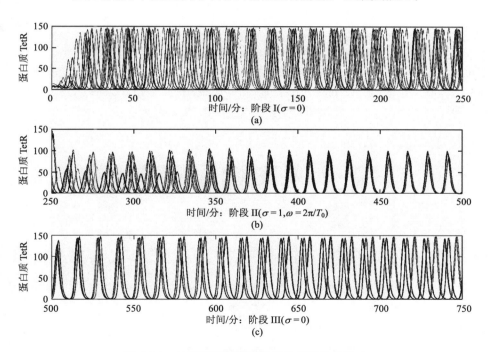

图 6.8.4　外部正弦周期刺激对协作行为的影响

这里 1000 个振子被考虑，并选取 10 个细胞的蛋白 TetR 浓度来绘制. (a)和(c)对于 $k = 0$，同步化不能取得或消失(第 I、第 III 阶段)；　(b)对于 $k = 2.0$，从非同步到同步的转移发生. 参数相同于图 6.8.3 中的参数. 后一阶段的初值取为上一阶段的最后值

没有外部刺激，协作行为不能取得(图 6.8.4(a))；一个适当的外部刺激诱导协作响

应(图 6.8.4(b)); 当外部刺激取消时, 这种协作行为消失, 如图 6.8.4(c), 这里, 由于同步化的惯性, 起初是同步的, 随着时间的演化, 同步化逐渐消失.

6.8.2 细胞间有细胞通信情形的控制

相应的基因调控网如图 6.8.5, 这里利用已知的压制振动子和细胞群体感应机制. 根据此调控网, 能够给出动力学方程. mRNA 和蛋白质的运动方程分别相同于(6.8.1)和(6.8.2), 但(6.8.1)中刻画信号分子在细胞内的浓度由 A 改为 A_i, 满足运动方程

$$\frac{\mathrm{d}A_i}{\mathrm{d}t} = -k_{s0}A_i + k_{s1}Y_i - \eta(A_i - A_e) \tag{6.8.4}$$

这里 η 衡量 AI 跨过细胞膜的扩散比率, A_e 表示信号分子在细胞环境中的浓度, 满足

$$\frac{\mathrm{d}A_e}{\mathrm{d}t} = -k_{se}A_e + \eta_e \sum_{j=1}^{N}(A_j - A_e) + G(t) \tag{6.8.5}$$

这里 η_e 代表信号分子进入细胞内的扩散率, $G(t)$ 代表外部刺激. 某些参数被固定为 $k_{s0}=1.0$, $k_{s1}=1.0$, $k_{se}=1.0$; 并假定 $\eta=\eta_e$, β 服从 Gauss 分布平均 $\langle\beta\rangle=2.0$, 标准差为 $\Delta\beta=0.05$, β 的这种取法用以模拟细胞的多样性.

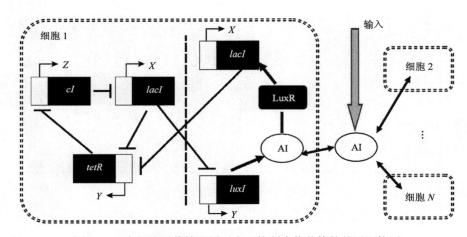

图 6.8.5 有细胞通信情形用以人工控制生物节律的基因调控网

总结起来, 数值模拟结果主要有以下几点:

1. 外部刺激能够影响内部动力学

关于外部周期刺激如何影响单个振子的动力, 尽管有很多有趣的性质, 但这

里调查的是耦合的、噪声的基因振子情形，强调周期脉冲刺激如何引起漂移周期的动力学及振子群体的内部周期(或频率)如何相协调于外部周期或频率. 某些主导的共振区域(形成 Arnold 舌)的边界被显示在图 6.8.6 中. 当刺激的强度增加时, 这些区域展示出锁相范围稍微有所扩大, 如图 6.8.6(a). 没有外部刺激(即 $k=0$), 整个振子的平均周期为 T_0 (内部周期). 当有外部刺激时, 内部周期依赖于参数 k, 而且, k 越大, 内部周期越小(如图 6.8.6(c)). 正如我们所期望的, 主导的 Arnold 舌(对 $k=8$, 标明为 II)被发现靠近在内部周期. 在相应的共振区域内, 外部周期等于内部周期. 其他共振区域中的刺激周期是内部周期的整数倍. 在这些 Arnold 舌区域内, 对各个振子任意的初始相, 同步均能取得(如图 6.8.6(b)). 尽管我们能够观察到如 2∶1, 3∶1 等锁相, 但随着外部周期的增加, 共振区域变得越来越窄. 一个特别有趣的区域是标明在图 6.8.6(a)中的 I, 这里有丰富的动力学行为, 如振动死亡(如图 6.8.7), 减幅振动的同步化等.

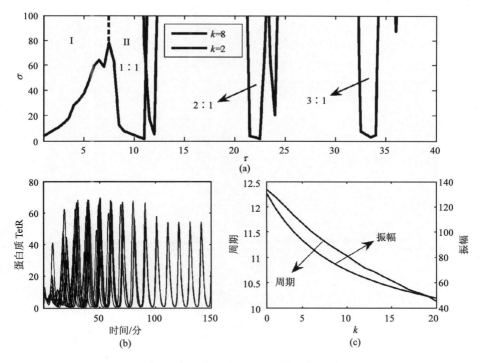

图 6.8.6 脉冲诱导的动力学, 被模拟的细胞数为 1000
(a)共振区域(形成 Arnold 舌), 这里 $k=2$; (b)10 个细胞中蛋白 TetR 的时间序列, $\eta=\eta_e=0.1$, $k=8$, $\sigma=10$, $\tau=T_0$; (c)参数 k 对内部周期和振幅的影响. $\alpha=216, n=2$

2. 外部刺激补偿耦合的无效

图 6.8.7 显示出刺激强度 σ 与信号分子 AI 的扩散比率 η 之间的关系,这里两种不同的 k 被考虑,结果表明随着 k 的增加,同步化区域被扩大了. 特别是对于固定的 $k=3.0$,在标明浅色和深色所介的区域内,由于耦合的无效,自发的同步化不能取得. 然而,对于某些其他的 k,如 $k=4.0$,η 越小,所需要的 σ 可能越大(反过来也成立),这蕴涵着外部刺激能够补偿耦合的无效. 一个更好的理解是在图 6.8.8 中画两条线:一条平行于 η 轴;另一条平行于 σ 轴. 沿着平行于 σ 轴的那条直线,刺激补偿耦合无效的事实可清楚地看出.

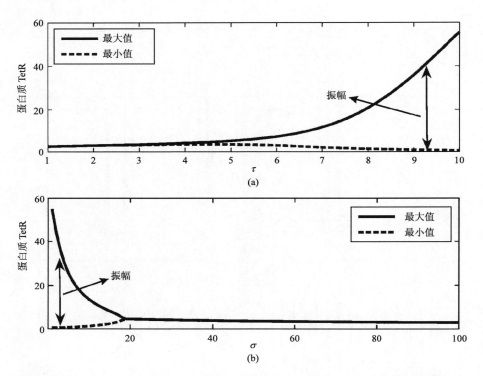

图 6.8.7 在图 5.7.6 中标明区域 I 里出现振动死亡,这里显示的是蛋白质 TetR 浓度的最大和最小值

(a) $\sigma=100$;(b) $\tau=2$,其他参数相同于图 6.8.6

3. 外部刺激毁坏已取得的同步化

除了诱导同步外,外部刺激也能够破坏已取得的同步化. 图 6.8.9 显示出这种破坏过程.第一阶段(从 $t=0$ 到 $t=150$):没有外部刺激,1000 个压制振动子由于耦合的缘故而取得协作行为;第二阶段(从 $t=150$ 到 $t=350$):由于强度为 $\sigma=2$

的外部刺激的注入，前一阶段取得的同步化行为被破坏了，随着时间的演化，并注入一个强的外部刺激(如 $\sigma=20$)，振动的幅度迅速地减低，但同步行为被观察到，最后，当外部刺激铲除时，原来的同步化被迅速地恢复(包括幅度的恢复).

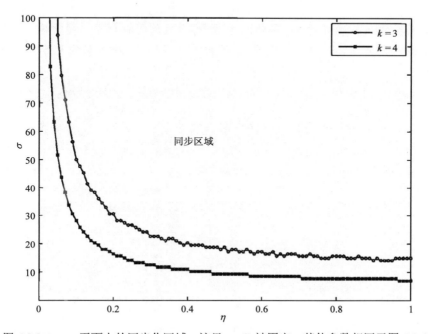

图 6.8.8　η-σ 平面上的同步化区域，这里 $\tau=T_0$ 被固定，其他参数相同于图 6.8.6

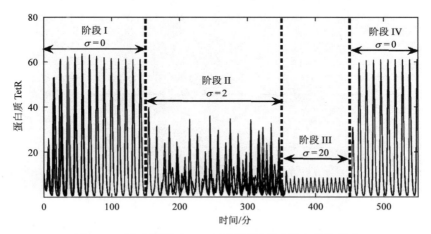

图 6.8.9　脉冲刺激对 1000 个压制振动子同步化的影响

第 I 和第 IV 阶段：由于耦合，同步取得；第 II 阶段：中等强度的刺激破坏已取得同步；第 III 阶段：某些强的刺激恢复同步化，但振幅被压制了.图中显示的是 10 个细胞中蛋白 TetR 的浓度. $k=20$，$\eta=\eta_e=3$，$\tau=6<T_0$，其他参数相同于图 6.8.6

4. 外部刺激诱导新型的同步行为

这里展现外部刺激诱导的有趣的同步现象，这种现象不同于前面提到的同步现象. 不过，这里考虑正弦周期刺激(在前一部分，考虑的是周期脉冲刺激). 数值结果显示在图 6.8.10 中. 不同于通常的相同步，在有限的时间间隔内，此图中所出现的同步，并不是同步的，但全局展示出同步化. 这种同步看起来像是暂态同步，这里称为阵发同步. 下面对这种同步做某些解释. 当 $G(t)=\lambda+\sigma\sin(\omega t)$ 在某些时间点达到它的最大值时，即 $G(t)=\lambda+\sigma$，外部刺激诱导相同步. 这种同步持续到 $G(t)$ 接近它的最小值. 然而，从这种同步转移到非同步或反过来，需要某些时间，即同步或非同步具有某种惯性，所以尽管在某些时刻有 $G(t)\approx 0$，但同步化仍然可以取得，同时，随着时间的进展，由于弱的外部刺激而使它失去同步. 这种情形周期地重复，形成所谓的周期阵发同步.

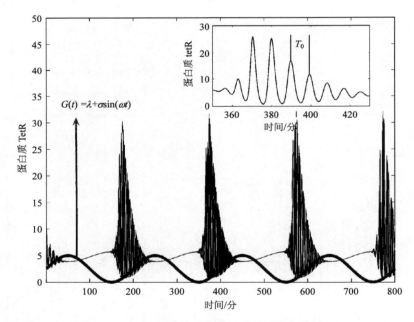

图 6.8.10　正弦周期刺激诱导的周期间歇同步

显示了 1000 个细胞中 10 个细胞的 TetR 浓度, 内图是局部放大. 参数 $k=20$, $\eta=\eta_e=0.1$, $\lambda=2.5$, $\sigma=2.5$, $\omega=2\pi/200$, 其他参数与图 6.8.6 相同

参 考 文 献

[1] Garcia-Ojalva J, Elowitz M B and Strogatz S H. Modeling a synthetic multicellular clock: repressilators coupled by quorum sensing. *PNAS*，2004，101(30): 10995–10960.

[2] McMillen D, Kopell N, Hasty J and Collins J J. Synchronizing genetic relaxation oscillators by intercell signaling. *PNAS*, 2002, 99(2): 679–684.

[3] Zhou T S, Zhang J J, Yuan Z J and Chen L N. On synchronization of genetic oscillators. *Chaos*, 2008, 18: 037126.

[4] Zhou T S, Chen L N and Aihara K. Molecular communication through stochastic synchronization induced by extracellular fluctuations. *Phys. Rev. Lett.*, 2005, 95: 178103.

[5] Ullner E, Zaikin A, Volkov E I and Garcia-Ojalvo J. Multistability and clustering in a population of synthetic genetic oscillators via phase-repulsive cell-to-cell communication. *Phys. Rev. Lett.,* 2007, 99: 148103.

[6] Zhou T S, Zhang J J, Yuan Z J and Xu A L. External stimuli mediate collective rhythms: artificial control strategies. *PLoS One*, 2007, 2: e231.

[7] Wang R Q, Chen L N and Aihara K. Synchronizing a multicellular system by external input: an artificial control strategy. *Bioinformatics*, 2006, 22(14): 1775–1781.

[8] Zhou T S, Chen L N, Wang R Q. A mechanism of synchronization in interacting multi-cell genetic system. *Physica D*, 2005, 211: 107–127.

[9] Zhou T S, Chen L N, Wang R Q and Aihara K. Intercellular communication induced by random fluctuations. *Genome Informatics*, 2004, 15(2): 223–233.

[10] Wang J W, Zhang J J, Yuan Z J, Chen A M and Zhou T S. Neurotransmitter-mediated collective rhythms in grouped drosophila circadian clocks. *J. Biol. Rhythms.*, 2008.

[11] Kuramoto Y. *Chemical Oscillations, Waves and Turbulence*. Berlin: springer-Verlag, 1984.

[12] Collins J J and Stewart I N. Coupled nonlinear oscillators and the symmetries of animal gaits. *J. Nonlinear Sci.*, 1993, 3: 349.

[13] Mirollo R E and Strogatz S H. Synchronization of pulse-coupled biological oscillators. *SIAM J. Appl. Math.*, 1990, 6: 1645.

[14] Aronson D G, Doedell E J and Othmer H G. An analytical and numerical study of the bifurcations in a system of linearly-coupled oscillators. *Physica D*, 1987, 25: 20–104.

[15] Zhang J J, Yuan Z J and Zhou T S. Interacting stochastic oscillators. *Phys. Rev. E.*, 2008, 77: 021101.

[16] Zhou T S, Zhang Y B and Chen L N. Synchronizing independent gene oscillators by common noisy signaling molecule. *Lecture Notes in Operations Research*. World Publishing Corporation, 2007, 7: 156–172.

[17] Zhou T S and Chen G R. Coherent synchronization in linearly coupled nonlinear systems. *Int. J. Bifur. Chaos*, 2006, 16: 1375–1387.

[18] Zhou T S, Chen L N and Wang R Q. Excitation functions of coupling. *Phys. Rev. E*, 2005, 71: 066211.

[19] Zhou T S, Lu J H, Chen G R and Tang Y. Synchronization stability of three chaotic systems with linear coupling. *Physics Letter A*, 2002, 301: 231–240.

[20] Zhou T S and Zhang S C. Dynamical behavior in linearly coupled oregonators. *Physica D,* 2001, 151: 199–216.

[21] Winfree A T. *The Geometry of Biological Time*. Berlin: Springer, 1980.

[22] Elowitz M B and Leibler M. A synthetic network of transcriptional regulators. *Nature*, 2000, 403: 335–338.

[23] Goldbeter A. A model for circadian oscillations in the drosophila period protein (PER). *PNAS*, 1995, 261: 319–324.

[24] Leloup J C and Goldbeter A. A model for circadian rhythms in drosophila in incorporating the formation of a complex between the PER and TIM proteins. *J. Biol. Rhythm.*, 1998, 13(1): 70–87.

[25] Leloup J C, Gonze D and Goldbeter A. Limit cycle models for circadian rhythms based on transcriptional regulation in drosophila and Neurospora. *J. Biol. Rhythm.*, 1999, 14(6): 433–448.

[26] Leloup J C and Goldberter A. Modeling the molecular regulatory mechanism of circadian rhythms in Drosophila. *BioEssays*, 2000, 22: 84–93.

[27] Gonze D, Halloy J and Goldbeter A. Stochastic models for circadian oscillations: emergence of a biological rhythms. *Int. J. Quantum Chem.*, 2004, 98: 228–238.

[28] Smolen P, Baxter D A and Byrne J H. Modeling circadian oscillations with interlocking positive and negative feedback loops. *J. Neuroscience*, 2001, 21(17): 6644–6656.

[29] Gonze D and Goldberter A. Circadian rhythms and molecular noise. *Chaos*, 2006, 16: 026110.
[30] Nakao H, Arai K and Kawamura Y. Noise-induced synchronization and clustering in ensembles of uncoupled limi-cycle oscillators. *Phys. Rev. Lett.*, 2007, 98: 184101.
[31] Kuznetsov A, Kaern M and Kopell N. Synchronization in a population of hysteresis-based genetic oscillators. *SIAM J. Appl. Math.*, 2004, 65: 392.
[32] Freunda J A and Schimansky-Geier L. Frequency and phase synchronization in stochastic systems. *Chaos*, 2003, 13: 225.
[33] Li C G, Chen L N and Aihara K. Transient resetting: a novel mechanism for synchrony and its biological examples. *PLoS Comput. Biol.*, 2006, 18: e103.
[34] Zhang J J, Yuan Z J and Zhou T S. Coherence, collective rhythm and phase difference distribution in populations of stochastic genetic oscillators with cellular communication. *Phys. Rev E*, 2008, 78: 031901.
[35] Freidlin M I. On stable oscillations and equilibriums induced by small noise. *J. Stat Phys*, 2000, 103: 283–300
[36] Hu B and Zhou C S. Synchronization of hyperexcitable systems with phase-repulsive coupling. *Phys. Rev. E*, 2000, 61: R1001.
[37] Zhou C S, Kurths J and Hu B. Array-enhanced coherence resonance: nontrivial effects of heterogeneity and spatial independence of noise. *Phys. Rev. Lett.*, 2001, 87: 098101.
[38] Balazsi G, Cornell-Bell A, Neiman A B and Moss F. Synchronization of hyperexcitable systems with phase-repulsive coupling. *Phys. Rev. E*, 2001, 64: 041912.
[39] Zhang J J, Yuan Z J and Zhou T S. Cis-regulatory modules drive dynamic patterns of a multicellular system. arxiv.org/abs/0903.3719.
[40] Zhang J J, Yuan Z J and Zhou T S. Synchronization and clustering of synthetic genetic networks: a role for cis-regulatory module. *Phys. Rev. E*, 2009, 79: 041903.
[41] Okuda K. Clustering of coupled oscillators. *Physica D* (Amsterdam), 1993, 63: 424–438.

第 7 章 噪声信号的传播

生化网络涉及各种生物噪声. 理解细胞功能需要对噪声是如何通过生化网络传送进行精确描述, 这一问题的关键是阐明噪声的传播机制. 本章将刻画噪声传播的规律, 特别是将对噪声传播规律给出分析结果. 分析的方法是基于线性噪声逼近, 调查的方面是功率谱和噪声强度, 考虑的对象是上游信号对下游网络的动力学行为的影响. 关于噪声传播的研究, 已有较多文献[1-8].

7.1 信号传送过程中的功率谱和噪声[1]

本节将对信号传送过程中信号的功率谱和噪声给出某些分析结果. 我们先从单信号情形开始进行分析, 然后考虑相互作用的双信号情形, 最后考虑一般信号情形. 因为调查的模型是纯数学的, 因此所获的结果是一般的. 我们将分析地给出功率谱的加和规则和噪声的加和规则在什么情况下成立, 而在什么情况下, 这些规则遭到破坏. 调查模块化内外噪声间的关联对于描述噪声通过大规模生化网络传播机制是非常有益的.

7.1.1 单信号情形

考虑一个输入和一个输出信号的模块. 想象这个模块是一个"黑盒子", 这里, 生化反应网络并不显式地成为模块. 一般地, 输入信号可以各种方式转化成所需的输出信号, 但依赖于模块处理单元中的生化反应. 然而, 可以设想系统处在静态, 并假定在静态附近的内外信号的波动是小的. 这允许线性化所考虑的网络模块系统, 以至于可应用线性噪声逼近理论[2].

首先, 假定输入和输出信号的噪声是无关联的, 输出信号以衰减率(μ)指数地降解. 在这些假定下, 输出信号可用下列化学 Langevin 方程来刻画

$$\frac{dx}{dt} = \nu s(t) - \mu x + \eta(t) \tag{7.1.1}$$

其中, $s = S - \langle S \rangle$ 是信号分子数目 S 对平均 $\langle S \rangle$ 的偏离量; $x = X - \langle X \rangle$ 是输出信号对平均 $\langle X \rangle$ 的偏离量; ν 对应于微分获得; $\eta(t)$ 描述构建处理单元中单个反应所产生的波动, 并假定 $\langle \eta(t) \rangle = 0$, $\langle \eta(t)\eta(t') \rangle = \sigma_\eta^2 \delta(t-t')$, 即 $\eta(t)$ 是 Gauss 白色噪声. 记 $x(t)$, $s(t)$ 和 $\eta(t)$ 的 Fourier 变换分别为 $\tilde{x}(\omega)$, $\tilde{s}(\omega)$ 和 $\tilde{\eta}(\omega)$. 注意到

$$(1/2\pi)\int_{-\infty}^{\infty} x'(t)\exp(-\mathrm{i}\omega t)\mathrm{d}t = -\mathrm{i}\omega\tilde{x}(\omega)$$

由(7.1.1)可得

$$\left(\omega^2 + \mu^2\right)\left\langle|\tilde{x}(\omega)|^2\right\rangle = \nu^2\left\langle|\tilde{s}(\omega)|^2\right\rangle + \left\langle\tilde{\eta}(\omega)\tilde{\eta}(\omega')\right\rangle$$

于是可知输出信号的功率谱 S_X 为

$$S_X(\omega) = \left\langle|\tilde{x}(\omega)|^2\right\rangle = \frac{2\sigma_{in}^2 \mu}{\mu^2+\omega^2} + \frac{\nu^2}{\mu^2+\omega^2}S_S(\omega) \tag{7.1.2}$$

这里，$\sigma_{in}^2 = \sigma_\eta^2/(2\mu)$ 是内部噪声，$S_S(\omega) = \left\langle|\tilde{s}(\omega)|^2\right\rangle$ 是输入信号的功率谱. 称(7.1.2)为功率谱的加和规则.

方程(7.1.2)有迷人的解释：计算的模块对输入信号像一个低通的滤波器(第二项)，在此过程中产生它自己的噪声(第一项). 过滤函数 $\nu^2/(\mu^2+\omega^2)$ 过滤输入信号中的高频成分. 而且，效果是加和的，即假如输入信号并不波动，或假定内部噪声并不影响外部噪声，这相当于假如信号传输是单向的(由上向下传送)且没有反馈，那么功率谱的加和规则成立. 这种谱加和规则是由于 x 对和式 $\nu s(t)+\eta(t)$ 的线性响应，以及 $s(t)$ 和 $\eta(t)$ 无关.

其次，假如输入信号 S 是噪声的，自关联函数有幅度 σ_s^2，并以速率 λ 指数地退化(或降解)，即满足 $\mathrm{d}s/\mathrm{d}t = -\lambda s + \xi(t)$，那么其功率谱为

$$S_S(\omega) = \frac{2\sigma_S^2\lambda}{\lambda^2+\omega^2} \tag{7.1.3}$$

若 $\xi(t)$ 和 $\eta(t)$ 无关或 $\eta(t)$ 并不影响外部信号 S，则功率谱的计算公式(7.1.2)仍然成立. 定义输出信号的总噪声为 $\sigma_{tot}^2 = \left(1/(2\pi)\right)\int_{-\infty}^{\infty} S_X(\omega)\mathrm{d}\omega$，即

$$\sigma_{tot}^2 = \sigma_{in}^2 + g^2\frac{\langle X\rangle^2}{\langle S\rangle^2}\frac{\mu}{\lambda+\mu}\sigma_S^2 \equiv \sigma_{in}^2 + \sigma_{ex}^2 \tag{7.1.4}$$

其中 $g \equiv \partial\ln\langle X\rangle/\partial\ln\langle S\rangle = (\nu/\mu)\langle S\rangle/\langle X\rangle$ 是对数收益，$\sigma_{in}^2 = \sigma_\eta^2/(2\mu)$ 表示内部噪声，而 σ_{ex}^2 表示外部噪声. 这种关系也曾被导出过[3]. 称(7.1.4)为噪声的加和规则. 这种规则只有在假设输入信号有单调衰减的指数降解率和功率谱满足加和规则时才有效，而且，功率谱满足加和规则意味着外部噪声和内部噪声 $\eta(t)$ 必须是无关联的.

式(7.1.2)和(7.1.4)允许模块化描述噪声传播，因而是潜在的强有力关系. 例如，

若一个网络是由多个模块串联而成,当各个模块的内部噪声已知且满足功率谱的加和规则时,通过递归应用谱加和规则(7.1.2)可以得到对于任意变化的输入信号的网络中的噪声传播,且输出信号的噪声强度都可以通过积分功率谱的方法获得. 然而,假如探测反应使外部噪声和内部噪声之间发生关联,那么这种关联将导致功率谱加和规则的破坏,从而妨碍大规模网络模块化描述噪声传播.

7.1.2 耦合信号情形

为了阐明外部和内部噪声间关联的起源,具有指导性的做法是仅考虑由单成分所组成的模块. 这种成分(X)既能探测输入信号,又能提供输出信号. 对单成分的输入信号和单成分的输出信号情形,下面给出关于耦合信号的功率谱和噪声的一般结果,并讨论更复杂的模块. 为了捕捉内外噪声间的关联,通过研究两个相互作用的物种(信号分子 S 和探测分子 X)间的耦合 Langevin 方程,我们显式地描述信号的探测. 仅通过分析输入信号和处理模块就能达到所愿望的结果.

两个耦合 Langevin 方程的一般形式为

$$\frac{ds}{dt} = -\lambda s + \kappa x + \xi(t), \quad \frac{dx}{dt} = \nu s - \mu x + \eta(t) \tag{7.1.5}$$

这里 κ 描述输入信号分子的数目如何受探测分子数目的影响,$\xi(t)$ 模拟 s 的噪声. $\xi(t)$ 和 $\eta(t)$ 是相互关联的 Gauss 白色噪声,即满足 $\langle \xi(t) \rangle = \langle \eta(t) \rangle = 0$,

$$\langle \xi(t)\xi(t') \rangle = \langle \xi^2 \rangle \delta(t-t'), \quad \langle \eta(t)\eta(t') \rangle = \langle \eta^2 \rangle \delta(t-t'), \quad \langle \xi(t)\eta(t') \rangle = \langle \xi\eta \rangle \delta(t-t').$$

方程(7.1.5)能够通过 Fourier 变换来求得解. 事实上,记

$$A = \begin{bmatrix} -\lambda & k \\ \nu & -\mu \end{bmatrix},$$

那么它的特征值为

$$\alpha_{1,2} = \frac{-(\lambda+\mu) \pm \sqrt{(\lambda-\mu)^2 + 4k\nu}}{2}.$$

同时,存在可逆矩阵

$$P = \begin{bmatrix} p_{11} & p_{12} \\ p_{21} & p_{22} \end{bmatrix},$$

使得 $P^{-1}AP = \mathrm{diag}(\alpha_1, \alpha_2)$. 通过计算可知：$p_{11} = p_{21} = \nu$，$p_{12} = \alpha_1 + \lambda$，$p_{22} = \alpha_2 + \lambda$. 作变换

$$\begin{bmatrix} s \\ x \end{bmatrix} = P \begin{bmatrix} z_1 \\ z_2 \end{bmatrix}$$

那么(7.1.5)变成

$$\mathrm{d}z_1/\mathrm{d}t = \alpha_1 z_1 + \xi_1, \qquad \mathrm{d}z_2/\mathrm{d}t = \alpha_2 z_2 + \xi_2$$

这里 $\xi_1(t)$ 和 $\xi_2(t)$ 也是相互关联的 Gauss 白色噪声，满足 $\langle \xi_1(t) \rangle = 0$，$\langle \xi_2(t) \rangle = 0$，

$$\langle \xi_1(t)\xi_1(t') \rangle = \left[\nu^2 \langle \xi^2 \rangle + 2\nu(\alpha_1 + \lambda)\langle \xi\eta \rangle + (\alpha_1 + \lambda)^2 \langle \eta^2 \rangle \right] \delta(t - t')$$

$$\langle \xi_2(t)\xi_2(t') \rangle = \left[\nu^2 \langle \xi^2 \rangle + 2\nu(\alpha_2 + \lambda)\langle \xi\eta \rangle + (\alpha_2 + \lambda)^2 \langle \eta^2 \rangle \right] \delta(t - t')$$

$$\langle \xi_1(t)\xi_2(t') \rangle = \left[\nu^2 \langle \xi^2 \rangle + \nu(\lambda - \mu)\langle \xi\eta \rangle - k\nu \langle \eta^2 \rangle \right] \delta(t - t')$$

利用(7.1.3)的结果，有

$$\langle |\tilde{z}_1(\omega)|^2 \rangle = \frac{\nu^2 \langle \xi^2 \rangle + 2\nu(\alpha_1 + \lambda)\langle \xi\eta \rangle + (\alpha_1 + \lambda)^2 \langle \eta^2 \rangle}{\alpha_1^2 + \omega^2}$$

$$\langle |\tilde{z}_2(\omega)|^2 \rangle = \frac{\nu^2 \langle \xi^2 \rangle + 2\nu(\alpha_2 + \lambda)\langle \xi\eta \rangle + (\alpha_2 + \lambda)^2 \langle \eta^2 \rangle}{\alpha_2^2 + \omega^2}$$

此外，通过计算知道

$$\mathrm{Re}(\langle \tilde{z}_1(\omega)\tilde{z}_2(\omega) \rangle) = \frac{\nu^2 \langle \xi^2 \rangle + \nu(\lambda - \mu)\langle \xi\eta \rangle - k\nu \langle \eta^2 \rangle}{(k\nu - \lambda\mu)^2 + (\lambda^2 + 2k\nu + \mu^2)\omega^2 + \omega^4} (\omega^2 + \lambda\mu - k\nu)$$

注意到

$$\langle |\tilde{s}(\omega)|^2 \rangle = \nu^2 \langle |\tilde{z}_1(\omega)|^2 \rangle + (\alpha_1 + \lambda)^2 \langle |\tilde{z}_2(\omega)|^2 \rangle + 2\nu(\alpha_1 + \lambda)\mathrm{Re}(\langle \tilde{z}_1(\omega)\tilde{z}_2(\omega) \rangle)$$

$$\langle |\tilde{x}(\omega)|^2 \rangle = \nu^2 \langle |\tilde{z}_1(\omega)|^2 \rangle + (\alpha_2 + \lambda)^2 \langle |\tilde{z}_2(\omega)|^2 \rangle + 2\nu(\alpha_2 + \lambda)\mathrm{Re}(\langle \tilde{z}_1(\omega)\tilde{z}_2(\omega) \rangle)$$

由此分别得到输入信号的功率谱 $S_s(\omega)$ 和探测信号的功率谱 $S_x(\omega)$ 为

$$S_S(\omega) = \frac{\kappa^2 \langle \eta^2 \rangle + 2\kappa\mu \langle \xi\eta \rangle + (\mu^2 + \omega^2)\langle \xi^2 \rangle}{(\kappa\nu - \lambda\mu)^2 + (\lambda^2 + 2\kappa\nu + \mu^2)\omega^2 + \omega^4}$$

$$S_X(\omega) = \frac{\langle \eta^2 \rangle (\lambda^2 + \omega^2) + 2\lambda\nu \langle \xi\eta \rangle + \nu^2 \langle \xi^2 \rangle}{(\kappa\nu - \lambda\mu)^2 + (\lambda^2 + 2\kappa\nu + \mu^2)\omega^2 + \omega^4} \quad (7.1.6)$$

相对于(7.1.2)，(7.1.6)考虑了外部信号的噪声和处理单元的内部噪声间的关联. 重要的是，假如 κ 和 $\langle \xi\eta \rangle$ 均为零，那么，(7.1.6)就变成(7.1.2).

7.1.3 一般情形

首先，我们从主方程来导出所要研究的模型，推导过程实际给出了线性噪声逼近方法. 考虑由 N 个物种 $\{\bar{X}_1, \cdots, \bar{X}_N\}$ 所组成的网络，网络的状态记为 $X = \{X_1, X_2, \cdots, X_N\}$，这里 X_i 表示物种 $\bar{X}_i$ 的拷贝数. 构成网络的 M 个反应由倾向函数 $A(X)$ 和化学计量 ν^i 来描述，这里 ν^i_j 表示物种 $\bar{X}_j$ 参加第 i 个反应的拷贝数的变化. 用 $P(X,t)$ 表示物种 $\bar{X}_i$ 在时刻 t 有 X_i 个分子的概率($i = 1, 2, \cdots, N$)，可以写出相关的主方程，参考式(2.3.1).

现在用线性噪声逼近方法来估计生化网络里各成分的波动，其主要步骤包括：(1)设线性噪声逼近方法中的噪声项为零，以便获得确定性速率方程的静态解，参见式(2.3.5)；(2)计算强迫矩阵 F，在静态处的噪声关联 Ξ 以及关联矩阵 C，计算方法参考第 2 章. 以下把矩阵元素 C_{ii} 称为成分 X_i 的噪声. 一般地，当系统较大时，用线性噪声逼近的分析结果和对化学主方程应用 Monte Carlo 模拟的结果是基本一致的.

下一步，利用下列化学 Langevin 方程来考虑 N 个成分的线性(化)反应网络

$$\frac{\mathrm{d}x_i}{\mathrm{d}t} = -\sum_{j=1}^{M} G_{ij} s_j + \sum_{j=1}^{N} A_{ij} x_j + \xi_i, \quad \forall i = 1, 2, \cdots, N \quad (7.1.7)$$

这里 x_j 是处理网络的成分，s_j 是输入信号. A_{ij} 刻画各成分间的相互作用，G_{ij} 是传输因子. $\xi_i(t)$ 模拟网络中各成分的噪声，假定它们是 Gauss 白色噪声，即满足 $\langle \xi_i(t) \rangle = 0$，$\langle \xi_i(t) \xi_j(t') \rangle = \sigma_{ij} \delta(t-t')$. 这个方程可类比于线性噪声逼近方程中的 (2.3.6). 重要的是向量 s 依赖于网络成分以前的值. 通过 Fourier 变换可得

$$\tilde{x}_i(\omega) = -\sum_{j=1}^{N} B_{ij} \left[\sum_{k=1}^{M} \left(G_{jk} \tilde{s}_k(\omega) \right) + \tilde{\xi}_i(\omega) \right] \quad (7.1.8)$$

其中矩阵 $B = (A + i\omega)^{-1}$. 相应的功率谱为

$$S_{X_i}(\omega) = \sum_{k,j=1}^{N} B_{ki}^*(\omega) B_{ij}(\omega) \sigma_{jk} + \sum_{j,l=1}^{N} \sum_{k,m=1}^{M} B_{ij}(\omega) G_{jk} \left\langle \tilde{s}_k(\omega) \tilde{s}_m^*(\omega) \right\rangle G_{ml}^* B_{li}^*$$

$$+ \sum_{j,l=1}^{N} \sum_{k,m=1}^{M} B_{ij}(\omega) \left[G_{jk} C_{S_k \xi_l}(\omega) + G_{lk} C_{S_k \xi_l}^*(\omega) \right] B_{li}^*(\omega) \quad (7.1.9)$$

这里 $C_{S\xi}$ 表示输入信号和频率区域内噪声之间的关联,"*"表示复数的共扼. (7.1.9)中右边的第一项表示内部噪声的功率谱,而第二项是由内部传送函数所调幅的信号的功率谱. 假如输入信号无关联,即 $\left\langle \tilde{s}_k(\omega) \tilde{s}_m^*(\omega) \right\rangle = \delta_{km} S_{S_k}(\omega)$,以及探测网络无关联 $C_{S\xi}(\omega) = 0$,那么,(7.1.9)将变成

$$S_{X_i}(\omega) = S_{X_i}^{\text{in}}(\omega) + \sum_{j=1}^{M} g_{X_i}^{S_j} S_{S_k}(\omega) \quad (7.1.10)$$

这里 $S_{X_i}^{\text{in}}(\omega) = \sum_{k,j=1}^{N} B_{ki}^*(\omega) B_{ij}(\omega) \sigma_{jk}$ 是内部噪声的功率谱,$g_{X_i}^{S_k} = \sum_{j,l=1}^{N} B_{ij}(\omega) G_{jk} G_{kl}^* B_{li}^*(\omega)$ 是内部传输函数,两者均独立于输入信号.

关系式(7.1.10)即为功率谱的加和规则. 重要的是,输入信号的功率谱 $S_{S_i}(\omega) = \left\langle \tilde{S}_i(\omega) \tilde{S}_i^*(\omega) \right\rangle$ 并不受处理网络里输入信号相互作用的影响. 相反地,对于给定的 $S_{S_k}(\omega)$,X_i 的功率谱 $S_{X_i}^{\text{in}}(\omega)$ 的内部贡献是一个仅依赖于处理模块性质的内部量,并不依赖于输入信号的波动. 有了功率谱的计算公式之后,就可以计算出各成分的总噪声强度. 对成分 X_i,其计算公式为 $\sigma_{\text{tot}}^2 = (1/(2\pi)) \int_{-\infty}^{\infty} S_{X_i}(\omega) d\omega$.

7.2 典型生化模块中的噪声传播

7.2.1 三种典型生化反应模块

内外噪声间的关联有两个不同的来源,这些来源依赖于模块中分子的特征. 利用三种基本探测模块(motif),表 7.2.1 中描述了噪声关联的来源. 相应地,表 7.2.2 显示出它们的功率谱和噪声强度. 这些模块均服从相同的宏观化学速率方程,并有相同的内部噪声. 然而,输入信号的噪声可能会以不同的方式来传送,在这些模块间的差别主要是由于噪声关联的不同来源.

表 7.2.1 三个基本探测模块

探测方案	反应方程	例子
(I)	$S+W \underset{\mu}{\overset{\nu=k_f W}{\rightleftharpoons}} X$	配体对受体的结合; 酶对底物的结合; 转录因子对操作位点的结合
(II)	$S \xrightarrow{\nu} X \xrightarrow{\mu} \varnothing$	翻译后修饰; 伴随内吞作用的跨膜受体(如 EGF)的激活
(III)	$S \xrightarrow{\nu} S+X, X \xrightarrow{\mu} \varnothing$	酶反应的粗模拟; 基因表达的调控

注: 这里 X 是输出信号, S 是输入信号. 在(I)中, W 是探测模块的未激活(未结合)态, X 是激活(结合)态. 在 (I)~(III)中, $\varnothing \xrightarrow{\kappa} nS$, $S \xrightarrow{\lambda} \varnothing$ 均被用作祖系来产生在静态附近波动的输入信号, 且平均输出信号服从 $d\langle X\rangle/dt = \nu\langle S\rangle - \mu\langle X\rangle$.

表 7.2.2 相应于表 7.2.1 中三个探测模块的噪声强度和功率谱的精确解

方案	噪声强度	噪声功率谱
(I)	$\sigma_S^2 = \langle S\rangle \dfrac{(n+1)(\lambda+\mu)+2\nu}{2(\lambda+\mu+\nu)}$ $\sigma_X^2 = \sigma_{\text{in}}^2 + g^2 \dfrac{\langle X\rangle^2}{\langle S\rangle^2} \dfrac{(n-1)\mu}{(n+1)(\lambda+\mu)+2\nu}\sigma_S^2$	$S_S(\omega) = \langle S\rangle \dfrac{(n+1)\mu^2\lambda + (2\nu+(n+1)\lambda)\omega^2}{\mu^2\lambda^2 + (\mu^2+\lambda^2+\nu^2+2\nu(\lambda+\mu))\omega^2 + \omega^4}$ $S_X(\omega) = \langle X\rangle \dfrac{\mu[\lambda(2\lambda+(n+1)\nu)+2\omega^2]}{\mu^2\lambda^2+(\mu^2+\lambda^2+\nu^2+2\nu(\lambda+\mu))\omega^2+\omega^4}$
(II)	$\sigma_S^2 = \langle S\rangle \dfrac{n+1}{2}$ $\sigma_X^2 = \sigma_{\text{in}}^2 + g^2 \dfrac{\langle X\rangle^2}{\langle S\rangle^2} \dfrac{(n-1)\mu}{(n+1)(\lambda+\mu+\nu)}\sigma_S^2$	$S_S(\omega) = \langle S\rangle \dfrac{(n+1)(\lambda+\nu)}{(\lambda+\nu)^2+\omega^2}$ $S_X(\omega) = \dfrac{2\sigma_{\text{in}}^2 \mu}{\mu^2+\omega^2} + \dfrac{\nu^2}{\mu^2+\omega^2} \dfrac{n-1}{n+1} S_S(\omega)$
(III)	$\sigma_S^2 = \langle S\rangle \dfrac{n+1}{2}$ $\sigma_X^2 = \sigma_{\text{in}}^2 + g^2 \dfrac{\langle X\rangle^2}{\langle S\rangle^2} \dfrac{\mu}{\lambda+\mu}\sigma_S^2$	$S_S(\omega) = \langle S\rangle \dfrac{(n+1)\lambda}{\lambda^2+\omega^2}$ $S_X(\omega) = \dfrac{2\sigma_{\text{in}}^2 \mu}{\mu^2+\omega^2} + \dfrac{\nu^2}{\mu^2+\omega^2} S_S(\omega)$

注: 在方案(I)中, 假定探测分子 W 充分多. σ_S^2 和 σ_X^2 分别相应于输入信号和输出信号的噪声强度, $S_S(\omega)$ 和 $S_X(\omega)$ 分别表示相应的功率谱. 在所有的模块中, 内部噪声为 $\sigma_{\text{in}}^2 = \langle S\rangle$, 对数增益为 $g = \partial\ln\langle X\rangle/\partial\ln\langle S\rangle = (\nu/\mu)\langle S\rangle/\langle X\rangle$. 仅有方案(III)服从功率谱的加和规则和噪声的加和规则.

内外噪声间关联的第一来源是由于处理单元能通过直接影响信号分子的数目返回作用到输入信号(反馈信号). 这种情形相应于模型(7.1.5)中 κ 的非零阶近似. 关联的这种来源出现在探测模块(I)里, 来自于探测分子的信号结合. 对方案(I), $\kappa = \mu$. 这种关联来源对 S 和 X 的效果依赖于所有恒速率的值, 能够是负的或正的.

噪声间关联的第二来源是由于信号分子和探测分子数目的波动关联,来自于探测反应同时改变两种物种的数目,这是因为每次一个探测反应的发生,就有一个信号分子被消耗,同时处理模块的另一个分子就会产生(或激活),这些关联波动可通过关联函数来量化. 方案(I)和(II)中会出现这种关联源. 对方案(I), $\langle \xi\eta \rangle = -(\nu\langle S \rangle + \mu\langle X \rangle)$;而对方案(II), $\langle \xi\eta \rangle = -\nu\langle S \rangle$. 我们强调 $\langle \xi\eta \rangle$ 的符号是负的,表示内外噪声是反关联的.(7.1.6)表明这种反关联波动能降低 S 和 X 中的噪声. 对探测模块(III), κ 和 $\langle \xi\eta \rangle$ 均等于零. 方案(III)仅是内外噪声没有关联的情形,这里输入信号催化探测分子的激活,且相应反应并不影响输入信号,因此内外噪声是无关联的,导致谱的加和规则成立. 此外,由于输入信号单调指数地降解(或退化),因此噪声的加和规则也成立.

以下对模块(I)给出细化的推导过程,对模块(II)和(III),推导完全类似. 相应于模块(I)的 Langevin 方程

$$\frac{dS}{dt} = kn - \lambda S - \nu S + \mu X + \xi, \quad \frac{dX}{dt} = \nu S - \mu X + \eta \tag{7.2.1}$$

在平衡态的线性化方程为

$$\frac{ds}{dt} = -\lambda s - \nu s + \mu x + \xi, \quad \frac{dx}{dt} = \nu s - \mu x + \eta \tag{7.2.2}$$

其中 $s = S - \langle S \rangle$,$x = X - \langle X \rangle$. 对方程(7.2.2)做 Fourier 变换,得

$$\begin{aligned} i\omega \tilde{s}(\omega) &= -(\lambda + \nu)\tilde{s}(\omega) + \mu \tilde{x}(\omega) + \tilde{\xi} \\ i\omega \tilde{x}(\omega) &= \nu \tilde{s}(\omega) - \mu \tilde{x}(\omega) + \tilde{\eta} \end{aligned} \tag{7.2.3}$$

求解此线性方程组得 $\tilde{s}(\omega), \tilde{x}(\omega)$. 利用

$$S_S(\omega) = \langle |\tilde{s}(\omega)|^2 \rangle, \quad S_X(\omega) = \langle |\tilde{x}(\omega)|^2 \rangle$$

$$\langle \xi^2 \rangle = kn^2 + \lambda \langle S \rangle + \nu \langle S \rangle + \mu \langle X \rangle$$

$$\langle \xi\eta \rangle = -\lambda \langle S \rangle - \mu \langle X \rangle, \quad \langle \eta^2 \rangle = \lambda \langle S \rangle + \mu \langle X \rangle$$

以及确定性方程(7.2.1)在平衡态的值 $\langle S \rangle = \frac{kn}{\lambda}$,$\langle X \rangle = \frac{\nu}{\mu} \cdot \frac{kn}{\lambda}$,可以求得

$$S_S(\omega) = \langle S \rangle \frac{(n+1)\mu^2 \lambda + (2\nu + (n+1)\lambda)\omega^2}{\mu^2 \lambda^2 + (\lambda^2 + \mu^2 + \nu^2 + 2\nu(\lambda + \mu))\omega^2 + \omega^4}$$

$$S_X(\omega) =<X> \frac{\mu(\lambda(2\lambda+(n+1)\nu+2\omega^2)}{\mu^2\lambda^2+(\lambda^2+\mu^2+\nu^2+2\nu(\lambda+\mu))\omega^2+\omega^4} \quad (7.2.4)$$

对噪声功率谱做逆 Fourier 变换 $\sigma_S^2=(1/(2\pi))\int_{-\infty}^{\infty}S_S(\omega)\mathrm{d}\omega$ 和 $\sigma_X^2=(1/(2\pi))\int_{-\infty}^{\infty}S_X(\omega)\mathrm{d}\omega$，即可求得噪声强度. 另一种更简单的方法是直接利用线性噪声逼近方法来求解噪声强度(参见第 2 章有关内容). 为此，考虑相关的 Lyapunov 矩阵方程

$$FC+CF^{\mathrm{T}}+\Sigma=0 \quad (7.2.5)$$

其中 $C=(C_{ij})$. 通过计算知

$$F=\begin{bmatrix} -\lambda-\nu & \mu \\ \nu & -\mu \end{bmatrix}$$

$$\Sigma=\begin{bmatrix} kn^2+\lambda<S>+\nu<S>+\mu<X> & -\nu<S>-\mu<X> \\ -\nu<S>-\mu<X> & \nu<S>+\mu<X> \end{bmatrix}$$

由(7.2.5)求得

$$\sigma_S^2=C_{11}=\langle S\rangle\frac{(n+1)(\lambda+\mu)+2\nu}{2(\lambda+\mu+\nu)}$$

$$\sigma_X^2=C_{22}=\sigma_{\mathrm{in}}^2+g^2\frac{\langle X\rangle^2}{\langle S\rangle^2}\frac{(n-1)\mu}{(n+1)(\lambda+\mu)+2\nu}\sigma_S^2 \quad (7.2.6)$$

式(7.2.5)和(7.2.6)就是所求的结果.

注意到，假如输入信号相互关联或通过方案(I)和(II)被探测到，那么输入信号的功率谱和网络的功率谱相互影响，谱的加和规则遭到破坏. 我们强调，当输入信号并不直接和提供输出信号的成分相互作用，但间接地通过方案(I)和(II)型的化学反应相互作用时，噪声的关联 $\langle\xi_i\xi_j\rangle$ 是重要的，这是因为它们的效果能够从输入信号传播到输出信号. 从噪声传播的上述特点来看，一个网络能够通过中断网络连接(相应于方案(III)型的化学反应)来分解成若干模块.

7.2.2 推拉网络模块

为了描述超敏感情形时内外噪声的关联，考虑下列推拉网络

$$W+E_a \underset{d_1}{\overset{a_1}{\rightleftharpoons}} E_a W \xrightarrow{k_1} E_a+X$$

$$X+E_d \underset{d_2}{\overset{a_2}{\rightleftharpoons}} E_d X \xrightarrow{k_2} E_d+W \quad (7.2.7)$$

E_a 是激活酶或激酶，提供输入信号，E_d 是非激活酶. 底物 W 是未修饰的成分，作为探测成分；X 是被修饰成分，提供输出信号. 输入信号由酶 E_a 来提供，它的激活和非激活被模拟为生灭过程

$$\varnothing \xrightarrow{k} E_a \xrightarrow{\lambda} \varnothing \qquad (7.2.8)$$

Michaelis-Menten 公式能够通过假定复合物 E_aW 和 E_bX 迅速地达到平衡来导出.

下一步分析推拉网络(7.2.7)中噪声的传播. 理论分析的方法主要采用线性噪声逼近，其过程如下：为了自动消除生化反应中的中间物，我们分解独立变量为慢变量(在快的结合/非结合反应中它们不改变)和快变量. 然后，定义下列慢变量 $W_T = W + E_aW$，$X_T = X + E_dX$，$E_{aT} = E_a + E_aW$，$E_{dT} = E_d + E_dX$. 因此，独立变量为

$$X = \{X_s, X_f\}, \quad X_s = \{E_{aT}, X_T\}, \quad X_f = \{E_aW, E_dX\} \qquad (7.2.9)$$

这里 X_s, X_f 分别表示慢变量和快变量的向量. 注意到，有保守律

$$W + E_aW + X + E_dX \equiv Y = \text{const.}, \quad E_d + E_dX \equiv E_{dT} \qquad (7.2.10)$$

这里 Y 和 E_{dT} 将作为网络动力学的参数. 现在，考察 Lyapunov 矩阵方程(2.3.11). 根据(7.2.7)和(7.2.8)能够写出相应于(7.1.7)的 Langevin 方程. 注意到，对整个网络，在新变量下能够计算得

$$F = \begin{bmatrix} -\lambda & 0 & \lambda & 0 \\ 0 & 0 & k_1 & -k_2 \\ a_1\langle W \rangle & -a_2(E_a) & -d_1 - k_1 - a_1\langle W + E_a \rangle & 0 \\ 0 & a_2 E_d & 0 & -d_2 - k_2 - a_2\langle X - E_d \rangle \end{bmatrix} \qquad (7.2.11)$$

$$\Xi = \begin{bmatrix} k + \lambda\langle E_a \rangle & 0 & 0 & 0 \\ 0 & k_1\langle E_a \rangle + k_2\langle E_dX \rangle & -k_1\langle E_aW \rangle & k_2\langle E_dX \rangle \\ 0 & -k_1\langle E_aW \rangle & (d_1+k_1)\langle E_aW \rangle + a_1\langle E_a \rangle\langle W \rangle & 0 \\ 0 & k_2\langle E_dX \rangle & 0 & (d_2+k_2)\langle E_dX \rangle + a_2\langle E_d \rangle\langle W \rangle \end{bmatrix} \qquad (7.2.12)$$

在大的结合/未结合速率的极限，即 $a, d \gg k$，酶和底物的复合物的拷贝数能够表示为慢变量的函数(看后面的解释)

$$E_aW(X_T, E_{aT}) = \frac{E_{aT} + K_{m1} + (Y - X_T) - \sqrt{(E_{aT} + K_{m1} + Y - X_T)^2 - 4E_{aT}(Y - X_T)}}{2}$$

$$E_aX(X_T, E_{dT}) = \frac{E_{dT} + K_{m2} + X_T - \sqrt{(E_{dT} + K_{m2} + X_T)^2 - 4E_{dT}X_T}}{2} \tag{7.2.13}$$

通过 Michaelis-Menten 常数 $K_{mi} = (d_i + k_i)/a_i$ 可以看到，复合物的浓度仅依赖于 a_i, d_i 和 k_i. 此时，网络的动力学被减低到仅依赖于 K_{mi} 和 k_i 的二维化学 Langevin 方程的简单形式

$$\frac{dX_T}{dt} = k_1 E_a W(X_T, E_{aT}) - k_2 E_d X(X_T, E_{aT}) + \xi_{X_T}$$

$$\frac{dE_{aT}}{dt} = k - \lambda [E_{aT} - E_a W(X_T, E_{aT})] + \xi_{E_{aT}} \tag{7.2.14}$$

为了利用线性噪声逼近方法来计算网络中各成分的噪声，引进矩阵

$$F = \begin{bmatrix} -\lambda + \lambda \dfrac{\partial E_a W\langle X_T, E_{aT}\rangle}{\partial E_{aT}} & \lambda \dfrac{\partial E_a W\langle X_T, E_{aT}\rangle}{\partial X_T} \\ k_1 \dfrac{\partial E_a W\langle X_T, E_{aT}\rangle}{\partial E_{aT}} - k_2 \dfrac{\partial E_d W\langle X_T, E_{aT}\rangle}{\partial E_{aT}} & k_1 \dfrac{\partial E_a W\langle X_T, E_{aT}\rangle}{\partial X_T} - k_2 \dfrac{\partial E_d W\langle X_T, E_{aT}\rangle}{\partial X_T} \end{bmatrix}$$

$$\tag{7.2.15}$$

$$\Xi = \begin{bmatrix} k + \lambda \langle E_a \rangle & 0 \\ 0 & k_1 \langle E_a \rangle + k_2 \langle E_d X \rangle \end{bmatrix} \tag{7.2.16}$$

为了获得在 X_T 中噪声的加和规则的预测，可通过设反馈 $F_{1,2}$ 为零，使得

$$F_{NA} = \begin{bmatrix} -\lambda + \lambda \dfrac{\partial E_a W\langle X_T, E_{aT}\rangle}{\partial E_{aT}} & 0 \\ k_1 \dfrac{\partial E_a W\langle X_T, E_{aT}\rangle}{\partial E_{aT}} - k_2 \dfrac{\partial E_d W\langle X_T, E_{aT}\rangle}{\partial E_{aT}} & k_1 \dfrac{\partial E_a W\langle X_T, E_{aT}\rangle}{\partial X_T} - k_2 \dfrac{\partial E_d W\langle X_T, E_{aT}\rangle}{\partial X_T} \end{bmatrix}$$

$$\tag{7.2.17}$$

或许有启发意义的是比较这里的方法和酶反应常用的一般方法. 在酶反应的方法中，推拉网络的反应可写为

$$W \underset{k_d}{\overset{k_a}{\rightleftharpoons}} X, \quad k_a = \frac{k_1 E_{aT} W}{W + K_{m1}}, \quad k_d = \frac{k_2 E_{dT} X}{X + K_{m2}} \tag{7.2.18}$$

当酶对底物的结合和非结合是快时(拟平衡近似)，有 $E_a W = E_{aT} W/(K_{m1}+W)$ 以及 $E_d X = E_{dT} X/(K_{m2}+X)$. 这时能够证实这些表达等同于(7.2.13).

我们数值地计算了推拉网络中输出信号 X 的噪声。输入信号 E_a 被模拟为生灭过程，参考反应式(7.2.8)。上面应用线性噪音逼近求得的分析解的精确性可通过用化学主方程的动态 Monte Carlo 模拟方法来证实。我们发现分析的结果误差在 10% 以内。仅对非常高的酶的饱和，如 $[W_T]/[E_{aT}] > 100$，数值结果和分析结果间才存在较大的偏差，此时，波动变得很大。这是由于当酶完全饱和时，推拉网络的行为相似于靠近热动态相转移(相变)的临界系统的行为。

我们知道，输出信号的噪声能够随着模块里用于探测的输入信号的生化反应的变慢而增加。鉴于此，改变酶对它们的底物的结合和非结合的速率。在 $d_1 \gg k_1, d_2 \gg k_2$ 的极限，酶对底物的结合/非结合反应能够综合起来。此时，反应方程可简化为

$$E_a + W \rightarrow E_a + X, \quad E_d + X \rightarrow E_d + W \tag{7.2.19}$$

而且，信号 E_a 通过表 7.1.1 中的方案(III)被探测。修饰和去修饰的速率可通过 Michaelis-Menten 公式给出。然而，对于这种极限，功率谱的加和规则不成立。由于 W 和 X 的总量是保守的，所以 X 的波动和 W 的波动是反关联的。进一步，X 的波动和结合到底物 W 的酶 E_a 的部分也是反关联的。因为结合酶免于失活，因此，这种效果将引入输入信号 E_{aT} 的波动(即外部噪声)，导致修饰和去修饰反应的波动(即内部噪声)之间的反关联。这意味着当 $d_1 \gg k_1, d_2 \gg k_2$ 时，功率谱的加和规则和噪声的加和规则仅在结合酶的部分是可忽视的情况下才成立，如图 7.2.1。图中，Michaelis-Menten 常数保持为 $K_{M,E_a} = K_{M,E_d} = K_M = 20 \mu M$。水平曲线对应于噪声加和规则的预测，而点曲线对应于考虑内外噪声关联的分析结果。注意到，当底物浓度增加时，推拉网络位于更深的零阶区域，且输出信号的噪声也增加。然而，实际的增加比有噪声加和规则所预测的要低得多。输出信号中更小的增加是输入信号的噪声和推拉网络的内部噪声之间反关联的缘故。酶 E_a 的降解率为 $\lambda = 30k_1$，而选择产物速率使得 $[E_a] = [E_d] = 0.2 \mu M$。

一般认为推拉网络的主要生物功能是变梯度输入信号为近似于二进制的输出信号，以允许全或无响应。推拉网络里输入信号的扩大伴随着酶的饱和度而强烈的增加。图 7.2.1 显示出当底物浓度增加(因此酶由于底物而变得更饱和)时，输出信号的噪声也显著增加。已经证实更高的收益不仅能扩大平均输入信号，而且能扩大输入信号中的噪声(即外部噪声)。此外，当酶由于底物而变得更饱和时，网络的内部波动也增加(这是由于网络会进入更深的零阶区域)。然而，结果显示，输出信号的实际增加比噪声加和规则所预测的要低很多，这是由于输入信号的波动和网络的内部噪声之间存在反关联的关系。内外噪声间的这种反关联会减低输出信号中的噪声，但被噪声的加和规则所忽视。而且，当网络移动到更深的零阶区域时，这种反关联将变得更为重要。换句话说，当酶 E_a 和 E_d 由于底物而变得更饱

时,输入信号 E_a 更受它和网络的探测分子 W 相互作用的影响. 当已知在零阶区域内推拉网络的行为倾向于展示大的内部波动时,这里的结果说明内外噪声间的反关联能降低这种波动.

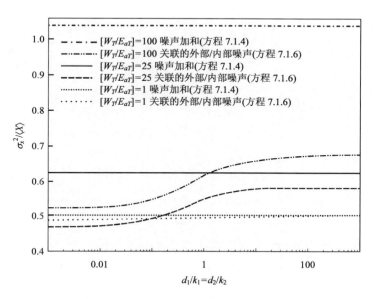

图 7.2.1 对于底物浓度 $[W_T]=[W]+[E_aW]$, $[E_{at}]=[E_a]+[E_{aT}W]$ 的三种不同总量,推拉网络中噪声 $\sigma_X^2/\langle X \rangle$ 作为 $d_1/k_1=d_2/k_2$ 的函数

7.2.3 MAPK 级联和模块性

利用 MAPK 级联(基于 Xenopus oocyte 的 Mos/MEK/p42 MAPK 级联)对生化网络里噪声传送的模块化描述,以说明内外噪声间关联的含义. 从拓扑学的观点,这种网络是由三个串联的推拉模块所组成,如图 7.2.2.

活性的 Mos 通过两个位点的磷酸化激活 MEK,而 MEK 反过来通过双磷酸化激活 p42. 这样,每个模块的输出信号(以级联的形式提供下一个模块的输入信号)是活性酶. 这里研究从 p42MAPK 到 Mos 的反馈被封锁的网络. 速率常数和蛋白质浓度尽可能选取实验值. 所有的结果都是通过线性噪声逼近获得的. 我们发现,分析结果在用化学主方程的动态 Monte Carlo 模拟所获得的数值结果的 25%范围之内. 下面给出线性噪声逼近的分析结果.

为了方便,模拟 Mos/MEK/p42 MAPK 级联为由 10 个酶反应所组成的网络. 如表 7.2.1,这里为简化,记 X_1 = Mos, X_2 = MEK, X_3 = MEK-P, X_4 = MEKP'ase, X_5 = MEK-PP, X_6 = MAPK, X_7 = MAPK-P, X_8 = MAPKP'ase, X_9 = MAPK-PP.

用小括号如 (E_1X_1),$(X_1^*X_2)$,(X_4X_3) 等表示复合物. 因为联合和非联合的速率(分别记为 a_i 和 d_i)并没有被实验测量给出,我们考虑快结合和未结合的极限. 我们主要感兴趣于慢成分的动力学(生化反应列在表 7.2.3 中).

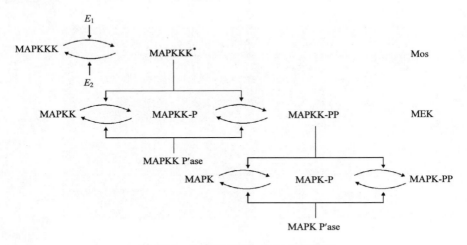

图 7.2.2　Mos/MEK/p42 MAPK 级联

这个网络由三个模块(三层)组成. 整个网络是由推拉网络构成,这里酶的活性被两个相反作用的酶的活性来共价修饰

表 7.2.3　MAPK 级联中的反应

$$X_1 + E_1 \underset{d_1}{\overset{a_1}{\rightleftharpoons}} (E_1X_1) \xrightarrow{k_1} E_1 + X_1^*$$

$$X_1^* + E_2 \underset{d_2}{\overset{a_2}{\rightleftharpoons}} (E_2X_1^*) \xrightarrow{k_2} E_2 + X_1$$

$$X_2 + X_1^* \underset{d_3}{\overset{a_3}{\rightleftharpoons}} (X_1^*X_2) \xrightarrow{k_3} X_1^* + X_3$$

$$X_3 + X_4 \underset{d_4}{\overset{a_4}{\rightleftharpoons}} (X_4X_3) \xrightarrow{k_4} X_4 + X_2$$

$$X_3 + X_1^* \underset{d_5}{\overset{a_5}{\rightleftharpoons}} (X_1^*X_3) \xrightarrow{k_5} X_1^* + X_5$$

$$X_5 + X_4 \underset{d_6}{\overset{a_6}{\rightleftharpoons}} (X_4X_5) \xrightarrow{k_6} X_4 + X_3$$

$$X_6 + X_5 \underset{d_7}{\overset{a_7}{\rightleftharpoons}} (X_5X_6) \xrightarrow{k_7} X_5 + X_7$$

$$X_7 + X_8 \underset{d_8}{\overset{a_8}{\rightleftharpoons}} (X_8X_7) \xrightarrow{k_8} X_8 + X_6$$

$$X_7 + X_5 \underset{d_9}{\overset{a_9}{\rightleftharpoons}} (X_5X_7) \xrightarrow{k_9} X_5 + X_9$$

$$X_9 + X_8 \underset{d_{10}}{\overset{a_{10}}{\rightleftharpoons}} (X_8X_9) \xrightarrow{k_{10}} X_8 + X_7$$

$$\begin{aligned}
\text{Mos}_T^* &\equiv X_1^* + (E_2X_1^*) + (X_1^*X_2) + (X_1^*X_3) \\
\text{MEK-P}_T &\equiv X_3 + (X_1^*X_3) + (X_4X_3) \\
\text{MEK-PP}_T &\equiv X_5 + (X_4X_5) + (X_5X_6) + (X_5X_7) \\
\text{MAPK-P}_T &\equiv X_7 + (X_5X_7) + (X_8X_7) \\
\text{MAPK-PP}_T &\equiv X_9 + (X_8X_9)
\end{aligned} \tag{7.2.20}$$

应用保守律

$$E_{1,T} = E_1 + (E_1 X_1) = \text{const.}$$
$$\text{Mos}_T = \text{Mos}_T^* + X_1 + (E_1 X_1) = \text{const.}$$
$$E_{2,T} = E_2 + (E_2 X_1^*) = \text{const.}$$
$$\text{MEK}_T = \text{MEK-P}_T + \text{MEK-PP}_T + X_2 + (X_1^* X_2) = \text{const.}$$
$$\text{MEKP'ase}_T = X_4 + (X_4 X_3) + (X_4 X_5) = \text{const.}$$
$$\text{MAPK}_T = X_6 + \text{MAPK-P}_T + (X_5 X_6) = \text{const.}$$
$$\text{MAPKP'ase}_T = X_8 + (X_8 X_7) + (X_8 X_9) = \text{const.} \tag{7.2.21}$$

对于慢变量，相应的化学 Langevin 方程为

$$\frac{\text{d}}{\text{d}t} \text{Mos}_T^* = k_1 (E_1 X_1) - k_2 (E_2 X_1^*) + \xi_1$$
$$\frac{\text{d}}{\text{d}t} \text{MEK-P}_T = k_3 X_1^* - k_4 (X_4 X_3) - k_5 (X_1^* X_3) + k_6 (X_4 X_5) + \xi_2$$
$$\frac{\text{d}}{\text{d}t} \text{MEK-PP}_T = k_5 (X_1^* X_3) - k_6 (X_4 X_5) + \xi_3$$
$$\frac{\text{d}}{\text{d}t} \text{MAPK-P}_T = k_7 (X_5 X_6) - k_8 (X_8 X_7) - k_9 (X_5 X_7) + k_{10} (X_8 X_9) + \xi_4$$
$$\frac{\text{d}}{\text{d}t} \text{MAPK-PP}_T = k_9 (X_5 X_7) - k_{10} (X_8 X_9) + \xi_5 \tag{7.2.22}$$

这里噪声项 ξ_i 被模拟为 Gauss 白色噪声，它们的平均为零，而方差为

$$\langle \xi_1^2 \rangle = k_1 (E_1 X_1) + k_2 (E_2 X_1^*)$$
$$\langle \xi_2^2 \rangle = k_3 (X_1^* X_2) + k_4 (X_4 X_3) + k_5 (X_1^* X_3) + k_6 (X_4 X_5)$$
$$\langle \xi_3^2 \rangle = k_5 (X_1^* X_3) + k_6 (X_4 X_5)$$
$$\langle \xi_4^2 \rangle = k_7 (X_5 X_6) + k_8 (X_8 X_7) + k_9 (X_5 X_7) + k_{10} (X_8 X_9)$$
$$\langle \xi_5^2 \rangle = k_9 (X_5 X_7) + k_{10} (X_8 X_9) \tag{7.2.23}$$

除下列关联外，其他关联为零，

$$\langle \xi_2 \xi_3 \rangle = -k_5 (X_1^* X_3) - k_6 (X_4 X_5)$$
$$\langle \xi_4 \xi_5 \rangle = -k_9 (X_5 X_7) - k_{10} (X_6 X_8) \tag{7.2.24}$$

所有的 $\langle \xi_i \xi_j \rangle$ 构成矩阵 Ξ. 中间复合物 $(E_1 X_1)$, $(E_2 X_1^*)$, $(X_1^* X_2)$, $(X_1^* X_3)$, $(X_4 X_3)$, $(X_4 X_5)$, $(X_5 X_6)$, $(X_5 X_7)$, $(X_8 X_7)$, $(X_8 X_9)$ 对在静态处取值的慢变量可数值地给出. 这些复合物的浓度通过 Michaelis-Menten 常数 $K_{mi} = (d_i + k_i)/a_i$ 依赖于反应速率. 现在能够构造线性噪声逼近中的强迫矩阵 F.

MAPK 网络由三层组成. 我们想要知道在什么程度上这三层是相互独立的模块? 为此, 考虑三种不同的方式:

(1) $\{\text{Mos}_T^*\}$, $\{\text{MEK-P}_T, \text{MEK-PP}_T\}$, $\{\text{MAPK-P}_T, \text{MAPK-PP}_T\}$;

(2) $\{\text{Mos}_T^*, \text{MEK-P}_T, \text{MEK-PP}_T\}$, $\{\text{MAPK-P}_T, \text{MAPK-PP}_T\}$;

(3) $\{\text{Mos}_T^*\}$, $\{\text{MEK-P}_T, \text{MEK-PP}_T, \text{MAPK-P}_T, \text{MAPK-PP}_T\}$.

(1)的网络由三个未耦合的层组成; (2)的网络由相互耦合的 Mos 和 MEK 层的一个模块和由 MAPK 层形成的另一个模块组成; (3)的网络由第二和第三层连接的一个模块和由第一层所形成的另一个模块组成.

为了研究内外噪声的关联, 具有指导意义的是对整个网络定义矩阵 F 的子块 F_{ii} 和 $G_{ij}(i > j)$ 及子块 $K_{ij}(i < j)$, 即

$$F \equiv \begin{bmatrix} F_{11} & K_{12} & K_{13} \\ G_{21} & F_{22} & K_{23} \\ G_{31} & G_{32} & F_{33} \end{bmatrix} \tag{7.2.25}$$

整个网络的三个分解分别对应的强迫矩阵为

(1) 功率谱具有加性; 均不耦合;

$$F_1 \equiv \begin{bmatrix} F_{11} & 0 & 0 \\ G_{21} & F_{22} & 0 \\ 0 & G_{32} & F_{33} \end{bmatrix}$$

(2) 耦合的 Mos 和 MEK; 未耦合的 MAPK;

$$F_2 \equiv \begin{bmatrix} F_{11} & K_{12} & 0 \\ G_{21} & F_{22} & 0 \\ 0 & G_{32} & F_{33} \end{bmatrix}$$

(3) 未耦合的 Mos; 耦合的 MEK 和 MAPK;

$$F_3 \equiv \begin{bmatrix} F_{11} & 0 & 0 \\ G_{21} & F_{22} & K_{23} \\ 0 & G_{32} & F_{33} \end{bmatrix}$$

且整个网络的噪声矩阵已被分配到不同的模块中. 对于这些分配, 噪声矩阵由(7.2.23)和(7.2.24)给出.

相关的参数是(7.2.21)右边的整个浓度和 Michaelis-Menten 常数. 这些浓度来自实验数据, 如表 7.2.4 所示; Michaelis-Menten 常数被设为相等: $K_{mi} = K_M = 300\text{nM}$; k_i 的值也设为相等.

表 7.2.4　成分的总浓度(单位: nM)

Mos_T	MEK_T	MAPK_T	$E_{1,T}$	$E_{2,T}$	$\text{MEKP}'\text{ase}_T$	$\text{MAPKP}'\text{ase}_T$
3	1 200	300	0.1	0.6	0.6	300

数值方面, 表 7.2.5 列出了三个模块中输出信号的噪声. 这些结果基本一致于对一列模块应用谱的加和规则所获得的结果, 也基本一致于考虑模块的输入信号(是上游模块的输出信号)中的波动间关联的分析结果. 谱的加和规则大大高估了噪声的传播. MAPK 中的噪声, 即级联的输出信号, 比谱的加和规则所预测的要低 50%, 这支持了如下结论: 内外噪声的反关联能够使得生化网络更鲁棒地抵抗噪声, 并增强它们的行为表现.

表 7.2.5　Mos/MEK/p42MAPK 级联

	$\sigma^2_{\text{Mos}*}/[\text{Mos}*]$	$\sigma^2_{\text{MEK}-PP}/[\text{MEK-PP}]$	$\sigma^2_{\text{MAPK}-PP}/[\text{MAPK-PP}]$
完全耦合的 Mos,MEK,MAPK	0.643	90.3	2.25
谱的加和规则;均不耦合	0.727	168.0	3.75
耦合 Mos 和 MEK;未耦合 MAPK	0.643	91.1	2.26
耦合 MEK 和 MAPK;未耦合 Mos	0.727	166.0	3.72

注: 这里 [Mos] = 3nM, [MEK] = 1200nM, [MAPK] = 300nM.

表 7.2.5 也描述出在哪种条件下模块能够被噪声传播的粗描述所利用. 其中, 模块"耦合的 Mos 和 MEK; 未耦合的 MAPK"参考为分析结果, 这里假定最初两层一起形成一个模块, 而第三层形成一个独立的模块. 这种分析考虑了第一层的输出信号里的波动(活性 Mos 的浓度)和第二层的内部波动(MEK 的修饰和未修饰反应中的噪声)之间的关联, 却忽视了第二层的输出信号和第三层的内部噪声之间的关联. 类似地, 模块"耦合的 MEK 和 MAPK; 未耦合的 Mos"相应于描述的结果, 这里第一层形成一个模块, 而第二和第三层形成一个独立的模块.

我们看到, 模块"耦合的 Mos 和 MEK; 未耦合的 MAPK"的描述是相当精确的, 而模块"耦合的 MEK 和 MAPK; 未耦合的 Mos"的描述大大高估了级联中输出信号的噪声. 这表明尽管内外噪声间的关联对从第二层到第三层的噪声传播并不太重要, 但是这些关联强烈地影响从第一层到第二层的噪声传播. 这是由于酶饱和度的差别：具有底物(MEK)的活性 Mos 比具有低物(MAPK)的活性 MEK 更饱和. 其结果, 连接第一和第二层(活性的 Mos)的信号比连接第二和第三层(活性的 MEK)的信号更易受探测反应的影响.

最后指出, 这一节主要处理信号转导网络中噪声传播的规律. 下面两节将分别分析代谢网络和基因调控网中噪声传播的规律.

7.3 代谢网络中的噪声传播[4]

活性细胞中分子丰度的波动可以影响其生长和存在. 调控分子(如信号蛋白或转录因子)表达的波动能够是网络中下游目标的输入信号. 这里建立一种分析框架, 调查生化分子网络里噪声关联现象(即噪声传播). 特别地, 我们聚焦于高度连接的代谢网络, 这里噪声的性质可以限制其结构和功能. 受线性代谢网络的动力学和精确可解线性排队网络(即质量转移系统)的动力学之间类比的启示, 我们推导出代谢网络中各种共通模块的中间代谢物的丰度所出现波动的结果. 除一种情况没有检查外, 通路中的不同结点的静态波动是有效无关联的. 其结果, 酶水平上的波动只影响局部性质, 并不传播到代谢网络里其他地方. 中间代谢产物能够自由地参与不同的生化反应. 这里的分析方法也能够应用于研究更复杂拓扑结构的网络或由相似生化反应所支配的更复杂的蛋白质信号网络.

7.3.1 单节点情形

1. Michaelis-Menten 模型

为了建立分析反应通路的基础和引入要用到的记号, 我们从分析单代谢反应的波动开始. 最近的实验进展使我们可能在单分子水平上追踪底物到产物的转变和研究活性细胞的瞬时代谢物浓度. 为了数学地描述这种波动, 模拟细胞体积为 V, 包含 m 个底物分子(S)和 N_E 个酶(E)的反应模块. S 的单分子能够以单位体积的速率 k_+ 结合到单酶 E, 并形成一个复合物. 这种复合物反过来能够以速率 k_- 解离或以速率 k_2 转化 S 成一种产物 P. 相应的反应可表示为

$$S + E \underset{k_-}{\overset{k_+}{\rightleftharpoons}} SE \overset{k_2}{\longrightarrow} P + E \qquad (7.3.1)$$

现在, 在质量作用定理的框架内分析这些反应. 保持底物浓度固定, 并假定底物和酶之间达到快平衡(即 $k_\pm \gg k_2$), 这将导致宏观流 c 和底物浓度 $[S] = m/V$ 之间的 Michaelis-Menten(MM)关系

$$c = v_{\max} \frac{[S]}{[S] + K_M} \qquad (7.3.2)$$

7.3 代谢网络中的噪声传播

这里 $K_M = k_-/k_+$ 是底物和酶间的解离常数, $v_{\max} = k_2[E]$ 是最大流, $[E] = N_E/V$ 是酶的总浓度.

我们主要感兴趣的是由分子的离散性所导致的噪声性质. 为此, 需要追踪各个分子的转移事件. 这些事件可由转移速率 w_m(被定义为每单位体积内一个产物分子和(无关联的)下一个产物分子的合成之间的平均等待时间的倒数)描述. 假定底物和酶之间达到快平衡. 给定 m 个底物分子和 N_E 个酶分子, 具有 N_{SE} 个复合物的概率可简单地由 Boltzmann 分布给出

$$p(N_{SE}|m, N_E) = \frac{K^{-N_{SE}}}{Z_{m,N_E}} \frac{m! N_E!}{N_{SE}!(m-N_{SE})!(N_E-N_{SE})!} \tag{7.3.3}$$

这里假定 N_{SE} 小于 N_E 和 m, $K^{-1} = V k_+/k_-$ 是相关于 SE 复合物形成的 Boltzmann 因子, Z_{m,N_E} 用于规范化, 即 $\sum_{N_{SE}} p(N_{SE}|m, N_E) = 1$. 在此情况下, 转移(通量)速率 $w_m = (k_2/V) \sum N_{SE} p(N_{SE}|m, N_E)$ 可近似为

$$w_m = v_{\max} \frac{m}{m + (K + N_E - 1)} + O(K^{-3}) \tag{7.3.4}$$

这里 $v_{\max} = \frac{k_2 N_E}{V}$. 注意到, 对于单分子的酶 (即 $N_E = 1$), 已经证实 $w_m = v_{\max} m/(m+K)$. 事实上, 注意到

$$Z_{m,L} = \sum_j \frac{m! L!}{(m-j)!(L-j)!} \frac{K^{-j}}{j!}, \quad L = N_E$$

$$\sum_j j \frac{m! L!}{(m-j)!(L-j)!} \frac{K^{-j}}{j!} = \frac{mL}{K} Z_{m-1,L-1}$$

$$w_m = \frac{k_2}{V} \sum_j j p(j|m, L) = \frac{mLk_2}{KV} \frac{Z_{m-1,L-1}}{Z_{m,L}}$$

又

$$Z_{m,L} = 1 + mLK^{-1} + \frac{m(m-1)L(L-1)}{2!} K^{-2} + \cdots, \quad Z_{m-1,L-1} = 1 + (m-1)(L-1)K^{-1} + \cdots$$

因此, 当 K^{-1} 充分大时,

$$\frac{Z_{m-1,L-1}}{Z_{m,L}} = 1 + [mL - (m-1)(L-1)]K^{-1} + \cdots \approx 1 - (m+L-1)K^{-1}$$

进一步

$$w_m \approx \frac{Lk_2}{V}\frac{m}{K}\left[1-(m+l-1)K^{-1}\right] = mv_{\max}\left[K^{-1}-(m+L-1)K^{-2}\right]$$

另一方面

$$v_{\max}\frac{m}{m+(K+L-1)} = mv_{\max}\frac{1}{K}\frac{1}{1+\frac{m+L-1}{K}} \approx mv_{\max}\frac{1}{K}\left[1-\frac{m+L-1}{K}\right]$$

这些分析表明(7.3.4)成立.

2. 单节点的概率分布

在代谢通路中，底物分子的数目并不是固定的. 这些分子从环境里被合成或输入，同时被转化成产物. 我们考虑底物分子的流是以速率为 c 的 Poisson 过程. 这些分子以由(7.3.4)所确定的速率 w_m 来转化成产物分子. 注意底物分子的数目现在是波动的. 问在静态处 m 个底物分子的概率是什么？相应于这一过程的主方程的解为

$$\pi(m) = \binom{m+K+(N_E-1)}{m}(1-z)^{K+N_E}z^m \tag{7.3.5}$$

这里 $z = c/v_{\max}$. 事实上，活性有机体内的代谢反应能够被描述为底物分子的一个进入流的通量，它能被以速率为 c 的 Poisson 过程形成输出流所特征化. 以下，c 简称为入流. 为了找出具有 m 个底物分子的概率，主方程为

$$\frac{d}{dt}\pi(m) = \left[c(a-1)+(\hat{a}-1)w_m\right]\pi(m)$$

$$= c[\pi(m-1)-\pi(m)] + [w_{m+1}\pi(m+1)-w_m\pi(m)] \tag{7.3.6}$$

这里定义了向后平移算子 a 和向前平移算子 $\hat{a}$，即对任意函数 $h(n)$，满足 $ah(n) = h(n-1)$，$ah(0) = 0$，$\hat{a}h(n) = h(n+1)$. (7.3.6)中的第一项是流入，第二项是生化反应. 注意到(7.2.6)的静态解为

$$\pi(m) \sim \frac{c^m}{\prod_{k=1}^{m}w_k} \tag{7.3.7}$$

除一个规范化常数外. 这是因为

$$c\left(\frac{\pi(m-1)}{\pi(m)}-1\right)+\left(\frac{\pi(m+1)}{\pi(m)}w_{m+1}-w_m\right)=c\left(\frac{w_m}{c}-1\right)+\left(\frac{c}{w_{m+1}}w_{m+1}-w_m\right)=0 \quad (7.3.8)$$

利用 $w_m \approx v_{\max}\frac{m}{m+K+NE-1}$ 知，概率 $\pi(m)$ 具有(7.3.5)的形式(只要把(7.3.5)代入(7.3.8)的左边，经验证它为零). 正如所期望的，静态解仅对 $c \leqslant v_{\max}$ 才存在. 记静态平均为 $\langle x_m \rangle = \sum_m x_m \pi(m)$. 若 $s = \langle m \rangle$，那么输出流等于输入流的条件是

$$c = \langle w_m \rangle = v_{\max}\frac{s}{s+(K+N_E)} \quad (7.3.9)$$

注意 $[S] = s/V$. 通过比较这种微观导出的流的密度关系和 MM 关系(7.3.2)知，当 $K_M = (K+N_E)/V$ 时，这两者是等同的. 注意到 MM 常数的这种微观导出形式与从质量行为所导出的普通形式 $K_M = K/V$ 相差量 $[E] = N_E/V$. 然而，对典型的代谢反应，$K_M \sim 10-1000\mu M$，而在一个细菌细胞(其大小 $\approx 1\mu M$)内，$[E]$ 并不超过 1000 分子. 这样一来，两个表达式的值差别并不太大.

通过以下噪声指标来特征化静态处底物浓度的变化

$$\eta_s^2 = \frac{\sigma_s^2}{s^2} = \frac{v_{\max}}{c(K+N_E)} \quad (7.3.10)$$

这里 σ_s^2 是分布 $\pi(m)$ 的方差. 因为 $c \leqslant v_{\max}$，并随 s 接近 1 而增加，η_s 随平均占有量而减少，且 $\eta_s \leqslant 1/\sqrt{K+N_E}$. 一般地，当反应被高度关联的小数目的酶(如低的 K 和 N_E)所催化时，可获得大的噪声.

7.3.2 线性通路

1. 定向通路

现在转向定向代谢通路的分析，这里进来的底物分子流通过一系列酶反应转化成产物流. 典型地，这种通路涉及大约以 10 为阶个反应，每个反应都以前面一步反应的产物为反应物，并不断地生成副产物(如 ATP 或水分子). 这些副产物的量在细胞内很丰富(但它们的波动可以忽略). 作为例子，我们用图 7.3.1 表示 E.coli 的色氨酸合成通路. 在此通路中，分支酸的输入流通过六个定向反应和一些副产物的辅助作用转化成色氨酸的输出流.

线性通路包括底物 S_1 的输入流以及一系列通过酶 E_i 转化底物 S_i 到 S_{i+1}(其速率为 $w_{mi}^{(i)} = v_i m_i/(m_i+K_i-1)$)的反应. 记中间物 S_i 的分子数目为 m_i，底物用 m_1 表示，而末端产物用 m_L 表示. 上标 (i) 显式地表明描述酶反应 $S_i \to S_{i+1}$ 的参数 $v_i = k_2^{(i)} N_E^{(i)}$ 和 $K_i = K^{(i)} + N_E^{(i)}$ 对不同的反应可以是不同的.

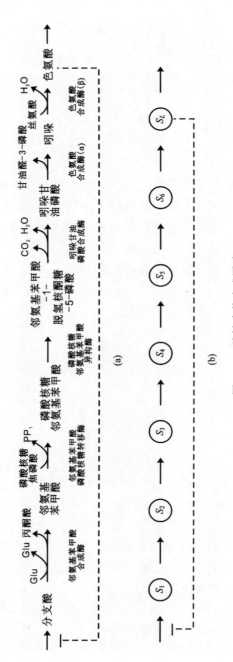

图 7.3.1 线性生物合成通路

(a) *E.coli* 的色氨酸合成通路;(b)定向通路模型,虚线描述末端产物的抑制

通路的静态完全由具有中间产物 S_i 的 m_i 个分子的联合概率 $\pi(m_1,m_2,\cdots,m_L)$ 描述. 令人惊奇的是, 这种静态分布精确地是各个边缘分布的乘积, 即

$$\pi(m_1,m_2,\cdots,m_L) = \prod_{i=1}^{L} \pi_i(m_i) \quad (7.3.11)$$

这里 $\pi_i(m_i)$ 满足(7.3.5)(但用 K_i 代替 $K+N_E$, $z_i=c/v_i$ 代替 z). 事实上, 相应的主方程为

$$\frac{d\pi}{dt} = \left[c(a_1-1) + \sum_{i=1}^{L-1}(\hat{a}_i a_{i+1}-1)w_{m_i}^{(i)} + (\hat{a}_L-1)w_{m_L}^{(L)} \right]\pi \quad (7.3.12)$$

它是(7.3.6)的一般化. 第一项是底物的输入流 c, 最后一项是末端产物的流. 为了求解(7.3.12)的静态解, 插入解的形式 $\pi(m_1,m_2,\cdots,m_L)=\prod g_i(m_i)$, 导致

$$c\left[\frac{g_1(m_1-1)}{g_1(m_1)}-1\right] + \sum_{i=1}^{L-1}\left[w_{m_i+1}^{(i)}\frac{g_i(m_i+1)g_{i+1}(m_{i+1}-1)}{g_i(m_i)g_{i+1}(m_{i+1})} - w_{m_i}^{(i)}\right]$$
$$+ \left[w_{m_L+1}^{(L)}\frac{g_L(m_L+1)}{g_L(m_L)} - w_{m_L}^{(L)}\right] = 0 \quad (7.3.13)$$

受到(7.3.6)解的启示, 选取 $g_i(m) = c^m / \prod_{k=1}^{m} w_k^{(i)}$. 对于这种选取, 有 $g(m+1)/g(m) = c/w_{m+1}$, $g(m-1)/g(m) = w_m/c$. 能够直接验证

$$c\left(\frac{w_{m_1}^{(1)}}{c}-1\right) + \sum_{i=1}^{L-1}\left(w_{m_{i+1}}^{(i+1)} - w_{m_i}^{(i)}\right) + \left(c - w_{m_L}^{(L)}\right) = 0 \quad (7.3.14)$$

最后, 对所选取的 $g_i(m)$, 用 MM 速率 $v_i m_i/(m_i+K_i)$ 来代替 $w_m^{(i)}$, 有 $g_i(m)=\pi_i(m)$, 即得(7.3.11).

这一结果表明, 在静态处, 中间产物的分子数目在统计意义上独立于其他底物的分子数目. 这种结果曾经以排队网络和质量传送系统的内涵获得, 但这里是以代谢网络的内涵获得, 因此, 它们之间具有类比性.

由于通路中不同的代谢物于静态处在统计意义上是不相关的, 因此, 对通路上的每个节点, 平均 $s_i=\langle m_i \rangle$ 和噪声指标 $\eta_{si}^2 = c^{-1}v_i/K_i$ 能够由(7.3.10)确定. 每个底物的平均浓度和波动仅依赖于下游酶的性质, 这是这种模型中去耦合性质的有趣结果. 若静态流 c 在整个通路上是常数, 那么参数 v_i 和 K_i 可以由酶的拷贝数和运动性质对每个反应分别地设置(假定 $c<v_i$ 的话). 因此, 对中间产物是有毒的情形来说, 调整酶的性质可以用更大平均的代价来减少它浓度的波动. 为了描述不

同代谢物间的无关联性,我们检查静态波动对酶的量$[E_1]$上 5 倍增加的响应. 典型地,酶的量的时间尺度改变远远超过酶反应的变化. 因此,酶的量的改变可以考虑为拟静态过程. 图 7.3.2(a)显示了不同代谢物的噪声指标,其中第一个节点的噪声被减少到一个 5 倍的酶的量$[E_1]$,这时在其他节点的波动并不都受影响.

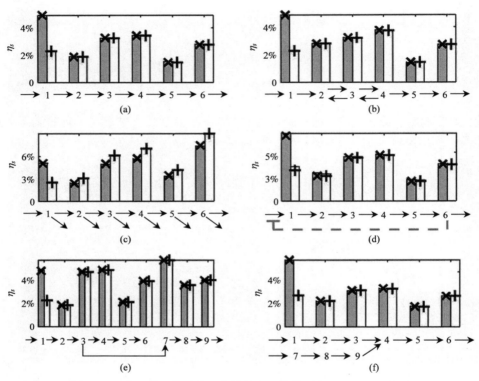

图 7.3.2 对于不同的通路,代谢物分子数的噪声($\eta_s = \sigma_s/s$)效果

(a)定向通路,这里无关联性质是精确的;(b)具有两个可逆反应的定向通路. 对于这些可逆反应, $v_{3,4}^+ = 8.4, 6.9c$, $v_{3,4}^- = 1.6, 3.7c$, $K_{3,4}^+ = 2500, 8000$, $K_{3,4}^- = 7700, 3700$; (c) 代谢物的线性稀释,这里 $\beta/c = 1/100$; (d)末端产物抑制,这里流的速率是 $\alpha = c_0 \left[1 + (m_L/K_I) \right]^{-1}$, $K_I = 1000$; (e)发散通路,这里代谢物 4 分别由两个酶(不同的关系 $K^I = 810$, $K^{II} = 370$)进入到代谢物 5 和 7 来处理;(f)收敛通路,这里两个独立的 3 反应通路(流 c 和 $c' = c/2$)来产生相同的产物 S_4

2. 可逆反应

对定向通路,静态分布(7.3.11)的简单形式能够被用作开始点,从而获得具有更精细特征的代谢网络的额外结果. 下面通过例子来说明这方面的应用. 在许多通路中,某些反应事实上是可逆的,这样一来,代谢物 S_i 以速率 $v_{\max}^+ m_i/(m_i + K_i^+)$

被转化成 S_{i+1}，或以速率 $v_{\max}^- m_i/(m_i + K_i^-)$ 被转化成 S_{i-1}. 我们能够显示出: 假如两个速率的比是独立于常数 m_i 的，如 $K_i^+ = K_i^-$，那么(7.3.9)精确地成立. 在静态概率是由(7.3.5)给出的情形，对于局部事件，有

$$v_i^+ z_i - v_{i+1}^- z_{i+1} = c \tag{7.3.15}$$

这仅是个简单的事实，即总流量是通路方向上的局部事件和反方向上的事件的差.

一般地，$K_i^+ \neq K_i^-$，然而，在下列情形时，我们希望分布通过产物测量来近似地给出：(1) $K_i^+ \approx K_i^-$；(2)两个反应处在零阶区域内，即 $s \gg K_i^\pm$；(3)两个反应处在线性区域内，即 $s \ll K_i^\pm$. 在情形(3)，(7.3.14)应改写为

$$\frac{v_i^+}{K_i^+} z_i - \frac{v_{i+1}^-}{K_{i+1}^-} z_{i+1} = c \tag{7.3.16}$$

它仅给出一个窄的区域 ($s_i \sim K_i$)，这里产物的测量并不可应用. 我们数值地测试这种预测. 从图 7.3.2(b)看到，在噪声指标的差别仅存在于第一个节点，在其他节点处，噪声指标的计算值与基于产物测量(符号)的预测值相一致. 相似的无关联性对参数的 100 个不同的随机选取和对小于 10 倍的 K_i 的 100 种不同选取也成立.

3. 中间物的稀释

前面的分析忽视了由于细胞生长而导致中间产物的分解代谢或稀释，这使得流量在整个通路中是一个保守量，因此是流平衡分析的基础. 在流并不是保守的情形，通过允许粒子以速率 u_m 降解，也能够一般化上述分析的结果. 例如，假定在酶反应的顶端，底物遭受有效线性降解，即 $u_m = \beta m$，这包括了由于生长而导致的稀释效果，此时 $\beta = \ln 2/(\tau)$，这里 τ 表示平均细胞分裂时间，也包括了细胞外漏的效果. 同前面的分析，首先考虑单节点的动力学，这里代谢物以速率 c_0 来随机产生. 对于微观过程(包括 u_m)，可直接一般化主方程，并以相同的方式来求解. 结果发现底物池大小的静态分布是

$$\pi(m) = \frac{1}{Z}\binom{m+K-1}{m}\frac{(c_0/\beta)^m}{(v/\beta + K)_m} \tag{7.3.17}$$

这里 $(a)_m \equiv a(a+1)\cdots(a+m-1)$ (Pochhammer 符号). $\pi(m)$ 的这种形式能允许我们容易从分配函数 Z 来计算分子数的矩. 由于 Z 是平衡统计力学，即 $s = \langle m \rangle = c_0(\mathrm{d}Z/\mathrm{d}c_0)$，因此输出流为 $c = c_0 - \beta s$. 利用 Z 能够以超几何分布函数的形式来显式地写出，即

$$Z(a,b;x) = \frac{\Gamma(b)}{\Gamma(b-a)\Gamma(a)} \int_0^1 e^{xt} t^{a-1}(1-t)^{b-a-1} dt,$$

它是 Kummer 方程

$$x\frac{d^2 Z}{dx^2} + (b-x)\frac{dZ}{dx} - aZ = 0$$

的解, 并有展开

$$Z(a,b;x) = \sum_{k=0}^{\infty} \frac{(a)_k}{(b)_k} \cdot \frac{x^k}{k!}.$$

我们发现, 噪声增长指标为 $\eta_s^2 \approx v/(Kc_0) + \beta/c_0$, 相应的分布显示在图 7.3.3 中.

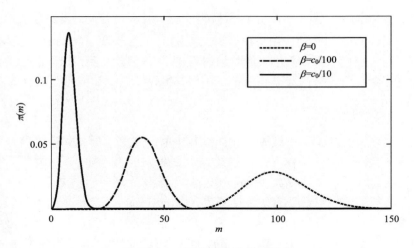

图 7.3.3　一个代谢物的静态分布

该静态分布经历酶反应(其速率为 $w_m = vm/(m+K-1)$)和线性降解(速率为βm), 这里 $K=100$, $v=2c_0$

一般化上面的结果到定向通路, 需要 β, $v_{\max}$ 和 K 是依赖于 i 的. 非耦合性质(7.3.11)在非保守情形并不一般地成立. 然而, 此时静态分布仍然可通过(7.3.17)的单代谢产物函数 $\pi_i(m)$ ($c_0/\beta \to c_{i-1}/\beta_i$)的乘积来很好地近似. 这可被数值模拟所获得的噪声指标和由产物测量 Ansatz 所获得的分析结果很好地一致来支持, 如图 7.3.2(c). 此时, 第一个酶水平的改变传播到下一个节点, 但这并不是噪声传播的效果, 因为不同节点的平均流 $\langle c_i \rangle$ 已经受影响了.

注 为了描述漏的效果, 我们用相对巨大的外漏的参数值(它是流的 20%)进行模拟, 这种情况比遇到的典型漏(如由细胞增长所调节的稀释)还要大很多, 但我们认为由于细胞生长引起的泄露带来的其他噪声传播效果没有多大实际意义.

7.3.3 相互作用的通路

细胞中的代谢网络可由不同拓扑结构的通路组成. 尽管线性通路有很多, 但是我们也会发现环路通路(如 TCA 环路)、收敛通路、发散通路等. 这些通路可以认为是相互作用的线性通路的组合. 由于通过中间代谢物或末端产物使酶活性出现变构调控, 因此导致另一层相互作用. 那么, 在什么程度上线性通路的结果可以应用到这些更复杂的网络上去? 下面对常见的几种情况来讨论这一问题. 为简化分析, 仅考虑定向通路, 并抑制稀释或泄露的效果.

1. 环路型通路

首先讨论环路型通路, 这里代谢物 S_L 由酶 E_L 转化成 S_1. 借用队列网络和质量转移模型的结果, 注意到描述线性定向通路的解耦性质(7.3.11)对环路通路也精确地成立. 这一结果是出人意外的, 主要是由于上述分析中进入流的 Poisson 性质已失去.

在孤立环的情形, 代谢物的总浓度 s_{tot}(并不是流)是预先决定的. 此时, 流 c 由下列方程的解来给出

$$s_{\text{tot}} = \sum_{i=1}^{L} s_i(c) = \sum_{i=1}^{L} \frac{cK_i}{v_i - c} \tag{7.3.18}$$

注意到这一方程对于小于所有 v_i 的正 c 总是满足的. 对于被耦合到网络的其他分枝的环路, 流可以由进入或退出环路的代谢物所支配, 此时, 流平衡分析将能确定 z_i 进而确定后来的概率分布.

2. 末端产物的抑制

许多生物合成通路由负反馈耦合构成, 这里末端产物抑制通路里的第一个反应, 或抑制它的先驱体的传送(如图 7.3.1 中的虚线). 以这种方式, 当末端产物生成时, 流的量就减低. 在分枝通路里, 这可以通过调节从分枝点开始的最近邻下游反应的调控酶来完成, 从而导引流的某些部分朝向另外一条通路.

为了研究末端产物抑制的效果, 考虑进入通路的内流抑制. 细化地, 我们模拟底物分子通过随机过程来达到通路的概率, 它被速率 $\alpha(m_L) = c_0[1+(m_L/K_I)^h]^{-1}$ 所特征化, 这里, c_0 是由媒介或细胞质里底物的可利用性所决定的最大流, m_L 是末端产物 S_L 的分子数, K_I 是第一个酶 E_0 和末端产物 S_L 之间相互作用的解离常数, h 是描述 E_0 和 S_L 之间相互作用的协作性 Hill 系数. 因为 m_L 本身是随机变量, 因此输入流由明显非 Poisson 的、非平凡随机过程来描述.

静态流现在变成

$$c = \langle \alpha(m_L) \rangle = c_0 \left\langle \left[1+(m_L/K_I)^h\right]^{-1} \right\rangle \tag{7.3.19}$$

对流 c 而言，这是一个隐式方程，因为 c 通过分布 $\pi(m_1,\cdots,m_L)$ 也呈现在右端.

通过在反馈调控的通路和环路型通路之间进行对比，我们猜想前者中的代谢物应是有效无关的. 在流入的速率 $\alpha(m_L)$ 和流出的速率 w_{m_L} 之间的比不依赖于 m_L 时，期望这种近似效果更好. 在这种假定下，由乘积测量来近似分布函数，并用(7.3.5)给出的单节点分布确定其形式. 注意到保守流依赖于处理最后反应的酶的性质，一般应受控制代谢波动的影响. 这些波动在平均流水平上的传播遍及整个通路，正如由大的控制系数所特征化的节点情形. 应用这种近似，(7.3.19)能够自封闭地求解，获得 $c(c_0)$，如 $h=1$ 所对应的(7.3.15).

利用类似于环路通路的乘积度量分布推导精确结果的方法，我们猜想甚至在末端产物抑制的情形，分布函数仍然能够被乘积度量(具有由(7.3.5)给出的单节点分布的形式)来近似. 流 c 通过概率函数 $\pi(m)$ 的右端而进入平均的计算. 关于 c 求解这一方程来支持静态流，由此决定所有中间物的平均占据和标准差. 为了证实这种猜想的正确性和说明它的应用，考虑 $h=1$ 的情形，此时，求和可得

$$c = \sum_{m_L=0}^{\infty} c_0 \left[1+(m_L/K_I)^h\right]^{-1} \pi_L(m_L) = c_0 (1-z)^{K_L} F_2(K_I, K_L; K_I+1; z) \tag{7.3.20}$$

这里 $z = c/v_L$，F_2 是超几何分布函数. 这一方程可被数值地求解，对某些 K_I 和 K_L，结果如图 7.3.4(a)所示. 注意到，基于乘积度量的预测(图中的线)和数值模拟(圆圈)很好地一致. 从(7.3.20)所获得的结果能够用来比较通过噪声通路流动的流和平均场流 c_{MF}(忽视 m_L 的波动)，由此可得

$$c_{MF} = \frac{c_0}{1+(s_L/K_I)^h} \tag{7.3.21}$$

分数差 $\delta c = (c - c_{MF})/c_{MF}$ 被绘在图 7.3.3(b)中. 结果显示，末端产物的数目波动总是增加通路中的流，这是因为总是有 $\delta c > 0$. 定量地，这种增加能够是几个百分比. 对于大的 c_0，通过应用超几何分布函数的渐近表达能够导出一个简化的表达. 例如，当 $K_I < K_L$ 时，有

$$(1-z)^{K_L} F_1(K_I, K_L; K_I+1; z) \approx \frac{v_L K_L}{1+K_L-K_I} \tag{7.3.22}$$

它支持

$$\frac{c-c_{MF}}{c_{MF}} \approx \frac{1}{K_I}\frac{v_L}{c_0} \tag{7.3.23}$$

于是,末端产物的波动对流的效果被抑制子的更强结合(或更小的 K_I)所增强. 我们指出, 从 Monte-Carlo 模拟来获得这些预测是相当困难的.

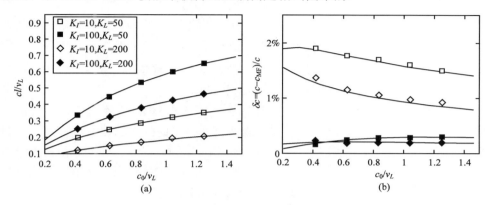

图 7.3.4 末端产物抑制的通路

流的速率采用 $c_0/(1+M_L/K_L)$,静态满足(7.2.15),且 h=1. (a)(7.2.16)的数值结果(线)和 Monte-Carlo 模拟结果(符号)的比较, 这里参数值是随机选取的, 但 $100 < K_i < 1000$, $c < v_i < 10c$, $v_L = 2.4c$; (b)忽视波动并对流采取平均场近似

我们发现这种解和数值解很好地一致, 如图 7.3.4(a). 一旦增加第一个节点酶水平的 5 倍, 通过比较每个节点的噪声指标, 可进一步细察乘积度量近似的性质. 图 7.3.2(c)清楚地显示出改变酶水平的效果并不传播到其他节点. 尽管能够精确地预测每个节点的流和平均代谢物, 但是我们发现, 基于乘积度量的预测低估了噪声指标高达 10%(比较图中的棒和符号). 对这种情况, 代谢物间的关联存在, 但不占主导. 所以从无关联假定导出的分析表达是有用的, 如图 7.3.4(b).

3. 发散通路

许多代谢物是几种通路的共用底物, 此时, 不同的酶能够结合到底物; 每个酶异化不同通路中的第一个反应. 这能够以下列方式模拟: 允许代谢物 S_i 以速率 $w_{m_i}^{\mathrm{I}} = v^{\mathrm{I}} m_i/(m_i + K^{\mathrm{I}} - 1)$ 转化成 S_1^{I}, 或以速率 $w_{m_i}^{\mathrm{II}} = v^{\mathrm{II}} m_i/(m_i + K^{\mathrm{II}} - 1)$ 转化成代谢物 S_1^{II}, 参数 $v^{\mathrm{I,II}}$ 和 $K^{\mathrm{I,II}}$ 特征化两种不同的酶.

类似于可逆反应的情形, 仅当 $w_{m_i}^{\mathrm{I}}/w_{m_i}^{\mathrm{II}}$ 是一个常数且独立于 m_i, 或等同地, $K^{\mathrm{I}} = K^{\mathrm{II}}$, 静态分布由乘积度量精确地给出, 否则, 我们指望它在可替代的情形(如可逆通路)才成立.

考虑一个单分枝点的定向通路, 分布(7.3.5)精确地描述了分枝点上游的所有节点. 在分枝点处, 用 $w_m = w_m^{\mathrm{I}} + w_m^{\mathrm{II}}$ 代替 w_m, 从而获得分布函数

$$\pi(m) = \frac{c^m}{Z} \frac{\left(K^{\mathrm{I}}\right)_m \left(K^{\mathrm{II}}\right)_m}{m!\left(\left(K^{\mathrm{I}}v^{\mathrm{II}} + K^{\mathrm{II}}v^{\mathrm{I}}\right)/\left(v^{\mathrm{I}} + v^{\mathrm{II}}\right)\right)_m} \tag{7.3.24}$$

从这种分布能够获得朝下两条分枝通路的每一条通路前进的流, 即 $c^{\mathrm{I,II}} = \sum w_m^{\mathrm{I,II}} \pi(m)$. 两支流均依赖于酶的性质, 因此, 两条通路在分枝点处相互影响. 而且, 在分枝点处的波动传播到已在平均流水平上的分枝通路, 这和分枝节点期望由高度控制的系数所特征化的事实相一致.

尽管上游的不同代谢物(包括分枝点)是无关联的, 但这并不对两个分枝的代谢物精确地成立. 尽管如此, 由于这些通路仍然是定向的, 因此, 我们进一步猜想在两条分枝通路的代谢物仍然能由概率分布(7.3.5)独立地描述, 且 c 由相关分枝的流给出, 如(7.3.24)计算给出的. 的确, 图 7.3.2(e)的数值结果强烈地支持这一猜想. 我们发现, 上游通路里代谢物的噪声性质的改变并不传播到分枝中去.

4. 收敛通路

(1) 组合流. 下一步检查两个独立通路导致相同产物(P)的合成的情形, 例如, 氨基酸糖胶(glycine)是两条(非常短)通路的产物: 一条用作苏氨酸(threonine), 另一条丝氨酸(serine)用作祖先, 如图 7.3.5(a). 仅依靠定向反应, 组合通路中的不同

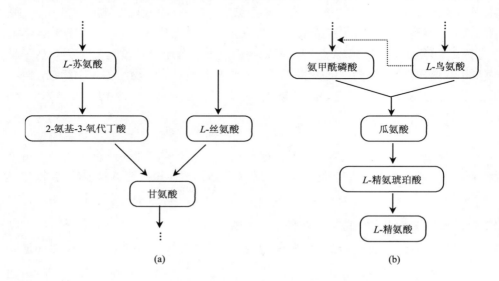

图 7.3.5 收敛通路

(a)糖胶在两个相互独立的通路中合成; (b)瓜氨酸从两条通路的产物中合成

代谢物,即两条通路产生 P 和异化 P 的通路,保持未耦合. 看清这一点的最简单的方式是注意到描述 P 的合成过程(它是两个 Poisson 过程的和)仍然是一个 Poisson 过程. 异化 P 的通路因此是统计意义下相同的孤立通路,这里,输入流是两个上游通路流的和. 更一般地,这一过程的 Poisson 性质需要不同的通路来跳跃或从共同的代谢物池中获得(但没有产生复杂关联).

(2) 具有两个波动底物的反应. 像上面所提到的,生物合成通路中的某项反应涉及若干副反应,假定它们是丰富的(因此处在一个常数水平上). 现在简单地讨论这种情况是失败的情形. 假定两条线性通路的两个产物是一个反应的祖先,例如,在精氨酸合成通路的情形,L-鸟氨酸通过鸟氨酸-氨酸甲醛转移酶生成瓜氨酸和氨酸甲醛-磷酸相结合,如图 7.3.5(b). 在流平衡模型里,两个底物的网络流必须等于取得的静态,这里,宏观 MM 流采取形式

$$c = v_{\max} \frac{[S_1][S_2]}{(K_{M1}+[S_1])(K_{M2}+[S_2])} \tag{7.3.25}$$

其中 $[S_{1,2}]$ 是两个底物的静态浓度, $K_{M1,2}$ 是 MM 常数. 然而,流平衡对具有两个自由度的系统仅提供一个限制.

事实上,这种反应并不展示出任何静态. 为看清这一点,考虑两个底物池的典型时间演化,如图 7.3.6. 假定两个底物的某一时间序列(如 S_1)和平衡常数相比是高分子数,即 $m_1 \gg K_1$. 此时,产物合成速率并不受 m_1 的精确值所影响,它近似为 $v_{\max} m_2/(m_2 + K_2)$. 于是, S_2 的数目 m_2 能够由上面分析的单底物反应描述, 这里 m_1 表演随机行走(在弱对数潜能的影响下),它在某一时刻 τ 后返回到和 K_1 可比较的值. 然后,又在一个短的暂态后,两个底物中的一个将变成无穷,且系统返回到上面描述的情形. 此时,或许两个底物已改变了角色,依赖于 K_1 和 K_2.

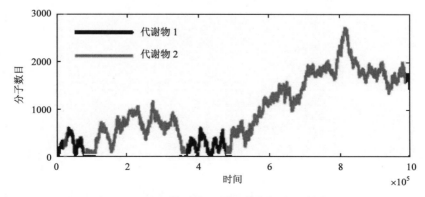

图 7.3.6 由 Gillespie 算法获得的两个底物酶反应的时间过程

这里考虑了两种底物,且 $c = 3t^{-1}$, $k_+ = 5t^{-1}$, $k_- = 2t^{-1}$, t 是任意时间单位

重要的是，对于时间 τ（在此时间内，底物中的一个处在饱和浓度中，这里 τ 充分大）的概率尺度为 $\tau^{-3/2}$，在此时间内，底物池可能增加到阶 $\sqrt{\tau}$. τ 没有有限平均的事实蕴涵着这种反应没有静态. 由于任何底物的聚集都可能是有毒的，细胞必须提供某些其他机制来限制这些波动. 这解释了以下事实：对于在精氨酸双合成通路里，L-鸟氨酸是氨酸甲醛-磷酸合成的增强子，如图 7.3.5(b) 中的虚线.

相对地，假如两个代谢物经历线性降解，那么静态总是存在的，因为这种降解过程阻止无限聚集. 然而，一般情况下，我们希望酶反应控制整个降解，此时，类似于上面所描述的，两个底物相同的流入导致大的波动.

7.4 基因调控过程中的噪声传播

2.4 节已经讨论了双物种基因表达过程中的噪声，利用线性噪声逼近方法给出了两个物种所对应的分子噪声的分析表达. 假如把第一个物种分子看成输入信号，第二个物种看成输出信号，那么有关分析结果实际刻画出双物种情形时噪声传播的规律.

关于基因调控过程中的噪声传播规律，大部分的工作是属于 Paulsson 的. 下面再给出一个例子来说明基因调控过程中的噪声传播. 不同于 2.4 节中双物种基因表达过程中噪声的讨论，这里考虑多步反应，即考虑 mRNA 的降解过程.

假定 mRNA 在最后降解之前，经历一系列状态以常数速率衰退的过程. 假如这一过程是经过一系列相同的指数衰竭，相应的中间产物寿命满足 Gamma 分布，即 $P_{\text{Gamma}}(x) = \dfrac{x^{\alpha-1}\exp(-x/\theta)}{\Gamma(\alpha)\theta^{\alpha}}$，这里 $\alpha = \eta_t^{-2}, \theta = \dfrac{\langle t \rangle}{\alpha}$. 这相当于若 x_1 表示每个细胞"新诞生"的转录数目，那么经历如下一系列转化过程

$$\text{转录} \to X_1 \to X_2 \to \cdots \to X_n \to \text{退化} \tag{7.4.1}$$

此时，mRNA 的随机跳跃为

$$\begin{aligned}
& x_1 \xrightarrow{\lambda_1} x_1 + 1 \\
& \{x_i, x_{i+1}\} \xrightarrow{\beta_1 x_1} \{x_i - 1, x_{i+1} + 1\}, \quad 0 < i < n \\
& x_n \xrightarrow{\beta_n x_n} x_n - 1
\end{aligned} \tag{7.4.2}$$

反过来，对于每个细胞的蛋白质数目（为方便，记为 x_{n+1}），用反应

$$x_{n+1} \xrightarrow{\lambda_2 \sum_{i=1}^{n} x_i} x_{n+1} + 1, \quad x_{n+1} \xrightarrow{\beta_2 x_{n+1}} x_{n+1} - 1 \tag{7.4.3}$$

描述. 因此，平均浓度满足

$$\frac{\mathrm{d}}{\mathrm{d}t}\langle x_1 \rangle = \lambda_1 - \beta_1 \langle x_1 \rangle$$

$$\frac{\mathrm{d}}{\mathrm{d}t}\langle x_{i+1} \rangle = \beta_1 (\langle x_i \rangle - \langle x_{i+1} \rangle), \qquad 0 < i < n$$

$$\frac{\mathrm{d}}{\mathrm{d}t}\langle x_{n+1} \rangle = \lambda_2 \sum_{i=1}^{n} \langle x_i \rangle - \beta_2 \langle x_{n+1} \rangle \tag{7.4.4}$$

由对称性知，mRNA 的寿命和它不同变形的静态平均为

$$\langle x_i \rangle = \frac{\lambda_1}{\beta_1}, \qquad \tau_i = \frac{1}{\beta_1} \tag{7.4.5}$$

其中 $0 < i \le n$. 假如定义总 mRNA 的量为 $m = \sum_{k=1}^{n} x_k$，那么

$$\langle m \rangle = \lambda_1 \tau_0, \qquad \tau_m = n/\beta_1 \tag{7.4.6}$$

(因为有类比 $\langle x_i \rangle = \lambda_1 \tau_i$). 动力学的对称性和复合变量 x_0 升起简单的漂移和扩散矩阵 M 和 D. 为简化，记每个细胞的蛋白质分子的数目为 $x_{n+1} = p$. 假如 mRNA 在最后降解之前经历 n 个变形，那么 $(n+1) \times (n+1)$ 矩阵 $M = \left(F_{ij} \langle x_j \rangle / \langle x_i \rangle \right)$ 为

$$M_{i,i} = \frac{n}{\tau_m}, \qquad M_{i+1,i} = \frac{n}{\tau_m}, \qquad M_{n+1,i} = \frac{1}{n\tau_p}, \qquad 1 \le i \le n$$

$$M_{n+1,n+1} = \frac{1}{\tau_p}, \qquad M_{i,j} = 0, \qquad 其他 i 和 j \tag{7.4.7}$$

而扩散矩阵 $D = \left(\gamma_{ij} / (\langle x_i \rangle \langle x_j \rangle) \right)$ (这里 γ_{ij} 可由(7.4.2)和(7.4.3)直接写出)为

$$D_{i,i} = \frac{2}{\tau_i} \frac{1}{\langle x_i \rangle} = \frac{2}{\tau_m} \frac{n^2}{\langle m \rangle}, \qquad D_{i+1,i} = D_{i,i+1} = -\frac{1}{\tau_i} \frac{1}{\langle x_i \rangle} = \frac{1}{\tau_i} \frac{n^2}{\langle m \rangle}, \qquad 1 \le i \le n$$

$$D_{n+1,n+1} = \frac{-\beta_i \langle x_i \rangle}{\langle x_i \rangle \langle x_{i+1} \rangle} = -\frac{1}{\tau_m} \frac{n^2}{\langle m \rangle}, \qquad D_{i,j} = 0, \qquad 其他 i 和 j \tag{7.4.8}$$

代入 Lyapunov 矩阵方程，可得蛋白质的噪声强度

$$\frac{\sigma_p^2}{\langle p \rangle^2} = \frac{1}{\langle p \rangle} + \frac{1}{\langle m \rangle} \times \left[1 + \frac{\tau_p}{\tau_m} \left(\left(\frac{n\tau_p}{\tau_m + n\tau_p} \right)^n - 1 \right) \right] \tag{7.4.9}$$

让蛋白质是确定性的且反应是非常快的，那么可以利用矩阵指数来计算规范化的

自关联函数 $A(t) \equiv \text{cov}(x_i(t'), x_j(t'+t))/(\langle x_i(t')\rangle x_j(t'+t)) = \eta\exp(-tM)$. 由于矩阵 M 和 D 的左上 $n \times n$ 块具有双对角矩阵的结构,因此,mRNA 的规范化自关联函数为

$$\frac{A_m}{\sigma_m^2/\langle m\rangle^2} \equiv \frac{\langle m(t+t')m(t)\rangle}{\langle m(t)\rangle^2} = \frac{\exp(-nt/\tau_m)}{n}\sum_{j=0}^{n-1}(n-j)\frac{(nt/\tau_m)^j}{j!} \qquad (7.4.10)$$

这是一个指数函数乘以 $(n-1)$ 阶多项式. 定义自关联时间为规范化自关联函数的积分

$$\tau_{\text{auto}} = \int_0^\infty \frac{\exp(-nt/\tau_m)}{n}\sum_{j=0}^{n-1}(n-j)\frac{(nt/\tau_m)^j}{j!}\mathrm{d}t = \frac{n+1}{2n}\tau_m \qquad (7.4.11)$$

对 $n = 1$,自关联是以指数形式 $\exp(-t/\tau_m)$ 衰减的,且 $\tau_{\text{auto}} = \tau_m$. 然而,当寿命分布是狭窄的时候,有

$$\lim_{n\to\infty}\frac{\exp(-nt/\tau_m)}{n}\sum_{j=0}^{n-1}(n-j)\frac{(nt/\tau_m)^j}{j!} = 1 - \frac{t}{\tau_m}$$

$$\lim_{n\to\infty}\tau_{\text{auto}} = \frac{1}{2}\tau_m \qquad (7.4.12)$$

7.5 关于噪声传播的进一步讨论

7.5.1 格式化模块[19]

在信号转导和代谢等生物化学调控网络中存在大量基本的信号探测模块 (motif),这些模块中许多都是由酶促反应构成的,采用下列统一模式表示细胞内的酶促反应

$$X_1 + E_1 \xrightarrow{k_1} X_2 + E_1 \qquad (7.5.1)$$

信号转导网络中以酶为信号,产物为响应物,而代谢网络中作为信号的是底物,响应物也是酶促反应的产物(如图 7.5.1 所示). 这里主要考虑有着统一核心反应模式的两种不同网络在系统达到平衡态时的噪声传播机制. 另外,信号转导网络是通过响应蛋白和未响应蛋白的量的守恒关系以及推拉可逆过程来达到平衡的,而代谢网络是在以 Poisson 过程不断输入底物流和不断向下代谢的过程中达到一种流量平衡.

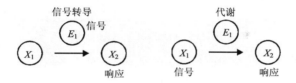

图 7.5.1 信号转导网络和代谢网络中信号和响应示意图

在信号转导网络中,主要关注酶与产物之间的波动关系,此时酶为信号而产物为响应;在代谢网络中,主要关注底物与产物之间的波动关系,此时底物为信号而产物为响应.数学模型推导以及理论与数值分析见下面的内容

在信号转导网络中,以蛋白激酶为信号,活性蛋白的表达量表示响应.非活性蛋白与活性蛋白构象之间的转换通过变构效应和共价修饰机理实现(图 7.5.2),其中蛋白磷酸化和去磷酸化是一种通过可逆共价修饰调节蛋白质活性的方式.在酶-底物化学修饰反应(即酶促反应)构成的生化网络中考虑激酶信号的波动对其所催化生成的活性蛋白的影响.基本的酶促反应可以用(7.5.1)式描述.这种简化反应的时间演化结果自然是酶将所有的底物 X_1 催化生成产物 X_2.当非活性蛋白和活性蛋白在可逆共价修饰调节下达到一种平衡时,我们量化分析平衡态处的噪声信号(蛋白激酶)和响应输出(活性蛋白)之间的波动关联性,即激酶与酶催化产物之间的波动关联性,也可用(7.5.1)式表示,此时需分析 E_1 和 X_2 的波动之间的关联性.

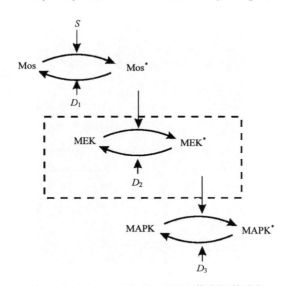

图 7.5.2 Mos/MEK/p42 MAPK 激酶级联反应

胞外信号 S 激活 Mos,活性 Mos 激活 MEK,活性 MEK 再激活 MAPK,活化的激酶还可以通过不同的磷酸酶 D_i ($i=1,2,3$)去除活性.这个级联反应的基本模块 (motif)是如虚线框中可逆的磷酸共价修饰作用部分:蛋白酶 X_1 (MEK)在激酶 E_1(活性 Mos,输入信号)的催化作用下转化成具有活性的蛋白质 X_2(MEK*,响应输出),X_2 再在磷酸酶的作用下去活性

相对地,在代谢网络中,几乎每一次代谢反应都是在酶的作用下进行. 以上游代谢中间物为信号,下游代谢中间物的表达量为响应. 代谢途径中典型的生化反应模块也具有模式(7.5.1)的酶促反应,这里 X_1 是一步代谢反应的底物,X_2 为产物,A_1 表示代谢转移速率. 我们分析底物 X_1 和酶催化反应的产物 X_2 在系统达到平衡态时的波动关联性. 进一步,X_2 可以作为下一步代谢反应的底物,我们分析 (7.5.1)式在系统达到平衡时 X_1 和 X_2 的波动之间的关联性,即底物与底物的波动关联性(注意,两步代谢反应可以看出是不同酶作用下的酶促反应).

7.5.2 信号转导网中波动的关联性

酶的可逆共价修饰是调节酶活性的重要方式,其中最重要最普遍的调节是对靶蛋白的磷酸化/去磷酸化,即细胞内信号转导网络中典型的推拉结构. 可逆的蛋白磷酸化过程涉及几乎全部重要的生化过程,是影响细胞功能的重要机制. 尤其是在细胞信号传递中,胞外信号通过胞内第二信使 PK 或 PP 发生变化,再影响信号传递途径中其他酶类或蛋白质的磷酸化水平,最终使细胞对外界信号做出相应的响应. 因此,可逆的蛋白磷酸化在信号传递系统对外界信号的级联放大反应中是很重要的一个环节. 例如,糖原分解代谢中通过对磷酸化酶活性的调节,细胞外只需要微量的激素就可引起胞内 cAMP 水平的显著升高,再通过磷酸化实现酶磷酸化,使其成为活性形式,并催化糖原分解. 在这一系列反应中,前一反应中的产物是后一反应中的催化剂,每次修饰就产生一次放大作用,且这种放大作用可以产生成千上万倍. 生物上已经可以测量这种酶放大信号的作用,我们用系统的方法来量化分析这种放大机理下的噪声传播机制.

细胞内分子数目的有限性,尤其是酶分子的量可以很小,使得细胞内的信号转导过程呈现出随机性. 当上游的信号(或激酶)包含随机性时,考虑这种噪声信号的传递情形,并用线性噪声逼近的方法估计这种噪声传播的量. 简化激酶的变化,即考虑这种变化满足一个简单的生灭过程,细胞内脱去磷酸化酶上的磷酸使其失活的磷酸酶具有特异性(不考虑其波动,而把它看作一个确定性的量). 则信号转导网络结构中的推拉结构的生化反应可以表示成(7.5.1)的形式,外加如下的生化反应

$$\varnothing \xrightarrow{c} E_1 \xrightarrow{\lambda} \varnothing, \quad X_2 + E_2 \xrightarrow{k_2} X_1 + E_2 \qquad (7.5.2)$$

这里 E_1, E_2, X_1, X_2 分别表示蛋白激酶、磷酸蛋白磷酸酶、不具有活性的蛋白酶和活化的蛋白酶. 这个过程的宏观确定性方程可以表示为

$$\frac{dE_1}{dt} = c - \lambda E_1, \quad \frac{dX_2}{dt} = A_1(E_1, X_T - X_2) - A_2(X_2) \qquad (7.5.3)$$

其中

$$A_1(E_1, X_1) = \frac{k_1 E_1 X_1}{K_1 + X_1} = A_1(E_1, X_2 - X_2) = \frac{k_1 E_1 (X_T - X_2)}{K_1 + (X_T - X_2)}, \quad A_2(X_2) = \frac{v_2 X_2}{K_2 + X_2}$$

是两个酶促反应的倾向函数, $X_T = X_1 + X_2$ 表示 X_1, X_2 的分子数总和, 设为常数. c, λ 分别是满足生灭过程的激酶信号 E_1 合成速率与降解速率, k_1 表示酶 E_1 的催化速率, v_2 表示(7.5.2)中第二个反应(即酶促反应)的最大速率, K_1, K_2 表示米氏常数. 记

$$\mu = -\partial\big(A_1(\langle E_1\rangle, \langle X_2\rangle) - A_2(\langle X_2\rangle)\big)/\partial X_2$$

$$\nu = \partial\big(A_1(\langle E_1\rangle, \langle X_2\rangle) - A_2(\langle X_2\rangle)\big)/\partial E_1, \quad \omega = A_1(\langle E_1\rangle, \langle X_2\rangle) = A_2(\langle X_2\rangle).$$

根据第 2 章的分析, 用确定性方程的定态解表示相应物种分子数在系统达到平衡态时的平均值. 活化的蛋白酶对激酶信号 E_1 的响应增益为

$$g = \partial \ln\langle X_2\rangle / \partial \ln\langle E_1\rangle = (\nu/\mu)\langle E_1\rangle/\langle X_2\rangle \tag{7.5.4}$$

根据线性噪声逼近理论, 先求解出 Lyapunov 矩阵方程(2.3.36)中的矩阵 Γ 和 Ξ, 分别为

$$\Gamma = \begin{bmatrix} -\lambda & 0 \\ \nu & -\mu \end{bmatrix} = \begin{bmatrix} -\lambda & 0 \\ \dfrac{k_1(X_T - \langle X_2\rangle)}{K_1 + (X_T - \langle X_2\rangle)} & -\dfrac{k_1\langle E_1\rangle K_1}{(K_1 + (X_T - \langle X_2\rangle))^2} + \dfrac{v_2 K_2}{(K_2 + \langle X_2\rangle)^2} \end{bmatrix}$$

$$\Xi = \begin{bmatrix} 2c & 0 \\ 0 & 2\omega \end{bmatrix} = \begin{bmatrix} c + \lambda\langle E_1\rangle & 0 \\ 0 & \dfrac{k_1\langle E_1\rangle(X_T - \langle X_2\rangle)}{K_1 + (X_T - \langle X_2\rangle)} + \dfrac{v_2\langle X_2\rangle}{K_2 + \langle X_2\rangle} \end{bmatrix}$$

代入方程(2.3.12), 可以求解协方差矩阵

$$C = \left\langle (X - \langle X\rangle)^{\mathrm{T}}(X - \langle X\rangle)\right\rangle = \begin{bmatrix} \dfrac{c}{\lambda} & \dfrac{\nu}{\lambda+\mu}\dfrac{c}{\lambda} \\ \dfrac{\nu}{\lambda+\mu}\dfrac{c}{\lambda} & \dfrac{\omega}{\mu} + \dfrac{\nu}{\mu}\dfrac{\nu}{\lambda+\mu}\dfrac{c}{\lambda} \end{bmatrix}$$

其中向量 $X = \{E_1, X_2\}$. 进一步, 可计算出 E_1 和 X_2 的噪声强度 η_1 和 η_2 以及它们之间规范化的波动关联系数 θ_{12}, θ_{21}, 分别为

$$\eta_1 = \sqrt{C_{11}}/\langle E_1\rangle, \quad \eta_2 = \sqrt{C_{22}}/\langle X_2\rangle, \quad \theta_{12} = \theta_{21} = C_{12}/(\langle E_1\rangle\langle X_2\rangle).$$

根据第 2 章的分析可知, 作为信号的激酶与响应的活化的蛋白酶在平衡态的波动

具有关联性. 更确切地, 在统一格式(7.5.1)中 E_1 与 X_2 具有关联性, 且规范化的关联系数为

$$\theta_{12} = \frac{\langle (E_1 - \langle E_1 \rangle)(X_2 - \langle X_2 \rangle) \rangle}{\langle E_1 \rangle \langle X_2 \rangle} = \frac{v}{\lambda + \mu} \frac{1}{\langle X_2 \rangle} \tag{7.5.5}$$

此外, 激酶在可逆的磷酸化共价修饰作用中起着催化剂的作用. 当激酶是一种噪声信号时, 激酶的波动可以传递到蛋白酶中, 且这种传播的噪声满足加和规则

$$\eta_2^2 = g \frac{1}{\langle X_2 \rangle} + g^2 \frac{\mu}{\lambda + \mu} \eta_1^2 \tag{7.5.6}$$

这种关系可以定量化上游的激酶波动对下游的磷酸化酶激酶的活性的影响.

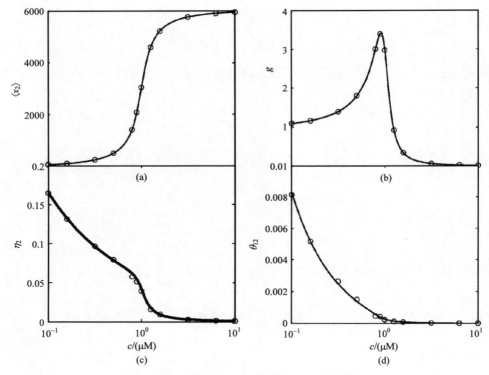

图 7.5.3 可逆的磷酸共价修饰作用调节酶的活性

这里假定激酶信号是一个生灭过程, 图中以激酶的生成率 c 为变化参数. (a) 活化的蛋白酶在平衡态时的平均分子数; (b) 活化的蛋白酶对激酶信号的增益; (c) 活化的蛋白酶在平衡态时的噪声强度, 粗实线表示理论分析的活性蛋白酶的噪声强度, 与噪声加和规则所预测的噪声强度相重合; (d) 平衡态时激酶和活性蛋白酶的波动关联系数. 图中的线表示理论分析结果, 圆圈表示 Gillespie 算法数值模拟结果. 数值模拟中参数取值为

$$K_1 = K_2 = 1\mu M, \lambda = k_1 = 1\mu M \cdot s^{-1}, v_2 = 1\mu M \cdot s^{-1}\ X_T = 10\mu M$$

关系(7.5.6)表示量化的噪声强度满足噪声加和规则. 当增益较大时, 则出现噪声信号放大; 当增益较小时, 则出现级联反应中噪声的减小. 注意到, 活化的蛋白酶 X_2 可以是下游的可逆磷酸化共价修饰反应中的激酶, 从而构成级联反应, 比如酿酒酵母和哺乳动物细胞中的 MAPK 信号转导通路. 每一级反应都可以传递噪声信号, 并且噪声满足加和规则. 此外注意到, 在这种网络结构中, 信号是激酶, 响应信号是底物(蛋白酶)在酶促反应下的产物(即活化的蛋白酶). 由上面的分析可知, 满足 MAPK 级联反应出现信号放大和噪声加和规则的基本模块即是可逆的蛋白磷酸化过程, 且相应网络结构中信号是起催化作用的激酶, 底物是蛋白酶, 信号和响应是激酶和活化的蛋白酶.

图 7.5.3 表示可逆的磷酸共价修饰作用调节蛋白酶活性的分析结果和数值结果. 图 7.5.3(a)表示平衡态时活性蛋白酶的量; 图 7.5.3(b)表示衡量信号放大量的增益, 可以看出超敏感区域信号放大、增益大于 1 等特征; 图 7.5.3(c)表示噪声信号响应的噪声强度, 实线加粗表示用噪声加和规则所预测的噪声, 与理论分析的噪声强度相一致; 图 7.5.3(d)表示信号和响应在稳定态处的波动关联系数. 对理论分析的结果, 我们用近似模拟化学主方程的 Gillespie 数值算法进行数值仿真, 模拟的结果在图 7.5.3 中用圆圈表示. 很明显, 理论分析和数值模拟的结果很好地吻合.

7.5.3 代谢网中波动的独立性

在活性细胞内代谢过程中, 底物分子数不是固定不变的, 而是一个随机变化的量. 细胞内代谢底物的来源主要有两种: 可以通过合成或者从环境中输入. 与此同时, 底物在酶的作用下代谢成其他产物, 包括代谢中间物. 代谢中间物继续在酶的作用下转化成新的代谢物, 新的代谢中间物再在其他酶的作用下进一步代谢合成或分解成新的产物. 这种有向代谢途径的生物实例包括大肠杆菌(E.coli)细胞内色氨酸的生物合成途径(图 7.5.4); 多不饱和脂肪酸的 β 氧化代谢途径等. 典型的代谢通路一般包含 10 个左右的酶促反应. 现在用线性噪声逼近理论来分析这种有向代谢通路中, 当系统达到平衡态时中间代谢物的波动关联性. 为了简单且能说明问题, 考虑代谢通路中相邻两个中间底物之间的波动关联性. 用 X_1, X_2 分别表示代谢通路中的两个相邻底物. X_1 由上游底物(代谢中间物)在酶的作用下代谢生成, 且假设底物分子 X_1 是以速率 c 的 Poisson 过程合成, 并在另一种酶的作用下代谢生成代谢中间物 X_2. 进一步, X_2 可在其他酶的作用下继续往下代谢生成 X_3.

线性噪声逼近分析可得, 如果代谢途径是一个有向代谢网络结构, 当代谢达到平衡时, 代谢中间物分子数的分布是相互独立的. 细化的分析如下. 注意到, 有向代谢途径中两个相邻代谢中间物的生化反应可以表示为(7.5.1)的形式, 再加上下列生化反应

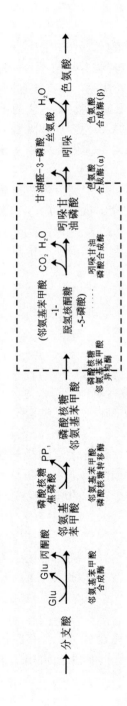

图 7.5.4　大肠杆菌($E.coli$)内色氨酸代谢合成途径

对于这种代谢途径，分析任意相邻两中间代谢物在代谢平衡时的波动关联性。如考虑由上游代谢中间物 CPAD5P (邻氨基苯甲酸-1-脱氢核酮糖-5-磷酸)(X_1) 与吲哚-3-甘油磷酸盐 (X_2) 在平衡态的波动关联性

7.5 关于噪声传播的进一步讨论

$$\varnothing \xrightarrow{c} X_1, \quad X_2 + E_2 \xrightarrow{k_2} X_3 + E_2 \qquad (7.5.7)$$

相应的确定性宏观方程为

$$\frac{\mathrm{d}X_1}{\mathrm{d}t} = c - A_1(X_1), \quad \frac{\mathrm{d}X_2}{\mathrm{d}t} = A_1(X_1) - A_2(X_2) \qquad (7.5.8)$$

其中 $A_1(X_1) = \dfrac{v_1 X_1}{K_1 + X_1}, A_2(X_2) = \dfrac{v_2 X_2}{K_2 + X_2}$，这里 A_i ($i=1,2$) 表示代谢中间物(底物)通过酶促反应的代谢转移速率；$v_1 = k_1 E_1, v_2 = k_2 E_2$ 分别表示酶促反应的最大反应速率.因为我们研究的代谢网络不考虑酶的波动，故此时 E_1, E_2 为常量. 根据线性噪声逼近理论，先求解出 Lyapunov 矩阵方程(2.3.12)中的矩阵 Γ 和 Ξ 分别为

$$\Gamma = \begin{bmatrix} -\dfrac{v_1 K_1}{(K_1 + \langle X_1 \rangle)^2} & 0 \\ \dfrac{v_1 K_1}{(K_1 + \langle X_1 \rangle)^2} & -\dfrac{v_2 K_2}{(K_2 + \langle X_2 \rangle)^2} \end{bmatrix}, \quad \Xi = \begin{bmatrix} c + \dfrac{v_1 \langle X_1 \rangle}{K_1 + \langle X_1 \rangle} & -\dfrac{v_1 \langle X_1 \rangle}{K_1 + \langle X_1 \rangle} \\ -\dfrac{v_1 \langle X_1 \rangle}{K_1 + \langle X_1 \rangle} & \dfrac{v_1 \langle X_1 \rangle}{K_1 + \langle X_1 \rangle} + \dfrac{v_2 \langle X_2 \rangle}{K_2 + \langle X_2 \rangle} \end{bmatrix}$$

将其代入方程(2.3.36)可以求解协方差矩阵

$$C = \begin{bmatrix} \langle X_1 \rangle + \dfrac{\langle X_1 \rangle^2}{K_1} & 0 \\ 0 & \langle X_2 \rangle + \dfrac{\langle X_2 \rangle^2}{K_2} \end{bmatrix}.$$

由此可以求得代谢中间物在系统达到平衡时，X_1 和 X_2 的噪声强度 η_1 和 η_2 以及它们之间规范化的波动关联系数分别为

$$\eta_1^2 = \frac{v_1}{cK_1} = \frac{1}{\langle X_1 \rangle} + \frac{1}{K_1}, \quad \eta_2^2 = \frac{v_1}{cK_2} = \frac{1}{\langle X_2 \rangle} + \frac{1}{K_2}, \quad \theta_{12} = \theta_{21} = 0 \qquad (7.5.9)$$

这是一个非 Poisson 分布. 代谢中间物 X_1 和 X_2 的关联系数为零，即中间底物在平衡态处波动不相关. 根据线性噪声逼近理论，化学主方程的静态解分布服从 Gauss 分布，故不相关的两个相邻代谢中间物(底物)的分子数在平衡态处的分布是独立的.

此外，假设在上述酶促反应网络中噪声相互独立，即令相关矩阵 Ξ 中的非对角元素等于零，求得用于预测的噪声加和规则为

$$\eta_2^2 = \frac{1}{\langle X_2 \rangle} + \frac{1}{K_2} + g^2 \frac{\lambda_2}{\lambda_1 + \lambda_2} \eta_1^2, \qquad \eta_1^2 = \frac{1}{\langle X_1 \rangle} + \frac{1}{K_1} \tag{7.5.10}$$

其中增益

$$g = \frac{\partial \ln \langle X_2 \rangle}{\partial \ln \langle X_1 \rangle} = \frac{K_1}{K_2} \frac{K_2 + \langle X_2 \rangle}{K_1 + \langle X_1 \rangle}, \qquad \lambda_1 = \partial A_1(\langle X_1 \rangle)/\partial X_1, \quad \lambda_2 = \partial A_2(\langle X_2 \rangle)/\partial X_2$$

显然,噪声加和规则所预测的噪声比实际噪声要大. 图 7.5.5 展示出以代谢中间物 X_1 为信号,代谢中间物 X_2 随着底物 X_1 的合成速率 c 变化时,在系统平衡态处衡量底物表达量的各种指标: 图 7.5.5(a)表示 X_2 的平均分子数; 图 7.5.5(b)表示 X_2 相对于信号 X_1 的增益; 在图 7.5.5(c)中,实线表示 X_2 标准化的噪声强度,虚线表示加和规则所预测的 X_2 的标准化噪声强度,圆圈表示 Gillespie 算法模拟的数值结

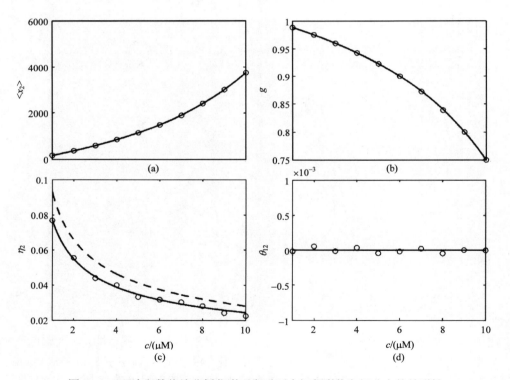

图 7.5.5 理论和数值地分析代谢平衡时两中间代谢物之间分布的关联性

图中都以 X_1 的合成速率 c 为变化参数. (a) 系统达到平衡态时 X 的分子数平均数; (b) 以 X_1 为信号, X_2 相对于 X_1 的增益; (c) 平衡态时 X_2 的噪声强度,虚线表示加和规则预测的 X_2 的噪声强度; (d) X_1, X_2 在平衡态时的波动关联系数. 线表示理论分析结果,圆圈表示 Gillespie 算法模拟的数值结果. 数值模拟中参数取值为 $K_1 = K_2 = 5\mu M$, $v_1 = 15\mu M \cdot s^{-1}, v_2 = 18\mu M \cdot s^{-1}$

果. 图 7.5.5(c)显示出噪声的加和规则不成立；图 7.5.5(d)中 X_1 和 X_2 标准化的关联系数等于零, 即表示代谢中间物 X_1 和 X_2 在平衡态时的分子数波动不具有关联性, 且其分布是独立的.

细胞内调节代谢过程的关键酶的活性可以由 7.5.1 节中的可逆酶促反应变构来调节. 在前面的假设条件下, 酶活性对激酶的响应满足噪声加和规则, 这是酶和底物之间的波动相关性. 细胞内酶分子的量可以非常少, 从而使得酶的分子拷贝数呈现出随机性. 由前面的分析可知, 通过调节代谢途径中关键酶的活性, 关键酶的波动可以调节该关键酶催化的中间代谢物的量和该代谢中间物继续代谢的转移率, 但是不会影响代谢途径中其他代谢物在平衡态的分子平均量. 在代谢途径中, 当系统达到平衡态时, 代谢中间物的分子数分布独立, 即网络结构中底物与底物(不同酶的底物)的分子数分布独立. 因此, 不能表面上看到代谢反应也是酶促反应构成的网络, 就简单地用加和规则来预测关键酶调控的其他代谢中间物的噪声强度. 而且, 这种代谢中间物的独立可以使得生物实验和细胞内代谢过程通过改变酶的活性来调控某种中间代谢物的量而不影响其他代谢物的量.

注 对于基因调控网, 噪声的加和规则总是成立; 对信号转导, 前面的分析说明, 在一定的条件下, 噪声的加和规则也成立; 对于代谢网络, N 个物种分子的联合静态分布是各物种成分的静态分布的乘积, 即关系式(7.3.11), 这似乎与噪声的加和规则矛盾. 事实上, 它们之间并不矛盾, 主要原因是对有关生化反应中产物的理解不同而异. 一般地, 对生化反应网络, 假如研究的对象是酶和酶催化底物的产物, 则产物的波动与酶的波动具有关联性, 且在快反应拟平衡近似和酶结合复合物的量可以忽略的条件下, 噪声传播满足加和规则; 假如研究的对象是代谢网络中的代谢中间物, 即考虑底物与底物(指不同酶催化下的代谢产物)之间的波动关系, 则底物的波动之间是不相关的, 甚至是相互独立的.

7.5.4 超敏感效果的分析

因为细胞内部过程是固有噪声的, 所以随机反应处理细胞信号转导里的噪声信号. 生物信号转导的一个重要特征是输入信号的放大, 甚至输入信号小的随机变化也会扩大, 而且转导反应本身也能够产生噪声. 这里分析超敏感信号转导反应的陡峭响应如何导致大的固有噪声的产生, 以及如何导致输入噪声的高放大. 分析结果蕴含着信号转导类切换的行为可能被噪声所限制. 然而, 高放大的信号可能有利于大噪声的产生, 这对保持细胞行为的多样性是至关重要的.

为了看清超敏感的效果, 先给出三个数值例子. 第一个例子是 MM 反应, 它是最简单的信号转导反应, 其行为像单分子切换

$$S + Y \leftrightarrow X \tag{7.5.11}$$

这里 S 是结合到非活性态 Y 的信号分子,以便蛋白被切换到活性态 X (如图 7.5.6(a)). 这种著名的反应提出 Michaelis-Menten 运动学. 第二个例子是 Monod-Wyman-Changeux(MWC)模型,可作为协作结合反应的范例,这里,每个蛋白质中若干个相同的亚组有两个结构性态 T 和 R (如图 7.5.6(b)). 状态 T 对底物展示出相对低的关联,而 R 态展示出高关联. 蛋白质里的亚组或全是 T 态或 R 态,即

$$R_0 \xleftarrow{K_R} R_1 \xleftarrow{K_R} R_2 \leftarrow \cdots \rightarrow R_n$$
$$L \updownarrow \quad \updownarrow \quad \updownarrow \quad \updownarrow \quad (7.5.12)$$
$$T_0 \xleftarrow{K_T} T_1 \xleftarrow{K_T} T_2 \leftarrow \cdots \rightarrow T_n$$

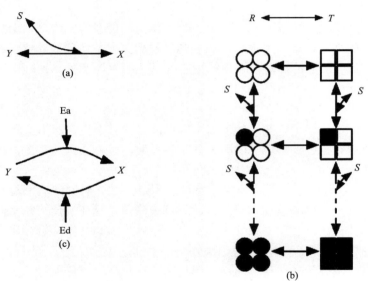

图 7.5.6 三种典型的信号转导反应

(a)Michaelis-Menten 反应;(b)协作结合反应;(c)推拉反应. 圆表示 R 态,方形表示 T 态,被底物占据的亚组是实的图形

这里 n 是亚组的数目,R_i 和 T_i 表示 i 个底物结合到这个分子,L,K_R 和 K_T 是平衡常数. 由于结合到底物的亚组传送信号,因此输入信号 S 是底物的浓度,输出信号 X 是结合到底物的亚组的浓度. 所以 X 是状态浓度的线性组合,即

$$X = [R_1] + [T_1] + 2[R_2] + 2[T_2] + \cdots + n[R_n] + n[T_n] \quad (7.5.13)$$

输出信号能够显示出比 Michaelis-Menten 运动学更陡的响应(如图 7.5.7(b)). 第三个例子是推拉反应. 推拉反应是最简单的环路修正反应的例子,它也能显示出陡峭的响应. 在推拉反应中,信号分子(即酶)切换它的底物蛋白从非活性态到活性

态, 而另一种酶关闭这个蛋白(如图 7.5.6(c)). 每一步由 MM 运动学特征化, 即

$$Y + E_a \leftrightarrow YE_a \rightarrow X + E_a, \quad X + E_d \leftrightarrow XE_d \rightarrow Y + E_d \tag{7.5.14}$$

这里 E_a 是切换非活性态 Y 到活性态 X 的信号酶, E_d 关闭 X. 所以, 输入信号是 E_a 的浓度. 假如 MM 反应在接近饱和态时发生, 那么可获得陡峭的响应(如图 7.5.7(c)).

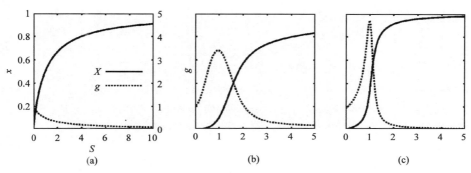

图 7.5.7 信号转导反应中的超敏感响应

输出信号 X(左轴)和收益 g(右轴)的分数浓度是作为信号分子浓度的函数:
(a)MM 运动学; (b)MWC 模型; (c)推拉反应

注 在 MWC 模型中, 假如 $K_T/K_R = 1$ 或 $L = 0$, 或推拉反应中两个 MM 运动学在远离饱和态时发生, 那么这种反应被简化到 MM 型反应.

令 X 表示输出信号, 它可从静态值的响应来估计. 信号扩大的特征化能够由改变信号强度从 S 到 $S+\Delta S$ 和测量输出信号 X 从它的静态值的响应来估计. 扩大因子能够定量化为

$$g = \frac{\Delta X / X}{\Delta S / S} \tag{7.5.15}$$

它是输出信号的相对量和输入信号的相对量之间的比值. 这里仅考虑 S 的小变化, 因此收益 g 可被改写为

$$g = \frac{d \log X}{d \log S} \tag{7.5.16}$$

对上面三种典型的信号转导反应, 收益显示在图 7.5.7 中. 超敏感被定义为一个系统的响应, 这里 S 的变化比 MM 运动学里通常的双曲响应(相应 g 的最大收益是 1)更敏感. 因此, 超敏感系统的最大收益 g 比 1 要大很多. 此外, 能够给出

$$\frac{\sigma_{\text{ex}}}{\overline{X}} = g\sqrt{\frac{\tau_s}{\tau+\tau_s}}\frac{\sigma_s}{S} \tag{7.5.17}$$

这种关系表明输入噪声的放大比率大多是收益 g. 当 $\tau_s \gg \tau$ 时, λ 接近 g, 而当 $\tau_s \ll \tau$ 时, 输入信号里的噪声被平均掉, 放大比率 λ 以比例于 $\sqrt{\tau_s}$ 随着时间常数 τ_s 的减少而减少. 其结果, 总噪声的相对噪声强度($\sigma_{\text{tot}}/\overline{X}$)在静态时是关联于收益 g 的, 且满足收益-波动关系

$$\frac{\sigma_{\text{tot}}^2}{\overline{X}^2} = g\frac{1}{\Theta\overline{X}} + g^2\frac{\tau_s}{\tau+\tau_s}\frac{\sigma_s^2}{S^2} \tag{7.5.18}$$

收益与波动关系(6.5.11)在级联反应(如 MAPK 级联)中可被一般化. 对于级联, 信号转导系统调控另一个下游的信号转导. 那么, 第 i 个反应的波动为

$$\frac{\sigma_i^2}{\overline{X}_i^2} = g_i\frac{1}{\Theta\overline{X}_i} + g_i^2\frac{\hat{\tau}_{i-1}}{\tau_i+\hat{\tau}_{i-1}}\frac{\sigma_{i-1}^2}{\overline{X}_{i-1}^2} \tag{7.5.19}$$

这里下标 i 表示级联中的反应数. 在 MAPK 级联的情形, 当第 i 个反应是一个 MAPK 反应时, 第 $i-1$ 个反应是 MAPK 酶反应. 第二项中的 τ_i 是第 i 个反应的时间常数, $\hat{\tau}_i$ 是第 i 个反应中输出噪声的时间常数. 第二项中的 $\sigma_{i-1}/\overline{X}_{i-1}$ 是第 $i-1$ 个反应的总噪声. 某一上游反应所产生的内部噪声对某一下游反应的外部噪声的贡献被估计为它们间反应扩大因子 λ 的积. 因此, 假如级联由高收益的反应所组成, 那么外部噪声统治输出信号的波动. 然而, 当级联是由超敏感反应所组成时, 假如下游反应大多在饱和态发生, 那么这些反应的收益能够比 1 小很多. 其结果, 外部噪声的贡献可以被减低.

为了导出关系(7.5.18)或(7.5.19), 我们主要考虑下列类型的信号转导反应, 这里化学成分 Y 被激活到 X, 同时 X 被去除活性到 Y. 这种类型的反应包括许多信号反应, 如 MM 类型的反应和推拉反应等. 化学成分 X 和 Y 的数目分别是 X 和 Y, 它们的总数是 $N = X+Y$. 假如数目 X 被近似考虑为连续的, 那么 X 的暂态变化由化学 Langevin 方程描述为

$$\frac{dX}{dt} = \Gamma_a(Y)Y - \Gamma_d(X)X + \xi(t) \tag{7.5.20}$$

这里 $\Gamma_a(Y)$ 和 $\Gamma_d(Y)$ 依赖于 X 和 Y, 分别是激活和去活速率. 在推拉反应情形有

$$\Gamma_a(Y) = \frac{k_a S}{1+K_a^{-1}Y}, \quad \Gamma_d(Y) = \frac{k_d[E_d]}{1+K_d^{-1}X} \tag{7.5.21}$$

这里 S 是输入分子的浓度，E_a，K_a 和 K_d 是每个酶反应的 Michaelis-Menten 常数，k_a 和 k_d 是运动常数. $\xi(t)$ 是 Gauss 白色噪声，其平均为零，方差为 σ_ξ^2. 由于化学事件以 Poisson 过程发生，因此噪声强度为

$$\sigma_\xi^2 = \Gamma_a(Y)Y + \Gamma_d(X)X \tag{7.5.22}$$

为了计算收益和噪声强度，我们研究 X 对 S 的改变的线性响应. 对这种线性响应，噪声的方差 σ_ξ^2 被近似地考虑为 X 和 Y 的静态数目 $\overline{X}$ 和 $\overline{Y}$，因此，有

$$\sigma_\xi^2 = \frac{2\Gamma_a \Gamma_d N}{\Gamma_a + \Gamma_d} \tag{7.5.23}$$

$\overline{X}$ 和 S 的小偏离 x 和 s 的暂态演化由线性 Langevin 方程描述为

$$\frac{\mathrm{d}x}{\mathrm{d}t} = \gamma s - \Gamma x + \xi(t) \tag{7.5.24}$$

这里

$$\Gamma = \Gamma_a \big/ \left(1 + K_a^{-1}\overline{Y}\right) + \Gamma_d \big/ \left(1 + K_d^{-1}\overline{X}\right)$$

$$\gamma = \frac{\partial \Gamma_a}{\partial S}\overline{Y} = \frac{\Gamma_a \Gamma_d N}{(\Gamma_a + \Gamma_d)S} \tag{7.5.25}$$

现在说明收益-内部噪声关系，即(7.5.18). 注意到，这种关系能够被认为是非平衡统计力学里波动-耗散定理的一种变形. 收益由平均响应($\tilde{x}$)对输入改变 s 计算得

$$g = \frac{\tilde{x}/\overline{X}}{s/S} = \frac{\gamma S}{\Gamma \overline{X}} \tag{7.5.26}$$

为了计算输出信号 X 在静态处内部噪声强度，在条件 $s(t) = 0$ 下求解(7.5.24). 那么，内部噪声强度 $\sigma_{\text{in}}^2 = \overline{x(t)^2}$ 为 $\sigma_{\text{in}}^2 = \sigma_\xi^2/(2\Gamma)$，其结果，收益比例于内部噪声，且关系为

$$g = \frac{2\gamma S}{\sigma_\xi^2} \frac{\sigma_{\text{in}}^2}{\overline{X}} \tag{7.5.27}$$

将(7.5.13)和(7.5.26)代入(7.5.27)得收益-内部噪声关系，即(7.5.18)，这里 $\Theta = 1$.

注意到上面的关系本质上由单变量描述，导出的方法可直接扩充到多变量的情形，如 MWC 模型和 Koshland-Nemethy-Filmer 模型. 此时，输出信号 X 的强度

是 n 个化学成分 $X_1, X_2, \cdots, X_n$ 的浓度的线性组合. 例如, 对 MWC 模型, 输出信号的强度为 $X = [R_1] + [T_1] + 2[R_2] + 2[T_2] + \cdots + n[R_n] + n[T_n]$. 甚至在这些情况下, 假如反应在静态处满足细化的平衡条件, 那么收益-内部噪声关系(7.5.19)仍然成立. 注意到, 这种条件并不意味着这些反应必须总处在静态. 事实上, 在响应过程中, 反应是远离静态的, 而且静态并不必要是热动力平衡.

下一步考虑输入信号分子数目易于暂态随机波动的情形. 假定在(7.5.24)中的输入调幅 $s(t)$ 是一个随机过程. 为简单起见, 波动 $s(t)$ 的关联是以时间常数 τ_s 指数地降解. 当 $s(\omega)$ 是 $s(t)$ 的 Fourier 变换时, 其功率谱密度为

$$\overline{|s(\omega)|^2} = \frac{\sigma^2}{2\pi} \frac{1}{\omega^2 + \tau_s^{-2}} \tag{7.5.28}$$

这里 σ 是一个特定常数, 那么, 信号的方差(σ_s^2)为

$$\sigma_s^2 = \int_{-\infty}^{\infty} \overline{|s(\omega)|^2} d\omega = \frac{1}{2} \sigma^2 \tau_s \tag{7.5.29}$$

注意到 $s(t)$ 和 $\xi(t)$ 之间无关联. 记 $x(\omega)$ 为 $x(t)$ 的 Fourier 变换, 利用(7.5.18), (7.5.26)和(7.5.28)求解(7.5.24)得

$$\frac{\overline{|x(\omega)|^2}}{\overline{X}^2} = \frac{g}{\Theta \overline{X}} \frac{\pi^{-1} \tau^{-1}}{\omega^2 + \tau^{-2}} + \frac{g^2 \tau^{-2}}{\omega^2 + \tau^{-2}} \frac{\pi^{-1} \tau_s^{-1}}{\omega^2 + \tau_s^{-2}} \frac{\sigma_s^2}{S^2} \tag{7.5.30}$$

这里 $\tau = \Gamma^{-1}$ 是信号转导反应的时间常数. (6.5.23)给出了频率依赖的总噪声强度. 事实上,

$$\sigma_{\text{tot}}^2 = \overline{x(t)^2} = \int_{-\infty}^{\infty} \overline{|x(\omega)^2|} d\omega \tag{7.5.31}$$

因此可得总噪声的相对噪声强度(7.5.19), 这里 $\Theta = 1$.

最后, 对单基因表达, 计算(7.5.18)中的参数 Θ. 相应的生化反应被模拟为

$$G \xrightarrow{kSb} P, \quad P \xrightarrow{\Gamma} \varnothing \tag{7.5.32}$$

这里 G 和 P 分别是基因和它的蛋白产物. 转录率是 k, 转录有效率是 b(被定义为转录率除以 mRNA 的降解率), 蛋白产物的降解率为 Γ. 在现在的情形, S 是基因活性, 是由激活转录的调控蛋白所占据的操作区域的部分, X 为蛋白产物的数目. 注意到(7.5.24)是可应用到现在的情形. 此时, $\gamma = kb$, $\sigma_\xi^2 = kbS(1 + 2b) + \Gamma \overline{X}$. 由(7.5.20), 参数 Θ 为

$$\Theta = \frac{1}{1+b} \tag{7.5.33}$$

这一结果对自调控基因的表达仍然是有效的.

7.5.5 反馈噪声压制的物理限制[20]

生物网络在细胞内行为像生化计算机器,测量、处理和综合来自细胞和细胞外环境的输入,产生合适的输出. 典型地,输入信号被这种网络里某一特定的节点所探测,进一步被传播来调幅网络里其他成分的活动或丰度. 另一方面,这些网络的突出特点是处理各种噪声信号. 揭示输出信号与输入信号之间的关系对于理解细胞内部过程和网络构建的设计原理是十分重要的.

正和负反馈是生物网络的两种基本构件,在许多生物系统中已被认同. Paulsson 利用耗散波动定理显示出正反馈扩大噪声而负反馈压制噪声[3],但并没有考虑传播噪声(尽管其研究结果可应用于传播噪声的情形). 基于 Paulsson 的研究工作,Hornang 和 Barkai 进一步研究正负反馈对噪声的影响[11],且考虑了传播噪声. 他们的研究表明,当系统参数被选取来保持系统敏感性并忽视内部噪声时,负反馈事实上扩大而不是减少传播噪声;而正反馈减低传播噪声. 这些研究结果部分地刻画出了反馈与噪声之间的关系. 综合地考虑各种情况,包括考虑传播噪声、内外噪声,我们得到反馈噪声压制是受限制的. 更精确地,无论是正反馈还是负反馈,都不能无限地扩大或压制噪声.

现在分析和数值地显示出我们的结论. 为此,假定输入信号为

$$S(t) = \langle S \rangle + \langle S \rangle s(t) \tag{7.5.34}$$

这里 $\langle S \rangle$ 表示平均,规范化波动 $s(t)$ 具有零平均,且满足指数衰减的自关联,即 $\langle s(t)s(t+t') \rangle = \eta_s^2 e^{-|t'|/\tau_s}$,其中,$\eta_s$ 表示强度,τ_s 表示自关联时间. 对输出信号 X,也作类似的假定,并用 $\eta_x = \sigma_x/\langle X \rangle$ 表示规范化的噪声强度(η_x 刻画响应信号的精确性),τ_x 表示自关联时间. 此外,假定所考虑的系统处在静态附近,且输入输出信号的波动很小,以允许对系统作线性化并应用线性噪声逼近理论. 输出信号的时间演化方程可以描述为

$$\frac{dX}{dt} = f(S,X) - \frac{1}{\tau_x} X \tag{7.5.35}$$

这里 $f(S,X)$ 表示输入输出信号之间的相互作用. 为清楚起见,引入"增益"(记为 G),定义为输出信号的相对变化与输入信号相对变化的比率,即 $G = (\Delta X/X)/((\Delta S/S))$. 当 ΔS 充分小时,G 可以改写为 $G = d\ln X/d\ln S$.

为了给出 G 和 η_x 的计算公式,在静态附近线性化系统(7.5.35),得到下列形式的 Langevin 方程

$$\frac{\mathrm{d}x}{\mathrm{d}t}=-\frac{H_{xs}}{\tau_s}s-\frac{H_{xx}}{\tau_x}x+\xi_x(t) \tag{7.5.36}$$

这里 $x=(X-\langle X\rangle)/\langle X\rangle$,$\xi_x(t)$ 是 Gauss 白色噪声,满足 $\langle\xi_x(t)\rangle=0$,$\langle\xi_x(t)\xi_x(t')\rangle=(2\langle X\rangle/\tau_x)\delta(t-t')$,弹性 $H_{xi}(i=s,x)$ 为

$$H_{xs}=-\frac{\langle S\rangle}{f(\langle S\rangle,\langle X\rangle)}\frac{\partial f(\langle S\rangle,\langle X\rangle)}{\partial\langle S\rangle},\quad H_{xx}=1-\frac{\langle X\rangle}{f(\langle S\rangle,\langle X\rangle)}\frac{\partial f(\langle S\rangle,\langle X\rangle)}{\partial\langle X\rangle} \tag{7.5.37}$$

注意到,对简单的正或负反馈(图 7.5.8),有 $G=-H_{xs}/H_{xx}$. 对(7.5.36)实施 Fourier 变换并把时间域变为频率,有

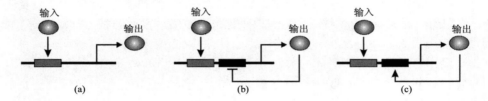

图 7.5.8 三种简单的网络模块
(a) 没有反馈;(b) 负反馈;(c) 正反馈

$$x(\omega)=-\frac{H_{xs}}{H_{xx}}\frac{1}{\mathrm{i}\omega\tau_x/H_{xx}+1}s(\omega)+\frac{1}{\mathrm{i}\omega+H_{xx}/\tau_x}\xi_x(\omega) \tag{7.5.38}$$

这里 $\mathrm{i}=\sqrt{-1}$ 是虚数单位. 再利用等式 $\overline{|s(\omega)|^2}=2\tau_s\eta_s^2/(\tau_s^2\omega^2+1)$,$\overline{|\xi_x(\omega)|^2}=2/(\tau_x\langle X\rangle)$ 及 G 的表达,可得输出信号的功率谱为

$$\overline{|x(\omega)|^2}=G^2\frac{1}{(\tau_x/H_{xx})^2\omega^2+1}\frac{2\tau_s}{\tau_s^2\omega^2+1}\eta_s^2+\frac{1}{(H_{xx}/\tau_x)^2+\omega^2}\frac{2}{\tau_x\langle X\rangle} \tag{7.5.39}$$

最后,返回到时间域,即得相同于 Paulsson 所导出的噪声强度计算公式

$$\eta_x^2=\frac{1}{\langle X\rangle H_{xx}}+G^2\frac{\tau_s}{\tau_s+\tau_x/H_{xx}}\eta_s^2 \tag{7.5.40}$$

根据(7.5.40)知,右边的第一项关于 H_{xx} 是单调减少的,而第二项是单调增加

的，因此 η_x 关于 H_{xx} 应该有极值. 事实上，通过计算有

$$H_{xx}^{(\min)} = \frac{\tau_x}{G\eta_s\sqrt{\tau_s\tau_x\langle X\rangle}-\tau_s}, \quad \eta_{xx}^{2(\min)} = \frac{2G\eta_s\sqrt{\tau_s\tau_x\langle X\rangle}-\tau_s}{\tau_x\langle X\rangle} \quad (7.5.41)$$

这里 $\eta_x^{(\min)}$ 表示输出信号中噪声强度的最小值，而 $H_{xx}^{(\min)}$ 表示相应的最优反馈强度. 注意到上式中 $H_{xx}^{(\min)} > 0$ 成立的条件是 $\tau_s/\tau_x < G^2\eta_s^2\langle X\rangle$. 在此条件下，负反馈情形所对应的最优反馈强度位于 $H_{xx} > 1$ 中，而正反馈情形所对应的最优反馈强度位于 $0 < H_{xx} < 1$ 中(如图 7.5.9).

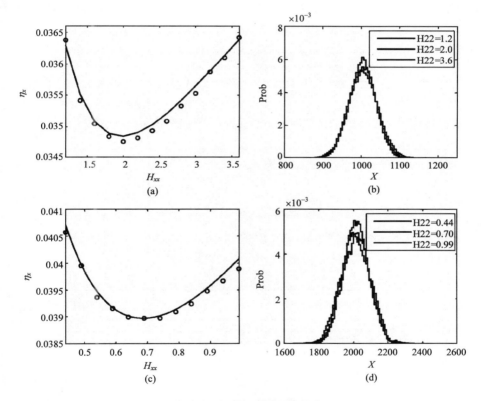

图 7.5.9　反馈噪声压制的极值

(a)和(c)噪声强度与反馈强度之间的依赖关系，其中(a)对应于负反馈；(c)对应于正反馈.(b)和(d)X分子数目的概率分布，其中(b)对应于负反馈；(d)对应于正反馈. 负反馈：初始的分子数目为 $\langle S\rangle = 400$,$\langle X\rangle = 1000$，增益 $G=1$，输入信号的噪声强度为 $\eta_s = 0.05$；正反馈：初始的分子数目为 $\langle S\rangle = 100$,$\langle X\rangle = 2000$，增益 $G=1$，输入信号的噪声强度为 $\eta_s = 0.1$

更为有趣的是 $\eta_x^{(\min)}$ 关于 τ_s/τ_x 有最大值，蕴含着

$$\eta_x^{(\min)} \leqslant G\eta_s \tag{7.5.42}$$

注意到 $\eta_x^{(\min)}$ 的这种上界独立于 X 的分子数目. 换句话说,给定增益和输入信号的噪声强度 η_s,输出信号的最小噪声强度不能超过它们的乘积,这一事实可能有潜在的生物蕴含.

图 7.5.9 显示了反馈噪声压制的物理限制. 图 7.5.9(a)和(c)展示出存在一个最优的反馈强度,使得输出信号的噪声强度有最小值,而图 7.5.9(b)和(d)显示出三种不同的反馈强度所对应的输出信号 X 的分子数目的概率分布,进一步显示出存在最优的反馈强度,使得输出信号的噪声强度有最小值. 在绘制这些图时,所采用的生化反应和参数值列在表 7.5.1 中,随机模拟的方法是 Gillespie 算法(参看第3章).

表 7.5.1 随机模拟用的生化反应和某些参数值

描述	反应	比率	参数值
产生 S	$\varnothing \to S$	α_s	
降解 S	$S \to \varnothing$	S/τ_s	$\tau_s = 1$ (NF); $\tau_s = 1$ (PF)
产生 X	$\varnothing \to X$	$\dfrac{\alpha_s}{\left[1+\left(\dfrac{S}{K_S}\right)^{h_s}\right]\left[1+\left(\dfrac{X}{K_X}\right)^{h_x}\right]} \stackrel{\Delta}{=} f_{NF}(S,X)$ $\dfrac{\alpha_s\left[1+f_S\left(\dfrac{S}{K_S}\right)^{h_s}\right]\left[1+f_X\left(\dfrac{S}{K_X}\right)^{h_x}\right]}{\left[1+\left(\dfrac{S}{K_S}\right)^{h_s}\right]\left[1+\left(\dfrac{X}{K_X}\right)^{h_x}\right]} \stackrel{\Delta}{=} f_{PF}(S,X)$	$h_s = h_x = 4$ (NF) $h_s = h_x = 3$ (PF) $f_s = f_x = 5$ (PF)
降解 X	$X \to \varnothing$	X/τ_x	$\tau_s = 5$ (NF); $\tau_s = 8$ (NF)

注:NF 表示负反馈;PF 表示正反馈. 其他参数被调整到系统的静态和给定的系统增益.

式(7.5.41)表明,并不是对所有的输入信号都存在最小的噪声强度. 在某些情况下,输出信号的噪声强度可以是反馈强度的单调函数,而且这种单调性受反馈强度限制. 更细化地,对负反馈,输出信号的噪声强度作为反馈强度的函数只能在反馈强度的生物可行的范围内是单调的;对正反馈,输出信号的噪声强度作为反馈强度的单调函数必须受到两种限制:一种是生物可行的反馈强度(记为 H^{BC}),另一种是系统的动力学限制(记为 H^{DC}). 生物限制意味着正反馈强度不能无限的小,而负反馈强度不能无限的大. 动力学限制意味着正反馈系统的不动点的性质发生变化,从一个变为两个. 例如, 在负反馈情形, 若 $\eta_s = 0.1$ (其他条件与图 7.5.9 相同), 则噪声强度在 $1 < H_{xx} < H^{BC}$ 内是单调增的(如图 7.5.10(a)); 若 $\eta_s = 0.022$ (其他条件与图 7.5.9 相同), 则噪声强度在 $1 < H_{xx} < H^{BC}$ 内是单调减的(如图 7.5.10(b)). 在正反馈情形, 若 $\eta_s = 0.07$ (其他条件与图 7.5.9 相同), 则噪声强度在 $\max(H^{BC}, H^{DC}) < H_{xx} < 1$ 内是单调减的(如图 7.5.10(c)); 若 $\eta_s = 0.32, \langle X \rangle = 20000$ (其他条件与图 7.5.9 相同), 则噪声强度在 $\max(H^{BC}, H^{DC}) < H_{xx} < 1$ 内是单调增的(如图 7.5.10(d)).

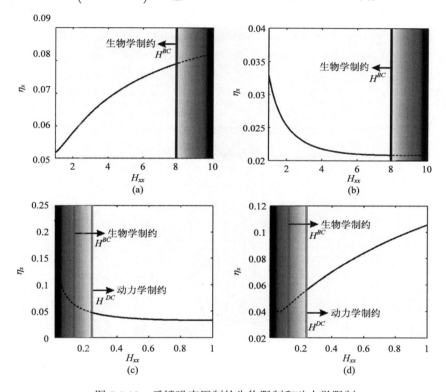

图 7.5.10 反馈噪声压制的生物限制和动力学限制

(a)和(b)噪声强度与负反馈强度之间的关系, 这里(a)对应于 $\eta_s = 0.1$, 其他条件与图 7.5.9 相同; (b)对应于 $\eta_s = 0.022$, 其他条件与图 7.5.9 相同. (c)和(d)噪声强度与正负反馈强度之间的关系, 这里(c)对应于 $\eta_s = 0.07$, 其他条件与图 7.5.9 相同; (d)对应于 $\eta_s = 0.32, \langle X \rangle = 20000$, 其他条件与图 7.5.9 相同

正反馈情形时的动力学限制如图 7.5.11. 对于弱反馈或强弹性(例如 $H_{xx} = 0.7$), 系统有一个稳定的不动点; 而对强反馈或弱弹性(如 $H_{xx} = 0.2$), 系统有三个不动点, 其中两个稳定, 一个不稳定. 对相应的生化反应采用 Gillespie 算法进行随机模拟, 其结果也进一步证实了这些结论(如图 7.5.11 中的两个内图).

下面从生物系统功能优化的角度进一步说明反馈噪声压制是受限制的. 一般地, 揭示输入-输出信号间的关系需要考虑多功能性, 主要涉及三个方面: 敏感性、精确性和响应时间(如图 7.5.12). 敏感性描述输入输出信号相对变化的关系. 从生物的观点, 需要输出信号对输入信号的变化保持高度敏感性, 但对传输信号的随机波动保持低的敏感性. 测量敏感性的指标是增益或易感性. 精确性刻画输入输出信号间的波动关系. 描述输出精确性的指标是输出信号的噪声强度. 响应时间是刻画输出信号与输入信号之间关系很重要的一个指标. 一般地, 响应时间被定义为输出信号到达初始和最后水平中间的时刻. 从生物学的观点, 输出信号对输入信号的依赖性需要增益尽可能高(事实上, 广泛地假定平均响应的敏感性的增加蕴含着系统能够探测更小的信号); 噪声强度尽可能小(输出信号的波动越小, 意味着响应效果越好); 响应时间通常需要尽可能短(响应时间越短, 响应越迅速). 然而, 对于实际生物系统, 这三方面一般不能都达到最理想的情况, 它们之间必定存在某种平衡(tradeoff)关系.

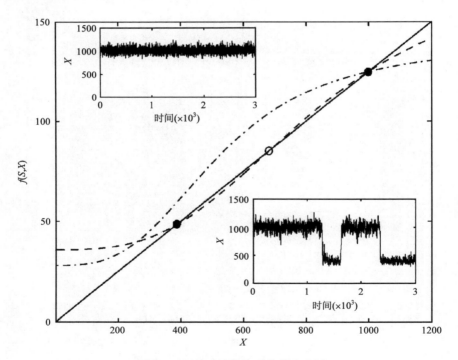

图 7.5.11　正反馈模块系统的分岔图

这里 $f(S,X) = f_{PF}(S,X)$, 横轴表示 X/τ_x. 参数为 $\langle S \rangle = 50, \eta_s = 0.141, \langle X \rangle = 1000$, 其他参数与图 7.5.9 相同

前面已经说明了对固定的收益, 输出信号的噪声强度与反馈强度之间的依赖关系. 现在考虑响应时间与反馈强度之间的关系, 如图 7.5.13, 说明响应时间关于反馈强度是单调减少的.

总结图 7.5.9、图 7.5.10 和图 7.5.13, 并注意到增益 G 明显是反馈强度的单调减函数,就可断定增益、噪声强度和响应时间之间存在某种平衡关系.然而,这三者之间的真实平衡关系依赖于感兴趣的目标函数,不同的目标函数可能会导致这三者不同的依赖关系.如何合理地定义目标函数是一个值得深入探讨的问题.

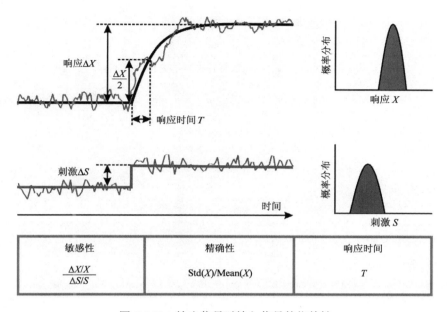

图 7.5.12 输出信号对输入信号的依赖性

从生物学的观点,这三者之间应该存在某种平衡关系,以便输出信号合适的响应输入信号

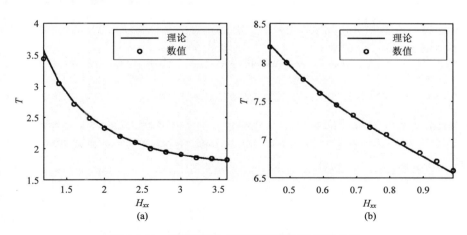

图 7.5.13 响应时间与反馈强度之间的依赖关系

(a)负反馈情形;(b)正反馈情形. 参数与图 7.5.9 相同

参 考 文 献

[1] Tanase-Nicola S, Warren P B and ten Wolde P R. Signal diction, modularity, and correlation between extrinsic and intrinsic noise in biochemical networks. *Phys. Rev. Lett.*，2006, 97: 068102.
[2] van Kampen N G. *Stochastic processes in Physics and Chemistry*. Amsterdam: North-Holland, 1992.
[3] Paulsson J. Summing up the noise in gene networks. *Nature*, 2004, 427: 415–418.
[4] Levine E and Hwa T. Stochastic fluctuations in metabolic pathways. *PNAS*, 2007, 104: 9224–9229.
[5] Abramowitz M. *Handbook of Mathematical Fuctions*. New York: Dover, 1972.
[6] Shibata T and Fujimoto K. Noisy signal amplification in ultrasensitive signal transduction. *PNAS*, 2005, 102: 331–336.
[7] Elowitz M B and Leibler M. A synthetic network of transcriptional regulators. *Nature*, 2000, 403: 335–338.
[8] McCullen N J and Mullin T. Sensitive signal diction using a feed-forward oscillator network. *Phys. Rev. Lett.*, 2007, 98: 254101.
[9] Ziv E, Nemenman I and Wiggins C H. Optimal signal processing in small stochastic biochemical networks. *PLoS One*, 2007, 10: e1077.
[10] Pedraza J M and van Oudenaarden A. Noise propagation in gene networks. *Science*, 2005, 307: 1965–1969.
[11] Hornung G and Barkai N. Noise propagation and signaling sensitivity in biological networks: a role for positive feedback. *PLoS Comput. Biol.*, 2008, 4(1): e8.
[12] Achimesecu S and Lipan O. Signal propagation in nonlinear stochastic gene regulatory networks. *IEEP Systems Biol.*, arXiv:q-biol/0510055v1 [q-bio.MN] 29 Oct 2005.
[13] Warren P B, Tanase-Nicola S and ten Wolde P R. Exact results for noise power spectra in linear biochemical reaction networks. *J. Chem. Phys.*, 2006, 125: 144904.
[14] Hooshangi S and Weiss R. The effect of negative feedback on noise propagation in transcriptional gene networks. *Chaos*, 2006, 16: 026108.
[15] Ueda M and Shibata T. Stochastic signal processing and transduction in chemotactic response of eukaryotic cells. *Biophys. J.*, 2007, 93: 11–20.
[16] Tan C M, Reza F and You L C. Noise-limited frequency signal transmission in gene circuits. *Biophys. J.*, doi:10.1529/biolphyj. 107.110403.
[17] Thattai M and van Oudenaarden A. Attenuation of noise in ultrasensitive signaling cascades. *Biophys. J.*, 2002, 82: 2943–2950.
[18] Pedraza J M and Paulsson J. Effects of molecular memory and bursting on fluctuations in gene expression. *Science*, 2008, 319: 339–343.
[19] 陈爱敏，张家军，苑占江，周天寿. 典型生化网络构建子块中噪声传播的机制. 物理学报，2008, 58(4).
[20] Zhang J J, Yuan Z J and Zhou T S. Physical limits of feedback noise-suppression in biological networks. *Phys. Rev. E*, 2009.

第 8 章 其他典型动力模型分析

本章将介绍四方面的内容：一是刻画化学趋化现象的一般模型，在某些条件下说明如何简化此模型，并给出产生同步、聚类的方法；二是基因调控过程中时间延迟诱导的振动，为此考虑几种典型情形；三是公共信号诱导未耦合振子的同步和聚类，特别是给出如何设计公共信号，以便取得所希望的同步和聚类. 最后介绍如何利用生物噪声推断组合调控的模式，对此，将引进三点动态关联函数，并分析地给出其表达式.

8.1 模拟趋化现象的一般模型[1,12]

考虑由非平衡成分所组成的系统，其内部自由度和群体的宏观序相互关联. 细胞内部成分可以是简化的局部单元，这些单元能具备广泛存在于生物、物理系统(如细菌里基因和蛋白质的内部网络、反应扩散系统中的反应级联、网络中的神经元或形成收集系统的微观成分等)中实际局部单元行为的本质特征. 在列举的系统中，相应的单元不仅展示出时空图案，而且展示出协作功能. 例如，哺乳细胞的群体迁移形成组织图案，奇异变形杆菌以群体的方式入侵人类膀胱上皮细胞. 另一个有趣的例子是利用群体智能的简单机器人的收集来实施复杂任务. 这些不同的系统显示出共同重要的特性，即由单元的集合所展示的时空图案直接相关于系统的功能. 本节引入一个很一般的模型(忽视系统特定的细节)来研究或模拟这类时空图案. 主要的数学工具是中心流形和相约简方法.

8.1.1 理论分析

以自治振子或极限环振子来捕捉内部动力单元的本质特征. 对于这种类型的单元，假定每个孤立成分的特点是超临界的 Hopf 分叉，成分间有相互作用. 这种相互作用被假定为由空间扩散的化学物所调节(mediate). 群体展示出趋化现象，即每个成分的运动被化学物浓度的局部梯度所驱动，这些成分生成和消耗化学物的量依赖于它的内部状态. 相应的数学模型可以表示为

$$\dot{X}_i(t) = f(X_i) + kg(S(r, t_i))$$
$$m\ddot{r}_i(t) = -\gamma \dot{r}_i - \sigma(X_i)\nabla S\big|_{r=r_i}$$
$$\tau \partial_t S(r,t) = -S + d\nabla^2 S + \sum_i h(X_i)\delta(r - r_i) \tag{8.1.1}$$

这里 n 维实向量 X_i 和 D 维实向量 r_i 分别代表第 i 个成分(或单元)的内部状态和位置. X_i 的动力学由内部函数 f 所驱动, 并受外部的化学物浓度 S 所影响, 这种影响由函数 g 和强度 k 刻画. 不失一般性, 假定 $g(0)=0$ (否则可以归结到 $f(X)$ 中去). r_i 的动力学被 S 的空间梯度以趋化的方式所驱动, 它由 $\sigma\nabla S$ 项表示, 这里, σ 是 $D\times D$ 矩阵且依赖于内部状态. 常数 m 和 γ 分别表示每个成分的质量和动力黏性系数. 化学物浓度 S 的时间演化由三种类型的过程(由(8.1.1)中第三个方程的右边三项)决定: 空间一致退化、空间扩散和局部消耗与生成. 常数 d 是扩散系数. 不失一般性, 假定退化率为单位 1. 由于仅考虑这种情形, 即每个成分产生和消耗化学物的量依赖于内部状态, 因此可合理地假定 $h(0)=0$. 为了使后面的分析尽可能清楚, 引入一个时间常数 τ, 用以特征化 S 的动力学. 因为我们考虑每个成分拥有内部动力状态的情形, 因此可假定 $f(X)$ 依赖于一个参数 μ, 并展示出极限环振动的动力形态. 极限环是通过超临界的 Hopf 分叉产生, 且分叉点为 $\mu = +0$. 假定 $X = 0$ 是静态. 当设 $k = 0$ 时, X 能够被近似为

$$X(t) = A(t)e^{i\omega t}U + \text{c.c.}$$

这里 A 是 Hopf 振动的复幅度, ω 是 Hopf 频率, c.c.表示复共轭, U 是 f 在 $\mu = 0$ 处 Jacobi L_0 的右特征向量, 满足 $L_0 U = i\omega U$. X 的慢暂态演化能够被描述为

$$\dot{A} = e^{-i\omega t}U^*\left(\dot{X} - L_0 X\right)$$

这里 U^* 是 L_0 的左特征向量, 满足 $U^* L_0 = i\omega U^*$. 用 $f(X)$ 替代 $\dot{X}$, 并应用中心流形定理, 可得 Stuart-Landau 类型的方程

$$\dot{A} = \mu\lambda_+ A - \beta|A|^2 A \tag{8.1.2}$$

这里 λ_+ 和 β 分别是阶为 $\mu^0(=1)$ 的复常数, 且 $\text{Re}\,\lambda_+ > 0, \text{Re}\,\beta > 0$. 从平衡性角度, 可知 A 和 $\dot{A}$ 分别是阶为 $\mu^{1/2}$ 和 $\mu^{3/2}$ 的量.

下一步, 令 f 稍微有点变化, 即 $f \to f + kg$ (这里 $k \neq 0$), 此时, 方程(8.1.2)应被修正为

$$\dot{A} = \mu\lambda_+ A - \beta|A|^2 A + e^{-i\omega t}U^* \cdot (kg) \tag{8.1.3}$$

注意, 为平衡性考虑, kg 的阶应为 $\mu^{3/2}$. 此外, 方程(8.1.1)中的第三个方程是线性的, 因此可求解得

$$S = \int\frac{dq}{(2\pi)^D}\int_0^t\frac{dt'}{\tau}\sum_i h(X_i(t'))e^{iq\cdot[r_i(t')-r]+v(q)(t'-t)} \tag{8.1.4}$$

这里 $v(q) = \dfrac{1+d|q|^2}{\tau}$,省略了正比于 $\int \dfrac{\mathrm{d}q}{(2\pi)^D} \mathrm{e}^{-\mathrm{i}q\cdot r} \mathrm{e}^{-v(q)t}$ 的项(因为这一项当 $t\to\infty$ 时趋于零). 注意到 $X = O(\mu^{1/2})$ 和 $h(0)=0$,利用线性近似 $h(X) = h_0 \cdot X$,这里 $h_0 = \left.\dfrac{\mathrm{d}h}{\mathrm{d}X}\right|_{X=0}$. 因此 S 是属于阶 $\mu^{1/2}$,所以当 $\mu \to +0$ 时(8.1.1)中的项 $-\sigma\nabla S$ 很小,进一步,$\dot r_i$ 也很小,或 $\dot r_i$ 缓慢地变化. 这种慢性和事实 $\dot A_i = O(\mu^{3/2})$ 蕴涵着(8.1.4)时间积分中的 $r_i(t')$ 和 $A_i(t')$ 在比特征化退化 $\mathrm{e}^{v(q)(t'-t)}$ 更长的时间尺度上变化. 于是,我们能够安全地用 $r_i(t), A_i(t)$ 分别替代 $r_i(t')$ 和 $A_i(t')$. 经对 t' 积分后,可得

$$S = (h_0 \cdot U)\mathrm{e}^{\mathrm{i}\omega t} M(r) + c.c. \tag{8.1.5}$$

这里 $M(r) = \sum_i A_i \int \dfrac{\mathrm{d}q}{(2\pi)^D} \dfrac{\exp(\mathrm{i}q\cdot(r_i - r))}{\mathrm{i}\omega\tau + 1 + dq^2}$. 因为 S 很小且 $g(0)=0$,因此 $\mathrm{e}^{-\mathrm{i}\omega t} U^* \cdot (kg)$ 中的 g 可近似为 $g_0 S$,这里 $g_0 = \left.\dfrac{\mathrm{d}g}{\mathrm{d}S}\right|_{S=0}$. 最后可得

$$\dot A_i = \mu\lambda_+ A_i - \beta|A_i|^2 A_i + \eta M(r_i) \tag{8.1.6}$$

这里 $\eta = k(U^* \cdot g_0)(h_0 \cdot U)$. 为了平衡 $\mathrm{e}^{-\mathrm{i}\omega t} U^* \cdot (kg)$ 和(8.1.2),需要 k 是阶为 μ 的. 注意到,(8.1.6)忽视来自 M 的共扼(它可能提供一个迅速的振动成分)的贡献. 尽管如此,但这引入一个可忽视的误差,因为这些成分在描述 A_i 的慢进展方程中被平均掉. 对(8.1.1)中的第二方程求解 r_i,得

$$r_i = -\int_0^t \mathrm{d}t' \sigma(X_i(t'))\nabla S|_{r=r_i} \dfrac{1}{m} \mathrm{e}^{-(\gamma/m)(t'-t)}$$

这里省略了比例于 $\mathrm{e}^{-\frac{\gamma}{m}t}$ 项. 下一步,展开 $\sigma(X)$,代入(8.1.5),并用 $r_i(t), A_i(t)$ 分别替代 $r_i(t'), A_i(t')$ (这种替代是可行的,因为 $r_i(t')$ 和 $A_i(t')$ 在 $\mathrm{e}^{-(\gamma/m)(t'-t)}$ 的减幅时间 $\dfrac{m}{\gamma}$ 上是近似常数). 那么,关于 t' 积分后,可得

$$\dot r_i = -\zeta A_i^* \nabla M|_{r=r_i} + c.c. \tag{8.1.7}$$

这里 $\zeta \equiv \dfrac{1}{\gamma}(U^* \cdot \sigma_0)(h_0 \cdot U)$,$\sigma_0 \equiv \left.\dfrac{\mathrm{d}\sigma}{\mathrm{d}X}\right|_{X=0}$,$A_i^*$ 是 A_i 的 c.c.. 注意到,(8.1.7)忽视了来自迅速振动成分的贡献,且不包括 m. 这说明惯性运动在 A_i 和 r_i 的时间尺度上迅速地松弛. 事实上,假如在原模型中设 $m=0$,那么(8.1.7)并不改变. 作时间尺

度变换 $t \to \mu \operatorname{Re} \lambda_+ t$ 和幅度变换 $A(t) \to \sqrt{\operatorname{Re} \beta/(\mu \operatorname{Re} \lambda_+)} \exp(-\mathrm{i}\mu \operatorname{Im} \lambda_+ t) A(t)$，最后可得趋化振子的简化模型(标准型)

$$\dot{A}_i = A_i - (1+\mathrm{i}c)|A_i|^2 A_i + \chi M(r_i)$$
$$\dot{r}_i = -A_i^* \nabla M|_{r=r_i} + \mathrm{c.c.} \tag{8.1.8}$$

这里，具有耦合核 G 的局部平均场 M 为 $M(r) = \sum_i A_i G(r_i - r)$，且

$$G(\vec{r}) = \int \frac{\mathrm{d}q}{(2\pi)^D} \frac{b \exp(\mathrm{i}q \cdot r)}{\rho^2 + q^2} \tag{8.1.9}$$

我们可在整个波数空间里估计它。在上面的关系中，有 $c = \operatorname{Im}\beta/\operatorname{Re}\beta$，$\chi = \eta \operatorname{Re}\beta/(\zeta\mu \operatorname{Re}\lambda_+)$，$b = \zeta/d\operatorname{Re}\beta$，$\rho = \sqrt{(1+\mathrm{i}\omega\tau)/d}$。所有这些参数独立于 μ，因为 η 是 μ 阶的。

为了进一步简化由(8.1.8)所表示的模型，在(8.1.8)中视项 χM 为扰动，并应用相约简技术，这里假定 χ 是充分小，以便 A_i 保持在极限环的范围内。这种假定是合理的，因为假如 A_i 远离极限环，那么第 i 成分将展现完全不同于孤立振子所展现的行为。换句话说，这些成分失去它的个体性。然而，这并不是我们所感兴趣的情形，因此可忽视这种情形。注意到投映到极限环 $A(\phi) = \mathrm{e}^{-\mathrm{i}c\phi}$ 的动力学由下列方程来描述

$$\dot{\phi}_i(t) = 1 + (kP_i + \mathrm{c.c.}), \quad \dot{r}_i(t) = -\nabla_{r_i} P_i + \mathrm{c.c.} \tag{8.1.10}$$

这里 $P_i = \sum_j \exp(-\mathrm{i}c(\phi_j - \phi_i)) G(r_j - r_i)$，$k = (1+\mathrm{i}/c)\chi/2$。当 k 充分大时，这一模型变成潜能系统，$\phi_i - t$ 被绝热消除。下面考虑耦合核 G。在一维情形，$G^{D=1} = \frac{b}{2\rho}\mathrm{e}^{-\rho|r|}$，在二维情形，$G^{D=2} = \frac{b}{2\pi}K_0(\rho|r|)$，这里 K_0 是一个修正的第二类复变量 Bessel 函数。由于 ρ 是复数，因此当 $|r|$ 增加时，$G(r)$ 振动并且迅速地减少。特别是，当 $|r|$ 超过耦合强度 $r_c = 1/\operatorname{Re}\rho$(这能够应用旋转波近似，从(8.1.10)的第二方程看出)时，$G(r)$ 几乎消失。因此，$G(r)$ 的主特征(即振动和退化)定性地由 $G^{D=1}(r)$ 来描述。为简化，在所有情形用 $G^{D=1}(r)$ 替代 G。事实上，数值模拟证实，应用 $G^{D=1}(r)$ 所观察到的空间暂态图案与用原来的 G(但对参数作小的调整)所观察到的时空图案是一样的。用 $G^{D=1}(r)$ 替代 G，现在来重新尺度化相方程。

引入变量 $\psi_i = c\{\phi_i - [1 + (kG(0) + \mathrm{c.c.})]t\}$，并尺度化时空坐标 $r \to r' = \operatorname{Re}\rho r$，$t \to t' \equiv |ckb/\rho|t$。省略上一撇，有

$$\dot{\psi}_i(t) = \sum_{j \neq i} e^{-|R_{ji}|} \sin(\Psi_{ji} + \alpha|R_{ji}| - c_1)$$

$$\dot{r}_i(t) = c_3 \sum_{j \neq i} \hat{R}_{ji} e^{-|R_{ji}|} \sin(\Psi_{ji} + \alpha|R_{ji}| - c_2) \tag{8.1.11}$$

这里 $R_{ji} \equiv r_j - r_i$，$\hat{R}_{ji} \equiv R_{ji}/|R_{ji}|$，$\Psi_{ji} \equiv \psi_j - \psi_i$．(8.1.11)包含四个实参数 $c_1 = \arg(ckb/\rho) - \pi/2$，$c_2 = \arg(-b) - \pi/2$，$c_3 = \mathrm{Re}\,\rho|\rho/ck|$（大于零），$\alpha \equiv \mathrm{Im}\,\rho/\mathrm{Re}\,\rho$（大于零）．注意到 c_3 等于 ψ_i 和 r_i 的时间尺度的速率．此外，尽管成分的密度在这些方程中显式地消失，但它是一个重要参数．

8.1.2 相的特征

现在用数值结果来展示出这些模型的丰富动力学．考虑二维情形，且边界条件是周期的(对充分大的系统，边界条件的性质并不重要，因为耦合函数 $G(r)$ 当 $|r|$ 增加时而迅速地减少)．初始的位置和相是随机分布，元素是 50 个．

为了对这种图案获得分析方面的理解，考虑两个振子的系统，这相当于对任意给定的振子，在它的邻域内只存在唯一的振子．因为 $\dot{r}_i$ 平行于 $\hat{R}_{ji}$，所以两个振子只沿着一条平行于 $\hat{R}_{ji}$ 的但不随时间变化的直线运动．因此，可用 $\hat{R}_{21}|_{t=0} \cdot r_i$ 代替 r_i．代表两个振子的变量之间的差 $\Psi = \psi_2 - \psi_1$，$R = r_2 - r_1$，服从方程

$$\dot{\Psi} = -2e^{-|R|} \cos(\alpha|R| - c_1) \sin\Psi$$

$$\dot{R} = -2c_3 \frac{R}{|R|} \sin(\alpha|R| - c_2) \cos\Psi \tag{8.1.12}$$

用第一个方程除以第二个方程，可分离变量 Ψ 和 R．经积分即得不变曲线

$$|\sin\Psi| = E e^{a_1|R|} |\sin(\alpha|R| - c_2)|^{a_2} \tag{8.1.13}$$

这里 $a_1 = \sin(c_1 - c_2)/c_3$，$a_2 = \cos(c_1 - c_2)/(\alpha c_3)$（在 $\alpha = 0$ 或 $c_3 = 0$ 的情形，有另一条曲线)，这里 E 是一个保守量，它由初始的 $\Psi(0)$ 和 $R(0)$ 决定．因此，$\Psi(t)$ 和 $R(t)$ 沿着这条曲线运动，图 8.1.1 给出了这种曲线的一个例子．(8.1.13)蕴涵着：假如两个振子同步化，如 $\Psi = 0$（完全相同步）；$\Psi = \pi$（反相同步），那么距离必须是 $R = c_2/\alpha \mod (\pi/\alpha)$．这种距离在图 8.1.1 中可观察到，这里，在同步族中两个邻近之间的距离是 c_2/α，而邻近族之间的距离为 $c_2/\alpha + \pi/\alpha$．进一步，这种距离不能变成(8.1.12)的右边大于 1．这蕴涵了一个有效排斥体积，即系统成分自发地保持一个有限分离，尽管没有实际的排斥体积．注意到 $\alpha(\equiv \mathrm{Im}\,\rho/\mathrm{Re}\,\rho)$，引入一

个空间尺度而不是耦合长度, $r_c(\equiv 1/\text{Re}\,\rho)$. 因为 $\rho \equiv \sqrt{(1+\mathrm{i}\omega\tau)/d}$, 所有 α 非零当且仅当 $\omega\tau \neq 0$. 这种量 $\omega\tau$ 是内部成分动力学 $(1/\omega)$ 和调节成分之间相互作用(存在延迟 τ)的化学浓度动力学之间时间尺度的比率. 我们猜想: 当生物组织实现所需要的多重空间尺度的协同操作时, 它们利用在成分相互作用间延迟 $(\tau \neq 0)$.

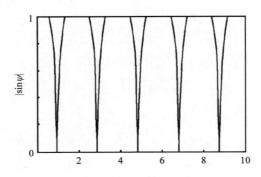

图 8.1.1   相应相的正弦刻画不变曲线

这里 $c_1=c_2=c_3=1.5$, $\alpha=1.6$, 系统的空间大小是 30×30, $E=1.3$. 当振子同步时, 即 $\sin\psi=0$, 距离必须近似为 $1,3,5,\cdots$. 因为 $|\sin\psi|<1$, 所以 R 的值在 $0,2,4,\cdots$ 的邻近被避免了, 以这种方式, 有效的排外体积(或带)呈现, 尽管成分是点的目标

尽管在本书内没有呈现这一系统所展现的所有图案, 但是通过简单地改变参数值, 我们已经发现所讨论的模型能够展现出多种图案, 如 "焰火"(firework)、三枝的连接、聚类的黏滑运动(stick-slip)、协作运动以及沿着这一系统运动的封闭 "膜"(membrane)、联合其他膜的运动、生长运动和划分成两个膜等运动.

最后指出, 尽管我们的出发点是一般模型, 但我们导出更简单模型, 且仅假定 $k=O(\mu)$ 这种模型通过改变系统参数, 能够展示出丰富的动力图案. 这种丰富性由于系统成分间的相互作用可以是吸引或排斥的, 依赖于成分的内部动力学. 基于此, 我们猜想: 在更一般模型中, 通过改变成分间的相互作用, 类似丰富的动力学也能观察到. 这些观察应该能够预测直接实验观察的各种现象.

8.2 延迟诱导的振动[2,3,11]

本节将从生化反应出发, 调查延迟是如何诱导随机振动的, 将分三种情况考虑: 第一种情况是延迟退化的蛋白质; 第二种情况是具有延迟产物的负反馈; 第三种情况是具有聚合物的负反馈. 对每种情况, 又考虑确定性问题和随机问题. 所有的数值结果是通过采用 τ 跳跃算法(即修正的 Gillespie 算法). 关于算法的细节, 参见第 3 章的内容.

8.2.1 情形 1：延迟退化的蛋白质

考虑一个简单模型. 众所周知, 蛋白质退化的发生常常是通过一系列由复杂水解通路所调节的事件[4], 因此, 在考虑细胞退化过程中, 很自然地假定存在延迟. 为了模拟这一过程, 利用标准的生化反应速率来描述蛋白质的产生和退化

$$\varnothing \xrightarrow{A} X, \quad X \xrightarrow{B} \varnothing, \quad X \xRightarrow{C} \varnothing \tag{8.2.1}$$

这里 A 和 B 是蛋白质生成和退化的非延迟比率, C 是延迟退化的速率(其延迟为 τ). 这些反应代表了蛋白质退化机制的起始. 为了分离时间延迟的效果, 我们通过融合转录和翻译为单一过程来简化这一系统. 类似地, 很容易一般化转录和翻译的多状态过程. 因此, 下面关于延迟的结果具有一般性. 我们将看到, 尽管这种延迟退化包含了延迟最简单形式之一, 但仍然能导致周期振动. 关于参数值, 我们能够用关于脉胞菌(neurospora crassa)生理时钟环路最近研究发现[25], 这里 FRQ 蛋白以速率 $\approx 1.5 \mathrm{nM/h}$ 产生, 并在多步磷酸化后以速率 $\approx 1 \mathrm{h}^{-1}$ 退化. 这些多磷酸化步骤能有意义的延后退化. 除这种延迟退化外, 正常的稀释也会导致以速率 $\approx 0.3 \mathrm{h}^{-1}$ 的非延迟退化. 具有可比性的生成和退化水平的类似成分在果蝇生理时钟环路也被发现.

根据(8.2.1), 很容易写出它的确定性方程

$$\frac{\mathrm{d}x(t)}{\mathrm{d}t} = A - Bx(t) - Cx(t - \tau) \tag{8.2.2}$$

这一系统有一个不动点 $x^* = A/(B+C)$, 它的稳定性决定了振动是否产生. 通过找线性化方程的特征值, 可得在 $(\tau B, \tau C)$ 平面上 Hopf 分叉中性曲线(如图 8.2.1). 例如, 设 $x(t) \sim \mathrm{e}^{\lambda t}$, 这里 λ 为特征值, 满足 $(\lambda + B)\exp(\lambda \tau) + C = 0$. 进一步, 令 $\lambda = \mu + \mathrm{i}\omega$, 那么, 有

$$\mu = \frac{1}{\tau}\mathrm{Re}\left(W\left(-\tau C \mathrm{e}^{\tau B}\right)\right) - B, \quad \omega = \frac{1}{\tau}\mathrm{Im}\left(W\left(-\tau C \mathrm{e}^{\tau B}\right)\right) \tag{8.2.3}$$

这里 $W(z)$ 为 Lambert 函数(即隐函数 $W(z)\mathrm{e}^{W(z)} = z$), 对于大的 τ, 这条曲线(即 $\mu = 0$)近似于直线 $\tau B = \tau C$, 在 $B = 0$ 处, 此时, $\mathrm{Re}(W(-\tau C)) = 0$. 因此, 根据 $W(z)$ 的定义可知, C 的临界值为 $C = \pi/(2\tau)$. 在不稳定区域内(此时, $\mu > 0$ 且解的形式为 $x(t) = \mathrm{e}^{\mu t}(c_1 \cos \omega t + c_2 \sin \omega t)$, 由 Hopf 分叉所产生的极限环并不是此形式), 振动的幅度增长到无限而不能饱和. 然而, 对于具有离散个数分子的"实"系统, 饱和通过蛋白质数不能变成负(指 Gillespie 算法中的分子数)的事实提供.

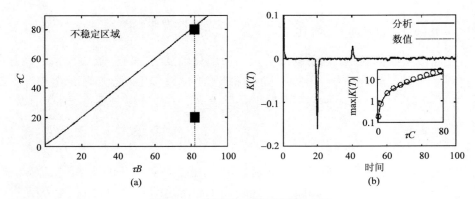

图 8.2.1 延迟蛋白退化模型的分析

(a)Hopf 分叉的中性曲线(实线); 虚线描述参数空间的横截(相应于图(b)中的内图); (b)用分析(实线)和数值(虚线)获得的关联函数的比较. 固定的参数为 $\tau = 20, A = 100, B = 4.1, C = 1$. 内图显示出作为 τC 的关联函数的附属负尖峰的高度, 这里 D.U.表示无维数单位

再看随机行为. 已经看到, 确定性方程具有简单的动力学. 然而, 若考虑噪声, 情况可能变得复杂. 现在, 令 $P(n,t)$ 表示在时刻 t 系统有 n 个单体的概率. 相应于生化反应方程(8.2.1)的主方程为

$$\frac{dP(n,t)}{dt} = A\big(P(n-1,t) - P(n,t)\big) + B\big((n+1)P(n+1,t) - nP(n,t)\big)$$
$$+ C\sum_{m=0}^{\infty} m\big(P(n+1,t;m,t-\tau) - \Theta_n P(n,t;m,t-\tau)\big), \quad n = 0,\cdots,\infty \quad (8.2.4)$$

这里 $P(n,t;m,t-\tau)$ 表示在时刻 t 系统有 n 个分子, 在时刻 $t-\tau$ 有 m 个分子的联合概率, 乘子 $\Theta_n = \begin{cases} 0, & n = 0 \\ 1, & n > 0 \end{cases}$ 说明了这样的事实: 对于负的 n, $P(n,t), P(n,t;m,t-\tau)$ 应该为零.

假定时间延迟 τ 大到可和系统的其他特征时间相比较, 因此在 t 和时刻 $t-\tau$ 的事件关联被有效地减弱, 那么 $P(n,t;m,t-\tau) = P(n,t)P(m,t-\tau)$. 采用这种近似, 可得

$$\frac{dP(n,t)}{dt} = A\big(P(n-1,t) - P(n,t)\big) + B\big((n+1,t)P(n+1,t) - nP(n,t)\big)$$
$$+ C\sum_{m=0}^{\infty} mP(m,t-\tau)\big(P(n+1,t) - \Theta_n P(n,t)\big)$$
$$= A\big(P(n-1,t) - P(n,t)\big) + B\big((n+1)P(n+1,t) - nP(n,t)\big)$$
$$+ C\langle n(t-\tau)\rangle\big(P(n+1,t) - \Theta_n P(n,t)\big), \quad n = 0,1,\cdots,\infty \quad (8.2.5)$$

由定义知，被 $n(t)$ 特征化的随机过程的自关联函数为

$$K(T) = \langle n(t)n(t+T)\rangle - \langle n(t)\rangle^2 = \sum_{n=0}^{\infty}\sum_{n'=0}^{\infty} nn'P(n,t;n',t+T) - \left[\sum_{n=0}^{\infty} nP_s(n)\right]^2 \quad (8.2.6)$$

对于静态随机过程，联合概率可以表示成

$$P(n,t;n',t+T) = P_s(n)P_c(n',T|n,0) \quad (8.2.7)$$

这里 $P_s(n)$ 是静态概率，而 P_c 是条件概率. 于是有

$$K(T) = \sum_{n=0}^{\infty} nP_s(n)\langle n',T|n,0\rangle - \langle n\rangle^2 \quad (8.2.8)$$

自关联函数的计算包括三步：(1)对于给定的 $n(0)$，$\langle n',T|n,0\rangle$，计算 $n(T)$ 的条件均值；(2)找出 $P_s(n)$ 的静态概率密度；(3)求和. 为此，引进母函数

$$G(s,t) = \sum_{n'=0}^{\infty} s^{n'} P(n',t|n,0) \quad (8.2.9)$$

因此，可转化一套无穷的常微分方程(8.2.5)到单偏微分方程

$$\frac{\partial G(s,t)}{\partial t} = (s-1)\left(AG(s,t) - B\frac{\partial G(s,t)}{\partial s} - C\frac{\langle n(t-\tau)\rangle}{s}(P_0(t) - G(s,t))\right) \quad (8.2.10)$$

数值模拟证实：对于大平均数目的分子，$P_0(t) = C\langle n(t-\tau)\rangle P(0,t|n,0)$ 很小，可以忽略.

通过把母函数在 $s=1$ 点展开，可以找出概率分布的各阶矩

$$\left.\frac{\partial G}{\partial s}\right|_{s=1} = \sum_{n'=0}^{\infty} n's^{n'-1}P(n',t|n,0)\Big|_{s=1} = \sum_{n'=0}^{\infty} n'P(n',t|n,0) = \langle n',t|n,0\rangle$$

$$\left.\frac{\partial^2 G}{\partial s^2}\right|_{s=1} = \sum_{n'=0}^{\infty} n'(n'-1)P(n',t|n,0)\Big|_{s=1} = \sum_{n'=0}^{\infty} n'(n'-1)P(n',t|n,0)$$

$$= \langle n'^2,t|n,0\rangle - \langle n',t|n,0\rangle \quad (8.2.11)$$

同时，把函数 G 可展开为

$$G(s-1,t) = 1 + (s-1)\alpha(t) + \frac{1}{2}(s-1)^2\beta(t) + \cdots \quad (8.2.12)$$

把(8.2.12)代入(8.2.10)，得

$$\frac{\mathrm{d}\alpha(t)}{\mathrm{d}t} = A - B\alpha(t) - C\alpha(t-\tau)$$

$$\frac{1}{2}\frac{\mathrm{d}\beta(t)}{\mathrm{d}t} = A\alpha(t) - C\alpha(t) - B\beta(t) + C\alpha(t)\alpha(t-\tau) \tag{8.2.13}$$

这里 $\alpha(t), \beta(t)$ 分别对应(8.2.11)中的第一式和第二式. 正如所期望的, (8.2.13)中的第一个方程正是确定性方程, 它是速率方程的近似. 注意到, 自关联函数关于变换 $T \to -T$ 是对称的, 因此附加条件 $\alpha(t) = \alpha(-t)$. 又由于(8.2.13)中的第一个方程是线性的, 因此对初始条件 $\alpha(0) = n$, 它可以分析地求得解

$$\alpha(t) \equiv \langle n', t | n, 0 \rangle = (n-1)\frac{\sigma(t)}{1-\zeta e^{-\lambda\tau}} + \left(1 - \frac{A}{B+C}\right)\frac{\sigma(t)}{1-\zeta e^{-\lambda\tau}} + \frac{A}{B+C} \tag{8.2.14}$$

$$\sigma(T) = \begin{cases} e^{-\lambda T} - \zeta e^{\lambda(T-\tau)}, & 0 < T < \tau \\ e^{-B(T-N\tau)}\left(\sigma(N\tau) - C\int_{N\tau}^{T}\sigma(T'-\tau)e^{B(T'-N\tau)}\mathrm{d}T'\right), & N\tau < T < (N+1)\tau \end{cases}$$

$$\lambda = \sqrt{B^2 - C^2}, \quad \zeta = \frac{1}{C}(B-\lambda) \tag{8.2.15}$$

注意到, G 的静态解可从(8.2.10)中解得

$$G_s(s) = s^{-\frac{C}{B}\langle n \rangle_s}\exp\left(\frac{A}{B}(S-1)\right) \tag{8.2.16}$$

这里 $\langle n \rangle_s$ 表示静态平均 $\langle n \rangle_s = \langle n(t \to \infty) \rangle$, 并已用规范化条件 $G_1(1) = 1$. 从(8.2.14)可得 $\langle n \rangle_s = \frac{A}{B+C}$. 又从(8.2.16)可得分布的静态矩

$$\left.\frac{\mathrm{d}G_s(s)}{\mathrm{d}s}\right|_{s=1} = \frac{A - \langle n \rangle_s}{B}\exp\left(\frac{A - \langle n \rangle_s}{B}(s-1)\right)\bigg|_{s=1} = \frac{A}{B+C}$$

$$\left.\frac{\mathrm{d}^2 G_s(s)}{\mathrm{d}s^2}\right|_{s=1} = \left(\frac{A - \langle n \rangle_s}{B}\right)^2\exp\left(\frac{A - \langle n \rangle_s}{B}(s-1)\right)\bigg|_{s=1} = \frac{A(AB + BC + C^2)}{B(B+C)^2} \tag{8.2.17}$$

代入(8.2.8)得

$$K(T) = \frac{\sigma(T)}{1-\zeta e^{-\lambda\tau}}\sum_{n=0}^{\infty}n(n-1)P_s(n) + \left(1 - \frac{A}{B+C}\right)\frac{\sigma(T)}{1-\zeta e^{-\lambda\tau}}\sum_{n=0}^{\infty}nP_s(n)$$

$$= \frac{\sigma(T)}{1-\zeta e^{-\lambda\tau}} \frac{\mathrm{d}^2 G_s(s)}{\mathrm{d}s^2}\bigg|_{s=1} + \frac{B+C-A}{B+C} \frac{\sigma(T)}{1-\zeta e^{-\lambda\tau}} \frac{\mathrm{d}G_s(s)}{\mathrm{d}s}\bigg|_{s=1}$$

$$= \frac{A}{B+C} \frac{\sigma(T)}{1-\zeta e^{-\lambda\tau}} \tag{8.2.18}$$

这里 $T = N\tau + t$.

进一步, 可计算出功率谱

$$S(\omega) = 2\frac{A}{B}\mathrm{Re}\frac{1-Ce^{\mathrm{i}\omega\tau}I(\omega)}{B+Ce^{\mathrm{i}\omega\tau}-\mathrm{i}\omega} \tag{8.2.19}$$

这里

$$I(\omega) = \frac{B}{A}\int_0^\tau K(T)e^{\mathrm{i}\omega T}\mathrm{d}T = \frac{1}{1-\zeta e^{-\lambda\tau}}\left(\frac{1-Ce^{-(\mathrm{i}\omega+\lambda)\tau}}{\mathrm{i}\omega+\lambda} + \zeta e^{-\lambda\tau}\frac{1-Ce^{-(\mathrm{i}\omega-\lambda)\tau}}{\mathrm{i}\omega-\lambda}\right)$$

关于相应的数结果和分析结果的比较, 如图 8.2.2.

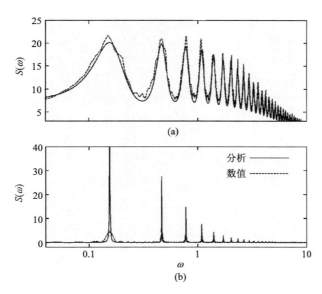

图 8.2.2　由分析(实线)和数值(虚线)方法获得的功率谱的比较
参数为 $\tau = 20, A = 100, B = 4.1$. (a) $C = 1$; (b) $C = 4$

8.2.2　情形 2: 具有延迟产物的负反馈

现在研究在基因调控中最普遍的模块之一的系统, 它是一个具有负反馈的单基因蛋白质合成. 实验发现已经展示出负反馈是如何减幅噪声的效果. 这里通过考虑蛋白质转录和翻译过程中必要的有限延迟来一般化这一系统. 假定操作位点的化学状态为 $D^t = \{D_0^t, D_1^t\}$, 它决定在时刻 $t+\tau$ 蛋白质的生成. 假如在时刻 t 的操作位点未被占用 D_0^t, 那么在时刻 $t+\tau$ 每单位时间以具有概率为 A 产生蛋白质. 另一方面, 假如在时刻 t 的操作位点被占用 D_1^t, 那么在时刻 $t+\tau$ 的生成被封锁. 在两个操作态(分别记为 D_0(未占据)和 D_1(占据))间的转移以速率 k_1 和 k_{-1} 发生. 相应的生化反应方程可以被描述成

$$D_0 \xrightarrow{x(t)k_1} D_1, \quad D_1 \xrightarrow{k_{-1}} D_0 \tag{8.2.20}$$

这里 $x(t)$ 表示在时刻 t 蛋白质的数目. 蛋白质的生成和退化反应能够被表示成

$$\varnothing \xrightarrow{AS(t)} X, \quad X \xrightarrow{B} \varnothing \tag{8.2.21}$$

这里对未占据态, $S(t)=1$, 而对占据态, $S(t)=0$. 因此, 这些生化反应构成负反馈环.

同情形 1, 先来调查确定性方程的动力学. 相应的方程为

$$\frac{dx(t)}{dt} = As(t-\tau) - Bx(t), \quad \frac{ds(t)}{dt} = k_{-1} - k_{-1}s(t)(1+\varepsilon x(t)) \tag{8.2.22}$$

这里 $\varepsilon = k_1/k_{-1}$ (关于(7.2.22)的导出, 可参考(8.2.31)). 系统有唯一的正静态解

$$x^* = \frac{1}{2\varepsilon}\left(\sqrt{1+4\varepsilon\frac{A}{B}} - 1\right) \tag{8.2.23}$$

我们能够显示出这种解在大多数情形下是稳定的, 因此没有 Hopf 分叉产生. 事实上, 通过在静态处作线性化, 并寻找形如 $x(t) \sim e^{\lambda t}$ 的解, 可得

$$\lambda^2 + \left(B + k_{-1}(1+\varepsilon x^*)\right)\lambda + Bk_{-1}(1+\varepsilon x^*) + \frac{\varepsilon Ak_{-1}}{1+\varepsilon x^*}e^{-\lambda\tau} = 0 \tag{8.2.24}$$

由于对 $\lambda = 0$, 它没有解, 因此没有超临界 Hopf 分叉发生. 现在假定 $\lambda = i\omega$. 那么有

$$-\omega^2 + (1+\varepsilon x^*)k_{-1}B + \frac{\varepsilon Ak_{-1}}{1+\varepsilon x^*}\cos(\omega\tau) = 0$$
$$B + k_{-1}(1+\varepsilon x^*) - \frac{\varepsilon Ak_{-1}}{1+\varepsilon x^*}\sin(\omega\tau) = 0 \tag{8.2.25}$$

因此, 有

$$\left[\omega^2 - B\left(1+\varepsilon x^*\right)\right]^2 + \left[B + k_{-1}\left(1+\varepsilon x^*\right)\right]^2 = \left(\frac{\varepsilon k_{-1} A}{1+\varepsilon x^*}\right)^2$$

这种解存在仅当

$$\frac{B}{k_{-1}} + \left(1+\varepsilon x^*\right) < \frac{\varepsilon A}{1+\varepsilon x^*} \quad (8.2.26)$$

用(8.2.23)代入，当 $B \geqslant 1$ 时，Hopf 分叉不能发生。因此，这一系统对 $B \geqslant 1$ 是线性稳定的。可能的 Hopf 分叉发生在 $B < 1$ 的情形。

下面再来研究随机模型的情形。对时刻 t 蛋白质的数目为 n 和对时刻 $t+\tau$ 操作位点态为 D_0 或 D_1，引入两个概率 $P_n^0(t)$ 和 $P_n^1(t)$。那么，相应的主方程为

$$\frac{\mathrm{d}P^0(n,t)}{\mathrm{d}t} = A\left(P^0(n-1,t) - P^0(n,t)\right) + B\left((n+1)P^0(n+1,t) - nP^0(n,t)\right)$$

$$- k_1 \sum_{m=0}^{\infty} m\left[P^0(m,t-\tau) + P^1(m,t-\tau)\right]P^0(n,t) + k_{-1}P^1(n,t)$$

$$\frac{\mathrm{d}P^1(n,t)}{\mathrm{d}t} = B\left((n+1)P^1(n+1,t) - nP^1(n,t)\right)$$

$$+ k_1 \sum_{m=0}^{\infty} m\left[P^0(m,t-\tau) + P^1(m,t-\tau)\right]P^0(n,t) - k_{-1}P^1(n,t) \quad (8.2.27)$$

同前面一样，这里已经假定时刻 t 和时刻 $t+\tau$ 的过程是弱关联的，且对于一阶近似，两点的概率分布函数为 $P(n,t;m,t-\tau) \sim P(n,t)P(m,t-\tau)$。为了计算关联函数，求助于母函数，有形式

$$G_i(s,t) = \sum_{n=0}^{\infty} s^n P_n^i(t), \quad i=0,1 \quad (8.2.28)$$

它相应于两个操作位点。它们的和给出完整的母函数 $G(s,t) = G_0(s,t) + G_1(s,t)$。这些母函数能够通过下列方程来给出

$$\frac{\partial G_0}{\partial t} = (s-1)\left(AG_0 - B\frac{\partial G_0}{\partial s}\right) - k_1 \langle n(t-\tau) \rangle G_0 + k_{-1} G_1$$

$$\frac{\partial G_1}{\partial t} = -(s-1)B\frac{\partial G_0}{\partial s} + k_1 \langle n(t-\tau) \rangle G_0 - k_{-1} G_1 \quad (8.2.29)$$

此外，引进边沿矩

$$M_i^0 = \sum_{n=0}^{\infty} n^i P_n^0(t), \quad M_i^1 = \sum_{n=0}^{\infty} n^i P_n^1(t) \tag{8.2.30}$$

第零阶矩 $M_0^s(t)$ 特征化在时刻 t 未占据/占据操作位点的概率(注意 $M_0^0(t) + M_0^1(t) = 1$),一阶矩 $M_1^s(t)$ 特征化在时刻 $t-\tau$ 给定操作的状态对于时刻 t 蛋白质的平均数目. 因此,$M_1^0(t) + M_1^1(t) \equiv \alpha(t) = \langle n(t) \rangle$. 第零阶矩 $M_0^s(t)$ 的方程为

$$\frac{\mathrm{d}M_0^0}{\mathrm{d}t} = k_{-1} - \left(k_1 \alpha(t-\tau) + k_{-1}\right) M_0^0 \tag{8.2.31}$$

第一阶矩 $M_0^s(t)$ 的方程为

$$\frac{\mathrm{d}M_1^0}{\mathrm{d}t} = AM_0^0 - BM_1^0 - k_1 \alpha(t-\tau) M_1^0 + k_{-1} M_1^1$$

$$\frac{\mathrm{d}M_1^1}{\mathrm{d}t} = -BM_1^1 + k_1 \alpha(t-\tau) M_1^0 - k_{-1} M_1^1 \tag{8.2.32}$$

(8.2.32)中两式相加,可得

$$\frac{\mathrm{d}\alpha}{\mathrm{d}t} = AM_0^0 - B\alpha(t) \tag{8.2.33}$$

这一方程相应于前面的确定性方程.

现在,通过假定操作的波动远快于蛋白质的转录和翻译来简化方程. 操作态 s 远比蛋白质的浓度快达到平衡,因此作近似(参见(8.2.31))

$$M_0^0 \approx \frac{1}{1 + \varepsilon \alpha(t-\tau)} \tag{8.2.34}$$

由此可得

$$\frac{\mathrm{d}\alpha}{\mathrm{d}t} = \frac{A}{1 + \varepsilon \alpha(t-\tau)} - B\alpha(t) \tag{8.2.35}$$

不幸的是,此方程无分析解. 然而,当 $0 < \varepsilon \ll 1$ 时,可得近似方程

$$\frac{\mathrm{d}\alpha}{\mathrm{d}t} = A - B\alpha(t) - A\varepsilon \alpha(t-\tau) \tag{8.2.36}$$

这种类型的方程已在前面讨论过.

下面计算自关联函数. 方程(8.2.29)的静态解满足

$$\frac{B}{A}\frac{dG^s}{d\gamma} = G_0^s, \quad B\gamma\frac{d^2G_0^s}{d\gamma^2} + (\delta_1 - A\gamma)\frac{dG_0^s}{d\gamma} - \delta_2 G_0^s = 0 \tag{8.2.37}$$

这里 $\gamma \equiv s-1, \delta_1 \equiv B + k_1\langle n\rangle_s + k_{-1}, \delta_2 \equiv A(1+k_{-1}/B)$. 事实上，并不需要求解出 (8.2.29)，只需要计算 G^s 在 $\gamma = 0$ 处的一阶和二阶导数. 而为了计算在 $\gamma = 0$ 的 $dG_0^s/d\gamma$，对 (8.2.37) 应用 Frobenius 方法，那么 $G_0^s(\gamma)$ 可以表示成

$$G_0^s(\gamma) = \sum_{m=0}^{\infty} a_m \gamma^{\mu+m} \tag{8.2.38}$$

这里 μ 和 a_m 是待定系数. 把 (8.2.38) 代入 (8.2.37) 得

$$a_0\mu\big(B(\mu-1)+\delta_1\big) = 0, \quad a_{m+1} = a_m \frac{A(\mu+m)+\delta_2}{(\mu+m+1)(B(\mu+m)+\delta_1)}$$

明显地，$a_0 \neq 0, \mu = 0$. 在这种情形下，可得

$$\left.\frac{dG_0^s}{d\gamma}\right|_{\gamma=0} = a_1 = a_0 \frac{\delta_2}{\delta_1} = \frac{A(B+k_{-1})}{(B+k_{-1})(B+\varepsilon A)+k_1 A} \tag{8.2.39}$$

因此有

$$\left.\frac{dG^s}{ds}\right|_{s=1} = \frac{A}{B}G_{s0}\big|_{s=1} = \langle n\rangle_s$$

$$\left.\frac{d^2 G^s}{ds^2}\right|_{s=1} = \frac{A}{B}\left.\frac{dG_{s0}}{ds}\right|_{s=1} = \frac{A^2(B+k_{-1})}{B\big((B+k_{-1})(B+\varepsilon A)+k_1 A\big)} \tag{8.2.40}$$

下一步，可以计算出自关联函数

$$K(T) = \frac{\sigma(T)}{1-\zeta e^{-\lambda\tau}}\left.\frac{d^2 G_s}{ds^2}\right|_{s=1} + \left(1 - \frac{A}{B+\varepsilon A}\right)\frac{\sigma(T)}{1-\zeta e^{-\lambda\tau}}\left.\frac{dG_s}{ds}\right|_{s=1}$$

$$= \left(\frac{A^2(B+k_{-1})}{B\big((B+k_1)(B+\varepsilon A)+k_1 A\big)} + \frac{A(B+\varepsilon A - A)}{(B+\varepsilon A)^2}\right)\frac{\sigma(T)}{1-\zeta e^{-\lambda\tau}} \tag{8.2.41}$$

这里 $\sigma(T)$ 由 (8.2.15) 给出. 此外，给出上述分析结果和数值结果的比较，如图 8.2.3.

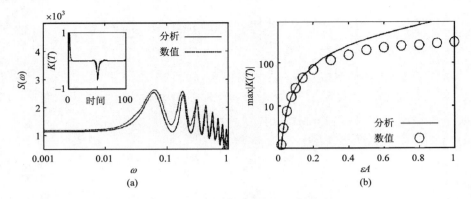

图 8.2.3　分析结果和数值结果的比较

(a)功率谱和关联函数(内图)、分析结果(实线)、数值结果(虚线). $A=100, k_1/k_{-1}=0.002, \tau=50, B=1$；
(b)作为 εA 的关联函数的附属尖峰的高度

8.2.3　情形 3：具有聚合物的负反馈

大多数转录因子在调控它们的靶型基因会形成高阶聚合物. 因此，前面模型的一般化是考虑同质多聚体调控下游单聚体的生成. 假定蛋白质以孤立单聚体 X 和二聚体 X_2 的形式存在，其生化反应方程为

$$X + X \xrightarrow{k_2} X_2, \quad X_2 \xrightarrow{k_{-2}} X + X \tag{8.2.42}$$

结合这些新反应，前面的生化反应(8.2.20)修改成

$$D_0 + X_2 \xrightarrow{k_1} D_1, \quad D_1 \xrightarrow{k_{-1}} D_0 + X_2 \tag{8.2.43}$$

而产物-退化反应变成

$$D_0 \xRightarrow{A} D_0 + X, \quad X \xrightarrow{B} \varnothing \tag{8.2.44}$$

像前面一样，蛋白质生成伴随时间延迟 τ 而发生，而且是当操作子在时刻 t 未占据才发生.

假定蛋白质的生成和退化与二聚化以及蛋白–DNA 反应相比是慢的，我们能够消除快变量，从而减低确定性速率方程的系统到仅有一个变量的方程(关于单聚体的数目 x_1)对相应的随机模型的分析，由于复杂性，难以给出分析结果. 这里仅给出数值结果，如图 8.2.4 和图 8.2.5.

$$\left(1 + 4\varepsilon x_1 + \frac{4\varepsilon\delta x_1}{(1+\varepsilon\delta x_1^2)^2}\right)\frac{dx_1}{dt} = \frac{A}{1+\varepsilon\delta x_1^2(t-\tau)} - Bx_1 \tag{8.2.45}$$

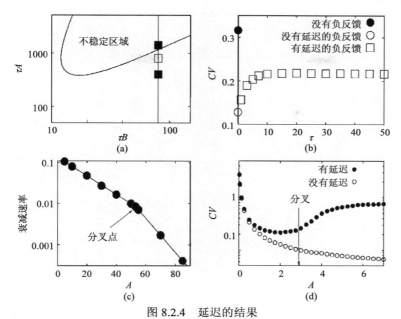

图 8.2.4 延迟的结果

(a)Hopf 分叉的中型曲线，这里 $\varepsilon=0.1, \delta=0.2$；(b)变异系数($CV$)作为延迟$\tau$的函数，这里 $CV=\sqrt{K(0)}/\langle x_1 \rangle$，$A=40$ (对应于图(a)中的开方形)；(c)关联函数的附属尖峰的退化率作为 A 的函数；(d)CV 作为产物速率 A 的函数. 固定的参数为 $B=4, k_1=100, k_{-1}=1000, k_2=200, k_{-2}=1000$

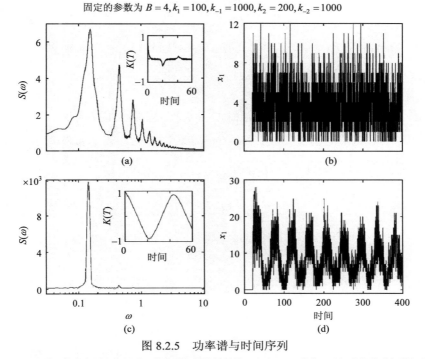

图 8.2.5 功率谱与时间序列

(a)和(c)功率谱，其中内图表示关联函数与时间的依赖关系；(b)和(d) x_1 依赖于时间演化的随机模拟结果

8.3 公共噪声诱导的同步与聚类[8,12]

8.3.1 理论分析

从第 6 章和 8.1 节的内容可以看到,不同的耦合会导致不同的协作行为,特别是会出现聚类现象. 本节先介绍一般振子的聚类结果,然后应用到基因振子的情形. 某些结果非常有趣,似乎和过去的已知事实不符,其实并不矛盾,而是更精细的结果.

考虑下列 Langevin 方程,它描述 N 个未耦合的相同振子,但被公共的相互独立的噪声所驱动

$$\dot{X}^{(\alpha)}(t) = F\left(X^{(\alpha)}\right) + \sqrt{D}G\left(X^{(\alpha)}\right)\xi(t) + \sqrt{\varepsilon}H\left(X^{(\alpha)}\right)\eta^{(\alpha)}(t) \tag{8.3.1}$$

这里 $\alpha = 1, 2, \cdots, N$,$X^{(\alpha)}(t) \in R^M$ 是振子的状态变量,$F\left(X^{(\alpha)}(t)\right) \in R^M$ 刻画振子的动力学,$\xi(t) \in R^M$ 表示对所有细胞公共的外部噪声,$\eta^{(\alpha)}(t) \in R^M$ 表示附加于每个振子的外部噪声(也可看成是内部噪声),这些噪声均为 Gauss 白色噪声,满足

$$\left\langle \xi_i(t)\xi_j(s) \right\rangle = \delta_{ij}\delta(t-s), \quad \left\langle \eta_i^{(\alpha)}(t)\eta_j^{(\alpha)}(t)(s) \right\rangle = \delta_{\alpha\beta}\delta_{ij}\delta(t-s), \quad \left\langle \xi_i(t)\eta_j^{(\alpha)}(s) \right\rangle = 0$$

D 和 ε 控制噪声的强度. $G\left(X^{(\alpha)}\right), H\left(X^{(\alpha)}\right) \in R^{M \times M}$ 代表对两种类型噪声的耦合矩阵,假定它们关于 $X^{(\alpha)}$ 是光滑的.

假定(1)单个系统是极限环振子,记其状态为 $X_0(t)$,而相应的相为 $\phi(t) = \phi[X(t)] \in [-\pi, \pi]$;(2)两种噪声强度很弱,以便 Kuramoto 的相约简方法可以应用. 由这种相约简方法可得具有 Stratonovich 过程的 Langevin 相近似方程

$$\dot{\phi}^{(\alpha)}(t) = \omega + \sqrt{D}Z\left(\phi^{(\alpha)}\right) \cdot G\left(\phi^{(\alpha)}\right)\xi(t) + \sqrt{\varepsilon}Z\left(\phi^{(\alpha)}\right) \cdot H\left(\phi^{(\alpha)}\right)\eta\left(\phi^{(\alpha)}\right) \tag{8.3.2}$$

这里 ω 是振子的固有频率,每个振子相敏感性函数为

$$Z\left(\phi^{(\alpha)}\right) = \nabla_X \phi^{(\alpha)} \Big|_{X=X_0\left(\phi^{(\alpha)}\right)} \in R^M$$

它量化每个振子对弱扰动的相响应,

$$G\left(\phi^{(\alpha)}\right) = G\left[X_0\left(\phi^{(\alpha)}\right)\right], \quad H\left(\phi^{(\alpha)}\right) = H\left[X_0\left(\phi^{(\alpha)}\right)\right].$$

规范化 $Z(\phi)$,以便 $Z(\phi) \cdot F[X_0(\phi)] \equiv \omega$,这里 $Z(\phi)$,$G(\phi)$ 和 $H(\phi)$ 是 ϕ 的光滑周期

函数.

为研究的方便,转化 Stratonovich Langevin 方程为下列形式的 Ito 微分方程

$$d\phi^{(\alpha)}(t) = A^{(\alpha)}(\phi)dt + d\zeta^{(\alpha)}(\phi,t)$$

这里 $\{\zeta^{(\alpha)}(\phi,t)\}$ 是相关的 Wiener 过程,它们的增量可表示为

$$d\zeta^{(\alpha)}(\phi,t) = \sqrt{D}\sum_{k=1}^{M}\left[\sum_{i=1}^{M}Z_i(\phi^{(\alpha)})\times G_{ik}(\phi^{(\alpha)})\right]dV_k(t)$$
$$+ \sqrt{\varepsilon}\sum_{k=1}^{M}\left[\sum_{i=1}^{M}Z_i(\phi^{(\alpha)})\times H_{ik}(\phi^{(\alpha)})\right]dW_k^{(\alpha)}(t)$$

这里 $\{V_i(t)\}$ 和 $\{W^{(\alpha)}(t)\}$ 是独立的 Wiener 过程. $\{d\zeta^{(\alpha)}(\phi,t)\}$ 的统计性质被以下两式确定

$$\left\langle d\zeta^{(\alpha)}(\phi,t)\right\rangle = 0, \quad \left\langle d\zeta^{(\alpha)}(\phi,t)d\zeta^{(\beta)}(\phi,t)\right\rangle = C^{(\alpha,\beta)}(\phi)dt$$

这里 $\left(C^{(\alpha,\beta)}(\phi)\right)$ 是 $R^{N\times N}$ 中的关联矩阵,定义为

$$C^{(\alpha,\beta)}(\phi) = \sqrt{D}\sum_{k=1}^{M}\left[\sum_{i=1}^{M}Z_i(\phi^{(\alpha)})\times G_{ik}(\phi^{(\alpha)})\right]\times\left[\sum_{j=1}^{M}Z_j(\phi^{(\beta)})\times G_{jk}(\phi^{(\beta)})\right]$$
$$+ \sqrt{\varepsilon}\sum_{k=1}^{M}\left[\sum_{i=1}^{M}Z_i(\phi^{(\alpha)})\times H_{ik}(\phi^{(\alpha)})\right]\times\left[\sum_{j=1}^{M}Z_j(\phi^{(\beta)})\times H_{jk}(\phi^{(\beta)})\right]\delta_{\alpha\beta}$$
(8.3.3)

注意到,对所有的 α,$C^{(\alpha,\beta)}(\phi)$ 是 $\phi^{(\alpha)}$ 的周期函数,它的 (α,β) 成分仅依赖于 $\phi^{(\alpha)}$ 和 $\phi^{(\beta)}$. 又因为 $C^{(\alpha,\beta)}(\phi)$ 是对称半正定矩阵,所以可用 N 个相互独立的 $\{W^{(\beta)}(t)\}$ 表达 $d\zeta^{(\alpha)}(\phi,t)$,即

$$d\zeta^{(\alpha)}(\phi,t) = \sum_{\beta=1}^{N}B^{(\alpha,\beta)}(\phi)dW^{(\beta)}(t)$$

这里 $\left(B^{(\alpha,\beta)}(\phi)\right)$ 是实对称的矩阵,满足 $\sum_{\nu=1}^{N}B^{(\alpha,\nu)}(\phi)B^{(\beta,\nu)}(\phi) = C^{(\alpha,\beta)}(\phi)$. 此外,漂移系数 $A^{(\alpha)}(\phi)$ 为 $A^{(\alpha)}(\phi) = \omega + (1/4)\left(\partial/\partial\phi^{(\alpha)}\right)C^{(\alpha,\alpha)}(\phi)$,这里利用了如下事实: 在计算 Wong-Zakai 纠正项时,(8.3.2)的右边仅依赖于 $\phi^{(\alpha)}$. 至此,原来的 N 个向量的 Stratonovich Langevin 方程(8.3.1)被转化成 N 个数量的 Ito 随机微分方程. 于是,描述相变量的概率密度函数(PDF) $P(\phi,t)$ 的相应 Fokker-Planck 方程(FPE)为

$$\frac{\partial P(\phi,t)}{\partial t} = -\sum_{\alpha=1}^{N}\frac{\partial}{\partial\phi^{(\alpha)}}\left[A^{(\alpha)}(\phi)P\right] + \frac{1}{2}\sum_{\alpha=1}^{N}\sum_{\beta=1}^{N}\frac{\partial^2}{\partial\phi^{(\alpha)}\partial\phi^{(\beta)}}\left[C^{(\alpha,\beta)}(\phi)P\right] \quad (8.3.4)$$

下一步对 FPE 采用平均近似. 为此,引入新的慢相变量

$$\psi = \left(\psi^{(1)}, \psi^{(2)}, \cdots, \psi^{(N)}\right), \qquad \phi^{(\alpha)} = \omega t + \psi^{(\alpha)}, \qquad \alpha = 1, 2, \cdots, N$$

及其 PDF

$$Q(\psi, t) = Q\left(\{\psi^{(\alpha)}\}, t\right) = P\left(\{\phi^{(\alpha)} = \omega t + \psi^{(\alpha)}\}, t\right)$$

对充分弱的外部噪声及振子的自然周期 $T = 2\pi/\omega$，Q 缓慢地变化。因此，可在周期 T 内平均漂移系数 $A^{(\alpha)}(\phi)$ 和扩散系数 $C^{(\alpha,\beta)}(\phi)$ 而保持 Q 为常数。于是有

$$\frac{\partial}{\partial t} Q(\psi, t) = \frac{1}{2} \sum_{\alpha=1}^{N} \sum_{\beta=1}^{N} \frac{\partial^2}{\partial \psi^{(\alpha)} \partial \psi^{(\beta)}} \left[D^{(\alpha,\beta)}(\psi) Q \right] \tag{8.3.5}$$

由于 $C^{(\alpha,\beta)}(\phi)$ 关于 ϕ 是周期的，因此漂移系数 $A^{(\alpha)}(\phi)$ 在平均后等于 ω，然而在新变量中它消失。平均扩散系数 $D^{(\alpha,\beta)}(\phi)$ 为

$$D^{(\alpha,\beta)}(\phi) = \frac{1}{T} \int_{t}^{t+T} C^{(\alpha,\beta)}\left(\{\phi^{(\alpha)} = \omega t' + \psi^{(\alpha)}\}\right) dt' = Dg\left(\psi^{(\alpha)} - \psi^{(\beta)}\right) + \varepsilon h(0) \delta_{\alpha\beta} \tag{8.3.6}$$

这里利用了 $C^{(\alpha,\beta)}(\phi)$ 仅依赖与 $\phi^{(\alpha)}$ 和 $\phi^{(\beta)}$，并引入了 $Z_i(\phi)$ 和 $G_{ik}(\phi)$ 之间的关联函数 $g(\theta)$：

$$g(\theta) = \frac{1}{2\pi} \int_{-\pi}^{\pi} \sum_{i,j,k=1}^{M} Z_i(\phi') G_{ki}(\phi') Z_j(\phi' + \theta) G_{jk}(\phi' + \theta) d\phi' \tag{8.3.7}$$

类似地，可导出 $Z_i(\phi)$ 和 $H_{ik}(\phi)$ 之间的关联函数。

清楚地，排除 $Z(\phi)$ 为常数的情形，有 $g(0) > 0, h(0) > 0$。利用 $Z(\phi)$ 和 $G(\phi)$ 的周期性可证明 $g(-\theta) = g(\theta)$，$g(0) \geqslant g(\theta)$。因为 $Z(\phi)$ 和 $G(\phi)$ 是光滑的，所以 $g(\theta)$ 在 $\theta = 0$ 点有二次尖峰。当 $Z(\phi)$ 包含不可忽视的高阶谐波函数时，或当公共噪声以乘性方式引入时，在 $\theta \neq 0$ (如 $\theta = \pm 2\pi/3$) 处，也可有其他二次尖峰。

为了分析振子间相的关系，我们研究相差的 PDF。不失一般性，引入 2 体的 PDF

$$R\left(\psi^{(1)}, \psi^{(2)}, t\right) = \int Q(\psi, t) d\psi^{(3)} \cdots \psi^{(N)}$$

它的方程能够通过对方程(8.3.5)关于所有其他相变量的积分得到

$$\frac{\partial}{\partial t} R\left(\psi^{(1)}, \psi^{(2)}, t\right) = \frac{1}{2} [Dg(0) + \varepsilon h(0)] \times \left\{ \left(\frac{\partial}{\partial \psi^{(1)}}\right)^2 + \left(\frac{\partial}{\partial \psi^{(2)}}\right)^2 \right\} R$$

$$+\frac{\partial^2}{\partial \psi^{(1)} \partial \psi^{(2)}}\left[Dg\left(\psi^{(1)}-\psi^{(2)}\right)R\right] \quad (8.3.8)$$

进一步，通过把两个相变量变性为平均相和相差，$\psi=\left(\psi^{(1)}+\psi^{(2)}\right)/2$，$\theta=\psi^{(1)}-\psi^{(2)}$，(8.3.8)可分解成

$$\frac{\partial}{\partial t}S(\psi,t)=\frac{1}{4}\{D(g(0)+g(\theta))+\varepsilon h(0)\}\frac{\partial^2}{\partial \psi^2}S(\psi,t)$$

$$\frac{\partial}{\partial t}U(\psi,t)=\frac{\partial^2}{\partial \theta^2}\{D(g(0)-g(\theta))+\varepsilon h(0)\}U(\theta,t)$$

$$S(\psi,t)U(\theta,t)=R\left(\psi^{(1)}=\psi+\theta/2,\psi^{(2)}=\psi-\theta/2,t\right) \quad (8.3.9)$$

很清楚，(8.3.9)有唯一的静态，平均相 ψ 的 PDF 关于极限环是一致的，即 $S_0(\psi)\equiv 1/(2\pi)$，并且相差的 PDF 为

$$U_0(\theta)=\frac{u_0}{D[g(0)-g(\theta)]+\varepsilon h(0)} \quad (8.3.10)$$

这里 u_0 为规范化常数.

现在考察上面的结果. 注意到，上面的分析结果对满足假定(即极限环振子)的 $g(\theta)$ 均成立. 当仅给定相互独立的噪声时，即 $D=0$，$\varepsilon>0$，那么 $U_0(\theta)$ 简单是一致的，因此振子被完全非同步化. 当仅给定公共噪声时，即 $D>0$，$\varepsilon=0$，那么 $U_0(\theta)$ 在 $\theta=0$ 处发散，同时保持正的(由于 $g(0)\geqslant g(\theta)$)，因此任意一双振子的相差聚集于零，导致噪声诱导完全同步化. 当 ε 从零开始增加时，$U_0(\theta)$ 变得更宽，但它在 $\theta=0$ 处的尖峰仍保持(只要 $D>0$). 已知 $g(\theta)$ 除在 $\theta=0$ 处有尖峰外，还有多重尖峰. 因此上面的讨论对这种 θ 仍然成立. $g(\theta)$ 的多重尖峰导致振子的聚类行为. 这种现象在耦合振子的情形也出现过，但现在是有相的敏感性和仅有公共噪声的情形. 更一般地，$U_0(\theta)$ 能够展示出宽广的非一致"连贯"分布，依赖于 $g(\theta)$ 的具体形式.

考察同步态 $\theta=0$ 的统计稳定性和 θ 在 $\theta=0$ 处的动力学. 从(8.3.9)可得相应的 Ito 随机微分方程

$$\mathrm{d}\theta(t)=\sqrt{2}\{D[g(0)-g(\theta)]+\varepsilon h(0)\}^{1/2}\mathrm{d}w(t) \quad (8.3.11)$$

这里 $w(t)$ 是 Wiener 过程. 在 $\theta=0$ 附近的区域内，近似地有

$$g(\theta)\approx g(0)-(1/2)|g''(0)|\theta^2$$

这里利用了 $g'(0) = 0$，$g''(0) < 0$. 因此可得

$$\mathrm{d}\theta(t) \approx \sqrt{D|g''|(0)}[g(0) - g(\theta)]\mathrm{d}w_1(t) + \sqrt{2\varepsilon h(0)}\mathrm{d}w_2(t)$$

这里噪声被分解成乘性和加性部分(利用两种噪声的独立性). 这时，仅是线性的随机多重过程但附加一个噪声. 忽视附加噪声 $\mathrm{d}w_2(t)$，应用 Ito 公式，绝对相差的对数所满足的方程为

$$\mathrm{d}\ln|\theta(t)| = -\frac{1}{2}D|g''(0)|\mathrm{d}t + \sqrt{D|g''(0)|}\mathrm{d}w_1(t)$$

因此完全同步态 $\theta=0$ 的平均 Lyapunov 指数为 $\lambda = -\frac{1}{2}D|g''(0)| < 0$，即 $\theta = 0$ 总是稳定的. 当公共噪声是加性时，$G(\phi)$ 是常数矩阵，从而再次获得文献[9]的结果.

当弱的相互独立噪声存在时，$|\theta|$ 在大多数情况下保持小的值，但偶然地展示出大的爆破(burst)，典型的行为是噪声的开关间歇(阵发). 由此，我们指望 $\theta(t)$ 的爆破之间的间隔有幂律型的 PDF，且指数为 -1.5，而在 $\theta = 0$ 处相位差幂律型的 PDF，其指数总为 -2. 当 $g(\theta)$ 有多重尖峰时，我们能够估计它在其他尖峰附近的稳定性和波动性，并指望聚类态之间的阵发转移.

8.3.2 聚类的控制[10]

考虑一般模型

$$\frac{\mathrm{d}A_i(t)}{\mathrm{d}t} = F[A_i(t)] + KP(t) \tag{8.3.12}$$

这里 $A_i(t) = (x_i, y_i, \cdots)^\mathrm{T}$ 是振子的状态变量，$i = 1, 2, \cdots, N$，$F(\cdot)$ 是描述极限环振动的非线性函数，$P(t)$ 是表示非线性、时间延迟全局反馈的非线性函数. 假定 $P(t)$ 已被构造，并被应用到状态变量的某一成分. 特别地，引入下列反馈

$$P(t) = \left(\frac{1}{N}\sum_{j=1}^{N} p_j(t), 0, 0, \cdots\right)^\mathrm{T} \quad p_j(t) = \sum_{n=0} k_n\{x_j(t - \tau_n) - a_0\}^n \tag{8.3.13}$$

这里 k_n 和 τ_n 分别是第 n 次多项式反馈的强度和延迟，a_0 是未耦合系统(即 $K=0$)的 x_i 的均值. 我们的目的是提供一种设计相互作用函数的方法，通过选取适当的控制参数 k_n 和 τ_n，特征化振子群体的动力行为.

首先定义振子的相 ϕ. 考虑未耦合系统

$$\frac{\mathrm{d}A}{\mathrm{d}t} = F(A) \tag{8.3.14}$$

假定系统渐近地收敛到一个稳定的周期(如极限环)解 $A^0(t)$ ($t \to \infty$)，固有周期为 T，固有频率为 $\omega = 2\pi/T$，使得 $A^0(t+T) = A^0(t)$. 状态 A 的相 $\phi(t)$ 不仅可定义在极限环上，而且可以定义在全空间上，即

$$\frac{\mathrm{d}\phi(A)}{\mathrm{d}t} = \omega \tag{8.3.15}$$

需要在每个状态点 A 给出相 ϕ 的表达.

在弱耦合的情形(即小的 K)，可以应用相约简方法，把系统(8.3.12)变成耦合相振子的标准形式(关于耦合 K 的一阶近似)

$$\frac{\mathrm{d}\phi_i(t)}{\mathrm{d}t} = \omega + \frac{K}{N}\sum_{j=1}^{N} H\left[\phi_j(t) - \phi_i(t)\right] \tag{8.3.16}$$

这里 2π 周期函数 $H(\cdot)$ 称为相互作用函数，定义为

$$H(\phi_j - \phi_i) = \frac{1}{2\pi}\int_0^{2\pi} Z(\phi_i + \lambda) p(\phi_j + \lambda) \mathrm{d}\lambda = \frac{1}{2\pi}\int_0^{2\pi} Z(\lambda) p(\phi_j - \phi_i + \lambda) \mathrm{d}\lambda \tag{8.3.17}$$

其中 $Z(\cdot)$ 是 2π 周期函数(称为相响应函数)，$p(\phi_j)$ 是来自振子 j(其相为 ϕ_j)的反馈信号 $p_j(t)$. $Z(\cdot)$ 和 $p(\cdot)$ 从未耦合系统(8.3.14)中可直接获得. 响应函数 $Z(\phi)$ 沿着极限环的相的梯度，即

$$Z(\phi) = \left.\frac{\partial \phi}{\partial x}\right|_{A=A^0} \tag{8.3.18}$$

为方便，施行展开

$$Z(\phi) = \sum_l z_l \mathrm{e}^{\mathrm{i}l\phi} \tag{8.3.19}$$

此外，为了计算 $p(\phi)$，在极限环轨道 A^0 上也展开 2π 周期轨迹 $x(\phi)$ 为

$$x(\phi) = \sum_l a_l \mathrm{e}^{\mathrm{i}l\phi} \tag{8.3.20}$$

注意到 $z_l = z_{-l}^*$，$a_l = a_{-l}^*$. 进一步，因为 $\phi(t-\tau) = \phi(t) - \omega\tau$，则有

$$x[\phi(t-\tau)] = \sum_l a_l \mathrm{e}^{\mathrm{i}l\phi(t)} \mathrm{e}^{-\mathrm{i}l\omega\tau_n} \tag{8.3.21}$$

所以，反馈信号 $p(\phi)$ 为

$$p(\phi) = \sum_n k_n \{x(t-\tau_n) - a_0\}^n = \sum_n k_n \left\{ \sum_l a_l e^{il\phi} e^{-il\omega\tau_n} \right\} \tag{8.3.22}$$

至此，可以设计所希望的相互作用函数 $H_{\text{target}}(\phi)$ 了. 具体步骤为：
(1) 确定 $Z(\phi)$ 和 $x(\phi)$. 一般地，$Z(\phi)$ 可通过数值方法或实验获得；
(2) 计算 $Z(\phi)$ 和 $x(\phi)$ Fourier 展开中的各阶谐波函数. $H(\phi)$ 由(8.3.17)计算；
(3) k_n 和 τ_n 由比较 $H(\phi)$ 和 $H_{\text{target}}(\phi)$ 决定.

这里给出一个例子. 考虑一个极限环振子，它产生近似的谐波信号 $x(\phi)$，即对 $l \geqslant 2$，$|a_1| \gg |a_l|$. 此时，可获得相互作用函数 $H(\phi)$ 更简单的表达. 事实上，由于

$$p(\phi) = \sum_n k_n \sum_{m=0}^n \binom{m}{n} a_1^m a_{-1}^{n-m} e^{i(2m-n)(\phi-\omega\tau_n)}$$

有

$$\{x(\phi) - \bar{x}\}^n \approx \left(a_1 e^{i\phi} + a_{-1} e^{-i\phi}\right)^n = \sum_{m=0}^n \binom{m}{n} a_1^m a_{-1}^{n-m} e^{i(2m-n)\phi}$$

这里 $\binom{m}{n}$ 表示组合数. 从(8.3.17)可得

$$H(\phi) = \sum_n k_n \sum_{m=0}^n \binom{m}{n} z_{n-2m} a_1^m a_{-1}^{n-m} e^{i(2m-n)(\phi-\omega\tau_n)} \tag{8.3.23}$$

这样，第 n 次多项式反馈增强第 l 阶谐波成分，这里 $l = n, n-2, n-4, \cdots$. 因此，假如目标相互作用函数是达到 n 阶的谐波函数，那么需要 n 阶多项式. 例如，假如目标相互作用函数为

$$H_{\text{target}} = \sin(\phi - \alpha) - r\sin(2\phi) = \frac{1}{2} e^{-i(\alpha + (\pi/2))} + \frac{r}{2} e^{-i\pi/2} e^{2i\phi} + \text{c.c.} \tag{8.3.24}$$

这里 α 和 r 是参数. 我们需要二次信号，(8.3.22)变成

$$H(\phi) = k_0 + 2k_2 |a_1|^2 z_0 + k_1 e^{-i\omega\tau_1} a_1 z_{-1} e^{i\phi} + k_2 e^{-2i\omega\tau_2} a_1^2 z_{-2} e^{2i\phi} + \text{c.c.} \tag{8.3.25}$$

比较(8.3.23)和(8.3.24)，有

$$k_0 = -z_0 \left| \frac{r}{z_{-2}} \right|, \quad k_1 = \left| \frac{1}{2a_1 z_{-1}} \right|, \quad k_2 = \left| \frac{r1}{2a_1^2 z_{-2}} \right|$$

$$\tau_1 = \frac{\alpha + (\pi/2) + \arg(a_1 z_{-1})}{\omega}, \quad \tau_2 = \frac{-(\pi/2) + \arg(a_1^2 z_{-1}) - \arg(r)}{2\omega}$$

注意到，也可用 $(-k_1, \tau_1 + \pi/\omega)$ 代替 $(-k_1, \tau_1)$ 或用 $(-k_0, -k_2, \tau_2 + \pi/2\omega)$ 代替 (k_0, k_2, τ_2).

从上面的分析可知，为了产生所希望的聚类(即给定 $H_{\text{target}}(\phi)$)，必须确定反馈信号 $p(t)$. 从(8.3.17)知，$p(t)$ 的解可能有很多. 因此，需要考虑最优化问题. 基本思想如下.

对于给定的 $H_{\text{target}}(\phi)$，通过数值方法获得每个振子的相敏感性 $Z(\phi)$. 最优化问题是

$$H(\phi) = \min_{p \in \hbar[0, 2\pi]} \frac{1}{2\pi} \int_0^{2\pi} Z(\lambda) p(\phi + \lambda) \mathrm{d}\lambda \tag{8.3.26}$$

这里 $\hbar[0, 2\pi]$ 表示某一函数空间. 一般地，函数 $H(\phi)$ 和 $Z(\phi)$ 为谐波函数的叠加. 设它们的最高谐波成分为 $\sin(n\phi)$ 或 $\cos(n\phi)$，那么函数空间 $\hbar[0, 2\pi]$ 就取为如下生成空间

$$\hbar[0, 2\pi] = \ell\{1, \sin(\phi), \cos(\phi), \cdots, \sin(n\phi), \cos(n\phi)\} \tag{8.3.27}$$

换句话说，取 $p(\phi) = \sum_{k=1}^{n} [a_k \sin(k\phi) + b_k \cos(k\phi)]$，$a_k$ 和 b_k 待定，可通过最优化方法来获得. 通常，$p(t) \equiv p(x(t))$ 为 $x(t)$ 多项式，可设 $p(x) = \sum_{k=0}^{l} \alpha_k x^k$. 假定由数值逼近方法得 $x(t) = \sum_{k=1}^{m} [c_k \sin(kt) + d_k \cos(kt)]$. 于是通过比较系数法可决定所有的 α_k.

上面处理问题的思路是：假如要产生所希望的聚类(由函数 H 或 U_0 的尖峰数决定)，关键是确定系统的扰动项 p 或耦合函数(假定是弱耦合的情形). 另一方面，假如振子的群体的扰动项或弱耦合函数是已知的，那么通过判断函数 H 或 U_0 有多少个尖峰，就能预测振子群体能有怎样的聚类或聚类数是多少. 例如，若 U_0 有 n 个尖峰，那么群体系统存在 n 聚类同步.

注 上面的分析一般仅对极限环振子才有效. 然而，处理问题的思路可以扩充或推广到随机振子的情形. 特别是对松弛型振子，可能会获得更细化的结果(因为松弛振子的状态方程和相方程有分析关系).

8.3.3 数值例子

下面用两个例子来说明上述分析结果.

例 A 考虑 Stuart-Landau(SL)振子

$$X = (x, y), \quad F(X) = \left[x - c_0 y - (x^2 + y^2)(x - c_2 y), y + c_0 x - (x^2 + y^2)(y + c_2 x)\right]$$

受到相互独立的加性噪声的影响，$H(X) = \text{diag}(1,1)$，及四种类型的加性或乘性公共噪声 $G_1(X) = \text{diag}(1,1)$，$G_2(X) = \text{diag}(x,y)$，$G_3(X) = \text{diag}(1+4xy,0)$，$G_4(X) = \text{diag}(x,xy)$. 参数为 $c_0 = 2$，$c_1 = -1$，$\omega = c_0 - c_2 = 3$. 相敏感的分析解为 $Z(\phi) = \sqrt{2}\left[\sin(\phi + 3\pi/4), \sin(\phi + \pi/4)\right]$.

由此可得相应的关联函数 $g_1(\theta) = 2\cos\theta$，$g_2(\theta) = \cos^2\theta$，$g_3(\theta) = \cos 3\theta$，$g_4(\theta) = \left(\cos\theta + 8\cos^2\theta + \cos 3\theta\right)/16$，$h(0) = 2$. 此外，还可计算出 $U_0(\theta)$. $N = 200$，$D = 0.002$，$\varepsilon = 0.0001$. 为了数值地实现 Stratonovich 情形，用 Ornstein-Uhlenbeck 过程 $\tau\dot{z}(t) = -z(t) + \xi(t)$ 产生有色 Gauss 白色噪声，这里 $\tau = 0.05$，$\xi(t)$ 为单位强度的 Gauss 白色噪声. 正如所期望的，各种同步态和聚类态可以实现，且分析结果和理论结果很好地相符. 数值结果如图 8.3.1 所示.

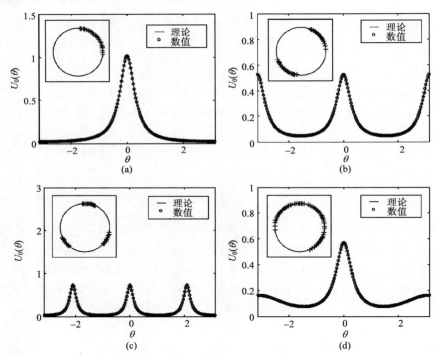

图 8.3.1　Stuart-Landau 振子

(a)同步化；(b)2 聚类；(c)3 聚类；(d)混合态. 内集展示出在极限环上 N 个振子的即瞬分布

例 B　考虑 FitzHung-Nagumo(FHN)模型

$$X = (u,v),\quad F(X) = [\varepsilon'(v+c-du), v-v^3/3-u+I],\quad G_1(X) = \text{diag}(1,0),$$

$$G_2(X) = \text{diag}(0,v),\quad H(X) = \text{diag}(0,1),$$

$\varepsilon' = 0.08$, $c = 0.7$, $d = 0.8$, $I = 0.875$,

$\varepsilon = 0.0005$, $N = 200$, $D = 0.005$.

数值发现,固有频率为 $\omega \approx 0.1725$,数值结果如图 8.3.2 所示.

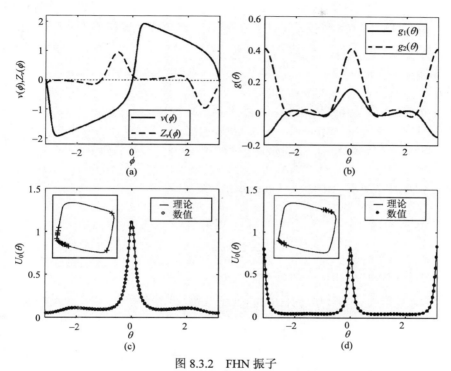

图 8.3.2 FHN 振子

(a)变量 $v(\phi)$ 和相的敏感性 $Z_v(\phi)$;(b)从 $G_{1,2}(X)$ 和 $Z_v(\phi)$ 计算的关联函数 $g_{1,2}(\theta)$;(c)同步化态;(d)2 聚类态. 内集展示出振子的简单映像

8.4 组合调控的模式[13]

基因调控由结合到 DNA 并影响基因转录率的转录因子的活性所控制. 当一个基因处理多个转录因子的效果时,被认为表演了一种计算:转录率是每个转录因子活性浓度的函数. 描述调控子浓度和被调控基因的输出之间关系的最简单方法是利用 Boolean 逻辑,例如,两个激活子用 AND 逻辑操作或用 OR 逻辑操作来调控基因表达. 通过引入破译转录率依赖于输入信号浓度的连续函数,逻辑操作的含义也能够被一般化. 无论是离散还是连续的逻辑函数,知道基因利用哪种调控模式对于决定它在调控网络中的功能是重要的,例如,作为基因调控网络最普

通的模块之一，连贯前馈圈过滤上游信号，不同地依赖于被调控的基因是如何综合它的输入调控子.

单细胞实验已经揭示出，因为转录因子常常以低的拷贝数出现，所以这些分子浓度上的随机波动能对基因调控有重要影响. 基于主方程及用线性噪声逼近(参见第 2 章)导出的传统耗散波动关系仅能给出二阶矩的信息. 最近，Warmflash 和 Dinner[14]推导出修正的耗散波动关系，把三阶矩和顺式调控输入函数(CRIF)关联起来. 这种基于波动的关系实际属于静态交叉关联，因为相关的三阶矩是在系统的静态估值. 依靠可利用的实验数据，尽管它能用于勘察仅有内部噪声情形时组合调控的信号，但是，从物理学的观点，静态关联仅能给出两个或多个时间序列数据在零关联时刻的信息. 然而，从基于调控的观点，转录因子对 DNA 的结合是与事件发生的环境密切相关的，在某些细胞状态是活性的，而在其他情形是非活性. 特别是基因表达中的随机波动或噪声能够通过活性调控连接来传播. 这样，基因表达中的动态交叉关联可能提供一种探索调控模式的有效方法. 本节将说明这种方法在探测组合调控模式方面的潜能.

8.4.1 数学模型

考虑一个基因被两个转录因子组合地调控，如图 8.4.1 所示. 模拟生化过程为转录因子和基因输出的产生和降解：

$$\varnothing \xrightarrow{\alpha_1} S_1 \xrightarrow{\beta_1} \varnothing$$
$$\varnothing \xrightarrow{\alpha_2} S_2 \xrightarrow{\beta_2} \varnothing$$
$$\varnothing \xrightarrow{\mathrm{CRIF}(S_1,S_2)} S_0 \xrightarrow{\beta_0} \varnothing \quad (8.4.1)$$

这里，S_1 和 S_2 代表对顺式调控构件的输入转录因子，S_0 测量被调控基因的输出，从 $\varnothing$ 和到 $\varnothing$ 的箭头分别表示合成和降解. S_0 的产生率由转录因子浓度和

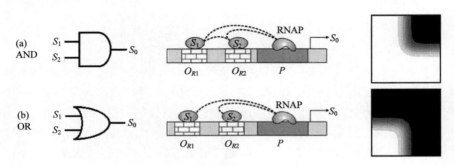

图 8.4.1　顺式调控构件示意图

S_1 和 S_2 是输入信号（或转录因子），S_0 是输出信号，虚线代表协作相互作用

$\mathrm{CRIF}(S_1, S_2)$ 决定.

当模拟各个物种的运动时,采用下列标准的 Langevin 方程

$$\frac{dS_1}{dt} = \alpha_1 + E + I_1 - \beta_1 S_1$$

$$\frac{dS_2}{dt} = \alpha_2 + E + I_2 - \beta_2 S_2$$

$$\frac{dS_0}{dt} = E + I_0 - \beta_0 S_0 + \mathrm{CRIF}(S_1, S_2) \tag{8.4.2}$$

这些方程包括蛋白质产生率 α_i ($i=1,2$)、蛋白质降解率 β_i ($i=0,1,2$) 和内外噪声源的贡献(分别为 I_i ($i=0,1,2$) 和 E).这里,外部噪声 E 被定义为全局测量成分的随机波动,而内部噪声被假定为基因表达的波动. 噪声源用 Ornstein-Uhlenbeck 过程来模拟,即

$$\frac{dE}{dt} = -\beta_E E + \sigma_E \eta_E, \quad \frac{dI_i}{dt} = -\kappa_i I_i + \sigma_i \eta_i \tag{8.4.3}$$

假定 Guass 白色噪声 η_E, η_1, η_2 和 η_0 是相互独立的,具有零平均和单位标准差的同分布. 参数 β 和 κ 定义噪声的尺度,而 σ_E 和 σ_i 为方差.

记 $S_i^{eq} = \frac{\alpha_i}{\beta_i}$,$i=1,2$. 我们希望噪声的扰动是如此的小,以至于在原点用二阶 Taylor 展开 CRIF 来近似系统是有效的. 定义 $s_i = S_i - S_i^{eq}$ ($i=0,1,2$),这里,记 $S_0^{eq} = \mathrm{CRIF}(S_1^{eq}, S_2^{eq}) + a_0$,其中,$a_0 = \frac{g_{11}}{2}\langle\langle s_1^2\rangle\rangle_t + g_{12}\langle\langle s_1 s_2\rangle\rangle_t + \frac{g_{22}}{2}\langle\langle s_2^2\rangle\rangle_t$,外面的括号表示关于时间平均,$g_{11}, g_{12}, g_{22}$ 是 CRIF 关于变量 S_1 和 S_2 的 2 阶导数,它们在点 (S_1^{eq}, S_2^{eq}) 处估值. 这样,有

$$\frac{ds_1}{dt} = E + I_1 - \beta s_1, \quad \frac{ds_2}{dt} = E + I_2 - \beta s_2$$

$$\frac{ds_0}{dt} = E + I_0 - \beta s_0 + g_1 s_1 + g_2 s_2 + \frac{g_{11}}{2} s_1^2 + g_{12} s_1 s_2 + \frac{g_{22}}{2} s_2^2 - a_0 \tag{8.4.4}$$

计算可得

$$a_0 = \frac{(g_{11} + 2g_{12} + g_{11})\sigma_E^2}{8\beta^3} + \frac{g_{11}\sigma_1^2 + g_{22}\sigma_2^2}{4\beta\kappa(\beta+\kappa)}.$$

此外,定义 $s_0(t)$ 和 $s_1(t), s_2(t)$ 之间的动态交叉关联为

$$R_{s_1s_2,s_0}(\tau) = \left\langle\left\langle s_1(t)s_2(t)s_0(t+\tau)\right\rangle\right\rangle_t = \lim_{t\to\infty}\left\langle s_1(t)s_2(t)s_0(t+\tau)\right\rangle \tag{8.4.5}$$

这里 τ 代表关联时间. 这一函数被规范化

$$R(\tau) = \frac{R_{s_1s_1,s_0}(\tau)}{\sqrt{R_{s_1s_2,s_1s_2}(0)}\sqrt{R_{s_0,s_0}(0)}} \tag{8.4.6}$$

不失一般性,以下设 $\beta \triangleq \beta_i = \beta_E$, $\kappa \triangleq \kappa_i$, $i=0,1,2$, 并假定 $\beta \neq \kappa, \beta \neq 2\kappa$.

8.4.2 理论分析

由（8.4.4）可得

$$s_i(t) = s_i(0)\mathrm{e}^{-\beta t} + \int_0^t \mathrm{e}^{-\beta(t-t_1)}E(t_1)\mathrm{d}t_1 + \int_0^t \mathrm{e}^{-\beta(t-t_1)}I_i(t_1)\mathrm{d}t_1, \quad i=1,2 \tag{8.4.7}$$

$$\begin{aligned}s_0(t) =& s_0(0)\mathrm{e}^{-\beta t} - a_0\int_0^t \mathrm{e}^{-\beta(t-t_1)}\mathrm{d}t_1 + \int_0^t \mathrm{e}^{-\beta(t-t_1)}E(t_1)\mathrm{d}t_1 + \int_0^t \mathrm{e}^{-\beta(t-t_1)}I_0(t_1)\mathrm{d}t_1\\ &+ g_1\int_0^t \mathrm{e}^{-\beta(t-t_1)}s_1(t_1)\mathrm{d}t_1 + g_2\int_0^t \mathrm{e}^{-\beta(t-t_1)}s_2(t_1)\mathrm{d}t_1\\ &+ \frac{g_{11}}{2}\int_0^t \mathrm{e}^{-\beta(t-t_1)}s_1^2(t_1)\mathrm{d}t_1 + g_{12}\int_0^t \mathrm{e}^{-\beta(t-t_1)}s_1(t_1)s_2(t_1)\mathrm{d}t_1 + \frac{g_{22}}{2}\int_0^t \mathrm{e}^{-\beta(t-t_1)}s_2^2(t_1)\mathrm{d}t_1\end{aligned}$$
$$\tag{8.4.8}$$

对噪声的假定蕴含着

$$\begin{aligned}&\left\langle\left\langle s_1(t)s_2(t)s_0(t+\tau)\right\rangle\right\rangle_t\\ =&\left\langle\left\langle s_1(t)s_2(t)\left[-\frac{a_0}{\beta} + \frac{g_{11}}{2}\int_0^{t+\tau}\mathrm{e}^{-\beta(t+\tau-t_1)}s_1^2(t_1)\mathrm{d}t_1\right.\right.\right.\\ &\left.\left.\left.+ g_{12}\int_0^{t+\tau}\mathrm{e}^{-\beta(t+\tau-t_1)}s_1(t_1)s_2(t_1)\mathrm{d}t_1 + \frac{g_{22}}{2}\int_0^{t+\tau}\mathrm{e}^{-\beta(t+\tau-t_1)}s_2^2(t_1)\mathrm{d}t_1\right]\right\rangle\right\rangle_t\\ =&\lim_{t\to\infty}\left\{-\frac{a_0}{\beta}\left\langle s_1(t)s_2(t)\right\rangle + \mathrm{e}^{-\beta(t+\tau)}\int_0^{t+\tau}\mathrm{e}^{\beta t_1}\left[\frac{g_{11}}{2}\left\langle s_1(t)s_2(t)s_1^2(t_1)\right\rangle\right.\right.\\ &\left.\left.+ g_{12}\left\langle s_1(t)s_2(t)s_1(t_1)s_2(t_1)\right\rangle + \frac{g_{22}}{2}\left\langle s_1(t)s_2(t)s_2^2(t_1)\right\rangle\right]\mathrm{d}t_1\right\}\end{aligned}\tag{8.4.9}$$

因为上面定义的关联函数不依赖于初始条件,可以设 $s_i(0)=0$, $i=0,1,2$. 这样

$$\begin{aligned}s_1(t)s_2(t) =& \mathrm{e}^{-2\beta t}\int_0^t\int_0^t \mathrm{e}^{\beta(t_2+t_3)}[E(t_2)E(t_3) + I_1(t_2)I_2(t_3) + E(t_2)I_1(t_3)\\ &+ E(t_2)I_2(t_3)]\mathrm{d}t_2\mathrm{d}t_3\end{aligned}$$

$$s_1^2(t_1) = \mathrm{e}^{-2\beta t_1} \int_0^{t_1}\int_0^{t_1} \mathrm{e}^{\beta(t_4+t_5)} \big[E(t_4)E(t_5) + I_1(t_4)I_1(t_5) + 2E(t_4)I_1(t_5) \big] \mathrm{d}t_4 \mathrm{d}t_5$$

$$s_2^2(t_1) = \mathrm{e}^{-2\beta t_1} \int_0^{t_1}\int_0^{t_1} \mathrm{e}^{\beta(t_4+t_5)} \big[E(t_4)E(t_5) + I_2(t_4)I_2(t_5) + 2E(t_4)I_2(t_5) \big] \mathrm{d}t_4 \mathrm{d}t_5$$

再利用关于噪声的假定，进一步可得

$$\langle s_1(t)s_2(t)s_1^2(t_1)\rangle$$
$$= \mathrm{e}^{-2\beta(t+t_1)} \int_0^t\int_0^t\int_0^{t_1}\int_0^{t_1} \mathrm{e}^{\beta(t_2+t_3+t_4+t_5)} \big[\langle E(t_2)E(t_3)E(t_4)E(t_5)\rangle$$
$$+ \langle E(t_2)E(t_3)I_1(t_4)I_1(t_5)\rangle + 2\langle E(t_2)E(t_4)I_1(t_3)I_1(t_5)\rangle \big] \mathrm{d}t_2\mathrm{d}t_3\mathrm{d}t_4\mathrm{d}t_5$$

$$\langle s_1(t)s_2(t)s_2^2(t_1)\rangle$$
$$= \mathrm{e}^{-2\beta(t+t_1)} \int_0^t\int_0^t\int_0^{t_1}\int_0^{t_1} \mathrm{e}^{\beta(t_2+t_3+t_4+t_5)} \big[\langle E(t_2)E(t_3)E(t_4)E(t_5)\rangle$$
$$+ \langle E(t_2)E(t_3)I_2(t_4)I_2(t_5)\rangle + 2\langle E(t_2)E(t_4)I_2(t_3)I_2(t_5)\rangle \big] \mathrm{d}t_2\mathrm{d}t_3\mathrm{d}t_4\mathrm{d}t_5$$

$$\langle s_1(t)s_2(t)s_1(t_1)s_2(t_1)\rangle$$
$$= \mathrm{e}^{-2\beta(t+t_1)} \int_0^t\int_0^t\int_0^{t_1}\int_0^{t_1} \mathrm{e}^{\beta(t_2+t_3+t_4+t_5)} \big[\langle E(t_2)E(t_3)E(t_4)E(t_5)\rangle$$
$$+ \langle E(t_2)E(t_4)I_1(t_3)I_1(t_5)\rangle + \langle E(t_2)E(t_4)I_2(t_3)I_2(t_5)\rangle$$
$$+ \langle I_1(t_2)I_1(t_4)I_2(t_3)I_2(t_5)\rangle \big] \mathrm{d}t_2\mathrm{d}t_3\mathrm{d}t_4\mathrm{d}t_5$$

收集这些表达，关联函数可表达为

$$R(\tau) = \lim_{t\to\infty} \mathrm{e}^{-\beta(t+\tau)} \int_0^{t+\tau} \mathrm{e}^{\beta t_1} \sum_{j=1}^{6} A_j(t_1) \mathrm{d}t_1 - a \tag{8.4.10}$$

这里

$$a = \frac{a_0}{\beta} \lim_{t\to\infty} \langle s_1(t)s_2(t)\rangle = \frac{a_0}{\beta} \lim_{t\to\infty} \mathrm{e}^{-2\beta t} \int_0^t\int_0^t \mathrm{e}^{\beta(t_1+t_2)} \langle E(t_1)E(t_2)\rangle \mathrm{d}t_1\mathrm{d}t_2$$

$$a_0 = \frac{g_{11}+2g_{12}+g_{22}}{2} \cdot \lim_{t\to\infty} \mathrm{e}^{-2\beta t} \int_0^t\int_0^t \mathrm{e}^{\beta(t_1+t_2)} \langle E(t_1)E(t_2)\rangle \mathrm{d}t_1\mathrm{d}t_2$$
$$+ \frac{1}{2} \cdot \lim_{t\to\infty} \mathrm{e}^{-2\beta t} \int_0^t\int_0^t \mathrm{e}^{\beta(t_1+t_2)} \big[g_{11}\langle I_1(t_1)I_1(t_2)\rangle + g_{22}\langle I_2(t_1)I_2(t_2)\rangle \big] \mathrm{d}t_1\mathrm{d}t_2$$

$$A_1(t_1) = \frac{g_{11} + 2g_{12} + g_{22}}{2} e^{-2\beta(t+t_1)} \int_0^t \int_0^t \int_0^{t_1} \int_0^{t_1} e^{\beta(t_2+t_3+t_4+t_5)} \langle E(t_2)E(t_3)E(t_4)E(t_5)\rangle dt_2 dt_3 dt_4 dt_5$$

$$A_2(t_1) = (g_{11} + g_{12}) e^{-2\beta(t+t_1)} \int_0^t \int_0^t \int_0^{t_1} \int_0^{t_1} e^{\beta(t_2+t_3+t_4+t_5)} \langle E(t_2)E(t_4)I_1(t_3)I_1(t_5)\rangle dt_2 dt_3 dt_4 dt_5$$

$$A_3(t_1) = (g_{12} + g_{22}) e^{-2\beta(t+t_1)} \int_0^t \int_0^t \int_0^{t_1} \int_0^{t_1} e^{\beta(t_2+t_3+t_4+t_5)} \langle E(t_2)E(t_4)I_2(t_3)I_2(t_5)\rangle dt_2 dt_3 dt_4 dt_5$$

$$A_4(t_1) = \frac{g_{11}}{2} e^{-2\beta(t+t_1)} \int_0^t \int_0^t \int_0^{t_1} \int_0^{t_1} e^{\beta(t_2+t_3+t_4+t_5)} \langle E(t_2)E(t_3)I_1(t_4)I_1(t_5)\rangle dt_2 dt_3 dt_4 dt_5$$

$$A_5(t_1) = \frac{g_{22}}{2} e^{-2\beta(t+t_1)} \int_0^t \int_0^t \int_0^{t_1} \int_0^{t_1} e^{\beta(t_2+t_3+t_4+t_5)} \langle E(t_2)E(t_3)I_2(t_4)I_2(t_5)\rangle dt_2 dt_3 dt_4 dt_5$$

$$A_6(t_1) = g_{12} e^{-2\beta(t+t_1)} \int_0^t \int_0^t \int_0^{t_1} \int_0^{t_1} e^{\beta(t_2+t_3+t_4+t_5)} \langle I_1(t_2)I_1(t_4)I_2(t_3)I_2(t_5)\rangle dt_2 dt_3 dt_4 dt_5$$

注意到，计算 Ornstein-Uhlenbeck 过程的噪声 E 的 4 阶平均被归结为计算 2 阶平均. 因此，

$$\begin{aligned}
&\langle E(t_2)E(t_3)E(t_4)E(t_5)\rangle \\
&= \langle E(t_2)E(t_3)\rangle \langle E(t_4)E(t_5)\rangle \\
&\quad + \langle E(t_2)E(t_4)\rangle \langle E(t_3)E(t_5)\rangle + \langle E(t_2)E(t_5)\rangle \langle E(t_3)E(t_4)\rangle \\
&= \frac{\sigma_E^4}{4\beta^2} \left[e^{-\beta(|t_2-t_3|+|t_4-t_5|)} + e^{-\beta(|t_2-t_4|+|t_3-t_5|)} + e^{-\beta(|t_2-t_5|+|t_3-t_4|)} \right]
\end{aligned} \tag{8.4.11}$$

此外，利用噪声的假定，对任意的 t_1, t_2, t_3, t_4，容易计算出

$$\langle E(t_1)E(t_2)\rangle = \frac{\sigma_E^2}{2\beta} e^{-\beta|t_1-t_2|}, \quad \langle I_i(t_1)I_i(t_2)\rangle = \frac{\sigma_i^2}{2\kappa} e^{-\kappa|t_1-t_2|} \tag{8.4.12}$$

$$\begin{aligned}
\langle E(t_1)E(t_2)I_i(t_3)I_i(t_4)\rangle &= \langle E(t_1)E(t_2)\rangle \langle I_i(t_3)I_i(t_4)\rangle \\
&= \frac{\sigma_E^2}{2\beta} e^{-\beta|t_1-t_2|} + \frac{\sigma_i^2}{2\kappa} e^{-\kappa|t_3-t_4|}, \quad i=1,2
\end{aligned} \tag{8.4.13}$$

$$\begin{aligned}
\langle I_1(t_2)I_1(t_4)I_2(t_3)I_2(t_5)\rangle &= \langle I_1(t_2)I_1(t_4)\rangle \langle I_2(t_3)I_2(t_5)\rangle \\
&= \frac{\sigma_1^2 \sigma_2^2}{4\kappa^2} e^{-\kappa(|t_2-t_4|+|t_3-t_5|)}
\end{aligned} \tag{8.4.14}$$

将(8.4.11)~(8.4.14)代入 $A_1 \sim A_6$ 及 a 和 a_0，最后代入 $R(\tau)$ 中，得到

$$R(\tau) = \lim_{t\to\infty} e^{-\beta(t+\tau)} \int_0^{t+\tau} e^{\beta t_1} \left[B_1(t_1) + B_2(t_1) + B_3(t_1) + B_4(t_1) \right] dt_1 - a \qquad (8.4.15)$$

其中

$$B_1(t_1) = \frac{g_{11} + 2g_{12} + g_{22}}{8\beta^2} \sigma_E^4 \left[F_1(t,t) F_1(t_1,t_1) + 2F_2^2(t,t_1) \right] \qquad (8.4.16)$$

$$B_2(t_1) = \frac{(g_{11} + g_{12})\sigma_1^2 + (g_{12} + g_{22})\sigma_2^2}{4\beta\kappa} \sigma_E^2 F_2(t,t_1) F_4(t,t_1) \qquad (8.4.17)$$

$$B_3(t_1) = \frac{g_{11}\sigma_1^2 + g_{22}\sigma_2^2}{8\beta\kappa} \sigma_E^2 F_1(t,t) F_3(t_1,t_1) \qquad (8.4.18)$$

$$B_4(t_1) = \frac{g_{12}\sigma_1^2 \sigma_2^2}{4\kappa^2} F_4^2(t,t_1) \qquad (8.4.19)$$

$$a = \frac{\sigma_E^2}{8\beta^2} \lim_{t\to\infty} \left[\frac{(g_{11} + 2g_{12} + g_{22})\sigma_E^2}{\beta} F_1^2(t,t) + \frac{g_{11}\sigma_1^2 + g_{22}\sigma_2^2}{k} F_1(t,t) F_3(t,t) \right] \qquad (8.4.20)$$

其中

$$F_1(t,t) \triangleq e^{-2\beta t} \int_0^t \int_0^t e^{\beta(t_2 + t_3 - |t_2 - t_3|)} dt_2 dt_3 \qquad (8.4.21)$$

$$F_2(t,t_1) \triangleq e^{-\beta(t+t_1)} \int_0^t \int_0^{t_1} e^{\beta(t_2 + t_3 - |t_2 - t_3|)} dt_2 dt_3 \qquad (8.4.22)$$

$$F_3(t,t) \triangleq e^{-2\beta t} \int_0^t \int_0^t e^{\beta(t_2 + t_3) - \kappa|t_2 - t_3|} dt_2 dt_3 \qquad (8.4.23)$$

$$F_4(t,t_1) \triangleq e^{-\beta(t+t_1)} \int_0^t \int_0^{t_1} e^{\beta(t_2 + t_3) - \kappa|t_2 - t_3|} dt_2 dt_3 \qquad (8.4.24)$$

以下分别计算上述 4 个积分. 注意到

$$F_1(t,t) = e^{-2\beta t} \int_0^t e^{\beta t_2} dt_2 \left[\int_0^{t_2} e^{2\beta t_3 - \beta t_2} dt_3 + \int_{t_2}^t e^{\beta t_2} dt_3 \right]$$

$$\approx \frac{e^{-2\beta t}}{2\beta} \int_0^t \left[1 + 2\beta(t - t_2) \right] e^{2\beta t_2} dt_2 \approx \frac{1}{2\beta^2} \qquad (8.4.25)$$

假定

$$F_2(t,t_1) = \begin{cases} T_{11}, & 0 \leqslant t_1 \leqslant t \\ T_{22}, & t_1 > t \end{cases}$$

计算可得

$$T_{11} = e^{-\beta(t+t_1)} \int_0^{t_1} e^{\beta t_3} dt_4 \int_0^t e^{\beta(t_2 - |t_2 - t_3|)} dt_2$$

$$= e^{-\beta(t+t_1)} \int_0^{t_1} e^{\beta t_3} dt_3 \left[\int_0^{t_3} e^{2\beta t_2 - \beta t_3} dt_2 + \int_{t_3}^t e^{\beta t_3} dt_2 \right]$$

$$\approx \frac{e^{-\beta(t+t_1)}}{2\beta} \int_0^{t_1} \left[1 + 2\beta(t - t_3) \right] e^{2\beta t_3} dt_3 \approx \frac{1 + \beta(t - t_1)}{2\beta^2} e^{-\beta(t - t_1)}$$

类似可得

$$T_{22} \approx \frac{1 + \beta(t_1 - t)}{2\beta^2} e^{-\beta(t_1 - t)}$$

两者结合可得

$$F_2(t,t_1) \approx \begin{cases} \dfrac{1 + \beta(t - t_1)}{2\beta^2} e^{-\beta(t - t_1)}, & 0 \leqslant t_1 \leqslant t \\ \dfrac{1 + \beta(t_1 - t)}{2\beta^2} e^{-\beta(t_1 - t)}, & t_1 > t \end{cases} \tag{8.4.26}$$

此外

$$F_3(t,t) = e^{-2\beta t} \int_0^t e^{\beta t_2} dt_2 \left[\int_0^{t_2} e^{(\beta+\kappa)t_3 - \kappa t_2} dt_3 + \int_{t_2}^t e^{(\beta-\kappa)t_3 + \kappa t_2} dt_3 \right]$$

$$\approx e^{-2\beta t} \int_0^t \left[\frac{1}{\beta+\kappa} e^{2\beta t_2} + \frac{e^{(\beta-\kappa)t}}{\beta-\kappa} e^{(\beta+\kappa)t_2} - \frac{1}{\beta-\kappa} e^{2\beta t_2} \right] dt_2 \approx \frac{1}{\beta(\beta+\kappa)} \tag{8.4.27}$$

假定

$$F_4(t,t_1) = \begin{cases} T_{33}, & 0 \leqslant t_1 \leqslant t \\ T_{44}, & t_1 > t \end{cases}$$

这里

$$T_{33} = e^{-\beta(t+t_1)} \int_0^{t_1} e^{\beta t_3} dt_3 \left[\int_0^{t_3} e^{(\beta+\kappa)t_2 - \kappa t_3} dt_2 + \int_{t_3}^t e^{(\beta-\kappa)t_2 + \kappa t_3} dt_2 \right]$$

$$\approx \mathrm{e}^{-\beta(t+t_1)} \int_0^{t_1} \left[\frac{1}{\beta+\kappa} \mathrm{e}^{2\beta t_3} + \frac{\mathrm{e}^{(\beta-\kappa)t}}{\beta-\kappa} \mathrm{e}^{(\beta+\kappa)t_3} - \frac{1}{\beta-\kappa} \mathrm{e}^{2\beta t_3} \right] \mathrm{d}t_2$$

$$\approx \frac{1}{(\beta^2-\kappa^2)} \left[-\frac{\kappa}{\beta} \mathrm{e}^{-\beta(t-t_1)} + \mathrm{e}^{-\kappa(t-t_1)} \right]$$

类似地

$$T_{44} \approx \frac{1}{(\beta^2-\kappa^2)} \left[-\frac{\kappa}{\beta} \mathrm{e}^{-\beta(t_1-t)} + \mathrm{e}^{-\kappa(t_1-t)} \right]$$

这样

$$F_4(t,t_1) \approx \begin{cases} \dfrac{1}{(\beta^2-\kappa^2)} \left[-\dfrac{\kappa}{\beta} \mathrm{e}^{-\beta(t-t_1)} + \mathrm{e}^{-\kappa(t-t_1)} \right], & 0 \leqslant t_1 \leqslant t \\ \dfrac{1}{(\beta^2-\kappa^2)} \left[-\dfrac{\kappa}{\beta} \mathrm{e}^{-\beta(t_1-t)} + \mathrm{e}^{-\kappa(t_1-t)} \right], & t_1 > t \end{cases} \tag{8.4.28}$$

把上面的结果代入前面的 B_i 中可得

$$B_1(t_1) \approx \frac{g_{11}+2g_{12}+g_{22}}{8\beta^2} \sigma_E^4 \begin{cases} \dfrac{1}{4\beta^4} + 2\left[\dfrac{\beta(t-t_1)+1}{2\beta^2}\right]^2 \mathrm{e}^{-2\beta(t-t_1)}, & 0 \leqslant t_1 \leqslant t \\ \dfrac{1}{4\beta^4} + 2\left[\dfrac{\beta(t_1-t)+1}{2\beta^2}\right]^2 \mathrm{e}^{-2\beta(t_1-t)}, & t_1 > t \end{cases} \tag{8.4.29}$$

$$B_2(t_1) \approx \frac{\left[(g_{11}+g_{12})\sigma_1^2 + (g_{12}+g_{22})\sigma_2^2\right]\sigma_E^2}{4\beta\kappa}$$

$$\cdot \begin{cases} \dfrac{1+\beta(t-t_1)}{2\beta^2(\beta^2-\kappa^2)} \left[-\dfrac{\kappa}{\beta} \mathrm{e}^{-2\beta(t-t_1)} + \mathrm{e}^{-(\beta+\kappa)(t-t_1)} \right], & 0 \leqslant t_1 < t \\ \dfrac{1+\beta(t_1-t)}{2\beta^2(\beta^2-\kappa^2)} \left[-\dfrac{\kappa}{\beta} \mathrm{e}^{-2\beta(t_1-t)} + \mathrm{e}^{-(\beta+\kappa)(t_1-t)} \right], & t_1 > t \end{cases} \tag{8.4.30}$$

$$B_3(t_1) \approx \frac{(g_{11}\sigma_1^2 + g_{22}\sigma_2^2)\sigma_E^2}{16\kappa(\beta+\kappa)\beta^4} \tag{8.4.31}$$

$$B_4(t_1) \approx \frac{g_{12}\sigma_1^2\sigma_2^2}{4\kappa^2(\beta^2-\kappa^2)^2} \cdot \begin{cases} \left[e^{-\kappa(t-t_1)}-\dfrac{\kappa}{\beta}e^{-\beta(t-t_1)}\right]^2, & 0 \leqslant t_1 \leqslant t \\ \left[e^{-\kappa(t_1-t)}-\dfrac{\kappa}{\beta}e^{-\beta(t_1-t)}\right]^2, & t_1 > t \end{cases} \tag{8.4.32}$$

$$a = a_{\text{ex}} + a_{\text{mix}} \triangleq \frac{(g_{11}+2g_{12}+g_{22})\sigma_E^4}{32\beta^7} + \frac{(g_{11}\sigma_1^2+g_{22}\sigma_2^2)\sigma_E^2}{16\kappa(\beta+\kappa)\beta^5} \tag{8.4.33}$$

以下分三种情形来给出关联函数的分析表达.

情形 1. 仅有外部噪声. 注意到, 当 $\tau \geqslant 0$ 时, 有

$$R_{\text{ex}}(\tau) \triangleq \lim_{t\to\infty} e^{-\beta(t+\tau)} \int_0^{t+\tau} e^{\beta t_1} B_1(t_1)\,dt_1 - a_{\text{ex}}$$
$$= \lim_{t\to\infty} e^{-\beta(t+\tau)}\left(\int_0^t e^{\beta t_1} B_1(t_1)\,dt_1 + \int_t^{t+\tau} e^{\beta t_1} B_1(t_1)\,dt_1\right) - a_{\text{ex}}$$

进一步计算得

$$R_{\text{ex}}(\tau) = \lim_{t\to\infty} e^{-\beta(t+\tau)} \cdot \frac{g_{11}+2g_{12}+g_{22}}{8\beta^2}\sigma_E^4 \left\{\frac{1}{4\beta^4}\int_0^{t+\tau} e^{\beta t_1}\,dt_1 \right.$$
$$+ 2\int_0^t \left[\frac{\beta(t-t_1)+1}{2\beta^2}\right]^2 e^{-2\beta t+3\beta t_1}\,dt_1 + 2\int_t^{t+\tau}\left[\frac{\beta(t_1-t)+1}{2\beta^2}\right]^2 e^{2\beta t-\beta t_1}\,dt_1\bigg\} - a_{\text{ex}}$$
$$= \frac{g_{11}+2g_{12}+g_{22}}{8\beta^2}\sigma_E^4 \lim_{t\to\infty}\left\{\frac{1}{4\beta^5} + \frac{e^{-3\beta t-\beta\tau}}{2\beta^4}\int_0^t[\beta(t-t_1)+1]^2 e^{3\beta t_1}\,dt_1\right.$$
$$\left. + \frac{e^{\beta t-\beta\tau}}{2\beta^4}\int_t^{t+\tau}[\beta(t-t_1)+1]^2 e^{-\beta t_1}\,dt_1\right\} - a_{\text{ex}}$$
$$= \frac{g_{11}+2g_{12}+g_{22}}{8\beta^2}\sigma_E^4 \lim_{t\to\infty}\left[\frac{e^{-3\beta t-\beta\tau}}{2\beta^4}\cdot\frac{17}{27\beta}e^{3\beta t}\right.$$
$$\left. + \frac{e^{\beta t-\beta\tau}}{2\beta^4}\cdot\frac{5-(5+4\beta\tau+\beta^2\tau^2)e^{-\beta\tau}}{\beta}e^{-\beta t}\right]$$
$$= \frac{g_{11}+2g_{12}+g_{22}}{16\beta^7}\sigma_E^4\left[\frac{152}{27}e^{-\beta\tau} - (5+4\beta\tau+\beta^2\tau^2)e^{-2\beta\tau}\right]$$

当 $-T < \tau < 0$ (这里 T 是一个任意正常数) 及当 t_1 充分大时, 有

$$R_{\text{ex}}(\tau) \triangleq \lim_{t\to\infty} e^{-\beta(t+\tau)} \int_0^{t+\tau} e^{\beta t_1} B_1(t_1) dt_1 - a_{\text{ex}}$$

$$= \lim_{t\to\infty} e^{-\beta(t+\tau)} \cdot \frac{g_{11}+2g_{12}+g_{22}}{8\beta^2} \sigma_E^4 \left\{ 2\int_0^{t+\tau} \left[\frac{\beta(t-t_1)+1}{2\beta^2} \right]^2 e^{-2\beta t + 3\beta t_1} dt_1 \right\}$$

$$= \frac{g_{11}+2g_{12}+g_{22}}{8\beta^2} \sigma_E^4 \lim_{t\to\infty} \left\{ \frac{e^{-3\beta t - \beta\tau}}{2\beta^4} \int_0^{t+\tau} \left[\beta(t-t_1)+1 \right]^2 e^{3\beta t_1} dt_1 \right\}$$

即

$$R_{\text{ex}}(\tau) = \frac{g_{11}+2g_{12}+g_{22}}{8\beta^2} \sigma_E^4 \lim_{t\to\infty} \left[\frac{e^{-3\beta t - \beta\tau}}{2\beta^4} \cdot \frac{17-24\beta\tau + 9\beta^2\tau^2}{27\beta} e^{3\beta(t+\tau)} \right]$$

$$= \frac{g_{11}+2g_{12}+g_{22}}{16\beta^7} \left(\frac{17-24\beta\tau+9\beta^2\tau^2}{27} e^{2\beta\tau} \right) \sigma_E^4$$

这样，获得在仅有外部噪声情形时的关联函数的分析表达

$$R_{\text{ex}}(\tau) = \frac{g_{11}+2g_{12}+g_{22}}{16\beta^7} \sigma_E^4 \begin{cases} \dfrac{152}{27} e^{-\beta\tau} - (5+4\beta\tau+\beta^2\tau^2) e^{-2\beta\tau}, & \tau \geqslant 0 \\ \dfrac{17-24\beta\tau+9\beta^2\tau^2}{27} e^{2\beta\tau}, & \tau < 0 \end{cases} \qquad (8.4.34)$$

情形 2. 仅有内部噪声情形. 对于 $\tau \geqslant 0$，有

$$R_{\text{in}}(\tau) \triangleq \lim_{t\to\infty} e^{-\beta(t+\tau)} \int_0^{t+\tau} e^{\beta t_1} B_4(t_1) dt_1 = \lim_{t\to\infty} e^{-\beta(t+\tau)} \left(\int_0^t e^{\beta t_1} B_4(t_1) dt_1 + \int_t^{t+\tau} e^{\beta t_1} B_4(t_1) dt_1 \right)$$

$$= \frac{g_{12}\sigma_1^2\sigma_2^2}{4\kappa^2(\beta^2-\kappa^2)^2} e^{-\beta\tau} \lim_{t\to\infty} \left\{ \int_0^t e^{-\beta(t-t_1)} \left[e^{-\kappa(t-t_1)} - \frac{\kappa}{\beta} e^{-\beta(t-t_1)} \right]^2 dt_1 \right.$$

$$\left. + \int_t^{t+\tau} e^{-\beta(t_1-t)} \left[e^{-\kappa(t_1-t)} - \frac{\kappa}{\beta} e^{-\beta(t_1-t)} \right]^2 dt_1 \right\}$$

这里

$$\int_0^t e^{-\beta(t-t_1)} \left[e^{-\kappa(t-t_1)} - \frac{\kappa}{\beta} e^{-\beta(t-t_1)} \right]^2 dt_1$$

$$= \int_0^t \left[e^{-(\beta+2\kappa)(t-t_1)} - \frac{2\kappa}{\beta} e^{-(2\beta+\kappa)(t-t_1)} + \frac{\kappa^2}{\beta^2} e^{-3\beta(t-t_1)} \right] dt_1$$

$$\approx \frac{1}{\beta+2\kappa} - \frac{2\kappa}{\beta(2\beta+\kappa)} + \frac{\kappa^2}{3\beta^3}$$

$$\int_{t}^{t+\tau} \mathrm{e}^{-\beta(t-t_1)} \left[\mathrm{e}^{-\kappa(t_1-t)} - \frac{\kappa}{\beta} \mathrm{e}^{-\beta(t_1-t)} \right]^2 \mathrm{d}t_1$$

$$= \int_{t}^{t+\tau} \left[\mathrm{e}^{(2\kappa-\beta)(t-t_1)} - \frac{2\kappa}{\beta} \mathrm{e}^{\kappa(t-t_1)} + \frac{\kappa^2}{\beta^2} \mathrm{e}^{\beta(t-t_1)} \right] \mathrm{d}t_1$$

$$\approx -\frac{1}{2\kappa-\beta} \mathrm{e}^{-(2\kappa-\beta)\tau} + \frac{2}{\beta} \mathrm{e}^{-\kappa\tau} - \frac{\kappa^2}{\beta^3} \mathrm{e}^{-\beta\tau} + \frac{1}{2\kappa-\beta} - \frac{2}{\beta} + \frac{\kappa^2}{\beta^3}$$

因此，当 $\tau \geqslant 0$ 时，得

$$R_{\text{in}}(\tau) = \frac{g_{12}\sigma_1^2 \sigma_2^2}{4\kappa^2 (\beta^2 - \kappa^2)^2} \left\{ -4 \left[\frac{\kappa}{\beta^2 - 4\kappa^2} + \frac{\beta+\kappa}{\beta(2\beta+\kappa)} - \frac{\kappa^2}{\beta^3} \right] \mathrm{e}^{-\beta\tau} \right.$$

$$\left. -\frac{\kappa^2}{\beta^3} \mathrm{e}^{-2\beta\tau} + \frac{1}{\beta-2\kappa} \mathrm{e}^{-2\kappa\tau} + \frac{2}{\beta} \mathrm{e}^{-(\beta+\kappa)\tau} \right\}$$

对于 $-T < \tau < 0$，有

$$R_{\text{in}}(\tau) \triangleq \lim_{t \to \infty} \mathrm{e}^{-\beta(t+\tau)} \int_{0}^{t+\tau} \mathrm{e}^{\beta t_1} B_4(t_1) \mathrm{d}t_1$$

$$= \frac{g_{12}\sigma_1^2 \sigma_2^2}{4\kappa^2 (\beta^2 - \kappa^2)^2} \mathrm{e}^{-\beta\tau} \lim_{t \to \infty} \int_{0}^{t+\tau} \mathrm{e}^{-\beta(t-t_1)} \left[\mathrm{e}^{-\kappa(t-t_1)} - \frac{\kappa}{\beta} \mathrm{e}^{-\beta(t-t_1)} \right]^2 \mathrm{d}t_1$$

$$= \frac{g_{12}\sigma_1^2 \sigma_2^2}{4\kappa^2 (\beta^2 - \kappa^2)^2} \mathrm{e}^{-\beta\tau} \lim_{t \to \infty} \int_{0}^{t+\tau} \left[\mathrm{e}^{-(\beta+2\kappa)(t-t_1)} - \frac{2\kappa}{\beta} \mathrm{e}^{-(2\beta+\kappa)(t-t_1)} + \frac{\kappa^2}{\beta^2} \mathrm{e}^{-3\beta(t-t_1)} \right] \mathrm{d}t_1$$

即

$$R_{\text{in}}(\tau) = \frac{g_{12}\sigma_1^2 \sigma_2^2}{4\kappa^2 (\beta^2 - \kappa^2)^2} \left[\frac{\kappa^2}{3\beta^3} \mathrm{e}^{2\beta\tau} + \frac{1}{\beta+2\kappa} \mathrm{e}^{2\kappa\tau} - \frac{2\kappa}{\beta(2\beta+\kappa)} \mathrm{e}^{(\beta+\kappa)\tau} \right]$$

至此，得仅有内部噪声情形时的关联函数的分析表达为

$$R_{\text{in}}(\tau) = a_2 \begin{cases} \gamma \mathrm{e}^{-\beta\tau} - \dfrac{\kappa^2}{\beta^3} \mathrm{e}^{-2\beta\tau} + \dfrac{1}{\beta-2\kappa} \mathrm{e}^{-2\kappa\tau} + \dfrac{2}{\beta} \mathrm{e}^{-(\beta+\kappa)\tau}, & \tau \geqslant 0 \\ \dfrac{\kappa^2}{3\beta^3} \mathrm{e}^{2\beta\tau} + \dfrac{1}{\beta+2\kappa} \mathrm{e}^{2\kappa\tau} - \dfrac{2\kappa}{\beta(2\beta+\kappa)} \mathrm{e}^{(\beta+\kappa)\tau}, & \tau < 0 \end{cases} \quad (8.4.35)$$

这里

$$a_2 = \frac{g_{12}\sigma_1^2 \sigma_2^2}{4\kappa^2(\beta^2-\kappa^2)^2}, \quad \gamma = -4\left[\frac{\kappa}{\beta^2-4\kappa^2} + \frac{\beta+\kappa}{\beta(2\beta+\kappa)} - \frac{\kappa^2}{3\beta^3}\right]$$

情形 3. 内外噪声同时出现的情形. 对于 $\tau \geqslant 0$，有

$$\begin{aligned}
R_{\mathrm{mix}}^1(\tau) &\triangleq \lim_{t\to\infty} \mathrm{e}^{-\beta(t+\tau)} \int_0^{t+\tau} \mathrm{e}^{\beta t_1} B_2(t_1)\mathrm{d}t_1 \\
&= \lim_{t\to\infty} \mathrm{e}^{-\beta(t+\tau)} \left(\int_0^t \mathrm{e}^{\beta t_1} B_2(t_1)\mathrm{d}t_1 + \int_t^{t+\tau} \mathrm{e}^{\beta t_1} B_2(t_1)\mathrm{d}t_1 \right) \\
&= a_1 \cdot \lim_{t\to\infty} \mathrm{e}^{-\beta(t+\tau)} \Bigg\{ \int_0^t \left[1+\beta(t-t_1)\right]\mathrm{e}^{\beta t_1}\left[-\frac{\kappa}{\beta}\mathrm{e}^{-2\beta(t-t_1)} + \mathrm{e}^{-(\beta+\kappa)(t-t_1)} \right]\mathrm{d}t_1 \\
&\quad + \int_t^{t+\tau} \left[1+\beta(t_1-t)\right]\mathrm{e}^{\beta t_1}\left[-\frac{\kappa}{\beta}\mathrm{e}^{-2\beta(t_1-t)} + \mathrm{e}^{-(\beta+\kappa)(t_1-t)} \right]\mathrm{d}t_1 \Bigg\}
\end{aligned}$$

这里

$$a_1 = \frac{\left[(g_{11}+g_{12})\sigma_1^2 + (g_{12}+g_{22})\sigma_2^2\right]\sigma_E^2}{8\kappa(\beta^2-\kappa^2)\beta^3}$$

注意到

$$\int_0^t \left[1+\beta(t-t_1)\right]\mathrm{e}^{\beta t_1}\left(-\frac{\kappa}{\beta}\right)\mathrm{e}^{-2\beta(t-t_1)}\mathrm{d}t_1 \approx -\frac{4\kappa}{9\beta^2}\mathrm{e}^{\beta t}$$

$$\int_0^t \left[1+\beta(t-t_1)\right]\mathrm{e}^{\beta t_1}\mathrm{e}^{-(\beta+\kappa)(t-t_1)}\mathrm{d}t_1 \approx \frac{3\beta+\kappa}{(2\beta+\kappa)^2}\mathrm{e}^{\beta t}$$

$$\int_0^{t+\tau} \left[1+\beta(t-t_1)\right]\mathrm{e}^{\beta t_1}\left(-\frac{\kappa}{\beta}\right)\mathrm{e}^{-2\beta(t_1-t)}\mathrm{d}t_1 \approx -\frac{\kappa}{\beta^2}\mathrm{e}^{\beta t}\left[2-(2+\beta\tau)\mathrm{e}^{-\beta\tau}\right]$$

$$\int_0^{t+\tau} \left[1+\beta(t_1-t)\right]\mathrm{e}^{\beta t_1}\mathrm{e}^{-(\beta+\kappa)(t_1-t)}\mathrm{d}t_1 \approx \frac{\mathrm{e}^{\beta t}}{\kappa^2}\left\{(\beta+\kappa)-\left[\beta+\kappa(1+\beta\tau)\right]\mathrm{e}^{-\kappa\tau}\right\}$$

因此，当 $\tau \geqslant 0$ 时，有

$$\begin{aligned}
R_{\mathrm{mix}}^1(\tau) = a_1 \Bigg\{ &\left[\frac{3\beta+\kappa}{(2\beta+\kappa)^2} + \frac{\beta+\kappa}{\kappa^2} - \frac{22\kappa}{9\beta^2}\right]\mathrm{e}^{-\beta\tau} \\
&+ \frac{\kappa(2+\beta\tau)}{\beta^2}\mathrm{e}^{-2\beta\tau} - \frac{\beta+\kappa(1+\beta\tau)}{\kappa^2}\mathrm{e}^{-(\beta+\kappa)\tau} \Bigg\}
\end{aligned}$$

另一方面，当 $-T < \tau < 0$ 时，计算

$$R_{\text{mix}}^1(\tau) \triangleq \lim_{t \to \infty} e^{-\beta(t+\tau)} \int_0^{t+\tau} e^{\beta t_1} B_2(t_1) dt_1$$

$$= a_1 \cdot \lim_{t \to \infty} e^{-\beta(t+\tau)} \int_0^{t+\tau} \left[1 + \beta(t-t_1)\right] e^{\beta t_1} \left[-\frac{\kappa}{\beta} e^{-2\beta(t-t_1)} + e^{-(\beta+\kappa)(t-t_1)}\right] dt_1$$

其中

$$\int_0^{t+\tau} \left[1 + \beta(t-t_1)\right] e^{\beta t_1} \left(-\frac{\kappa}{\beta}\right) e^{-2\beta(t-t_1)} dt_1 \approx -\frac{\kappa(4-3\beta\tau)}{9\beta^2} e^{\beta t + 3\beta\tau}$$

$$\int_0^{t+\tau} \left[1 + \beta(t-t_1)\right] e^{\beta t_1} e^{-(\beta+\kappa)(t-t_1)} dt_1 \approx \frac{(2\beta+\kappa)(1-\beta\tau)+\beta}{(2\beta+\kappa)^2} e^{\beta t + (2\beta+\kappa)\tau}$$

因此，对于 $-T < \tau < 0$，有

$$R_{\text{mix}}^1(\tau) = \lim_{t \to \infty} e^{-\beta(t+\tau)} \int_0^{t+\tau} e^{\beta t_1} B_2(t_1) dt_1$$

$$= a_1 \cdot \lim_{t \to \infty} e^{-\beta(t+\tau)} \int_0^{t+\tau} \left[1 + \beta(t-t_1)\right] e^{\beta t_1} \left[-\frac{\kappa}{\beta} e^{-2\beta(t-t_1)} + e^{-(\beta+\kappa)(t-t_1)}\right] dt_1$$

$$= a_1 \left[-\frac{\kappa(4-3\beta\tau)}{9\beta^2} e^{2\beta\tau} + \frac{(2\beta+\kappa)(1-\beta\tau)+\beta}{(2\beta+\kappa)^2} e^{(\beta+\kappa)\tau}\right]$$

即

$$R_{\text{mix}}^1(\tau) = a_1 \begin{cases} \left\{\left[\dfrac{3\beta+\kappa}{(2\beta+\kappa)^2} + \dfrac{\beta+\kappa}{\kappa^2} - \dfrac{22\kappa}{9\beta^2}\right] e^{-\beta\tau} \\ + \dfrac{\kappa(2+\beta\tau)}{\beta^2} e^{-2\beta\tau} - \dfrac{\beta+\kappa(1+\beta\tau)}{\kappa^2} e^{-(\beta+\kappa)\tau}\right\}, & \tau \geqslant 0 \\ -\dfrac{\kappa(4-3\beta\tau)}{9\beta^2} e^{2\beta\tau} + \dfrac{(2\beta+\kappa)(1-\beta\tau)+\beta}{(2\beta+\kappa)^2} e^{(\beta+\kappa)\tau}, & \tau < 0 \end{cases} \quad (8.4.36)$$

此外，计算求得

$$R_{\text{mix}}^2(\tau) \triangleq \lim_{t \to \infty} e^{-\beta(t+\tau)} \int_0^{t+\tau} e^{\beta t_1} B_3(t_1) dt_1 - a_{\text{mix}}$$

$$= \frac{(g_{11}\sigma_1^2 + g_{22}\sigma_2^2)\sigma_E^2}{16\kappa(\beta+\kappa)\beta^4} \lim_{t \to \infty} e^{-\beta(t+\tau)} \left\{\int_0^{t+\tau} e^{\beta t_1} dt_1\right\} - a_{\text{mix}} = 0 \quad (8.4.37)$$

总结上面的结果，可获得动态关联在两种噪声同时出现情形的分析表示，即当 $\beta \neq \kappa, \beta \neq 2\kappa$ 时，有

$$R(\tau) = R_{\text{ex}}(\tau) + R_{\text{mix}}(\tau) + R_{\text{in}}(\tau) \tag{8.4.38}$$

这里

$$R_{\text{ex}}(\tau) = \frac{g_{11} + 2g_{12} + g_{22}}{16\beta^7}\sigma_E^4 \begin{cases} \dfrac{152}{27}e^{-\beta\tau} - \left(5 + 4\beta\tau + \beta^2\tau^2\right)e^{-2\beta\tau}, & \tau \geqslant 0 \\[2mm] \dfrac{17 - 24\beta\tau + 9\beta^2\tau^2}{27}e^{2\beta\tau}, & \tau < 0 \end{cases} \tag{8.4.39}$$

$$R_{\text{mix}}(\tau) = a_1 \begin{cases} \left\{\left[\dfrac{3\beta + \kappa}{(2\beta + \kappa)^2} + \dfrac{\beta + \kappa}{\kappa^2} - \dfrac{22\kappa}{9\beta^2}\right]e^{-\beta\tau} \\[2mm] + \dfrac{\kappa(2 + \beta\tau)}{\beta^2}e^{-2\beta\tau} - \dfrac{\beta + \kappa(1 + \beta\tau)}{\kappa^2}e^{-(\beta+\kappa)\tau}\right\}, & \tau \geqslant 0 \\[2mm] -\dfrac{\kappa(4 - 3\beta\tau)}{9\beta^2}e^{2\beta\tau} + \dfrac{(2\beta + \kappa)(1 - \beta\tau) + \beta}{(2\beta + \kappa)^2}e^{(\beta+\kappa)\tau}, & \tau < 0 \end{cases} \tag{8.4.40}$$

其中

$$a_1 = \frac{\left[(g_{11} + g_{12})\sigma_1^2 + (g_{12} + g_{22})\sigma_2^2\right]\sigma_E^2}{8\kappa(\beta^2 - \kappa^2)\beta^3}$$

以及

$$R_{\text{in}}(\tau) = a_2 \begin{cases} \gamma e^{-\beta\tau} - \dfrac{\kappa^2}{\beta^3}e^{-2\beta\tau} + \dfrac{1}{\beta - 2\kappa}e^{-2\kappa\tau} + \dfrac{2}{\beta}e^{-(\beta+\kappa)\tau}, & \tau \geqslant 0 \\[2mm] \dfrac{\kappa^2}{3\beta^3}e^{2\beta\tau} + \dfrac{1}{\beta + 2\kappa}e^{2\kappa\tau} - \dfrac{2\kappa}{\beta(2\beta + \kappa)}e^{(\beta+\kappa)\tau}, & \tau < 0 \end{cases} \tag{8.4.41}$$

其中

$$a_2 = \frac{g_{12}\sigma_1^2\sigma_2^2}{4\kappa^2(\beta^2 - \kappa^2)^2}, \quad \gamma = -\frac{4(\beta + \kappa)(\beta - \kappa)^2(3\beta^2 + 12\kappa\beta + 4\kappa^2)}{3\beta^3(\beta^2 - 4\kappa^2)(2\beta + \kappa)}$$

8.4.3 数值结果

以下数值地描述动态关联是如何依赖于关联时间的，以及噪声如何影响关联函数的凸性。为此，考虑典型的顺式调控输入函数：对 AND 操作，CRIF 有表达

$$\text{CRIF}(S_1, S_2) = \alpha_0 \frac{(S_1/K)^n (S_2/K)^n}{1 + (S_1/K)^n + (S_2/K)^n + (S_1/K)^n (S_2/K)^n}$$

而对 OR 操作，它有表达

$$\text{CRIF}(S_1, S_2) = \alpha_0 \frac{(S_1/K)^n + (S_2/K)^n + (S_1/K)^n (S_2/K)^n}{1 + (S_1/K)^n + (S_2/K)^n + (S_1/K)^n (S_2/K)^n}$$

这里，参数 α_0 描述转录率，常数 n 是描述协作性的 Hill 常数，参数 K 是解离常数，具有浓度单位：K 的值越大，转录因子对 DNA 的结合越弱。在数值模拟时，取生物合理的参数值如下：$\beta = 0.01$，$\alpha_1 = 0.2$，$\alpha_2 = 0.8$，$K = 100$，$\kappa = 0.02$，$n = 2$，$\sigma_0 = 0.05$，$\sigma_1 = 0.1$，$\sigma_2 = 0.1$，$\alpha_0 = 4$。

动态关联 $R(\tau)$ 作为关联时间 τ 的函数如图 8.4.2。在仅有内部噪声情形，观察到在靠近零关联时间的尖峰领域内，相应于 AND 逻辑操作的动态关联函数

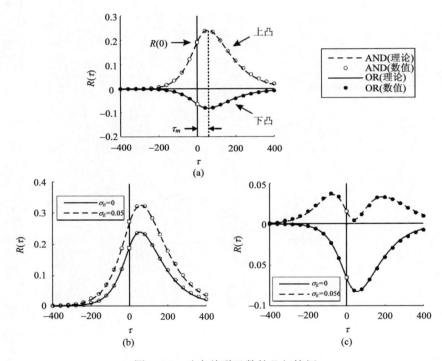

图 8.4.2 动态关联函数的几何特征

(a) 仅有内部噪声；(b) 在 AND 操作情形，外部噪声能向上提升 $R(\tau)$，但不改变它的凸性；(c) 适当选取外部噪声强度，能使 OR 操作情形的 $R(0)$ 大于零，但在靠近零关联时间的尖峰附近向下凸的性质保持不变

是上凸的，而相应于 OR 操作的动态关联函数是下凸的，如图 8.4.1(a)。而且，对于 AND 操作，$R(0)$ 是正的，而对 OR 操作，$R(0)$ 是负的。从图 8.4.2(a) 可看出数值结果与理论预测结果很好的一致。有趣的是，我们发现 $R(\tau)$ 的尖峰总是位于 $\tau = 0$ 的右边，且在零关联时间和相应于 $R(\tau)$ 尖峰所对应的点之间存在一个正的延迟 τ_m。

此外，$R(0)$ 和 $R(\tau_m)$ 的符号对 AND 操作总是正的，而对 OR 操作总是负的.

下一步调查外部噪声对动态关联的影响. 我们发现无论对哪种逻辑操作，动态关联函数关于外部噪声强度具有相同的变化趋势，更确切地说，当外部噪声强度增加时，动态关联曲线能向上移动，见图 8.4.2(b)和(c). 从这种变化趋势，完全可能使 OR 操作情形的 $R(0)$ 和 $R(\tau_m)$ 变成正的，如图 8.4.2(b)和(c). 这时，对应于 AND 和 OR 操作的关联函数并没有反关联关系. 然而，关联函数的凸性具有反关联关系. 因此，关联函数的凸性是组合调控模式的本质特性，换句话说，动态关联的不同凸性能够用于区分组合调控的模式. 注意到，图 8.4.1(c)中出现了多个尖峰，这主要是由于内外噪声相互作用的效果.

参 考 文 献

[1] Tanaka D. General chemotactic model of oscillators. *Phys. Rev. Lett.*, 2007, 99: 134103.

[2] Bratsun D, Volfson D, Tsimring L S and Hasty J. Delay-induced stochastic oscillations in gene expression. *PNAS*, 2005, 102: 14593–14598.

[3] Tsimring L S and Pikovisky A S. Noise-induced dynamics in bistable systems with delay. *Phys. Rev. Lett.*, 2001, 87: 250602.

[4] Levchenko L, Scidel M, Sauer R T and Baker T A. A specificity-enhancing factor for the clpXP degradation machine. *Science*, 2000, 289: 2354–2356.

[5] Smolen P, Baxter D and Byme J. Modeling circadian oscillations with interlocking positive and negative feedback loops. *J. Neurosci.*, 2001, 21: C6644–C6656.

[6] Sriram K and Gopinathan M S. A two variable delay model for the circadian rhythm of Neurospora crassa. *J. Theor. Biol.*, 2004, 231: C23–C38.

[7] Tsimring L S and Pikovsky A S. Noise-induced dynamics in bistable systems with delay. *Phys. Rev. Lett.*, 2001, 87: 250602.

[8] Nakao H, Arai K and Kawamura Y. Noise-induced synchronization and clustering in ensembles of uncouopled limit-cycle oscillators. *Phys. Rev. Lett.*, 2007, 98: 184101.

[9] Teramae J N and Tanaka D. Robustness of the noise-induced phase synchronization in a general class of limit cycle oscillators. *Phys. Rev. Lett.*, 2004, 93: 204103.

[10] Kiss I Z, Rusin C G, Kori H and Hudson J L. Engineering complex dynamical structures: sequential patterns and desynchronization. *Science*, 2007, 29: 1886–1889.

[11] Wang R Q, Zhou T S, Jing Z J and Chen L N. Modelling periodic oscillation of biological systems with multiple time-scale networks. *IET Systems Biology*, 2004, 1(1):71–84.

[12] Kuramoto Y. *Chemical Oscillations, Waves and Turbulence*. Berlin: Springer-Verlag, 1984.

[13] Zhang J J, Yuan Z J and Zhou T S. Cornbinatorial regulation: characteristrcs of dynamic correlations. *IET Systems Biology*, 2009.

[14] Warmflash A and Dinner A R. Signatures of Combinatorial regulation in intrinsic biological noise. *Proc. Natl. Acad. Sci. USA*, 2008, 105: 17262–17267.

《非线性动力学丛书》已出版书目

(按出版时间排序)

1　非线性系统的周期振动和分岔　张　伟，杨绍普，徐　鉴等　2002 年 1 月
2　滞后非线性系统的分岔与奇异性　杨绍普，申永军　2003 年 7 月
3　碰撞振动与控制　金栋平，胡海岩　2005 年 9 月
4　强非线性振动系统的定量分析方法　陈树辉　2007 年 1 月
5　气动弹性力学与控制　赵永辉　2007 年 8 月
6　Singular Point Values, Center Problem and Bifurcations of Limit Cycles of Two Dimensional Differential Autonomous Systems（二阶非线性系统的奇点量、中心问题与极限环分叉）
　　　　　　　　　　　　　　　　Liu Yirong, Li Jibin, Huang Wentao　2008 年
7　弹塑性动力学基础　杨桂通　2008 年 8 月
8　神经元耦合系统的同步动力学　王青云，石　霞，陆启韶　2008 年 9 月